陈 展 曹吉鑫 ◎著

酸雨和臭氧污染
对亚热带生态系统的影响

U0199195

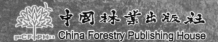

中国林业出版社
China Forestry Publishing House

图书在版编目 (CIP) 数据

酸雨和臭氧污染对亚热带生态系统的影响／陈展，曹吉鑫著. —北京：中国林业出版社，
2023.9

ISBN 978-7-5219-2301-8

Ⅰ.①酸…　Ⅱ.①陈…②曹…　Ⅲ.①酸雨–影响–亚热带林–森林生态系统–研究②臭氧–
空气污染–影响–亚热带林–森林生态系统–研究　Ⅳ.①S718.55

中国国家版本馆 CIP 数据核字 (2023) 第 150808 号

策划编辑：肖　静
责任编辑：肖　静
封面设计：时代澄宇

———————————————

出版发行：中国林业出版社
　　　　　（100009，北京市西城区刘海胡同 7 号，电话 83143577）
电子邮箱：cfphzbs@163.com
网址：www.forestry.gov.cn/lycb.html
印刷：中林科印文化发展 (北京) 有限公司
版次：2023 年 9 月第 1 版
印次：2023 年 9 月第 1 次
开本：710mm×1000mm　1/16
印张：22.75
字数：400 千字
定价：80.00 元

前　言

　　大气污染是环境污染重要组成部分，是威胁人类身体健康与生命安全、影响社会和谐、制约经济可持续发展的重要因素。我国坚持可持续发展战略，经过近些年不断努力，环境污染问题逐步改善，但大气污染问题仍较为严峻。大气污染物的主要来源是工业废气以及汽车尾气，虽然我国废气排放量大幅下降，但工业源比重依然较大，且工业废气中污染物类型繁多、浓度较高，在空气中易形成二次污染物，进而造成酸雨、臭氧（O_3）浓度升高、光化学烟雾等大气污染。

　　继欧洲和北美洲之后，东北亚成为世界上第三大酸雨区，特别是在我国南方，酸雨污染尤为严重。从20世纪80年代开始，我国开展了一系列关于酸雨分布特征、形成机理、生态环境效应及控制对策的研究。酸雨引起的土壤酸化问题不容忽视，而且，即使酸雨的强度有所改善，但土壤pH值对于沉降的反应存在滞后，土壤酸化的恢复需要较长的时间，因此，目前我国南方土壤酸化问题仍然非常严重。森林生态系统是酸雨的主要受体，酸雨对植物的直接影响和经土壤酸化给植物带来的间接影响严重危害森林生态系统健康和可持续发展。

　　重庆市铁山坪作为2000年开始实施的中国和挪威合作开展的"中国酸沉降综合影响观测研究项目"中的观测地点之一，是酸雨最严重、土壤酸化最严重的地区之一，成为酸雨研究的热点地区。该地区森林主要源自20世纪60年代天然林被破坏后更新形成的马尾松次生林，因受酸沉降危害，马尾松林受害严重。自20世纪80—90年代以来，通过陆续在马尾松林林下及其采伐迹地、火烧迹地补植阔叶树种、防火树种等方式开展马尾松林分改造，该区目前已形成马尾松林、香樟林、木荷林以及针阔混交林等多种森林类型镶嵌分布的空间格局。几十年过去了，马尾松林改造是否有效缓解了土壤酸化，改善了土壤环境，有利于森林生态系统健康可持续发展？针对这一问题，著者依托于中国林业科学研究院-中央级公益性科研院所基本科研业务费专项资金（CAFYBB2018SZ004）及国家自然基金项目（31971630）开展了重庆铁山坪不同林型土壤养分、土壤酸化特征、土壤微生物、凋落物特征等一系列研究，探讨不同林型对土壤酸化的缓冲作用及其机理。同时，依托于中国林业科学研究院-中央级公益性科研院所基本科研业务费专项资金（CAFRIFEEP2008004、CAFRIFEEP201402）以及国家自然科学基金项目（20901149），著者以亚热带主要造林树种、同时也是对酸雨比较敏感的树种——

马尾松为研究对象，开展了酸雨对马尾松生长、土壤碳库、土壤微生物的影响研究，以及外生菌根真菌提高马尾松酸雨抗性的机理研究，为亚热带地区受损马尾松林的恢复和可持续经营提供理论支持。

近地层 O_3 浓度背景值应维持在 20~40nmol/mol，若超出此范围，O_3 则成为有害的空气污染物。O_3 浓度升高已经逐渐成为局部地区乃至全球关注的重点环境问题之一。O_3 对植物具有毒性，抑制植物光合作用，降低森林生产力，导致农作物减产。著者从 2005 年开始关注臭氧污染对生态系统的影响，先后依托 973 项目（2002CB410803）、国家自然科学基金（30670387）以及国家林业公益性行业科研专项经费项目（201304313），分别开展了臭氧污染对亚热带农田生态系统和森林生态系统的影响研究。

本专著是在上述研究项目成果基础上，经著者整理成书。本书共分三篇：第一篇《酸雨对亚热带森林生态系统的影响及其调控机制》（陈展著）；第二篇《大气臭氧浓度升高对亚热带森林生态系统的影响》（陈展，曹吉鑫著）；第三篇《大气臭氧浓度升高对亚热带农田生态系统的影响》（陈展著）。本书的撰写、统稿以及试验测试分析过程中得到了中国科学院生态环境研究中心王效科研究员、中国林业科学研究院森林生态环境与自然保护研究所的尚鹤研究员、王志增主任，研究生冯永霞同学、倪秀雅同学、温昊同学以及重庆师范大学王轶浩研究员的帮助，在此一并致谢！

由于作者水平有限，不足之处在所难免，敬请各位读者批评指正。

中国林业科学研究院森林生态环境与自然保护研究所　陈　展
2023 年 6 月 8 日

目 录

第三篇 大气臭氧浓度升高对亚热带农田生态系统的影响

第一篇

酸雨对亚热带森林生态系统
的影响及其调控机制

第1章

酸雨对植物的影响研究进展

酸雨，是指 pH 小于 5.6 的雨雪或其他形式的降水。酸雨这一概念最早在 1872 年由英国化学家 Smith 在《空气和雨：化学气象学的开端》中首次提出，此后，各国展开了对酸雨各方面的大量研究。酸雨中含有多种无机酸和有机酸，绝大部分是硫酸和硝酸，此外还有少量灰尘。酸雨的主要成分是 SO_2、NO_x 和 CO_2 以及其他带有酸性的物质，SO_2、NO_x 是影响降水中酸性值的主要成分，SO_2 是酸雨中腐蚀性最强的物质。形成酸雨的酸性物质一方面来源于自然界，另一方面由人类活动产生。来源于自然界的酸性物质可以在正常的降雨过程中被稀释，因而不会产生什么危害；由人类活动产生的酸性物质是造成酸雨危害的主要原因。人类活动排放到大气中的含硫和含氮的氧化物在传输过程中，经过复杂的大气化学和大气物理作用，形成硫酸盐和硝酸的水溶液，这就成了酸雨。

酸沉降是全球面临的主要环境问题之一，对全球生态系统造成极大威胁，严重影响着人类生存与发展。我国在 20 世纪 80 年代成为继欧洲和美国之后的世界第三大酸雨区，特别是在我国南方，酸雨污染尤为严重（Duan et al.，2016）。酸雨对生态环境的各方面尤其是森林植被产生着巨大的影响。森林作为陆地生态系统的主体，是酸雨污染的主要受体（付晓萍和田大伦，2006）。酸雨的危害包括对植物的直接损伤，即酸雨由大气层中降落，直接落到植物的叶、茎上，酸性物质会直接破坏植物体的保护层，造成植物体的死亡，或者是促使营养元素从植物体中流失，使植物体中的营养成分下降。另一方面，酸雨会通过改变土壤理化和生物性质，对植物产生间接影响（冯宗炜和曹洪法，1999），而间接影响是酸雨影响植物的最主要的方面。酸雨中的酸性物质沉降到地表，被土壤吸收，增加土壤溶液中 H^+ 和 Al^{3+} 的浓度，使酸雨区植物出现铝毒害（Dighton and Skeffington，1987）。在土壤溶液中高浓度的 Al^{3+} 可妨害根系对 Ca^{2+}、Mg^{2+} 的吸收和根系的生长。植物铝胁迫发生机制一方面在于外部土壤环境酸化，引起土壤活性铝游离出来，加入到植物代谢系统；另一方面，进入植物代谢循环的铝元素还影响植物的一系列生理生化反应，引发植物铝胁迫（张帆等，2005）。酸雨淋洗植物表面会损害植物新生的叶芽，影响其生长发育。酸雨直接伤害或通过土壤间接伤害植物，可导致森林生态系统的退化，导致森林衰亡。

近年来，许多学者就酸雨对植物的危害做了深入的分析和总结。高吉喜等（高吉喜等，1996）从植物新陈代谢的角度，分别从膜透性、光合系统、呼吸作用、物质代谢、酶活性 5 个方面，系统地阐述了酸雨对植物的影响。黄晓华等（黄晓华等，2004）综述了酸雨对植物的伤害机理，并将其归纳为酸雨对植物的质子效应、离子效应、光合效应和自由基效应，指出正是这 4 种反应交织、叠加，最终导致植物出现可见伤害。林慧萍（2005）综述了酸雨对陆生植物的影响行为，将其归纳为对植物组织和细胞结构及其代谢功能等造成直接影响的机理，以及通过改变土壤理化性质等对植物造成间接影响的机理。

酸雨对植物形态的影响首先反映在叶片上（任晓巧等，2021）。研究发现，pH3.5 为酸雨对植物叶片造成生理伤害的阈值，pH3.0 为可见伤害阈值。叶片受酸雨胁迫后，通常表现为褪绿、变色、卷缩、萎蔫等，严重时会出现圆形、条形或无规则形状的伤害斑。（Liang et al.，2018）

叶绿素是植物光合作用的重要催化剂，酸雨能抑制植物体内叶绿素含量并影响叶绿素组成。一般情况下，酸雨胁迫导致 Mg^{2+} 流失，影响其叶绿素合成速率，另一方面由于大量累积的活性氧离子诱导多酚氧化酶（PPOD）合成，PPOD 将酚氧化成酚自由基加速了叶绿素的降解，从而降低叶绿素含量。王小东等（2019）的研究表明植物叶绿素 a 受酸雨胁迫的影响较大，易被降解为脱镁叶绿素 a，叶绿素 b 较为稳定。植物光合作用对酸雨胁迫非常敏感，随着酸雨强度增加，植物光合系统受酸雨胁迫更加严重。杨志敏等（1994）认为酸雨会导致叶片细胞质 pH 值降低，破坏叶绿体膜透性，导致光合磷酸化活性降低，影响光能吸收转换，进而影响光合作用。

酸雨会向土壤输入过多 H^+，导致植物体内 H^+ 含量增多，植物体内积累过量超氧自由基和过氧化氢等物质，进而引起植物内活性氧（ROS）代谢紊乱，导致细胞膜过氧化（蒋雪梅等，2014）。丙二醛（MDA）通常作为应激条件下脂质过氧化的指标，可以反映细胞膜脂质过氧化反应，对蛋白质、核酸、酶等生物功能分子造成很强的毒性，在经历酸雨的植物中发现叶片的 MDA 含量增加，且酸雨 pH 值越小 MDA 含量上升幅度越大（Liu et al.，2015）。为应对外界环境变化引发的氧化胁迫，植物形成了复杂的抗氧化系统，通常包括多种抗氧化酶和非酶抗氧化物，如超氧化物歧化酶（SOD）、过氧化物酶（POD）和过氧化氢酶（CAT）。抗氧化酶的诱导增加是植物对抗氧化应激的重要机制（Livingstone，2001）。

郭玉文等（1997）的研究表明，酸雨本身含有 N、S、Ca 等离子，降雨通过树冠而形成林内雨，因冲洗吸附在树冠上的干沉降物和树干体内物质的淋失，导致林内雨的成分发生了变化。这种雨水成分的变化，可对森林生态系统的物质循环产生影响。通过酸沉降带入森林生态系统中的 N、S、Ca 等离子将为贫营养的森林地区土壤提供养分，对林木生长起到促进作用，但养分过剩将使林木生长的养分平衡失调。

第 2 章

重庆铁山坪不同林型土壤酸化特征及土壤有机碳特性

重庆是我国重点酸雨区，早在 20 世纪 80 年代就有报道：重庆南山风景区马尾松林受酸雨影响普遍生长不良，甚至大面积死亡的现象（刘厚田和田仁生，1992）。虽然自 2010 年开始，重庆酸沉降量总体呈下降趋势，但其降水 pH 值仍然较低（郑珂等，2019），并且酸沉降引起的土壤酸化现象短期内不会消除。马尾松（*Pinus massoniana*）对酸沉降危害极其敏感，已有研究表明，马尾松受到酸沉降危害后会表现出明显的落叶率增加（Wang et al.，2007）、根系分布变浅（张治军等，2008）、生物量下降（王轶浩等，2013）等受害特征。马尾松在我国南方山地丘陵区广泛分布，是当地主要造林树种和先锋树种，这种马尾松和酸沉降空间分布高度重叠现象给我国南方山地丘陵区营造林管理带来极大困难和挑战。

为应对酸沉降对马尾松林的危害，利用马尾松的替代树种营造林以及在马尾松林下补植阔叶树种是酸雨区马尾松林改造通常采用的主要营林措施。

目前虽然国内外学者对于酸沉降与森林生态系统的关系已做了大量研究，取得了较多成果。如酸沉降能引起土壤酸化，进而造成土壤盐基离子淋失以及一些有毒元素活化（Zhu et al.，2016）；王轶浩等（2021）研究认为，酸沉降导致马尾松林土壤水文物理性质变差，涵养水源功能下降。土壤团聚体作为土壤结构的基本单位，是土壤肥力的物质基础，对土壤养分维持、供给和转化等方面都有重要影响（吴士文等，2012），其中土壤团聚体数量及组成和稳定性是衡量土壤结构好坏的重要指标。但以往这些研究更多关注酸沉降对森林植被、土壤、地表水等生态环境的影响，而基于营林措施的不同森林类型对土壤酸化环境的影响及适应的研究还很不足，尤其是对林分改造后土壤酸化特征及团聚体稳定性的变化研究还未见报道，这直接限制着对酸雨区主要营林措施成效的认识及评价，制约着酸雨区森林可持续经营与管理。

1　研究区概况和研究方法

1.1　研究区概况

研究区位于重庆市江北区铁山坪林场（N29°38′，E106°41′），属亚热带湿润气候，多年平均降水量1100mm，年均气温18℃。该地属四川盆地东平行岭谷地貌，海拔变异范围在242～584m，坡度变异范围在5°～30°。土壤以砂岩上发育的山地黄壤为主，土壤质地为粉沙壤土和粉沙黏壤土，厚度50～80cm。研究区酸沉降影响严重，2011年测定的林外和林内降水平均pH值为4.06和3.20，土壤酸化现象明显（王轶浩和王彦辉，2021）。森林植被主要源自20世纪60年代天然林被破坏后更新形成的马尾松次生林，因受酸沉降危害，马尾松林受害特征明显，落叶率多年平均为40%～50%（Wang et al.，2007）。故20世纪80—90年代以来陆续通过在马尾松林林下及其采伐迹地、火烧迹地补植阔叶树种、防火树种等方式开展马尾松林分改造，目前已形成马尾松林、香樟林、木荷林以及针阔混交林等多种森林类型镶嵌分布的空间格局，森林覆盖率高达90%以上。

1.2　样地设置

采用空间代替时间方法，在铁山坪林场楠木湾选择马尾松林、香樟林、木荷林、马尾松×香樟混交林、马尾松×木荷混交林等5种森林类型，以马尾松林为对照，并反映酸雨区马尾松林经改造后形成的代表性森林类型。马尾松林为天然次生林，林龄平均约62年左右，下木有杜英（*Elaeocarpus sylvestris*）、杉木（*Cuninhama lanceolata*）、檵木（*Loropetalum chinense*）等，草本植物以铁芒萁（*Dicranopteris linearis*）为主。香樟林为20世纪80年代初在马尾松林采伐迹地营造的人工林，林龄约37年左右，下木有杜英、木荷、白栎（*Quercus fabric*）等，草本植物有铁芒萁。木荷林是20世纪90年代初在马尾松林火烧迹地营造的人工林，林龄约29年左右，无下木，仅零星分布有草本植物。马尾松×香樟混交林是20世纪80年代初在马尾松林下通过星状补植香樟形成的，林龄平均约50年左右，下木有杜英、木荷、杉木等。马尾松×木荷混交林是20世纪90年代初建设生物防火隔离带时，在马尾松林下通过带状栽植木荷形成的，林龄平均约40年左右，下木有香樟、杜英、杉木等。

在以上5种森林类型中选择土壤、地形条件基本一致的代表性区域分别设置典型样地，规格为20m×20m，共设置20个，其中，马尾松林、香樟林和马尾松×香樟混交林各有4个典型样地；木荷林和马尾松×木荷混交林各有3个典型样地，然后调查各典型样地的基本情况和每木检尺（表2-1）。

表2-1 典型样地基本概况

森林类型	密度（株/hm）	郁闭度	平均树高（m）	平均胸径（cm）	土层类型	海拔（m）	坡度（°）	坡位	坡向
马尾松林	725	0.75	14.80	20.18	山地黄壤	543	8	中上坡	南坡
	800	0.80	13.88	20.10	山地黄壤	542	5	中上坡	南坡
	650	0.75	15.93	20.68	山地黄壤	537	5	中上坡	南坡
	750	0.75	17.24	21.31	山地黄壤	532	3	中坡	东南坡
香樟林	1050	0.82	16.68	23.08	山地黄壤	515	8	中下坡	南坡
	525	0.70	17.55	28.66	山地黄壤	516	10	中下坡	南坡
	800	0.80	14.89	24.08	山地黄壤	535	5	中坡	东南坡
	600	0.75	16.79	29.95	山地黄壤	527	3	中坡	东南坡
木荷林	1875	0.90	11.52	17.58	山地黄壤	526	7	中坡	东南坡
	1925	0.95	11.26	14.68	山地黄壤	526	7	中坡	东南坡
	1975	0.95	9.76	12.89	山地黄壤	537	10	中上坡	东南坡
马尾松×香樟混交林	525	0.75	14.79	25.23	山地黄壤	522	10	中坡	南坡
	550	0.75	14.65	23.71	山地黄壤	528	8	中坡	东南坡
	350	0.60	15.00	24.84	山地黄壤	538	5	中上坡	东南坡
	375	0.65	14.97	28.91	山地黄壤	538	8	中上坡	南坡
马尾松×木荷混交林	900	0.85	12.24	19.60	山地黄壤	527	5	中坡	南坡
	1125	0.90	12.85	19.75	山地黄壤	526	7	中坡	东南坡
	750	0.80	13.30	21.00	山地黄壤	530	5	中坡	东南坡

1.3 采样及分析

1.3.1 土壤取样

2018年8月，首先在各典型样地按"S"形布设10个取样点，之后在各取样点挖一个土壤剖面，并按照土壤形成层（O层、A层、B层）分层取样，其中O层为腐殖质层，即有机残留物层，具有明显的枯枝落叶有机物残体；A层为淋溶层，富含有机质，颜色较暗；B层为淀积层，中度风化，颜色较浅。最后将各土壤层全部取样点的土壤分别混合成一个样品，即每个典型样地获得三个混合土壤样品。

1.3.2　土壤指标测定

将土壤样品带回实验室，测定土壤 pH、有机碳、全氮、全磷、全钾、交换性阳离子(K^+、Na^+、Ca^{2+}、Mg^{2+}、Fe^{3+}、Al^{3+})、阳离子交换量、土壤团聚体组成及其有机碳等指标。其中，土壤 pH 测定采用电位法；土壤有机碳测定采用重铬酸钾容量-外加热法；土壤全氮、全磷、全钾测定均采用硫酸-过氧化氢消煮，半微量凯氏定氮法；交换性阳离子用电感耦合等离子体原子发射光谱仪测定；阳离子交换量测定采用草酸铵-氯化铵浸提，半微量凯氏定氮法；土壤团聚体组成及其有机碳测定采用湿筛法-重铬酸钾容量外加热法。

交换性盐基离子(K^+、Na^+、Ca^{2+}、Mg^{2+})占阳离子交换量的百分比即盐基饱和度。土壤几何平均直径(GMD)和平均质量直径(MWD)则分别通过公式(1)、(2)计算得到。

$$GMD = \mathrm{Exp}\Big(\sum_{i=1}^{n} w_i \ln \bar{x}_i\Big) \tag{1}$$

$$MWD = \sum_{i=1}^{n} \bar{x}_i w_i \tag{2}$$

式中：$\bar{x}_i$ 为土壤各粒径的平均直径(mm)，w_i 为土壤各粒径的质量百分比(%)。

1.4　数据处理

采用 Excel2019 和 Origin9.0 软件对数据进行处理与作图，利用 SPSS23.0 软件进行马尾松林改造后不同森林类型之间、不同土壤层次之间的土壤养分、酸化特征、团聚体稳定性的单因素方差分析(one-way ANOVA)及 LSD 检验法的多重均值比较分析。

2　结果

2.1　马尾松林改造对土壤养分的影响

由图 2-1 可知，马尾松林改造对各土层的有机碳、全氮、全磷和全钾均有显著影响($P<0.05$)，但各森林类型对不同土层各土壤养分的影响却各有不同。马尾松林改造成其他森林类型后，除马尾松×木荷混交林的 O 层土壤有机碳含量显著增加外，其他森林类型的 O 层土壤有机碳含量均显著降低($P<0.05$)；A 层土壤中，香樟林和马尾松×木荷混交林的有机碳含量均显著增加，其他 2 种森林类型则变化不显著($P>0.05$)；B 层土壤中，其他 4 种类型的有机碳含量均显著降低($P<0.05$)。同样地，马尾松×木荷混交林的 O 层土壤全氮含量相比其他森林类

型均显著增加，而 A、B 层土壤中均以香樟林的全氮含量最高。

马尾松林改造成其他森林类型后，香樟林和马尾松×香樟混交林的各层土壤全磷含量和 B 层土壤全钾含量均显著增加（$P<0.05$），而木荷林和马尾松×木荷混交林的各层土壤全磷和全钾含量总体上均显著下降（图 2-1）。这说明马尾松林改造成香樟林和马尾松×香樟混交林后有助于土壤全磷、全钾积累，而木荷林和马尾松×木荷混交林则对土壤全磷、全钾吸收利用较多，但归还土壤不足。总体上，除土壤全钾外，各森林类型的土壤有机碳、全氮和全磷含量随土层加深的变化规律一致，均表现为 O 层>A 层>B 层，说明土壤有机碳、全氮和全磷含量均随土层加深而显著降低。

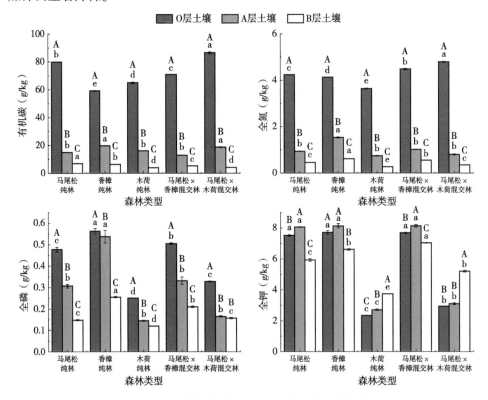

图 2-1　不同森林类型各土层土壤养分含量变化特征

注：不同大写字母表示同一森林类型不同土层之间差异显著（$P<0.05$）；不同小写字母表示同一土层的不同森林类型之间差异显著（$P<0.05$）。下同。

2.2　马尾松林改造对土壤酸化特征的影响

马尾松林改造对土壤 pH、阳离子交换量和盐基饱和度均有显著影响（$P<0.05$）。如图 2-2 所示，5 种森林类型的各层土壤 pH 变化在 3.80～4.84，说明研究

区土壤酸化现象仍然严重。马尾松林改造成香樟林和马尾松×香樟混交林时，除马尾松×香樟混交林B层土壤外，其他各层土壤pH均显著升高（$P<0.05$）；当马尾松林改造成木荷林和马尾松×木荷混交林时，其B层以及马尾松×木荷混交林的O层土壤pH均显著降低（$P<0.05$），其他土层的土壤pH则变化不明显（$P>0.05$）。与马尾松林相比，香樟林和马尾松×香樟混交林各层土壤的阳离子交换量差异均不显著（$P>0.05$）；木荷林除B层外其他各层土壤阳离子交换量均显著降低（$P<0.05$）；马尾松×木荷混交林则除O层土壤阳离子交换量显著增加外，其他各层变化均不显著。当马尾松林改造成其他森林类型时，香樟林和马尾松×香樟混交林除B层土壤

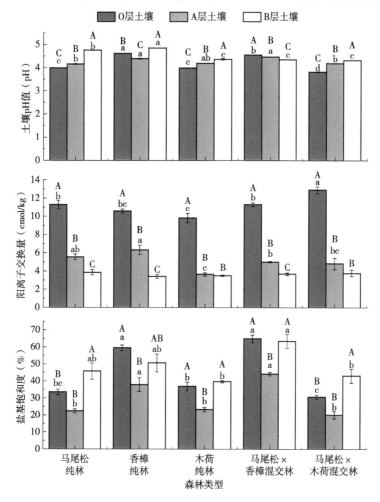

图2-2　不同森林类型各土层土壤pH、阳离子交换量和盐基饱和度变化特征

注：不同大写字母表示同一森林类型不同土层之间差异显著（$P<0.05$）；不同小写字母表示同一土层的不同森林类型之间差异显著（$P<0.05$）。

的盐基饱和度差异不显著外,其他各层土壤盐基饱和度均显著增加($P<0.05$);木荷林和马尾松×木荷混交林则各层土壤的盐基饱和度差异均不显著($P>0.05$)。

如图2-3所示,马尾松林改造对土壤交换性阳离子含量影响显著($P<0.05$),当马尾松林改造成香樟林和马尾松×香樟混交林时,除B层土壤受影响总体不明显外,其他各层土壤的交换性盐基离子(K^+、Na^+、Ca^{2+}、M^{2+})含量均显著增加($P<0.05$),且土壤致酸阳离子(Fe^{3+}、Al^{3+})含量均显著减少($P<0.05$)。与马尾

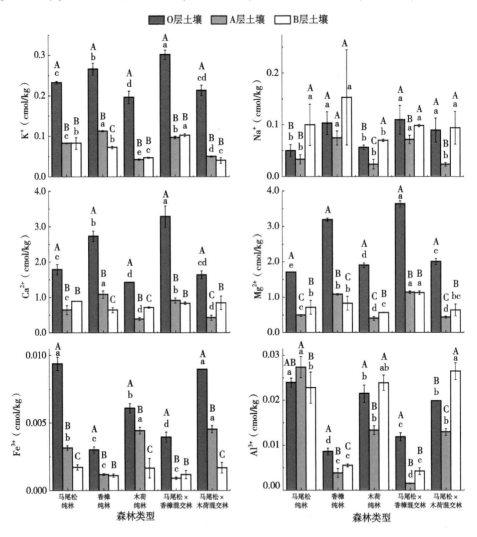

图2-3 不同森林类型各土层土壤交换性阳离子含量变化特征

注:不同大写字母表示同一森林类型不同土层之间差异显著($P<0.05$);不同小写字母表示同一土层的不同森林类型之间差异显著($P<0.05$)。

松林相比，木荷林各层土壤的交换性盐基离子（K^+、Na^+、Ca^{2+}、M^{2+}）含量总体显著降低，除 A 层土壤交换性 Fe^{3+} 显著增加外，O 层土壤致酸阳离子（Fe^{3+}、Al^{3+}）和 A 层交换性 Al^{3+} 均显著降低，而 B 层土壤致酸阳离子（Fe^{3+}、Al^{3+}）变化均不显著（$P>0.05$）。马尾松林改造成马尾松×木荷混交林后，O 层土壤交换性 Na^+、M^{2+} 显著增加，交换性 Al^{3+} 显著降低，其他各交换性阳离子则变化不明显；A 层土壤除交换性 Fe^{3+} 显著增加外，其他各交换性阳离子均显著降低；B 层土壤除交换性 K^+ 和 Al^{3+} 外，其他各交换性阳离子变化不明显（$P>0.05$）。

2.3 马尾松林改造对土壤团聚体稳定性的影响

如图 2-4 所示，马尾松林改造成其他森林类型后，除木荷林和马尾松×木荷混交林 B 层土壤的 0.25～2mm 水稳性团聚体含量显著增加外，各森林类型的其他各层土壤的 0.25～2mm 水稳性团聚体含量均变化不明显（$P>0.05$）。马尾松×香樟混交林 O 层和 A 层、马尾松×木荷混交林 O 层和香樟林 A 层土壤的 0.25～2mm 水稳性团聚体均显著增加（$P<0.05$），其他则变化不明显。木荷林 O 层土壤的 0.053～0.25mm 水稳性团聚体含量显著增加，香樟林和马尾松×香樟混交林 A 层土壤则显著降低，其他则不明显。总体上，马尾松林改造对土壤团聚体粒径组成比例的影响不太明显，但能有效促进香樟林和马尾松×香樟混交林土壤微团聚体（0.053～0.25mm）含量增加，而黏粉粒（<0.053mm）含量减少。各森林类型的土壤水稳性大团聚体（0.25～2mm）含量均以 O 层最高、微团聚体含量以 A 层最高、黏粉粒含量则以 B 层最高，说明各森林类型的土壤均随土层加深而愈加紧实。

马尾松林改造对土壤团聚体有机碳含量影响显著（$P<0.05$），当马尾松林改造成香樟林时，其 O 层土壤 0.25～2mm 团聚体有机碳含量显著降低，但其 A 层显著增加，各森林类型的 B 层土壤 0.25～2mm 团聚体有机碳含量均也显著降低（图 2-4）。相比马尾松林，香樟林 O 层土壤 0.053～0.25mm 团聚体有机碳含量显著降低，但其 A 层显著增加，其他森林类型的 A 层土壤 0.053～0.25mm 团聚体有机碳含量则显著降低；B 层土壤中，仅木荷林显著降低，其他森林类型则差异不显著。同样地，香樟林 O 层土壤<0.053mm 团聚体有机碳含量也显著降低，木荷林、马尾松×香樟混交林和马尾松×木荷混交林的 B 层土壤<0.053mm 团聚体有机碳含量也显著降低，但香樟林以及木荷林、马尾松×木荷混交林的 A 层和马尾松×木荷混交林的 O 层土壤<0.053mm 团聚体有机碳含量均显著增加。

如图 2-5 所示，各森林类型的 O 层土壤 GMD、MWD 分别在 3.19～4.02、0.53～1.03 之间变化，马尾松林改造对其影响不明显（$P>0.05$），但对 A、B 层土壤 GMD 和 B 层土壤 MWD 的影响均显著（$P<0.05$），表现为香樟林和马尾松×

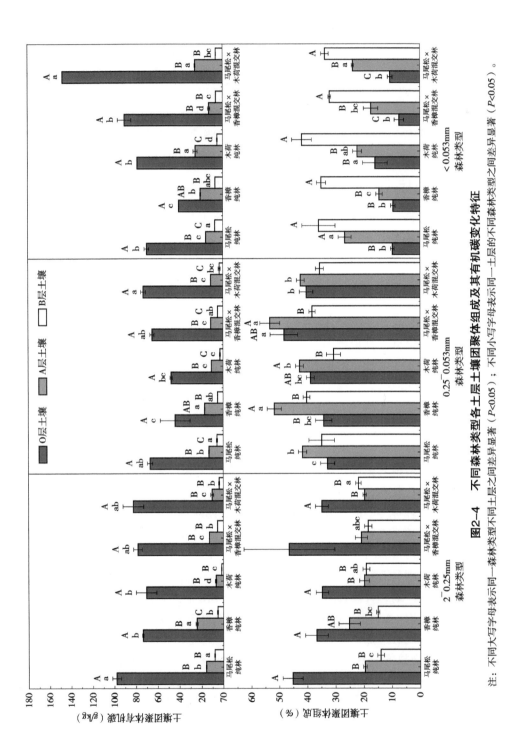

图2-4 不同森林类型各土层土壤团聚体组成及其有机碳变化特征

注：不同大写字母表示同一森林类型不同土层之间差异显著（P<0.05）；不同小写字母表示同一土层的不同森林类型之间差异显著（P<0.05）。

香樟混交林的 A 层土壤 GMD 显著增加，分别增加 21.51%、14.34%；马尾松×木荷混交林 B 层土壤的 GMD 和 MWD 也均显著增加，分别增加 16.81%、47.22%，而其他森林类型的差异并不显著($P>0.05$)。

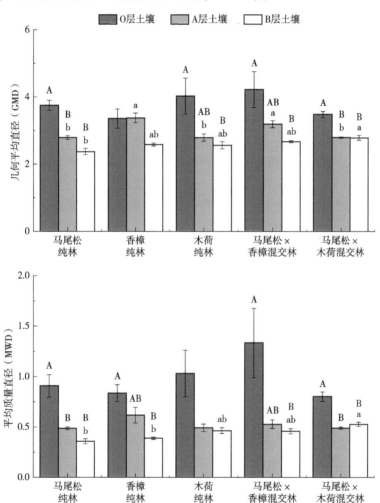

图 2-5　不同森林类型各土层土壤几何平均直径和平均质量直径变化特征

注：不同大写字母表示同一森林类型不同土层之间差异显著($P<0.05$)；不同小写字母表示同一土层的不同森林类型之间差异显著($P<0.05$)。

3　讨论

土壤肥力高低影响着植物生长及分布、群落组成及结构和功能，反过来植被又影响着土壤养分的分布及循环，而土壤有机质、全氮、全磷和全钾是土壤肥力评价的主要指标（简尊吉等，2021）。本研究结果表明马尾松林改造成其他森林类型对土壤有机碳、全氮、全磷和全钾均有显著影响，但各森林类型对各土层土壤养分的影响又各有不同，如改造成马尾松×香樟混交林时，其腐殖质层土壤有机碳显著降低，但各层土壤全磷和淀积层土壤全钾含量均显著增加；当改造成马尾松×木荷混交林时，其腐殖质层土壤有机碳和全氮含量均显著增加，但各层土壤的全磷和全钾含量却显著下降，这与简尊吉等的研究结果不同。

多数研究表明，马尾松混交林土壤养分含量高于纯林（Xie et al.，2013；谭玲等，2014），这是因为马尾松混交林林下植物种类普遍较丰富，有助于凋落物分解和促进土壤养分回归，而马尾松纯林的凋落物一般以针叶为主，马尾松针叶由于富含单宁、树脂、木质素等难分解物质，限制了凋落物养分释放和归还土壤（He et al.，2019）。本研究中改造成的马尾松混交林腐殖质层土壤的部分养分指标下降可能与土壤养分淋溶、迁移有关，也可能与林分起源有关。简尊吉等（2021）研究表明马尾松天然林土壤有机质、全氮、全钾含量均显著高于人工林，正如本研究结果显示的马尾松天然次生林改造成香樟、木荷人工林后，其腐殖质层土壤养分含量普遍下降，尤其木荷人工林，各层土壤养分含量均显著减低。这可能主要还是受研究区木荷林林下环境及其对凋落物分解的影响所致：本研究中木荷人工林密度大（表2-1），林下光照不足，且林下分布的植物种类和数量较少，不利于凋落物分解及其养分释放。任来阳等（2013）研究表明在酸雨区同一林下环境中马尾松和木荷的凋落物分解速率并无显著差异。可见，在酸雨区采取科学合理的森林经营措施营造适宜的森林类型及其林下环境，对于改善土壤养分条件非常重要。

土壤 pH、阳离子交换量、盐基饱和度和交换性阳离子均是反映土壤环境酸化的重要指标。一般来说，随着土壤酸化程度加重，土壤 pH、阳离子交换量、盐基饱和度、交换性盐基离子含量均降低，交换性 Al^{3+} 含量增加（胡波等，2015）。本研究表明马尾松林改造对土壤酸化特征影响明显，马尾松林改造成香樟林和马尾松×香樟混交林，能显著提高土壤 pH、盐基饱和度和交换性盐基离子（K^+、Na^+、Ca^{2+}、M^{2+}）含量，明显降低土壤致酸阳离子（Fe^{3+}、Al^{3+}）含量；当马尾松林改造成木荷林和马尾松×木荷混交林时，部分土层土壤 pH 和交换性盐基显著降低，而部分土层的大部分土壤酸化特征指标变化不显著。这说明马尾松林改造成香樟林和马尾松×香樟混交林能有效改善土壤酸化环境，使得土壤酸化程度减弱，并能提高对土壤酸化的缓冲能力，但对淀积层的影响作用不明显，这可能与植物根系在土壤中的分布范围有关；改造成木荷林和马尾松×木荷混交林虽总体上对土壤酸化特征影响不明显，但降低了土壤 pH，使得土壤进一步酸化，这与李志勇等(2008)、任来阳等(2013)在该区域的研究结果一致。李志勇等研究表明,木荷抗酸能力很强,在酸雨区生长迅速,枝叶繁茂,往往不利于林下植物生长及天然更新和生物多样性保护。可见,木荷虽是我国优良的森林防火树种,但用作酸雨区马尾松林分改造的替代树种时应慎重,至少首先应科学确定合理的栽植密度和混交方式,并加强木荷林分的全周期抚育经营管理,以促进其林下植物生长及天然更新和物种多样性增加,进而改善凋落物组分和加快凋落物分解及养分回归土壤,避免对土壤环境产生不利影响。

≥0.25mm 水稳性大团聚体可在一定程度上表征土壤结构和质量的好坏,其含量越高,土壤结构稳定性越好(Barthes and Roose, 2002;王冰等, 2021)。本研究表明,马尾松林改造成其他森林类型后总体对土壤团聚体粒径组成比例的影响不太明显,但能有效促进木荷林及马尾松×木荷混交林淀积层的土壤水稳性大团聚体(0.25 ~ 2mm) 含量增加;香樟林和马尾松×香樟混交林土壤微团聚体(0.053 ~ 0.25mm) 含量增加,而黏粉粒(<0.053mm) 含量减少。这说明马尾松林改造成其他森林类型后可以有效改善部分土层的土壤结构及其稳定性,这可能与各森林类型的根系分布特征有关,其植物根系及其分泌物的增加有利于大颗粒团聚体的形成。土壤团聚体是土壤有机碳储存的重要场所,并影响着土壤有机碳转化,其中土壤大团聚体虽能储存更多的有机碳,但不稳定,而微团聚体有利于有机碳长期固定(刘中良和宇万太, 2011)。有机碳则能促进土壤团聚体形成,增强其稳定性。本研究表明马尾松林改造成马尾松×木荷混交林后腐殖质层的大团聚体有机碳含量有所降低,对应的微团聚体及黏粉粒有机碳含量却均增加,说明马尾松×木荷混交林有助于腐殖质土壤有机碳的储存向微团聚体和黏粉粒转变,从而促进土壤有机碳的长期固定。香樟林腐殖质层的各粒径团聚体有机碳含量均显著降低,而其淋溶层的各粒径团聚体有机碳含量均显著增加,这与其土壤有机碳变化一致(图 2-4),说明改造成香樟林有助于有机碳向淋溶层富集(Jastrow, 1996)。GMD 和 MWD 是评价土壤团聚体稳定性的重要参数,其值越大表明团聚体的平均粒径团聚度越高,稳定性越强(周虎等, 2007)。本研究表明马尾松林改造对各森林类型的腐殖质层和木荷林的淋溶层及淀积层的土壤团聚体稳定性无显著影响,但均能显著增强香樟林、马尾松×香樟混交林和马尾松×木荷混交林的淋溶层或者淀积层的土壤团聚体稳定性,尤其马尾松×木荷混交林。

综上,酸雨区马尾松林改造对土壤养分、酸化特征及团聚体稳定性的影响较为明显,其中改造成香樟林和马尾松×香樟混交林总体上对土壤养分、酸化特征及团聚体稳定性的改善效果较好,而改造成木荷林和马尾松×木荷混交林的改善效果相对较差,尤其是木荷林。因此,对于酸雨区马尾松林改造,首先应科学选择营造林替代树种以及林下补植树种,并确定适宜的林分改造方法及措施,今后还需加强对已改造林分的地上、地下部分特征及其土壤环境的长期定位监测，以更加丰富和全面认识营林措施及其林分特征对土壤酸化环境的影响机理及其时间效应，并能结合改造林分的现状及问题对营林措施及方法进行科学的动态调整与实施，从而实现林分改造全过程的可持续经营管理。

4 小结

与马尾松林相比，改造成香樟林和马尾松×香樟混交林能显著增加土壤全磷、全钾含量；有效改善土壤酸化，显著提高土壤 pH、盐基饱和度和交换性盐基离子含量，降低交换性 Al^{3+} 含量；且能显著增强土壤团聚体稳定性。改造成木荷林和马尾松×木荷混交林虽然显著增加黏粉粒团聚体有机碳含量，其中马尾松×木荷混交林土壤有机碳和全氮含量也均显著提高，但其土壤 pH 及交换性盐基离子降低，可能对土壤造成进一步酸化。因此，在改造马尾松林时还应根据不同改造树种的生物学、生态学特性及林分特征，科学确定相应的改造方法及措施，以避免对土壤环境产生不利影响。

| 第3章 |

重庆铁山坪不同林型土壤微生物群落结构

1 不同林型土壤细菌群落结构

尽管许多研究报道了土壤酸化对土壤微生物群落的影响，但很少有在不同污染梯度的地点之间进行比较的研究。通过在田间、温室或实验室环境中模拟酸雨处理，许多作者分析了单个地点内的各种不同的生态系统功能（Maltz et al.，2019；Zhang et al.，2015），并确定土壤酸化加剧会降低 pH 值范围为 4 至 7 的土壤中的细菌多样性。这一结果可能源于调节土壤细菌群落的生态和进化机制（Zhang et al.，2015）。模拟酸雨实验结果表明，土壤微生物生物量、群落多样性和微生物代谢功能都随酸性物质的输入而降低（Wang et al.，2014；Xu et al.，2015），并且土壤细菌和真菌群落的组成和结构都会随着暴露于更酸性的环境条件下而改变（Liu et al.，2017；Maltz et al.，2019）。然而，在酸沉降和暴露程度相似的情况下，不同森林类型的土壤细菌群落如何影响土壤缓冲能力，我们知之甚少。

同样，对酸性土壤中存在的土壤细菌群落相对了解较少。对于土壤细菌群落如何影响不同森林类型之间的土壤酸度我们知之甚少。而细菌是土壤中最丰富和最多样化的土壤生物（Acosta-Martinez et al.，2008）。高度多样化的细菌群落可以改善土壤质量并帮助植物适应酸性土壤环境。尽管土壤细菌群落可能对土壤酸化作出响应，但对不同森林类型的土壤细菌群落结构与土壤质量之间的关系仍知之甚少。在本节中，我们比较了中国铁山坪马尾松、香樟、木荷纯林以及香樟-马尾松和木荷-马尾松混交林的土壤细菌群落结构，以检验不同森林类型之间的土壤细菌群落有哪些差异以及细菌群落与土壤酸化指标之间的相关性。

1.1 研究方法

1.1.1 土壤取样

同第二章。

1.1.2 土壤细菌群落分析

DNA 抽提和 PCR 扩增：根据 E. Z. N. A. © soil DNA kit（Omega Bio-tek，Norcross，GA，U. S.）说明书进行微生物群落总 DNA 抽提，使用 1% 的琼脂糖凝胶电泳检测 DNA 的提取质量，使用 NanoDrop2000 测定 DNA 浓度和纯度；使用 515F 5'-barcode-GTGCCAGCMGCCGCGG）-3' 和 907R 5'-CCGTCAATTC-MTTTRAGTTT-3' 对 16S rRNA 基因进行 PCR 扩增，扩增程序如下：95℃ 预变性 2min，25 个循环（95℃ 变性 30s，55℃ 退火 30s，72℃ 延伸 30s），然后 72℃ 稳定延伸 5min，最后在 4℃ 进行保存（PCR 仪：ABI GeneAmp © 9700 型）。PCR 反应体系为：5×*TransStart FastPfu* 缓冲液 4μL，2.5mM dNTPs 2μL，上游引物（5uM）0.8μL，下游引物（5uM）0.8μL，*TransStart FastPfu* DNA 聚合酶 0.4μL，模板 DNA 10ng，ddH$_2$O 补足至 20μL。每个样本 3 个重复。

IlluminaMiseq 测序：将同一样本的 PCR 产物混合后使用 2% 琼脂糖凝胶回收 PCR 产物，利用 AxyPrep DNA Gel Extraction Kit（Axygen Biosciences，Union City，CA，USA）进行回收产物纯化，2% 琼脂糖凝胶电泳检测，并用 QuantiFluor-ST（Promega，USA）对回收产物进行检测定量。使用 NEXTflex™ Rapid DNA-Seq Kit（Bioo Scientific，美国）进行建库：①接头链接；②使用磁珠筛选去除接头自连片段；③利用 PCR 扩增进行文库模板的富集；④磁珠回收 PCR 产物得到最终的文库。利用 Illumina 公司的 Miseq PE300 平台进行测序（上海美吉生物医药科技有限公司）。

1.1.3 统计分析

使用 SPSS（SPSS Inc.，Chicago，IL，USA）进行统计分析，采用单因素方差分析（ANOVA）和 Tukey's HSD 进行了成对的事后检验，以确定每个土壤层内不同森林类型之间土壤性质、细菌多样性和相对丰度是否存在显著差异。对每种森林类型进行独立样本 t 检验，以检测 O 层和 A 层之间土壤性质的差异。

通过比较各个样本中检测到的每个 OTU（操作分类单位）的平均相对丰度来确定细菌群落组成和结构的差异。构建 Bray-Curtis 距离矩阵以比较不同森林类型和土壤层的细菌群落组成差异，同时检验相对丰度较高的属与环境变量之间的关系。利用主成分分析法（PCoA）比较不同林型之间土壤细菌群落结构，利用冗余分析（RDA）和 PERMANOVA 分析进行环境因子影响的评估。RDA 分析之前，使用方差膨胀因子（VIF）分析筛选环境因子，将那些 $P>0.05$ 或 VIF>10 的因子删除掉。本章中在 RDA 分析中去除了 TN、NH$_4$-N、Ca 和 Mg 四个环境因子。利用 R 软件 vegan 包生成热图，描绘了相对丰度最高的 50 个属。为了进一步阐明可能对决定不同森林类型中土壤细菌群落结构很重要的特定细菌，我们使用单因素方差分析（ANOVA）和 Tukey's HSD 来检验细菌属水平的差异。使用 shannon 和 chao 指数表征细菌群落多样性。

1.2　结果

1.2.1　土壤细菌多样性

通过比较 Shannon-Wiener 香农–威纳和 Chao1 指数，发现无论 O 层还是 A 层土壤中，Ci 纯林的细菌多样性均显著高于其他所有其他林型（表3-1；此后称为细菌多样性）。混交林 Pi_Ci 的细菌多样性位居第二。对于 O 层和 A 层土壤，Sc 纯林的细菌多样性低于 Ci 纯林。Pi 和 Pi_Sc 混交林的细菌多样性最低。Pi 纯林的 Shannon-Wiener 指数最小；且在 O 层和 A 层土壤中，Pi 纯林的 Chao1 指数分别比 Ci 纯林低47%和34%。虽然 Sc 纯林的土壤比 Pi 纯林更具多样性，但 Pi_Sc 混交林的土壤细菌多样性最低（细菌多样性 Ci>Pi_Ci>Sc>Pi>Pi_Sc；表3-1）。细菌多样性的增加与土壤 pH 和可交换性 Ca 和 Mg 呈正相关（$P=0.001$；表3-2）。

表3-1　五种林型的土壤细菌多样性

林型	香农–纳多样性指数		Chao 指数	
	O 层	A 层	O 层	A 层
马尾松（Pi）	5.52±0.013d	5.63±0.030d	1238±30d	1462±64c
马尾松×木荷（Pi_Sc）	5.47±0.011d	5.62±0.023d	1172±15d	1392±32c
木荷（Sc）	5.79±0.006c	5.76±0.019c	1553±26c	1415±7c
马尾松×香樟（Pi_Ci）	6.17±0.023b	5.98±0.044b	2164±39b	1993±35b
香樟（Ci）	6.26±0.018a	6.15±0.012a	2339±21a	2200±33a

注：平均值±标准误差（$n=4$）。小写字母表示相同土层不同林型间在 $P=0.05$ 水平上存在显著性差异。

表3-2　土壤细菌多样性与 pH、Ca、Mg 的相关性

多样性指数	统计量	pH	Ca	Mg
香农–威纳多样性指数	R	0.895	0.517	0.528
	P	<0.001	0.001	<0.001
Chao 指数	R	0.905	0.497	0.498
	P	<0.001	0.001	0.001

1.2.2　土壤细菌群落结构和组成

PCoA 可以展示不同林型和土层的土壤细菌群落之间的差异（图3-1）。PER-

MANOVA 分析结果表明，显著影响土壤细菌群落结构的主要环境变量是土层($P<$ 0.001)和林型($P<0.001$)。横坐标上细菌群落因林型而分异，约占变异的 43%。土层是细菌群落组成的一个强有力的影响因子，样品中的细菌群落在 PCoA2 变化显著，变异量约为 23%。无论是 Ci 纯林还是 Pi_Ci 混交林，所有含 Ci 的样品都远离其他林型，这一差异在 PCoA 图中表现明显(图 3-1)，Sc、Pi 和 Pi_Sc 土壤细菌群落聚在一起；Ci 和 Pi_Ci 土壤细菌群落更相似。

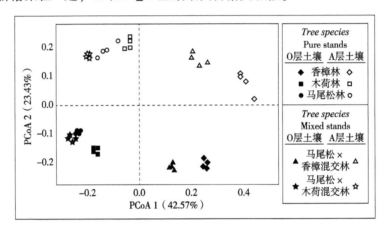

图 3-1　土壤细菌群落 PCoA 分析

注：圆形表示纯林土壤，三角形表示混交林土壤。实心表示 O 层土壤，空心表示 A 层土壤。

Ci 和 Pi_Ci 中某些类群的相对丰度低于 Sc、Pi 和 Pi_Sc，如变种属、酸热菌属、酸细菌属和酸细菌科(表 3-3 和图 3-2)。慢生根瘤菌属和伯克霍尔德菌属，亚硝化单胞菌科和黄杆菌科，以及来自酸细菌的类群在 Ci 和 Pi_Ci 比其他 3 种林型中更常见在 Sc、Pi 和 Pi_Sc 林型中比在 Ci 和 Pi_Ci 林型中更占优势的菌包括来自 Alphaproteobacteria 的分类群：红螺菌目、Variibac-ter、Rhizomicrobium、Roseiarcus 和 Acidicaldus，以及酸热菌属、放线菌属、酸微生物目和 Solirubrobacterales(表 3-3)。值得注意的是，在 Ci 和 Pi_Ci 森林中，加那利慢生根瘤菌、绿僵菌、伯克霍尔德菌、Gaiellales、几丁质菌科和亚硝基菌科的数量是其他 3 种林型的两倍(表 3-4)。

PERMANOVA 分析结果表明，土层($P=0.001$)和林型($P=0.001$)对土壤细菌群落结构影响及显著，而且土层和林型的相互作用影响也是极显著的($P=0.001$)。土壤 pH、SOC、NO_3-N、TK 和 TP($P=0.001$)显著影响土壤细菌群落的组成和结构(图 3-3)。土壤性质的变异可能对应于微生物群落沿 RDA 前两个轴的分布，分别解释了 57.05% 和 16.19% 的变异。

表3-3　木荷、马尾松及其混交林中相对丰度较高的细菌

森林类型	Rhodos pirillales	Halanaer obiales	Acidinic robiales	Solirubro bacterales	Acidibacter	Variibacter	Acidothermus	Rhizo microbium	Acido bacterium	Roseiarcus	Acidicaldus
O horizon											
香樟	3.12c	0.98c	1.65c	0.61d	3.43b	4.14b	2.42c	2.43b	0.43e	1.24c	0.43c
马尾松	5.88a	2.92a	3.29a	1.45ab	7.46a	7.10a	8.15a	3.22a	3.17b	1.70bc	1.10a
木荷	4.82b	3.06a	2.56b	1.81a	6.77a	5.08b	7.99a	3.78a	2.82c	2.17ab	0.78b
马尾松×香樟	2.97c	1.73b	2.04bc	0.96cd	3.50b	5.09b	3.23c	3.09ab	1.05d	1.39c	0.67b
马尾松×木荷	5.05a	3.11a	2.45b	1.19bc	8.53a	6.30a	6.50b	3.77a	3.51a	2.40a	0.74b
A horizon											
香樟	3.22c	0.49d	0.84c	0.17b	1.85c	2.51b	0.87c	1.67b	0.11c	0.40b	0.11c
马尾松	8.48a	3.25a	1.47ab	0.30b	5.91a	3.96ab	3.33b	2.40a	2.45a	0.75ab	0.48a
木荷	5.46b	2.16b	1.65a	0.28b	3.78b	4.94a	4.47a	1.60b	1.05b	0.82ab	0.40ab
马尾松×香樟	5.29b	1.19c	0.96bc	0.26b	2.90bc	2.87b	1.95c	2.00ab	0.41c	0.52b	0.35b
马尾松×木荷	10.05a	3.19a	1.88a	0.52a	6.90a	4.22ab	4.03ab	2.09ab	2.55a	1.08a	0.48a

注：平均值±标准差（n=4）。相同土层不同林型间的数值后加不同字母表示在 $P=0.05$ 水平上具有显著性差异。

表 3-4 香樟林、马尾松×香樟混交林中相对丰度较高的细菌

森林类型	Bradyrhizobium canariense	Gaiellales	Chitinop hagaceae	Nitrosomona duceae	Terracidiphilus	Burkholderia
O horizon						
香樟	4.07±0.280a	2.93±0.198a	1.26±0.108a	1.42±0.036a	1.01±0.029b	1.93±0.334a
马尾松	1.45±0.065c	0.61±0.082c	0.58±0.067b	0.018±0.007c	0.71±0.014c	0.50±0.060b
木荷	2.87±0.246b	0.51±0.038c	0.53±0.035b	0.032±0.011c	0.73±0.062c	2.05±0.235a
马尾松×香樟	4.75±0.249a	2.24±0.146b	1.49±0.092a	0.84±0.067b	1.39±0.060a	2.87±0.262a
马尾松×木荷	0.94±0.081c	0.27±0.024c	0.56±0.029b	0.00±0.00c	0.75±0.086c	0.45±0.056b
A horizon						
香樟	2.07±0.063a	0.92±0.121a	0.65±0.10a	1.81±0.501a	0.69±0.048b	0.61±0.069
马尾松	1.04±0.107b	0.48±0.090b	0.50±0.065ab	0.00±0.00b	1.38±0.164a	0.81±0.381
木荷	1.11±0.111b	0.22±0.028b	0.25±0.032b	0.00±0.00b	1.36±0.135a	0.16±0.023
马尾松×香樟	2.26±0.146a	0.99±0.072a	0.63±0.067a	0.37±0.099b	1.48±0.131a	0.87±0.038
马尾松×木荷	0.94±0.073b	0.35±0.032b	0.28±0.030b	0.00±0.00b	1.20±0.011a	0.40±0.070

注：值为平均值±标准差（$n=4$）。相同土层不同林型间的数值后加不同字母表示在 $P=0.05$ 水平上具有显著性差异。

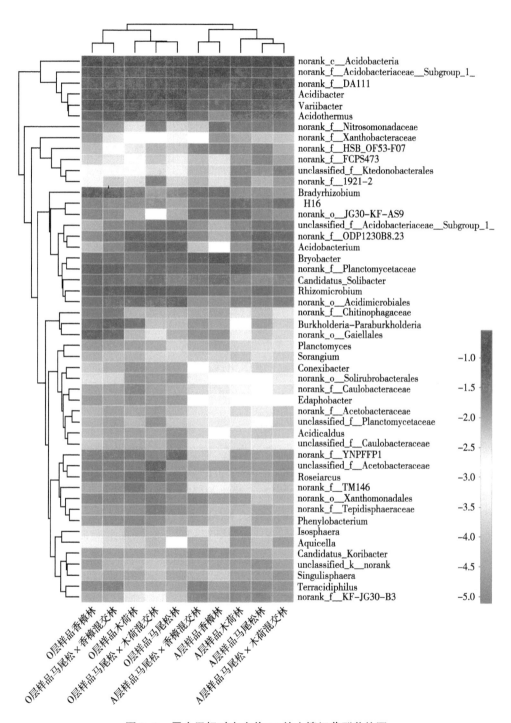

图3-2　属水平相对丰度前50的土壤细菌群落热图

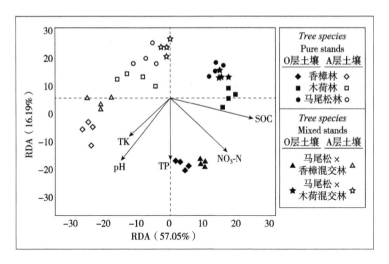

图 3-3 不同林型和土层的土壤细菌群落的 RDA 分析

注：SOC-土壤有机质；TK＝总钾；TP＝总磷；NO_3-N＝硝酸盐。圆形表示纯林土壤，三角形表示混交林土壤。

在所有林型中，O 层土壤中（最）丰富的菌属明显不同于 A 层土壤中检测到的菌属，这一现象可以由 O、A 两层土壤理化性质的显著差异来解释。O 层土壤的 SOC、TN、TP、NH_4-N、NO_3-N、Ca^{2+}、Mg^{2+}、SMBC 和 SMBN 含量明显高于 A 层土壤（表 3-5）。

与 Sc 和 Pi 纯林和 Pi_Sc 混交林相比，Ci 纯林和 Pi_Ci 混交林的土壤具有较高的 pH 值和较高的交换性 Ca 和 Mg 离子含量（表 3-6）。我们发现在 Sc、Pi 和 Pi_Sc 土壤中发现的特定细菌属的丰度与土壤 pH 和 TK 均呈显著负相关关系（表 3-7）。例如，Halanaerobiales、酸杆菌属、酸热菌属和酸杆菌属的相对丰度与 TP 和 TK 都呈负相关，而红螺菌目仅与 TP 负相关。除了红螺菌和 Halanaerobiales 外，其他特定细菌类群的相对丰度与 NH_4-N 呈正相关，包括嗜酸菌属、嗜酸菌属、酸杆菌属、嗜酸菌属、玫瑰红菌属、变杆菌属和微根毛菌属（表 3-7）。尽管 Ci 和 Pi_Ci 中最丰富的细菌（慢生根瘤菌、Gaiellales、Chitinophagaceae 和亚硝化单胞菌-阿达科）的相对丰度与土壤 pH、Ca、Mg、TP、TK、NO_3- 和 TN（亚硝化单胞菌科除外）呈正相关，但伯克霍尔德菌的相对丰度仅与 pH、Ca 和 Mg 呈正相关。此外，Terracidiphilus 的丰度仅与 pH、Ca、Mg、TP、TK 和 NH_4-N 呈正相关（表 3-8）。

表3-5 O层和A层土壤性质差异（合并林型）

土层	pH	有机碳 （g/kg）	全氮 （mg/kg）	全磷 （g/kg）	铵态氮 （mg/kg）	硝态氮 （mg/kg）	Ca （cmol/kg）	Mg （cmol/kg）	微生物量碳 （mg/kg）	微生物量氮 （mg/kg）
O层	4.17±0.07	60.47±5.92	3.55±0.30	0.39±0.03	43.10±5.65	29.95±3.92	1.69±0.14	1.99±0.69	61.17±8.11	21.60±3.96
A层	4.29±0.03	27.95±4.92	1.70±0.32	0.33±0.04	12.09±1.74	12.33±2.73	1.16±0.25	1.21±0.28	36.90±4.19	2.50±0.42
P值	0.123	<0.001	<0.001	0.219	<0.001	<0.001	0.075	0.023	0.11	<0.001

注：值为平均值±标准差（n=20）。P值表示O层和A层之间的差异。

表3-6 不同林型的土壤性质（合并土层）

森林类型	pH	有机碳 （g/kg）	全氮 （mg/kg）	全磷 （g/kg）	全钾 （g/kg）	铵态氮 （mg/kg）	硝态氮 （mg/kg）	Ca （cmol/kg）	Mg （cmol/kg）	微生物量碳 （mg/kg）	微生物量氮 （mg/kg）
香樟	4.50±0.04a	39.35±7.43	2.82±0.49	0.55±0.02a	7.92±0.12a	22.06±6.31ab	35.44±8.33a	1.90±0.31ab	2.13±0.40ab	50.63±8.65ab	11.99±2.96ab
马尾松	4.07±0.04b	47.31±12.23	2.58±0.62	0.39±0.03b	7.79±0.11a	22.78±6.48ab	11.59±2.42b	1.21±0.22bc	1.10±0.23c	50.33±16.07ab	20.45±7.50a
木荷	4.09±0.04b	40.31±9.24	2.19±0.55	0.20±0.02c	2.53±0.07c	35.63±8.77ab	18.15±5.49b	0.90±0.20c	1.15±0.28bc	29.34±3.35b	3.27±0.88b
马尾松×香樟	4.50±0.01a	41.71±10.96	2.74±0.65	0.42±0.03b	7.91±0.10a	14.72±4.41b	20.94±5.30ab	2.10±0.45a	2.38±1.33a	75.56±9.34a	21.04±7.94a
马尾松×木荷	3.99±0.07b	52.37±12.81	2.80±0.75	0.25±0.03c	3.02±0.04b	42.80±12.52a	19.60±5.70ab	1.03±0.23c	1.24±0.30bc	39.32±8.32b	3.50±0.74b

注：n=8。不同字母表示在0.05水平下差异性显著。

表 3–7　木荷林、马尾松林及其混交林中丰度较高的细菌属与土壤性质的相关性

细菌属	pH		Ca		Mg		全磷		全钾		硝态氮		铵态氮		有机碳	
	R	P	R	P	R	P	R	P	R	P	R	P	R	P	R	P
红螺菌目	-0.448	0.004	-0.348	0.028	-0.415	0.008	-0.495	0.001			-0.466	0.022				
盐沃氧菌目	-0.733	<0.001	-0.353	0.026	-0.319	0.045	-0.633	<0.001	-0.409	0.009						
醋酸杆菌属	-0.798	<0.001					-0.435	0.005	-0.509	0.001			0.479	0.02		
热酸菌属	-0.796	<0.001					-0.503	0.001	-0.660	<0.001			0.554	<0.001	0.345	0.029
酸杆菌属	-0.87	<0.001					-0.437	0.05	-0.485	0.02			0.512	0.001	0.371	0.019
Acidicaulis	-0.609	<0.001											0.431	0.05		
Roseiarcus	-0.559	<0.001					-0.501	0.01			0.323	0.042	0.639	<0.001	0.411	0.009
变异杆菌属	-0.568	<0.001					-0.376	0.017					0.417	0.007		
根瘤菌属	-0.524	0.001	0.331	0.037	0.423	0.006					0.443	0.004	0.513	0.001	0.409	0.009

表 3–8　香樟林及其与马尾混交林中丰度较高的细菌属与土壤性质的相关性

细菌属	pH		Ca		Mg		全磷		全钾		硝态氮		有机碳	
	R	P	R	P	R	P	R	P	R	P	R	P	R	P
慢生根瘤菌属	0.582	<0.001	0.447	0.04	0.479	0.002	0.474	0.02	0.324	0.042	0.443	0.04		
盖勒氏菌目	0.705	<0.001	0.353	0.025	0.415	0.008	0.722	<0.001	0.626	<0.001	0.477	0.02		
噬儿丁质科	0.405	0.01					0.628	<0.001	0.478	0.002	0.56	<0.001		
亚硝化单胞菌科	0.67	<0.001	0.509	0.001	0.489	0.001	0.715	<0.001	0.501	0.001	0.475	0.002		
Terracidiphilus	0.743	<0.001	0.555	<0.001	0.564	<0.001	0.518	0.001	0.499	0.01				
伯克霍尔德菌属	0.603	<0.001	0.474	0.002	0.449	0.004								

1.2.3 土壤细菌功能预测

马尾松林改造后土壤细菌功能发生变化。通过与 FAPROTAX 数据库进行比对，得到 5 个林型土壤细菌的功能注释(图 3-4)。马尾松改造成香樟纯林以及马尾松-香樟混交林后，与氮循环相关的功能团如硝化作用、固氮、好氧氨氧化功能团相对丰度显著提高；但香樟林的纤维素代谢、化能异养以及好氧化能异养功能团相对丰度显著降低。进一步分析发现，光营养功能团和纤维素代谢功能团与土壤有机碳显著正相关，光营养细菌在有机质循环中扮演重要的角色，可以提高有机质含量；而纤维素分解菌丰度越高，能够降解的纤维素就越多，归还到土壤中的有机质含量也相应增加。虽然化能异养和好氧化能异养功能团与土壤有机碳没有显著相关关系，但这两类功能团在五个林型中的变化趋势与有机碳一致，均

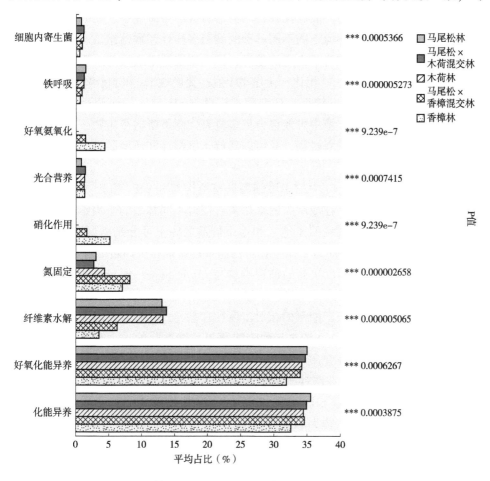

图 3-4 基于 FAPROTAX 的土壤细菌微生物功能预测

在马尾松纯林中最高，香樟纯林中最低；而化能异养和好氧化能异养细菌在生态系统的有机质循环中发挥重要作用，可以促进土壤有机质的分解和碳素循环。而香樟纯林、马尾松-香樟混交林中纤维素代谢功能团、化能异养和好氧化能异养功能团的相对丰度较低可能是导致这两个林型中土壤有机碳含量偏低的主要原因之一。此外，固氮功能团与土壤团聚体稳定性 GMD 和 MWD 显著正相关（P 分别为 0.012 和 0.017），固氮菌能产生细菌胞外聚合物（如多糖），具有粘着性能促进团聚体的稳定性，而香樟纯林和马尾松-香樟混交林中固氮功能团丰度（7% ~ 8%）是其他三个林型（2.7% ~ 4.4%）的近两倍，高丰度的固氮功能团也使得香樟林的土壤团聚体更加稳定。

1.3　讨论

酸性土壤中的微生物可能有其独特的群落组成。本研究中，研究了重庆铁山坪地区长期暴露于酸雨环境下的不同林型的细菌多样性和群落组成，以评估不同林型的土壤细菌多样性和群落组成的差异，探究细菌群落组成与土壤酸度之间的关系。与 Pi、Sc 以及 Pi_Sc 相比，土壤 pH 值、交换性 Ca 和 Mg 含量高的 Ci 或 Pi_Ci 的土壤细菌多样性也较高，且细菌多样性与 pH、Ca、Mg 显著正相关。随着细菌多样性的增加，土壤中可能包含更多具有代谢策略的微生物，这些代谢策略可以改变生态系统的发展过程，并可以降低土壤酸性和环境胁迫，从而改善土壤健康状况。

研究表明，Ci 和 Pi_Ci 中的土壤细菌群落结构与 Sc、Pi 和 Pi_Sc 中的不同。由于这种差异，土壤中存在或缺失的细菌类群使得不同林型的土壤细菌群落组成模式发生改变。这一发现说明了地上和地下群落之间不可分割的联系（Wardle et al.，2004），特别是树种对地下微生物群落组成的影响很大（Lejon et al.，2005）。Sc、Pi 和 Pi_Sc 中相对丰度更高的细菌类群与 pH 负相关，但只有嗜酸菌和产酸菌与交换性 Ca、Mg 负相关。

不同林型中嗜酸菌和产酸菌的相对丰度存在差异。在所有土壤中都非常丰富的红螺菌目（Rhodospirillales）包含几种嗜酸菌属。这类菌的一个普遍特征是将乙醇有氧氧化为乙酸从而在介质中积累乙酸（Röling，2010）。红螺菌目 Rhodospirillales 与土壤 pH 负相关，在酸性土壤中比较常见，而该类菌产生的乙酸在土壤中累积则会进一步降低土壤 pH。Halanaerobiales 是能发酵或同化乙酰代谢的厌氧菌，其代谢过程的最终产物为醋酸盐（Singh，2012）。Halanaerobiales 中一些菌的全细胞水解过程中会形成大量的酸性氨基酸（Bardavid and Oren，2012），这将导致土壤进一步酸化。因此，在 Sc、Pi 和 Pi_Sc 中红螺菌目 Rhodospirillales 和 Halanaerobiales 的含量比 Ci 和 Pi_Ci 更丰富从而可能一定程度上加剧土壤酸化。

在 Sc、Pi 和 Pi_Sc 土壤中，醋酸杆菌属 Acidibacter（Falagán and Johnson，2014）、酸杆菌属 Acidobacterium（Thrash and Coates，2015）、Roseiarcus（Kulichevskaya et al.，2014）、Varribacter（Kim et al.，2014）、Acidicaldu（Johnson et al.，2006）和 Rhizomicrobium 根瘤菌（Xue et al.，2017）的丰度较高，由此可见，酸性土壤中含有更多的嗜酸细菌。

在 Ci 和 Pi_Ci 林型中嗜酸菌和产酸菌丰度较低，而含有更多的有益菌，包括有助于土壤团聚体形成的菌以及能增加环境胁迫抵抗力的菌。Ci 和 Pi_Ci 中相对丰度高的菌与土壤 pH 和交换性钙镁正相关。具有耐酸性的内共生固氮细菌 Bradyrhizobium canariense（Stepkowski et al.，2011）在所有土壤样品中含量都很高，Ci 和 Pi_Ci 中该菌的相对丰度分别是其他林型的三到四倍。Terracidiphilus 属产生与植物源低聚糖和几丁质降解有关的细胞外酶（García-Fraile et al.，2016；Stepkowskia et al.，2011）。Bradyrhizobium canariense 和 Terracidiphilus 都产生大量胞外多糖，这些胞外多糖在土壤团聚体形成中起着重要作用，同时也是微生物的碳源（García-Fraile et al.，2016）。这两类菌的存在既能改善土壤团聚，又能提供丰富的碳源，有助于改善土壤质量、促进植物生长（Costa et al.，2018）。Gaiellales 的某些基因参与三羧酸循环、糖异生和戊糖磷酸途径，这不仅影响土壤碳循环，还参与活性氧解毒（Severino et al.，2019），可能有助于增强宿主对环境胁迫的抵抗力。亚硝基单胞菌科 Nitrosomonadaceae 由一组氨氧化剂组成，它们在控制氮循环方面起着重要作用（Prosser et al.，2014）。由于亚硝基单胞菌科 Nitrosomonadaceae 的相对丰度与土壤 NO_3-浓度呈正相关（p<0.001），因此 Ci 和 Pi_Ci 土壤中亚硝基单孢菌科的丰度越高，可能促进土壤的硝化作用。

低 pH 值可能有利于嗜酸菌和耐受一定酸性的细菌生存；而一些嗜酸菌如 Halanaerobiales 和 Rhodospirillales 丰度较高可能产生更多的酸从而进一步降低土壤 pH。我们在 Sc、Pi 和 Pi_Sc 土壤中检测到更多的嗜酸菌，这些菌群与 Ci 和 Ci_Pi 的土壤细菌群落有明显差异。树种的影响扩展到植被群落之外，进而影响土壤因子和地下群落，研究结果也表明土壤酸度和土壤细菌群落组成之间存在一系列复杂关系。

1.4 小结

本研究结果证实，铁山坪酸性土壤中种植香樟可能有利于改善土壤质量；而种植木荷并没有改善严重退化的马尾松林。尽管酸沉降减少，这些土壤仍可能继续酸化。土壤细菌群落结构的差异可能在一定程度上解释了这种现象，因为细菌代谢过程导致土壤中乙酸和氨基酸的进一步增加。在种植木荷的林型中，产酸菌的类群更为丰富，这可能导致有机酸的额外积累，从而进一步降低土壤 pH 值。

此外，种植香樟的林型土壤酸度的轻微降低可能是由于土壤缓冲能力的增加，因为香樟凋落物富含 Ca 和 Mg，有利于缓解土壤酸化。需要进一步的研究，以更好地了解植物和土壤微生物群落的相互作用，这些相互作用可能影响或改善不同森林类型的土壤酸度。

2 不同林型土壤真菌群落结构

土壤真菌是另一类重要的土壤微生物，相比于细菌，真菌更直接地依赖于凋落物和树木的营养相互作用，许多真菌是专一性根共生体或病原体；且真菌更倾向于酸性环境，土壤酸化必将对土壤真菌产生影响。因此，了解土壤酸化背景下不同林型的土壤真菌群落结构有助于我们更好地了解不同营林措施对酸化土壤及其森林质量的影响，为酸雨区森林生态系统健康可持续发展提供科学依据。

2.1 研究方法

2.1.1 土壤取样

同第二章。

2.1.2 土壤性质分析

土壤 pH 测定采用电位法；土壤阳离子交换量（CEC）采用草酸铵-氯化铵浸提后用半微量凯氏定氮法测定；土壤有机碳（SOC）用重铬酸钾容量-外加热法测定；土壤全氮（TN）利用 H_2SO_4-H_2O_2 消煮后用半微量定氮法测定；土壤全磷（TP）采用 NaOH 熔融-钼锑抗比色法分析；土壤全钾（TK）利用 NaOH 熔融-火焰光度法测定；氨氮和硝氮则采用 0.01mol/L 氯化钙浸提后利用 AA3 流动注射分析仪进行分析测定。

2.1.3 土壤真菌群落分析

DNA 提取和 PCR 扩增：根据试剂盒 E. Z. N. A. © soil DNA kit（Omega Bio-tek，Norcross，GA，U. S.）说明书进行微生物群落总 DNA 抽提，使用 1% 的琼脂糖凝胶电泳检测 DNA 的提取质量，使用 NanoDrop2000 测定 DNA 浓度和纯度；使用 ITS1F（5'-CTTGGTCATTTAGAGGAAGTAA-3'）和 ITS2R（5'-GCTGCGTTCT-TCATCGATGC-3'）对 ITS1 基因进行 PCR 扩增。扩增程序如下：95℃预变性 3min，37 个循环（95℃变性 30s，55℃退火 30s，72℃延伸 45s），然后 72℃稳定延伸 10min，最后在 4℃进行保存（PCR 仪：ABI GeneAmp © 9700 型）。PCR 反应体系为：5×TransStart FastPfu 缓冲液 4μL，2.5mM dNTPs 2μL，上游引物

(5uM)0.8μL，下游引物(5uM)0.8μL，TransStart FastPfu DNA 聚合酶 0.4μL，模板 DNA 10ng，ddH2O 补足至 20μL。每个样本 3 个重复。

IlluminaMiseq 测序：将同一样本的 PCR 产物混合后使用 2% 琼脂糖凝胶回收 PCR 产物，利用试剂盒 AxyPrep DNA Gel Extraction Kit(Axygen Biosciences，Union City，CA，USA)进行回收产物纯化，经 2% 琼脂糖凝胶电泳检测，并用 Quantus Fluorometer(Promega，USA)对回收产物进行检测定量。使用 NEXTflexTM Rapid DNA-Seq Kit(Bioo Scientific，美国)进行建库：①接头链接；②使用磁珠筛选去除接头自连片段；③利用 PCR 扩增进行文库模板的富集；④磁珠回收 PCR 产物得到最终的文库。利用 Illumina 公司的 Miseq PE300 平台进行测序(上海美吉生物医药科技有限公司)。

2.1.4 数据处理及统计分析

2.1.4.1 土壤性质数据

本文目的之一是探讨不同林型与土壤酸化间的关系，为了更直观地表现不同林型之间土壤性质的差异，将各林型不同土层的土壤合并后运用 SPSS18 对土壤性质进行单因素方差分析(ANOVA)和 Tukey's 显著性检验(HSD)，检测不同林型间土壤酸化指标和土壤养分之间的显著性水平。

2.1.4.2 土壤真菌群落数据

使用 fastp(https：//github. com/OpenGene/fastp，version 0. 20. 0)软件对原始测序序列进行质控，使用 FLASH(http：//www. cbcb. umd. edu/software/flash，version 1. 2. 7)软件进行拼接：①过滤 reads 尾部质量值 20 以下的碱基，设置 50bp 的窗口，如果窗口内的平均质量值低于 20，从窗口开始截去后端碱基，过滤质控后 50bp 以下的 reads，去除含 N 碱基的 reads；②根据 PE reads 之间的 o-verlap 关系，将成对 reads 拼接(merge)成一条序列，最小 overlap 长度为 10bp；③拼接序列的 overlap 区允许的最大错配比率为 0. 2，筛选不符合序列；④根据序列首尾两端的 barcode 和引物区分样品，并调整序列方向，barcode 允许的错配数为 0，最大引物错配数为 2。

使用 UPARSE 软件(http：//drive5. com/uparse/，version 7. 1)，根据 97% 的相似度对序列进行 OTU 聚类并剔除嵌合体。利用 RDP classifier(http：//rdp. cme. msu. edu/，version 2. 2)对每条序列进行物种分类注释，比对 unite8. 0/its_ fungi，设置比对阈值为 70% 。

本研究利用美吉生物云平台(https：//cloud. majorbio. com/)完成高通量测序数据分析。利用 Mothur 软件计算 Alpha 多样性指数(Shannon，Sobs，Chao1，Ace)，为了更直观地表现不同林型之间土壤真菌群落多样性的差异，将各林型不

31

同土层的土壤合并后运用SPSS18对多样性指数进行单因素方差分析。利用R软件（version3.3.1）基于 Bray-cutis 距离算法进行主坐标分析（Principal co-ordinates analysis，PCoA 分析）区分不同林型土壤真菌群落结构特征，结合 PERMONAVA 分析确定林型、土层对土壤真菌群落结构的影响。用 97% 相似性的样本 OTU 表进行消除趋势对应分析（detrended correspondence analysis，DCA），其结果显示土壤真菌数据适合用冗余分析（Redundancy analysis，RDA）探讨土壤性质与土壤真菌群落结构的相互关系。为找出造成不同林型土壤真菌群落差异的主要菌群，利用 SPSS18 对合并土层的真菌属水平分类单位丰度进行单因素方差分析。

2.2 结果

2.2.1 土壤酸化和土壤养分状况

将 Pi 改造成 Ci 以及 Pi_Ci 后，土壤 pH 值显著提高 0.43 个单位，而 NH_4：NO_3 则显著降低 3 倍；而改造成 Sc 和 Pi_Sc 后 pH 值没有显著变化，但 Sc 的 NH_4：NO_3 与 Pi 相比显著提高了约 35%。Pi 的改造对土壤 SOC 和 TN 含量都没有显著影响，但改造成 Ci 显著提高了 TP 含量，而改造成 Sc 和 Pi_Sc 后 TP、TK 含量均显著低于 Pi（表 3-9）。

表 3-9　不同林型土壤酸化指标及土壤养分

林型	pH	CEC （cmol/kg）	NH_4：NO_3	SOC （g/kg）	TN （g/kg）	TP （g/kg）	TK （g/kg）
马尾松	4.07±0.04b	8.42±1.11	1.70±0.21b	47.31±12.23	2.58±0.62	0.39±0.03b	7.79±0.11a
香樟	4.50±0.04a	8.45±0.84	0.55±0.05c	39.35±7.43	2.82c±0.49	0.55±0.02a	7.92±0.12a
木荷	4.09±0.04b	6.73±1.19	2.62±0.31a	40.31±9.24	2.19±0.55	0.20±0.02c	2.53±0.07c
马尾松×香樟	4.50±0.01a	8.15±1.19	0.60±0.06c	41.71±10.96	2.74±0.65	0.42±0.03b	7.91±0.10a
马尾松×木荷	3.99±0.07b	8.86±1.56	2.16±0.03ab	52.37±12.81	2.80±0.75	0.25±0.03c	3.02±0.04b

　　注：不同字母表示不同林型之间差异显著（$P<0.05$）。

　　pH，酸碱度 Potential of hydrogen；CEC，土壤阳离子交换量 Soil cation exchange capacity；NH_4：NO_3，硝态氮与铵态氮的比值；SOC，土壤有机碳 Soil organic carbon；TN，土壤全氮 Total nitrogen；TP，土壤全磷 Total phosphorus；TK，土壤全钾 Total potassium。

2.2.2 土壤真菌群落

通过对不同林型不同土层的土壤样本进行高通量测序，按最小样本序列上进行样本序列抽平处理后，共得到优化序列 2,105,668 条，经分析属于 7 门、29 纲、88 目、216 科、451 属、727 种、3713 OTUs。

2.2.2.1　真菌群落多样性

除香农指数外，Chao1、Sobs 及 Ace 指数均以 Ci 林型最高，且 Chao1 指数显著高于 Pi 和 Pi_Sc 样本，Sobs 指数显著高于 Pi_Ci 和 Pi_Sc，Ace 指数显著高于 Pi。虽然 Sc 林型的 Shannon 指数最高，但 Pi、Ci 以及 Pi_Ci 与其没有显著差异（表3-10）。所以，总体来讲，五种林型中 Ci 林型土壤真菌多样性更丰富。相关性分析表明（表3-11），土壤 pH 值与 Chao1 和 Sobs 指数显著正相关；CEC 与 Shannon、Chao1、Sobs 和 Ace 均呈正相关；而 $NH_4:NO_3$ 则与 Chao1 和 Sobs 呈显著负相关；TK 与 Chao1 指数显著正相关。

表3-10　不同林型土壤真菌的 alpha 多样性指数

林型	Chao1 指数	Ace 指数	生态优势度指数	香农指数
马尾松	760±38bc	723±50b	521.25±8.63ab	3.91±0.20ab
香樟	1140±99a	944±65a	621.25±25.73a	3.94±0.14ab
木荷	908±75ab	783±80ab	543.00±29.68ab	4.27±0.22a
马尾松×香樟	1065±145a	779±52ab	474.25±25.15b	3.74±0.32ab
马尾松×木荷	582±59c	799±55ab	499.25±19.63b	3.46±0.09b

注：不同字母表示不同林型之间差异显著（$P<0.05$）。

表3-11　真菌多样性指数与土壤性质相关性分析

土壤性质	Chao 指数	Ace 指数	生态优势度指数	香农指数
pH	0.446**		0.416**	
CEC	0.337*	0.762**	0.358*	0.522**
$NH_4:NO_3$	-0.495**		-0.446**	
TK	0.361*			

注：* 在 0.05 水平上显著相关；** 在 0.01 水平上显著相关。

2.2.2.2　真菌群落组成

如图3-5所示，在 Ci 和 Pi_Ci 两林型 O 层和 A 层土壤样品中的优势物种表现一致，子囊菌门（Ascomycoda）相对丰度最高（平均为43.44%），其次为被孢霉门（Mortierellomycota）（18.24%），担子菌门（Basidiomycota）和罗兹菌门（Rozellomycota）相对低一些（平均相对丰度分别为11.11%和6.06%）。而 Pi、Sc 及 Pi_Sc 的 O 层和 A 层土壤样品中，相对丰度排在前两位的优势物种比较一致，分别是子囊菌门（38.05%）和担子菌门（21.98%）。而相对丰度排在第三位的物种在 O 层和 A 层中表现不同，O 层中为罗兹菌门（平均22.84%），而 A 层中则是被孢霉门（平均为8.39%）。子囊菌门在各样本中分布比例比较均衡（6.3%～16%）；担子菌门分布比例差别较大，Pi_A 中分布比例达 27%，而在 Pi_Sc_O 中分布比例最少只有（3.4%）；被孢霉门在 Ci_O 中分布比例最大（28%），同样在 Pi_Sc_O 中分布比例最少（2.5%）；而 Pi_Sc_O 中罗兹菌门分布比例高达 35%，而在 Pi_A 中分布比例只有 1.5%。由此可见，不同林型的不同土层样本之间土壤真菌群落组成存在差异。

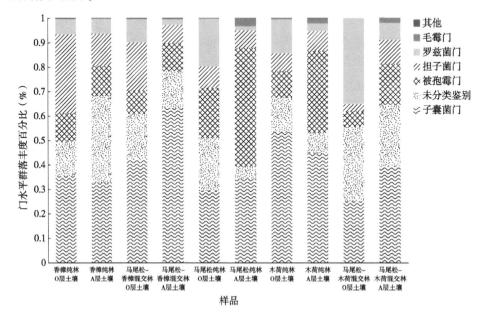

图 3-5　不同林型不同土层土壤真菌门水平群落组成

2.2.2.3　群落结构及其与土壤环境因子间的关系

PCoA 结果表明（图 3-6），主成分 1 轴解释了土壤真菌群落结构变异量的 21.97%，且该轴将不同林型的土壤真菌群落区分为两个大的类群，如图 3-6 所示。Pi、Sc、Pi_Sc 的土壤真菌群落分布在主成分 1 轴的右侧，而 Ci 和 Pi_Ci 则分布在左侧。而主成分 2 轴解释了土壤真菌群落结构变异量的 19.68%，且不同土层在主成分 2 轴上区分开来，O 层基本分布在主成分 2 轴的下半部分，而 A 层则聚集在主成分 2 轴的上半部分。PERMANOVA 分析结果表明，森林类型、土层及两者交互作用均对土壤真菌群落结构产生显著影响（$P=0.001$）；林型和土层交互作用的 R^2 值为 0.84041，林型的 R^2 值为 0.4112，土层的 R^2 值为 0.17492，说明林型对土壤真菌群落结构的影响大于土层。

RDA 分析结果（图 3-7）表明，土壤 pH 值对真菌群落影响最大（$P=0.001$），其次为 CEC 和 SOC（P 值分别为 0.002 和 0.003），TN 含量也显著影响真菌群落结构（$P=0.004$），而 TP 和 TK 对真菌群落结构的影响不显著。

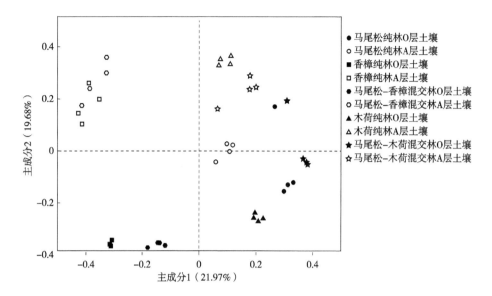

图3-6　不同林型不同土层土壤真菌群落 PCoA 分析

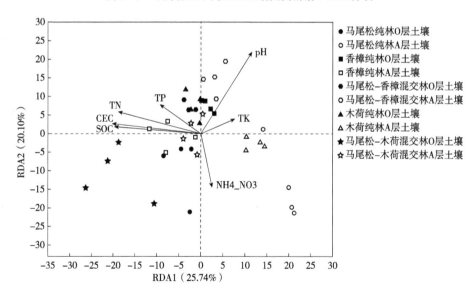

图3-7　不同林型不同土层土壤真菌群落与土壤性质的 RDA 分析

注：RDA 分析，冗余分析；环境因子箭头的长短可以代表环境因子对于物种数据的影响程度的大小；NH_4-NO_3，硝态氮与铵态氮的比值，即 NH_4：NO_3。

2.2.2.4　不同林型中差异菌分析

通过分析发现，除 Pi_Ci 外，其他林型都有一些特征菌（表3-12）。*Russula*、*Geminibasidium*、*Tomentella*、*Sebacina* 属及 Russulaceae 和 Herpotrichiellaceae 科在

Pi 土壤中的相对丰度显著高于其他四个林型，且其他四个林型中这些真菌的丰度很低或未检出。Ci 土壤中的 *Mortierella* 属相对丰度是 Pi、Sc 及 Pi_Sc 三个林型的三倍之多，且 *Hygrocybe* 属只出现在 Ci 林型中。而 Sc 土壤中 *Cladophialophora*、*Sarcodon*、*Paecilomyces*、*Chloridium* 及 *Chamaeleomyces* 的相对丰度显著高于其他林型。而 Venturiales 目和 *Penicillium* 属在 Pi、Sc 及 Pi_Sc 中丰度都相对较高，且 Pi_Sc 中这两类真菌含量显著高于 Ci 和 Pi_Ci，且 Ci 和 Pi_Ci 中未检出 Venturiales。

表 3-12　不同林型之间有显著差异的土壤真菌的相对丰度

土壤真菌	马尾松	香樟	木荷	马尾松×香樟	马尾松×木荷
红菇属	10.82±3.99a	0.00±0.00b	0.01±0.01b	0.00±0.00b	0.26±0.10b
红菇科	7.73±3.14a	0.00±0.00b	0.00±0.00b	0.69±0.28b	0.00±0.00b
双子担子菌属	3.90±1.51a	0.12±0.07b	0.14±0.06b	0.03±0.01b	0.07±0.02b
棉革菌属	2.35±0.83a	0.00±0.00b	0.00±0.00b	0.01±0.00b	0.00±0.00b
蜡壳菌属	1.13±0.27a	0.00±0.00b	0.00±0.00b	0.00±0.00b	0.00±0.00b
蔓毛壳科	0.61±0.29a	0.00±0.00b	0.00±0.00b	0.00±0.00b	0.00±0.00b
被孢霉属	7.86±1.47b	22.93±3.96a	7.92±0.87b	13.84±2.53ab	6.18±1.53b
湿伞属	0.00±0.00b	1.53±0.64a	0.00±0.00b	0.00±0.00b	0.00±0.00b
枝孢瓶霉属	0.52±0.20b	0.53±0.17b	2.44±0.93a	0.63±0.23b	0.10±0.04b
肉齿菌属	0.00±0.00b	0.00±0.00b	4.12±1.96a	0.00±0.00b	0.00±0.00b
拟青霉属	0.18±0.06b	0.76±0.28ab	1.76±0.69a	0.70±0.26b	0.04±0.01b
单孢霉属	0.21±0.04b	0.38±0.09b	1.44±0.39a	0.16±0.05b	0.39±0.10b
Chamaeleomyces	0.03±0.01b	0.10±0.04b	0.68±0.24a	0.20±0.09b	0.03±0.01b
黑星菌目	0.45±0.18ab	0.00±0.00b	1.66±0.64ab	0.00±0.00b	2.17±0.84a
青霉属	6.54±1.05ab	0.84±0.34b	4.28±0.87ab	0.94±0.33b	11.05±4.38a

注：不同字母表示不同林型之间差异显著（$P<0.05$）。

表 3-13 相关性分析表明，Ci 中含量丰富的 *Mortierella* 和 *Hygrocybe* 与土壤 pH 值、总磷含量及硝态氮含量呈显著正相关，且 *Mortierella* 与土壤 $NH_4 : NO_3$ 呈显著负相关。Pi 中含量高的 Russulaceae 与土壤 TN、SOC 及 NO_3-N 呈负相关，而 *Sebacina* 与 pH 呈显著负相关。Sc 中相对丰度最高的 *Sarcodon*、*Chloridium* 及 *Chamaeleomyces* 均与 TK 呈显著负相关，后两者与 NH_4-N 呈显著正相关；且 *Sarcodon* 与 CEC、TN、TP 及 TK 呈显著负相关，与 $NH_4 : NO_3$ 呈正相关。而 Venturiales 除了与 pH 无相关性、与 $NH_4 : NO_3$ 呈正相关外，与其他所有土壤指标呈显著负相关关系；且 *Penicillium* 也与大多数土壤性质呈显著负相关，与 pH、SOC 及 NH_4-N 无相关性。

表 3-13　不同林型差异菌与土壤性质的相关性分析

土壤真菌	pH	CEC	$NH_4:NO_3$	TN	TP	TK	SOC	NH_4-N	NO_3-N
被孢霉属	0.515 (0.001)		−0.477 (0.002)		0.426 (0.006)	0.430 (0.006)			0.392 (0.012)
湿伞属	0.461 (0.003)				0.431 (0.006)				0.671 (<0.001)
红菇科				−0.331 (0.037)			−0.329 (0.038)		−0.312 (0.050)
蜡壳菌属	−0.314 (0.049)						0.320 (0.044)		
枝孢瓶霉属								0.430 (0.006)	
肉齿菌属		−0.402 (0.010)	0.592 (<0.001)	−0.328 (0.039)	−0.426 (0.006)	−0.362 (0.022)			
暗梗单孢霉属						−0.527 (<0.001)		0.491 (0.001)	
Chamaeleomyces						−0.348 (0.028)		0.358 (0.023)	
黑星菌目	−0.612 (<0.001)	0.587 (<0.001)	−0.597 (<0.001)	−0.710 (<0.001)	−0.521 (0.001)	−0.508 (0.001)	−0.384 (0.015)		−0.532 (<0.001)
青霉属	−0.357 (0.024)			−0.389 (0.013)	−0.520 (0.001)	−0.330 (0.038)			−0.381 (0.015)

注：括号内数字为 P 值。

2.3　讨论

土壤酸化及其恢复是一个复杂的过程，很难用一个单一指标来进行定量描述，而土壤 pH 是土壤性质最重要的因素之一，并且直接受酸沉降的影响。重庆铁山坪酸雨区将马尾松纯林改造成香樟纯林或马尾松–香樟混交林后显著提高土壤 pH，说明香樟能有效缓解土壤的酸化。土壤中硝态氮和铵态氮的比例也会对土壤酸化产生影响。研究表明当 $NH_4:NO_3$ 低于 1 时，说明土壤中以 NO_3-N 为主，则植物吸收的 NO_3-N 比 NH_4-N 多；而当土壤中 NH_4-N 比例高时，则植物根系吸收 NH_4^+ 释放 H^+，则根际酸化会加剧，从而加重铝毒影响盐基离子的吸收（Heij et al.，1991）。在本研究中，香樟纯林和马尾松–香樟混交林的 $NH_4:NO_3$ 均显著低于马尾松纯林且均低于 1，说明这两个林型中植物以吸收 NO_3-N 为主，不会加剧土壤酸化；而马尾松纯林的 $NH_4:NO_3$ 大于 1，且改造成木荷纯林和马尾松–木荷混交林后比值均显著增加，说明会加剧根际酸化，影响盐基离子吸收，且土壤 TP、TK 也显著降低（表 3-9），均不利于植物生长。

土壤微生物是生态系统中重要的分解者，其多样性和组成在土壤健康调控中起关键作用。而真菌是土壤微生物的重要组成部分，在营养物质循环、能量流动过程中起着重要作用，土壤真菌是评价土壤质量的关键指标。在酸沉降区域，对受损马尾松纯林进行阔叶林替代或林下补植阔叶树种形成针阔混交林是常用的营林措施。

研究发现，香樟纯林的土壤真菌多样性高于其他林型，这应该与香樟纯林土壤酸化没有其他林型严重有关；且多样性指数与土壤酸化指标（pH 值、CEC、NH_4：NO_3）显著相关，说明土壤酸化缓解后有利于土壤真菌多样化，这与对细菌多样性的影响一致。张义杰等（2022）发现，在酸化土壤中施用生石灰后能在提高土壤 pH 的同时，显著增加真菌多样性指数，这与本文研究结果一致。土壤真菌群落多样性发生变化的同时，不同林型的真菌群落结构也发生显著变化，而且从 PCoA 图可以看出土壤 O 层和 A 层的真菌群落结构分化明显，Stone 等（2014）同样发现土壤深度是影响微生物群落结构的主要因子，这主要是由于不同深度土壤理化性质的差异造成的（Ding et al.，2021），而这种理化性质之间的差异主要是由于地上凋落物和细根周转对表层土壤的影响要大于深层土壤（Feng et al.，2019）。从 PCoA 图上还可以看出，不同林型的真菌聚成两大类，香樟纯林和马尾松-香樟混交林的真菌群落结构更相似，而马尾松纯林、木荷纯林与马尾松-木荷混交林的真菌群落结构更接近，这与 5 个林型下土壤细菌群落结构表现一致。同样，RDA 分析结果表明，反映土壤酸化特征的 pH、CEC 对真菌群落结构的影响最显著，真菌群落多样性与这些指标呈正相关，表明土壤真菌群落多样性和结构的差异与不同林型下土壤酸化程度存在密切相关性。其次，SOC、TN 两项土壤性质也同样显著影响真菌群落结构，这与刘立玲等人（2022）的研究结果是一致的，均认为 SOC、TN 与真菌群落结构的变化密切相关（Li et al.，2022）。这是因为碳和氮是真菌的营养元素，为真菌提供养分来源。同时土壤的碳氮水平影响着真菌分解有机物的酶的合成，从而对真菌群落结构产生影响（高文慧，2021）。又有研究表明，无论是松树林、橡树林还是草地，土壤的 SOC 和 TN 含量随着土层变深而递减，其垂直分布呈"倒三角"趋势（Jiang et al.，2021），这也很好地解释了 PCoA 图中显示的土壤 O 层和 A 层的真菌群落结构分化明显的现象。

通过对不同林型土壤真菌多样性差异的分析，发现在香樟纯林中 *Mortierella* 和 *Hygrocybe* 这两属真菌明显高于其他林型。*Mortierella* 为溶磷菌，是参与土壤磷循环的重要微生物类群，能增加土壤中有效磷含量，对植物生长有促进作用（Borrell et al.，2017），而且也有利于其他微生物对磷的吸收利用。在本研究中，*Mortierella* 与土壤有效磷呈显著正相关（表 3-13），表明该菌的丰度越高土壤中的磷含量越多，这与土壤总磷含量结果也一致，从而有利于植物生长。Zhang 等（2020）研究证实土壤酸化显著降低了 *Mortierella* 的相对丰度，这与本文研究结果一致，相关性分析表明该菌丰度与土壤 pH 呈显著正相关，土壤 pH 越低的土壤中该菌丰度相对越低。另外，有研究表明，*Mortierella* 属的很多种类参与降解植物残体以及土壤有机污染物的降解，能有效促进土壤碳循环，保持土壤的健康状况（Osona，2005）；且该属真菌对土传病菌镰孢菌（*Fusarium* spp.）有一定的抑制能力（Xiong et al.，2017）。因此，在受损马尾松林地种植香樟后，*Mortierella* 丰度大大提高，有利于土壤健康和植物生长。只在香樟林中出现的 *Hygrocybe* 的营养模式和功能还不甚清楚。

马尾松是典型的外生菌根树种。本文在马尾松纯林土壤中检测出 *Russulaceae*、*Russula*、*Tomentella* 以及 *Sebacina* 的相对丰度较高，而它们在其他林型中相对丰度则较低或未被检出。*Russula* 不仅是外生菌根真菌，也是嗜酸菌，偏好酸性环境，同时也产生丁酸（Rineau and Garbaye，2009；Zhang et al.，2020）。作为外生菌根菌 *Sebacina* 属真菌能在逆境中提高宿主植物对土壤中营养元素的吸收，有利于宿主在逆境条件下存活。*Sebacina* 属真菌也是一类嗜酸菌，出现在低 pH 值和高腐殖质环境中（Sigisfredo et al.，2013），这与本研究结果一致，即 *Sebacina* 相对丰度与土壤 pH 值呈负相关，与 SOC 呈正相关。*Geminibasidium* 为腐生菌，在马尾松纯林中丰度较高，该林型土壤 pH 值也是 5 个林型中较低的。王楠等（2020）在对毛竹阔叶林土壤真菌结构的研究中发现，模拟酸雨胁迫下 *Geminibasidium* 相对含量发生显著变化，在酸度最高的酸雨处理下其相对丰度最高，由此认为该属真菌可以作为酸雨胁迫下土壤真菌群落结构变化的指示物种之一。

木荷纯林中相对丰度较高的几种真菌多为病原真菌。*Cladophialophora* 是一种植物病原菌，可引起宿主叶片产生斑点（Badali et al.，2008）；*Paecilomyces* 也是产酸菌（Khan and Gupta，2017），可产生赤霉酸（El-Sheikh et al.，2020）和醋酸（Senthilkumar et al.，2020）。*Chloridium* 是一类异养硝化菌，能在酸性土壤中调控土壤异养硝化作用，其丰度与土壤异养硝化速率呈显著正相关，随土壤酸度增加而增加（Zhang et al.，2020），这与本研究结果一致。*Chloridium* 丰度与土壤 NH_4-N 呈正相关，而硝化作用的底物是 NH_4^+，更多的底物存在才能促进异样消化速率。

本文研究发现 Venturiales 和 *Penicillium* 真菌在马尾松纯林、木荷纯林以及马尾松-木荷混交林土壤中相对丰度比较高。Venturiales 目中许多真菌都是重要的植物病原菌（Zhang et al.，2021）。而 *Penicillium* 在自然界中分布极其广泛，促进碳氮磷等多种元素循环，是最有力的 N_2O 产生菌之一（Jirout et al.，2013），因此，在马尾松、木荷及其混交林土壤中该菌含量丰富可能会促进 N_2O 的排放。

Penicillium 也是嗜酸菌和产酸菌，能产生大量有机酸（Khan and Gupta，2017）。在木荷纯林及其与马尾松混交林土壤中发生大量产酸菌，可进一步加速土壤酸化，丰富的植物病原菌则可能会对森林健康产生威胁。

2.4 小结

（1）马尾松纯林改造成香樟林后可缓解土壤酸化，提高土壤养分；而改造成木荷林后可能进一步加剧土壤酸化，降低土壤养分含量。

（2）不同林型土壤真菌群落多样性以香樟林最为丰富，且土壤 pH 值、CEC 和 NH_4：NO_3 显著影响真菌多样性。

（3）林型和土壤厚度均对真菌群落结构具有显著影响，且林型影响土壤酸度进而对真菌群落结构产生显著影响。香樟纯林中有益菌较多，而马尾松纯林以外生菌根真菌占优势，木荷及其与马尾松的混交林则含有更多的植物病原真菌和产酸菌。

3 马尾松 EM 根尖真菌群落多样性分析

外生菌根（Ectomycorrhizal，EM）真菌是森林土壤生态系统中的主要类群，定殖在植物根部，特别是细根根尖部位。其作为森林生态系统中关键的微生物组分之一，在促进植物养分吸收、提高宿主抗逆性、物质循环、驱动群落演替和促进生物多样性维持等方面发挥重要作用。如 EM 的形成可以通过促进宿主对养分的吸收、增强酶活性以及产生有机酸等物质来缓解酸雨对植物的胁迫，进而提高植物对逆境的抗性；在一定程度的氮沉降下接种 EM 真菌可以促进马尾松的生长和光合作用，提高马尾松的生产力。因此，分析酸化土壤条件下 EM 根尖真菌及EM 真菌群落多样性有助于开展我们的研究。

马尾松对酸雨敏感，其主要分布区域酸雨危害均较为严重，而且马尾松是一种 EM 树种，对 EM 的依赖性很强。以重庆铁山坪林场的马尾松纯林（Pi）、马尾松-香樟混交林（Pi_Ci）以及马尾松-木荷混交林（Pi_Sc）为研究对象，采用样地调查和分子生物学相结合的方法，通过研究酸雨区马尾松 EM 根尖真菌群落结构，探讨土壤酸化背景下不同林型中马尾松 EM 根尖真菌的差异及其生态功能，以期为酸雨区森林生态系统健康的可持续发展提供科学依据。

3.1 研究方法

3.1.1 采样及分析

3.1.1.1 根尖样品采集与处理

在每块样地内选定 5 棵长势一致的马尾松，采用索根法采集目标样树的代表根系样品。首先，使用菌根刀去除距离树干 1～1.5m 左右土壤凋落物层，找到目标样树主根后向四周搜索侧根，侧根暴露完全后在深度为 0～30cm 深的表层土壤开始细根采集。每棵树采集充足的 15～30cm 长的细根，采完后装入塑封袋中并做好标记，放入内含冰块的保温箱中。采集的细根应附着少量的腐殖质土，以保证菌根活力，采样过程中尽量保证菌根的完整性。

将采回的根样当天用镊子挑除附着的泥土及杂质，并将根样剪成 5～8cm 的根段，加入硅胶进行干燥，待全部处理完成后放入−4℃冰箱保存。

3.1.1.2 DNA 提取及 PCR 扩增

使用 CTAB 法提取根尖总基因组。使用真菌通用引物 ITS1f 和 ITS2 扩增真菌的 ITS1 区，PCR 条件参考王永龙等方法。将扩增产物使用基因组纯化试剂盒（Promega，Madison，WI，USA）进行纯化，然后每份样品按照等摩尔质量混合均匀后，交由百迈克生物公司进行 Illumina Miseq PE250 高通量测序。

3.1.2 数据处理与分析

使用 fastp（https：//github.com/OpenGene/fastp，version 0.20.0）软件对原始测序序列进行质控，使用 FLASH（http：//www.cbcb.umd.edu/software/flash，version 1.2.7）软件进行拼接。使用 UPARSE 软件（http：//drive5.com/uparse/，version 7.1），根据 97% 的相似度对序列进行 OTU 聚类并剔除嵌合体。利用 RDP classifier（http：//rdp.cme.msu.edu/，version 2.2）对每条序列进行物种分类注释，比对 unite8.0/its_ fungi，设置比对阈值为 70%。

本研究中的高通量测序数据分析通过美吉生物云平台（https：//cloud.major-bio.com/）完成。利用 Mothur 软件计算 Alpha 多样性指数（Shannon，Simpson，Ace，Chao1，Coverage），利用 SPSS18 将多样性指数剔除离群值后进行单因素方差分析。利用 R 软件（version3.3.1）基于 Bray-cutis 距离矩阵进行主坐标分析（Principal co-ordinates analysis，PCoA 分析）区分不同林型外生菌根根尖的真菌群落结构特征，结合 ANOSIM 分析，即相似性分析（Analysis of similarities）进一步确定不同林型 EM 根尖的真菌 Beta 多样性差异。利用 RDA 分析（Redundancy analysis）确定环境因子对不同林型 EM 根尖真菌的影响程度。

利用 FUNGuild（Fungi Functional Guild）分析对真菌群落进行功能注释，在 Guild 里筛选注释带有 Ectomycorrhizal 的 OTUs，进一步得到 EM 真菌在 Genus 水平的群落组成。利用 Excel 2019 软件整理数据，计算 Genus 水平下各 EM 真菌的多度值，利用 R 软件制作群落组成 Upset 图、Bar 图，利用 IBM SPSS Statistics 23 找出 EM 真菌 F 差异菌，进行差异菌与土壤性质的相关性分析。

3.2 结果

3.2.1 马尾松 EM 根尖真菌

通过对不同林型 EM 根尖的样本进行高通量测序，按最小样本的序列数进行样本序列抽平处理后，共获得 3737 个真菌 OTUs，隶属于 15 门、60 纲、148 目、338 科、770 属、1250 种。根据所获序列数量绘制香农指数曲线，可以看出随着测序深度的增加曲线逐渐趋于平坦，说明测序数据量足够大，可以反映样本中绝大多数的微生物多样性信息(图 3-8)。

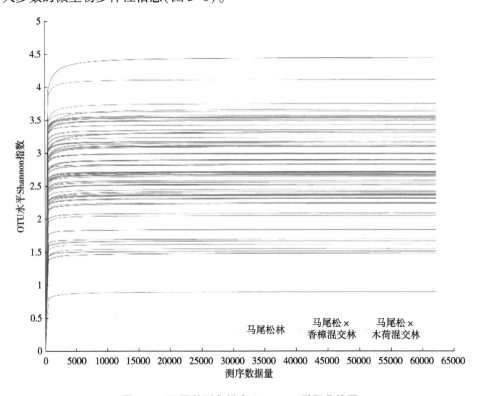

图 3-8　不同林型各样本 Shannon 稀释曲线图

3.2.1.1 马尾松 EM 根尖真菌群落多样性

对指示群落结构的 5 个 Alpha 多样性指数 Shannon、Simpson、Ace、Chao1、Coverage 进行组间差异性分析(表 3-14)。Coverage 指数数据表明，三种不同林型的测序覆盖度均高于 0.9989，表明此次测序结果可以代表样本的真实情况，在统计学上具有较高的可信度；其中 Pi_Sc 混交林的覆盖度最高，与 Pi 纯林存在显著性差异($P<0.05$)。Ace 和 Chao1 指数均表明 Pi 纯林的物种丰富度最高，Pi_Sc 混

交林的物种丰富度最低，其中 Chao1 指数表明 Pi_Sc 混交林物种多度显著低于 Pi 纯林（$P<0.05$）。三林型中马尾松 EM 根尖的真菌 Shannon 指数和 Simpson 指数均没有差异，表明马尾松 EM 根尖的真菌多样性特征比较均态化。

表3-14　不同林型马尾松 EM 根尖真菌 α 多样性指数

林型	物种多样性指数		物种丰富度指数		物种覆盖度指数
	Shannon	Simpson	Ace	Chao1	Coverage
Pi	2.6603a	0.1934a	475.1011a	447.156a	0.9989b
Pi_Ci	2.8019a	0.2107a	431.6711a	412.6216ab	0.9991ab
Pi_Sc	2.8486a	0.1717a	400.6993a	349.4842b	0.9992a

注：不同小写字母表示同一指数不同林型间差异显著（$P<0.05$）。

3.2.1.2　马尾松 EM 根尖真菌群落结构

为了解不同林型 EM 根尖的真菌群落组成，在 OTU 水平上对样本的真菌群落进行基于 Bray-curtis 距离矩阵的主坐标分析（PCoA），研究不同林型间 EM 根尖真菌 Beta 多样性差异。如图3-9所示，主成分1和主成分2对真菌群落结构的解释量分别为16.13%和6.88%，且 Pi_Ci 中马尾松 EM 根尖真菌群落较集中分布

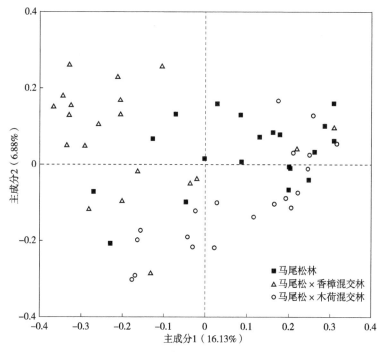

图3-9　不同林型中马尾松 EM 根尖真菌群落 PCoA 分析

在左上侧，Pi_Sc 中马尾松 EM 根尖真菌群落分布在右下侧，彼此间存在显著性差异($P=0.001$)。但因为样本数量较多，各林型样本在坐标图上分异不明显，因此又进行了 ANOSIM 分析，即相似性分析(Analysis of similarities)。ANOSIM 分析的数据结果如表所示，各林型间均满足 $P<0.01$，说明此次组间差异显著；其中，Pi，Pi_Ci 和 Pi_Sc 三林型组间差异以及 Pi_Ci 和 Pi_Sc 两混交林组间差异达到极其显著 $P<0.001$，说明不同林型间 EM 根尖真菌群落差异极其显著(表 3-15)。

表 3-15　不同林型组间相似性(ANOSIM)分析

林型	显著值
Pi & Pi_Ci & Pi_Sc	$P=0.001$
Pi & Pi_Ci	$P=0.002$
Pi & Pi_Sc	$P=0.009$
Pi_Ci & Pi_Sc	$P=0.001$

RDA 分析结果表明，土壤中交换性 Ca 含量对 EM 根尖真菌群落结构影响最大($P=0.006$)，其次为交换性 Mg($P=0.011$)和 pH($P=0.028$)，其他环境因子均对 EM 根尖真菌群落结构无显著影响(图 3-10)。

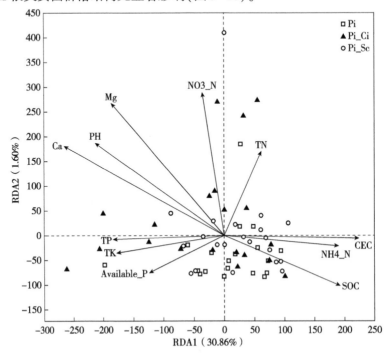

图 3-10　不同林型 EM 根尖真菌群落与土壤性质的 RDA 分析

3.2.1.3　马尾松 EM 根尖真菌群落组成

　　在属的水平上对 3 种林型进行了菌群多度的统计，从 Circos 图可看出各林型中的优势物种的占比情况，同时也反映了各优势物种在不同林型中的分布比例。马尾松 EM 根尖样品共鉴定出 27 个优势属，包括青霉属 *Penicillium*、红菇属 *Russula*、弯颈霉属 *Tolypocladium* 等(图 3-11)。在 3 个林型中均是青霉属 *Penicillium* 的相对多

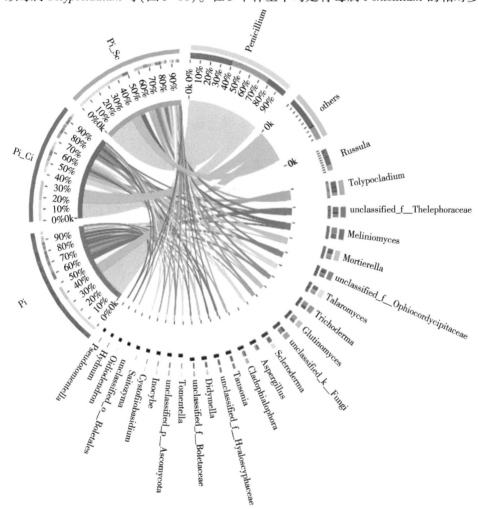

图 3-11　不同林型 EM 根尖真菌属水平 Circos 样本与物种关系图

度最高，分别为 36.45%、18.58%、34.23%；在 Pi 和 Pi_Ci 中排在第二位的是红菇属 *Russula*，分别为 7.90%、7.32%；而在 Pi_Sc 中排在第二位的是 *Melinio-myces*，占比 5.97%。从 Circos 图的右半部分可以看出，红菇属 *Russula*、弯颈霉属 *Tolypocladium* 等多个属在各林型中分布均衡，但青霉属 *Penicillium*、革菌科

Thelephoraceae、*Meliniomyces*、*Glutinomyces*、被孢霉属 *Mortierella* 以及 *Tausonia* 在各林型中的分布比例差别较大，其中 *Tausonia* 分布差别最大，*Tausonia* 的 99% 均分布于 Pi_Ci 混交林中，但在 Pi 和 Pi_Sc 中分别仅占 0.31%、0.42%。

3.2.1.4 马尾松 EM 根尖真菌差异菌分析

为了找出林型间的差异菌，进一步在属水平上选择了多度高的前 15 个属进行单因素方差分析，共发现 6 个属在各林型间存在显著性差异（$P<0.05$）（表 3-16）。青霉属 *Penicillium* 在 Pi 和 Pi_Sc 林型中分布均衡（分别为 36.45% 和 34.23%），但与 Pi_Ci 相比，约是 Pi_Ci 的两倍。革菌科 Thelephoraceae 的多度在 Pi 林型中最大，在 Pi_Ci 混交林最小，且二者相差较大，差异显著。*Meliniomyces* 和 *Glutinomyces* 属在 Pi_Sc 中占比最大，是 Pi 和 Pi_Ci 林型中相对多度的两倍多。被孢霉属 *Mortierella* 和 *Tausonia* 在 Pi_Ci 混交林中分布比例大，其中被孢霉属 *Mortierella* 在 Pi_Ci 和 Pi 中的分布差异显著，*Tausonia* 属在 Pi_Ci 中相对多度为 4.62%，而在 Pi 和 Pi_Sc 中相对多度非常小，只有 0.01% 和 0.02%。

表 3-16　不同林型之间有显著差异的 EM 根尖真菌

真菌	Pi	Pi_Sc	Pi_Ci
青霉属	36.45±3.61a	34.23±3.69a	18.58±3.90b
革菌科	7.00±2.53a	2.81±1.61ab	1.27±0.66b
Meliniomyces	2.40±0.55b	5.97±0.77a	2.53±0.80b
Glutinomyces	1.53±0.41b	4.41±0.71a	1.94±0.82b
被孢霉属	1.57±0.50b	4.26±1.36ab	4.99±1.30a
陶氏菌属	0.01±0.00b	0.02±0.01b	4.62±2.50a

注：不同小写字母表示同一指数不同林型间差异显著（$P<0.05$）。

与土壤性质的相关性分析表明（表 3-17），Pi 纯林及 Pi_Ci 混交林中 EM 根尖的差异菌均与土壤 pH 呈负相关，其中 *Penicillium* 和 *Meliniomyces* 相关性显著（$P<0.05$）。Pi 纯林中的 *Penicillium* 与土壤中交换性 Ca、Mg、（Ca+Mg）/Al、TN 和 TP 呈显著负相关，Pi_Sc 混交林中的 *Meliniomyces* 和 *Glutinomyces* 均与土壤 CEC、TN、TP、TK、有效磷、SOC、NH$_4$-N 呈显著正相关，Pi_Ci 混交林中的 *Mortierella* 和 *Tausonia* 与土壤 pH 呈正相关，其中 *Tausonia* 相关性显著（$P<0.05$）。

表 3-17　EM 根尖差异菌与土壤性质的相关性分析

土壤性质	Pi		Pi_Sc		Pi_Ci	
	Penicillium	Thelephoraceae	*Meliniomyces*	*Glutinomyces*	*Mortierella*	*Tausonia*
PH	−0.038(0.002)	−0.161(0.219)	−0.295(0.022)	−0.236(0.069)	0.137(0.296)	0.312(0.015)

（续）

土壤性质	Pi		Pi_Sc		Pi_Ci	
	Penicillium	Thelephoraceae	*Meliniomyces*	*Glutinomyces*	*Mortierella*	*Tausonia*
CEC	0.154(0.239)	−0.001(0.992)	0.480(<0.001)	0.338(0.008)	0.002(0.988)	−0.108(0.414)
Ca	−0.449(<0.001)	−0.177(0.175)	0.286(0.027)	−0.123(0.347)	0.132(0.316)	0.322(0.012)
Mg	−0.436(<0.001)	−0.234(0.072)	0.166(0.204)	−0.115(0.381)	0.233(0.073)	0.324(0.012)
（Ca+Mg）/Al	−0.430(0.001)	−0.213(0.102)	0.186(0.155)	−0.098(0.458)	0.212(0.105)	0.307(0.017)
TN	−0.052(0.692)	−0.193(0.140)	0.399(0.002)	0.346(0.007)	0.200(0.126)	0.017(0.896)
TP	−0.217(0.096)	0.070(0.593)	0.455(<0.001)	0.373(0.003)	−0.054(0.684)	0.191(0.145)
TK	−0.190(0.147)	0.067(0.611)	0.470(<0.001)	0.398(0.002)	−0.078(0.553)	0.171(0.191)
有效P	0.039(0.767)	0.166(0.204)	0.438(<0.001)	0.422(0.001)	−0.060(0.648)	−0.018(0.893)
SOC	0.330(0.010)	0.104(0.430)	0.332(0.010)	0.301(0.019)	−0.050(0.705)	−0.294(0.023)
NH$_4$-N	0.263(0.042)	−0.045(0.736)	0.431(0.001)	0.356(0.005)	0.028(0.830)	−0.236(0.070)
NO$_3$-N	−0.219(0.093)	−0.263(0.042)	0.236(0.070)	0.236(0.069)	0.292(0.024)	0.119(0.367)

3.2.2　马尾松 EM 真菌

通过 FUNGuild 工具对马尾松 EM 根尖真菌群落进行分类分析，获得样本中真菌的功能分类及各功能分类在不同样本中的多度信息，从中筛选出样本中属于外生菌根的 OTU。

3.2.2.1　马尾松 EM 真菌群落组成

Upset 图表明，在所有样本中共确定了 232 个 OTUs，Pi、Pi_Ci 和 Pi_Sc 分别有 145、130 和 103 个 OTUs，其中 53 个 OTUs 在 Pi、Pi_Ci 和 Pi_Sc 3 组中均出现，占总 OTUs(232)的 22.8%，Pi、Pi_Ci 和 Pi_Sc 分别有 60、50、29 个独特的 OTUs(图 3-12)。

3.2.2.2　马尾松 EM 真菌组成及差异菌分析

Russula 在三林型中分布均衡，平均占比 33.65%；在 Pi 中 Thelephoraceae、*Inocybe*、Boletaceae 和 *Hydnum* 的相对多度明显高于其他两个林型，其中 Thelephoraceae 的相对多度(25.01%)在 Pi 中排第二位，是 Pi 的差异菌；Pi_Ci 中 *Scleroderma*、*Pseudotomentella* 以及 *Sebacina* 相对多度高于另两个林型，其中 *Pseudotomentella* 是另外两林型的 147~368 倍；Pi_Sc 中 *Meliniomyces* 和 *Tomentella* 的相对多度显著(P<0.05)高于其他两个林型，且 *Meliniomyces* 相对多度最高(36.27%)，*Tomentella* 排在第三位(11.01%)(图 3-13)。

通过单因素方差分析找出了三林型中的 EM 真菌差异菌，共发现 5 个属在各

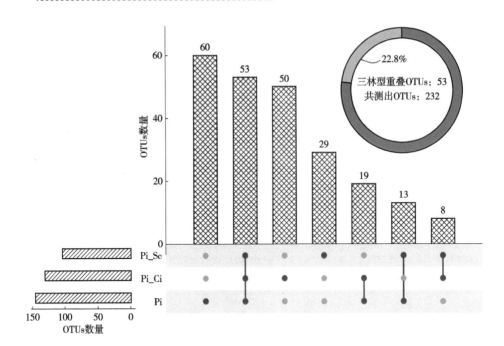

图3-12　不同林型外生菌根真菌 OTU 水平 Upset 图

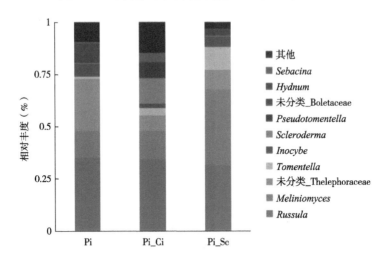

图3-13　不同林型外生菌根真菌属水平群落组成柱状图

林型间存在显著性差异($P<0.05$)，各差异菌与土壤性质的相关性分析表明，Pi 中的 Thelephoraceae 科仅与土壤中 NO_3-N 含量呈显著负相关，与其他土壤性质无相关性。Pi_Ci 中的 *Scleroderma*，*Pseudotomentella* 与土壤酸性指标呈显著正相关，如 pH 值、交换性钙镁及 (Ca+Mg)/Al，而与 SOC 呈显著负相关；Pi_Sc 中的 *Meliniomyces* 和 *Tomentella* 与 pH 值、交换性钙、全磷、全钾、有效磷呈显著负相关；

与 CEC、SOC、TN、NH_4-N 及 NO_3-N 呈显著正相关(表 3-18)。

表 3-18　EM 真菌差异菌与土壤性质的相关性分析

土壤性质	Pi	Pi_Ci		Pi_Sc	
	Unclassified Thelephoraceae	*Scleroderma*	*Pseudotomentella*	*Meliniomyces*	*Tomentella*
pH		0.314(0.015)	0.322(0.012)	-0.322(0.012)	
CEC				0.412(0.001)	0.315(0.014)
Ca		0.459(<0.001)	0.282(0.029)	-0.304(0.018)	
Mg		0.306(0.018)	0.333(0.009)		
(Ca+Mg)/Al		0.390(0.002)	0.300(0.020)		
TN				0.420(0.001)	0.276(0.033)
TP				-0.491(<0.001)	-0.280(0.030)
TK				-0.511(<0.001)	-0.291(0.024)
有效 P				-0.406(0.001)	-0.416(0.001)
SOC		-0.281(0.030)	-0.304(0.018)	0.351(0.006)	
NH_4-N				0.493(<0.001)	
NO_3-N	-0.262(0.043)			0.295(0.022)	

3.3　讨论

第二节的研究结果表明，该地区森林土壤 pH 偏酸性(3.80～4.84)，将 Pi 纯林改造为 Pi_Ci 混交林后土壤 pH 显著升高，土壤酸化得到缓解后，有利于土壤微生物的多样化，且本研究中 Pi_Ci 混交林的 Shannon 和 Simpson 多样性指数均高于 Pi 纯林，可能是因为土壤环境得到缓解，土壤微生物多样性升高，进而改善了 EM 根尖真菌的根际环境，因此出现了本研究中的结果。但土壤酸化的缓解会对 EM 根尖真菌的丰富度产生相反的影响，是因为真菌的生长更倾向于酸性环境，这和本文中 Pi 纯林丰富度最高的结果一致。RDA 分析结果表明，土壤 pH ($P=0.028$)显著影响 EM 根尖真菌群落结构。土壤 pH 值对 EM 根尖真菌群落结构的影响可能直接或间接影响其他相关因子，如交换性 Ca 和其他阳离子浓度，这和我们发现土壤中的交换性 Ca 和 Mg 的含量对 EM 根尖真菌群落结构影响显著相符合，这是因为交换性 Ca、Mg 作为酸化土壤的评价指标，影响着土壤酸化，进而影响 EM 根尖真菌的群落结构，而且真菌群落结构的改变反过来也会显著影响土壤的养分循环。

　　即便林分改造后土壤酸化得到缓解，但三林型仍处于偏酸性土壤，这便为青霉属 Penicillium 和红菇属 Russula 等嗜酸菌提供了良好的生存环境。青霉属 Penicillium 是 3 种林型中最丰富的 EM 根尖真菌，也是各森林类型土壤中分布广的主要优势菌属。Penicillium 在 Pi 和 Pi_Sc 中的相对多度显著高于 Pi_Ci，一方面是因为作为嗜酸菌的 Penicillium 与土壤 pH 呈显著负相关（表 3-17），说明该菌多度越高，所处土壤的 pH 越低，因此该菌可能会加剧土壤酸化；另一方面是因为经林分改造后的 Pi_Ci 混交林土壤 pH 虽然仍呈酸性，但相较于 Pi 和 Pi_Sc 已得到明显缓解，所以出现了相对多度上的差异。其次，Penicillium 与土壤中交换性 Ca、Mg、CaMg_Al、TN 和 TP 均呈显著负相关，说明该菌的存在会显著影响土壤养分。在 Pi_Sc 混交林中，Meliniomyces 是第二大优势属，该菌多度与土壤 pH 呈显著负相关，即土壤 pH 越低该菌多度越高，且该菌在 Pi_Sc 混交林中的多度显著高于另外两林型，这与第二节研究结果——种植木荷可能会加剧土壤酸化的研究结果是一致的。Pi_Sc 混交林中的另一个差异菌为 Glutinomyces，与土壤 CEC、TN、TP、TK、有效磷、SOC、NH_4-N 呈显著正相关，说明该菌主要生活在 N、P、K 和有机质丰富的土壤中，且该菌有利于改善土壤养分，有利于植物生长。Mortierella 是 Pi_Ci 混交林中的差异菌，Mortierella 属真菌的多度在有机质丰富的土壤中通常较高，它能通过影响土壤真菌群落组成及多度来间接改变土壤养分（碳、氮）的转化能力及其有效性（宁琪等，2022），这说明 Pi 改造成 Pi_Ci 混交林有利于改善土壤养分。Tausonia 的 99% 均分布于 Pi_Ci 混交林中，呈现了在 Pi_Ci 混交林中的绝对占比，是 Pi_Ci 混交林的另一个差异菌，在刘世鹏等（2021）的研究中，Tausonia 与有效磷、NH_3-N、S 呈负相关，与 Fe^{3+}、Zn^{2+} 呈正相关，这说明 Tausonia 真菌的变化与土壤速效养分含量有关。Tausonia 是一种病原菌，该菌是抑制病害的优势真菌属，这对 Pi_Ci 混交林的生长是有益的。

　　马尾松作为一种典型的外生菌根树种，可与多种 EM 真菌表现出互惠共生关系，EM 真菌可增加宿主植物对氮、磷、钾等营养元素的吸收，并增强植物的抗病、抗寒及抗重金属等对极端环境的适应能力。同时宿主植物提供给 EM 真菌光合产物等物质以供其生长。总而言之，EM 真菌在马尾松的健康生长以及对不利的土壤环境的适应方面起着重要作用。Pi 纯林中 EM 真菌差异菌为 Thelephoraceae，且 Thelephoracea 与土壤 NO_3-N 负相关。在 Pi 中该菌相对多度高说明其土壤中 NO_3-N 含量偏低，而当土壤中 NO_3-N 偏低时，植物根系吸收 NH_4-N 比 NO_3-N 多，根系吸收 NH_4^+ 释放 H^+，则根际酸化会加剧，从而加重铝毒影响盐基离子的吸收；丁建莉（2017）发现土壤真菌群落与硝态氮相关性较高，在本研究中，Thelephoracea 与土壤 NO_3-N 呈负相关，但 Pi_Sc 中的 Meliniomyces 与土壤 NO_3-N 呈正相关，这可能是不同真菌类群对特定土壤条件表现出不同的偏好。*Scleroderm* 是热带到北方地区常见的 EM 真菌，*Scleroderm* 能够促进苗木的生长，而且对大多数松属树种都是有效果的。在本研究中，该菌属是 Pi_Ci 混交林中的相对多度最高，且与土壤 pH 呈正相关，据 E. Ouatiki(2022)研究显示，在多金属污染土壤(pH<3.0)上生存的 *Pinus halepensis* 接种该 EM 真菌后，土壤 pH 显著增加($P \leq 0.05$)，这很好地佐证了本研究结果。*Pseudotomentella* 在 Pi_Ci 中相对多度较高，而该属比较耐高温抗旱，能够耐受不利的生境条件，有利于提高宿主对逆境的适应能力。而且 *Scleroderm* 和 *Pseudotomentella* 相对多度与影响土壤酸化的交换性 Ca、Mg 以及(Ca+Mg)/Al 显著正相关，说明这两类菌多度高有利于缓解土壤酸化。Pi_Sc 混交林中差异菌为 *Meliniomyces* 和 *Tomentella*。*Meliniomyces* 与 pH 和有效磷含量呈负相关(冀瑞卿等，2020)，且土壤全磷与 pH 的协同作用对该属产生的负相关作用较大，这与本研究结果一致(表 3-18)。有研究表明 *Meliniomyces* 中的一些种可以提高宿主的碳同化速率以及氮转运能力。郝嘉鑫等(2021)研究发现，*Tomentella* 是马尾松苗根尖中相对多度高且占主导地位的 EM 真菌，而且该真菌在针、阔叶林中同样普遍存在，具有帮助植物克服不利胁迫的能力。该菌与土壤全磷及有效磷呈负相关，说明该菌相对多度越高，全磷与有效磷含量越低，该菌含量的变化必然会引起土壤养分的变化。

| 第 4 章 |

酸雨区马尾松、香樟纯林及其
混交林对森林水分的影响

森林冠层对土壤养分的影响过程极其复杂。一方面，森林覆盖可以改变微气候，包括地表反照率、温度、湿度和风，这些都会影响沉降速率、土壤性质，进而影响植物生长。森林对地表反照率和温度的影响也很复杂，并在不同纬度的热带、温带或北方森林中产生不同的影响。此外，森林冠层改变了影响森林生态系统中养分循环的降水分配，包括冠层截留、穿透雨和树干茎流。冠层降水分配会影响树木水分和养分平衡的动态，截留过程中溶解的矿物质可以通过叶片和树皮吸收直接进入植物体内，也可以通过穿透雨或树干茎流到达森林土壤。养分也可以从穿透雨和茎流中淋溶出来，进入土壤（Aubrey，2020）。森林类型的许多特征，如密度、枝角、均匀度、树皮特征、叶片形状和叶面积指数，都会影响截留、穿透雨和树干茎流，而这些特征在森林生态系统中非常复杂。此外，穿透雨和树干茎流的化学物质富集以及养分淋溶能力表现出相当大的物种特异性（Legout et al.，2016），这使得关于森林类型对水和土壤特性影响的普遍结论变得更加复杂，特别是在气候变化的背景下，因为森林通过反照率、蒸发、碳循环和其他因素与气候变化发生相互作用。

通过沉降进入森林地表的酸性阴离子和其他养分受到树冠本身以及树冠上的干沉降的影响，而且这两者都会改变水化学性质并进一步影响土壤质量。虽然树干茎流的体积远小于穿透雨流的体积而常常被忽略，但穿透雨和树干茎流可以为森林地表提供可用的养分，从而可以影响土壤酸度（Han et al.，2021）。在穿透雨和树干茎流携带的养分进入土壤之前，它们会穿过森林地表凋落物层（裸露地面除外），穿透雨、树干茎流和凋落物中的养分结合在一起形成凋落物渗滤液，最终影响土壤质量。加拿大不列颠哥伦比亚省的一项研究证实，大叶枫林地的穿透雨和树干茎流有助于提高地表渗滤液的 pH 值、N 的可利用性和交换性阳离子总量，从而对土壤肥力产生滞后影响（Hamdan and Schmidt，2012）。森林地表渗滤液的化学性质在很大程度上决定了土壤和土壤溶液化学中的生物地球化学过程，影响土壤酸度和森林生态系统的可持续性（Nevel et al.，2014）。在研究森林生态系统中降雨对土壤的水文效应时，除了穿透雨和树干茎流之外，还必须考虑森林地表渗滤液。

　　森林冠层和凋落物中碱性阳离子和酸性阴离子的交换能力具有很强的物种特异性。树种在营养物质的分布和循环中发挥着重要作用，这些将影响森林生态系统功能、生物多样性、抗逆性和可持续性。先前的研究报告称，不同的森林类型会强烈影响穿透雨、树干茎流和地表渗滤液的化学成分，尤其是硝酸盐和硫酸盐对阴离子电荷的影响很大（Arnaud et al.，2016；Carnol and Bazgira，2013）。有报道称，针叶树冠层拦截颗粒和云滴的效率高于落叶树种，导致针叶林下的干沉降通常更高（Erisman and Draaijers，2003）。De Schrijver et al.（2007）认为，落叶林通过穿透雨和树干茎流进入地表的 S 和 N 要比针叶林少。这是由于针叶林的干沉降能力较强，也表明与落叶树相比，针叶林由于可渗透更多的 NO_3^-、SO_4^{2-} 和阳离子而对酸化更敏感（Gundersen et al.，2006）。之前的研究表明，与阔叶林相比，针叶林的森林地表渗滤液中的 DOC 和 H+通量较高，pH 值和交换性阳离子较低（Lindroos et al.，2011）。虽然穿透雨、树干茎流和森林地表渗滤液可能在影响土壤酸度和养分方面发挥重要作用，但对此鲜有研究。

　　铁山坪地区虽然是酸雨研究的热点地区，但在森林水方面仅在马尾松林开展了穿透雨的研究。因此，这个研究酸雨影响的典型区域为我们研究降雨以及不同林型穿透雨、树干茎流和地表渗滤液对土壤酸度的影响提供了很好的机会，从而可以填补这方面的空白。本研究的目标是确定中国西南部不同水流类型和森林冠层类型对养分动态的影响。假设：①与几十年前相比，铁山坪降水的 pH 值增加，并从硫酸型酸雨转变为硝酸型酸雨；②穿透雨对养分循环的影响大于树干茎流；③种植阔叶树种（Ci）最有利于改善酸性土壤质量，其次是落叶和针叶混交林。

1　材料与方法

1.1　森林水采样装置布置及采样方法

　　分别于 2018 年 7 月、2018 年 10 月、2019 年 1 月和 2019 年 4 月对自然降水、穿透雨、树干茎流和凋落物渗滤液进行采样，分别代表夏季、秋季、冬季和春季。使用放置在森林地面上方约 1.5m 处的不锈钢漏斗（直径 20cm）收集自然降水和穿透雨。在森林外围的空地上放置 3 个收集器，测量总降雨量。每个样地随机放置 5 个收集器采集穿透雨（图 4-1a），用一根塑料弯管将收集器与一个 10L 的塑料桶连接，收集到的雨水通过管子进入塑料桶。树干茎流（图 4-1b）由外径 2cm、长约 100cm 的 Tygon 管进行收集，在安装管道之前将树皮剃掉，以确保密封且不损坏形成层。将管子纵向分开，螺旋缠绕在树干上，用钉子固定，用丙烯酸填缝剂密封在树干上，管子末端插入 10L 的塑料桶中。凋落物渗滤液（图 4-1c）是用一个无顶的 30cm×30cm×8cm（长×宽×高）不锈钢长方体收集的，上面覆盖着金属网（1.5mm 网眼），收集器直接安装在枯枝落叶层下面，每个收集器通过细管与一个 10L 的塑料桶相连。收集水样用的塑料桶均放置在地面以下，以避免光照，每个样地每种水样采集器分别设置 5 个重复。在 4 个采样月中，每周采集水样，每月的样本混合后进行分析（混合前在 4℃ 条件下保存）。

（a）　　　　　　　（b）　　　　　　　（c）

图 4-1　水样收集器

注：（a）穿透雨，（b）树干茎流，（c）凋落物渗滤液。

1.2　样品分析

在分析之前，所有样品通过 0.45μm 的过滤器进行过滤。分别用台式 pH 计（REX PHS-3C，中国上海）和台式电导率计（REX DDS-12A，中国上海）测量水的 pH 和电导率（EC）。使用总有机碳分析仪（TOC-L，SHIMADZU，Kyoto，Japan）测定所有样品中的溶解有机碳（DOC）。用原子吸收分光光度计（AAS，日立 ZA-3300，日本东京）分析 Ca^{2+} 和 Mg^{2+} 的含量，用火焰光度计（FP640，中国上海）测量 K^+ 和 Na^+ 浓度。使用离子色谱仪（ICP，Dionex ICS-900，美国）测定所有样品中的阴离子浓度。使用流量分析仪（Seal AA3，德国）测量 NO_3-N 和 NH_4-N。

1.3　统计分析

计算了阳离子浓度和（K^+，Na^+，Ca^{2+}，Mg^{2+}，NH_4^+ 浓度之和）与阴离子浓度和（F^-，Cl^-，SO_4^{2-}，NO_3^- 浓度之和）的比值，即 $\sum^+/\sum^-$（RCA）。分别计算了阳离子和阴离子的通量，即离子浓度乘以水量等于离子通量。

　　单因素方差分析对水样的 pH、EC、DOC 和 RCA 进行统计分析确定不同林型之间穿透雨、树干茎流和凋落物淋溶液之间的差异。对于同一林型的样品而言，则使用单因素方差分析确定不同季节之间的差异。使用独立 t 检验分析穿透雨、树干茎流或凋落物淋溶液与自然降水之间是否存在显著差异。所有图均由 Originro 9.0 制作。

2　结果

2.1　自然降水

　　4 个月采集的降水样品 pH 变化范围为 6.58～7.33，表明这几个月的降水不是酸雨。pH、EC 和 DOC 含量具有相似的季节变化，最高值出现在 1 月份（表 4-1）。

　　Ca^{2+} 是含量最丰富的阳离子（24.81%～71.62%），SO_4^{2-} 是最丰富的阴离子（55.65%～66.05%），其次是 NO_3^-（11.02%～22.73%）。降水中的 RCA 没有明显的季节变化（$P=0.862$）（表 4-1）。继 1 月份离子浓度达到峰值后，阳离子和阴离子通量也在 1 月份达到峰值（图 4-2a）。Ca^{2+} 通量主要在 7 月和 4 月比较高（分别占总阳离子通量的 51.16% 和 52.53%），而 K^+ 通量在 10 月最大，为 7.84kg/hm^{-2}。1 月份，钙和镁的通量之和约占整个阳离子通量的 30%。SO_4^{2-} 通量占所有阴离子通量的 59.94%～73.34%（图 4-2b）。

2.2　穿透雨、树干茎流和凋落物淋溶液

2.2.1　pH、EC 和 DOC

　　除了 Pi_Ci 和 Ci 中的 10 月份样品外，其他所有穿透雨样品的 pH（6.56～7.87）都略高于降水，但没有显著差异（$P>0.05$）。除 1 月样品外，所有树干茎流样品的 pH 值均显著低于降水样品（$P<0.05$）。林型对树干茎流 pH 有显著影响（$P<0.001$），但对穿透雨 pH 无显著影响（$P=0.491$）。除 1 月样品外，Pi 和 Pi_Ci 的树干茎流 pH 约为 5.6，而 Ci 的树干茎流 pH 变化范围为 5.66～6.62。树干茎流（$P<0.001$）和穿透雨（$P<0.001$）的 pH 有明显的季节变化，1 月份的值明显较高。季节对凋落物淋溶液 pH 没有显著影响（$P=0.061$），而林型对凋落物淋溶液 pH 有显著影响（$P<0.001$）。Pi_Ci 和 Ci 样地的凋落物淋溶除了混交林 1 月份外，其他样品的 pH 值显著（$P<0.05$）高于 Pi 样地（图 4-3a）。

　　除 7 月和 10 月外，其他季节的树干茎流 EC 和 DOC 显著高于降水（$P<0.05$）。

表4-1 降水中的 pH、EC(μs/cm)、DOC 浓度(mg/L)和离子浓度(μeq/L)

季节	pH	EC	DOC	K^+	Na^+	Ca^{2+}	Mg^{2+}	NH_4^+	F^-	Cl^-	SO_4^{2-}	NO_3^-	$SO_4^{2-}:NO_3^-$	RCA
夏季	6.58B	65.87B	28.77AB	38.46	1.45B	248.15AB	29.43B	28.96B	32.26BC	105.23	231.60B	45.69B	2.81	1.00
秋季	6.58B	58.90B	10.76B	84.62	21.74B	59.01B	9.12B	63.38B	3.91C	95.9	297.33B	85.31B	3.54	0.81
冬季	7.33A	146.63A	41.01A	69.23	363.77A	416.00A	106.10A	292.60A	58.60AB	114.39	1018.62A	350.52A	2.87	0.85
春季	6.77AB	66.40B	18.23B	28.21	18.84B	340.50A	109.03B	92.95B	83.50A	82.73	325.21B	92.95B	3.4	1.03
平均值	6.82	84.45	24.69	55.13	101.45	265.92	63.42	119.47	44.57	99.56	468.19	143.62	3.16	0.92
2001~2004 (向仁军等, 2012)	4.12			15.74	104.14	30.76	18.46	267.42		12.72	87.14	20.41	4.27	/
2003 (Wang 和 Xu, 2009)	4.1			8	3	58	9	76	5	11	184	35	5.3	0.6

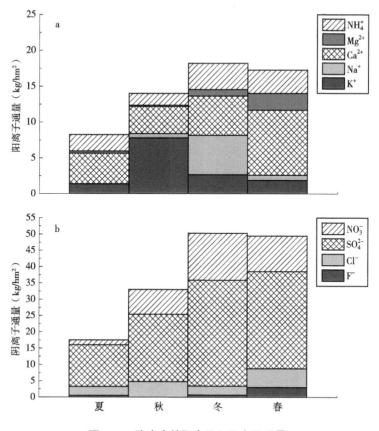

图4-2 降水中的阳离子和阴离子通量

林型对树干茎流和凋落物淋溶液的 EC 和 DOC 浓度的影响与对 pH 的影响相反，但林型对穿透雨的影响不明显。Pi 纯林 7 月、1 月和 4 月的树干茎流 EC(147.7~439.25μs)显著高于 Pi_Ci(117.50~292.88μs)，Pi 各月样品树干茎流 EC 均显著高于 Ci(76.45~297.75μs)。在所有水样中，降水中的 DOC 浓度最低，平均为 24mg/L，相比之下，穿透雨、凋落物淋溶液，尤其是树干茎流中的 DOC 浓度较高。林型对穿透雨 DOC 没有明显影响。在所有取样月份中，所有林型的树干茎流中 DOC 浓度(平均值为 114.18mg/L)显著高于降水中 DOC 浓度(P<0.05)。Ci 树干茎流中 DOC 浓度(50.28~99.41mg/L)低于 Pi_Ci(64.44~194.57mg/L)和 Pi(96.34~166.16)，且 10 月(P=0.027)和 4 月(P=0.032)差异显著。同样，Ci 凋落物淋溶液中的 DOC 浓度也显著低于 Pi_Ci 和 Pi(P<0.001)(图4-3b)。

在 2019 年 4 月的样品中，Pi 和 Pi_Ci 的穿透雨 DOC 通量分别是降水的 3 倍和 2 倍。尽管树干茎流中 DOC 浓度较高，但由于体积较小，树干茎流中的 DOC

通量比降水中的要低。除7月份外，凋落物淋溶液的DOC通量均低于降水，且

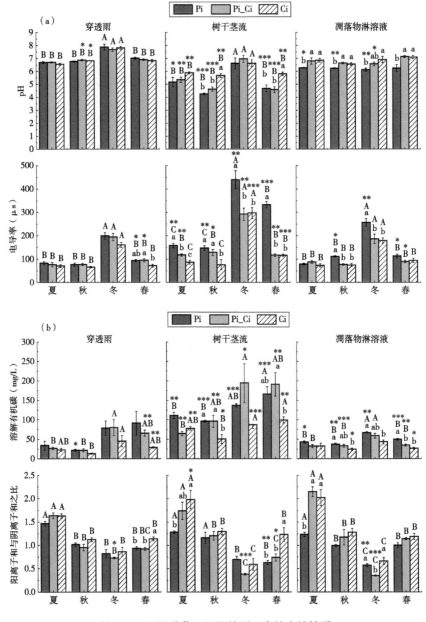

图4-3 不同季节、不同林型下森林水的性质

注：大写字母表示同一林型不同季节之间差异；小写字母表示在相同采样时间内不同林型存在显著差异；星号表示在相同的取样时间，降水与树干茎流、穿透雨和凋落物淋溶液之间差异显著。*、** 和 *** 分别表示 $P<0.05$、$P<0.01$ 和 $P<0.001$ 的显著性。

远低于穿透雨。Ci 中的穿透雨 DOC 通量在 7 月、10 月、1 月和 4 月分别比 Pi 降低了 46.70%、34.27%、42.70% 和 55.59%；而 Ci 凋落物淋溶液的 DOC 通量仅在 4 月份比 Pi 显著降低了 41.58%（$P=0.027$）（表 4-2）。

表 4-2　自然降水、穿透雨、树干茎流和凋落物淋溶液中 DOC 的通量

森林水分	林型	DOC 通量（kg/hm²）			
		夏季	秋季	冬季	春季
自然降水		11.99	15.45	27.52	34.65
穿透雨	马尾松	49.32	23.49	33.68	79.40a
	马尾松×香樟	34.06	23.53	35.90	77.63a
	香樟	26.29	15.44	19.30	35.26b
树干茎流	马尾松	0.4733	0.3038	0.0495	0.9595
	马尾松×香樟	0.1863	0.2153	0.0828	0.7275
	香樟	0.7494	0.3070	0.1030	1.003
凋落物淋溶液	马尾松	27.42	12.33	8.29	25.78a
	马尾松×香樟	24.10	11.86	9.87	20.32ab
	香樟	23.49	11.41	7.19	15.06b

注：不同的小写字母表示不同森林类型之间差异显著。

2.2.2　离子浓度和通量

与自然降水相比，大部分阳离子和阴离子在穿透雨、凋落物淋溶液，尤其是树干茎流中的浓度较高。Ca^{2+} 和 SO_4^{2-} 分别是最丰富的阳离子和阴离子（图 4-4）。自然降水、穿透雨、树干茎流和凋落物淋溶液中阳离子浓度和的平均值分别为 605、535.53、966.26 和 662.97μeq/L，阴离子浓度和的平均值分别为 755.94、872.13、1812.54 和 1110.88μeq/L（图 4-4）。

研究发现阳离子或阴离子浓度和（RCA）的平均值排序为 Pi>Pi_Ci>Ci。在 Ci 中，阴离子（比 Pi_Ci 和 Pi 低 32.87% 和 39.08%）与阳离子（比 Pi_Ci 和 Pi 低 15.37% 和 27.28%）的差异导致 Ci 中的 RCA 较高（图 4-3b）。除了 10 月份的树干茎流外，7 月份各样品的 RCA 显著高于其他月份（$P<0.05$）。总体来说，Ci 的 RCA 大于 Pi，7 月份两林型的树干茎流（$P=0.025$）和凋落物淋溶液（$P=0.011$）的 RCA 差异显著，而 4 月份两林型的树干茎流（$P=0.005$）和穿透雨（$P=0.014$）的 RCA 也存在显著差异。Ci 中树干茎流、穿透雨和凋落物淋溶液的 RCA 平均值比 Pi 分别高出 35.60%、12.52% 和 35.53%，比 Pi_Ci 分别高出 25.26%、12.29% 和 6.97%（图 4-3b）。

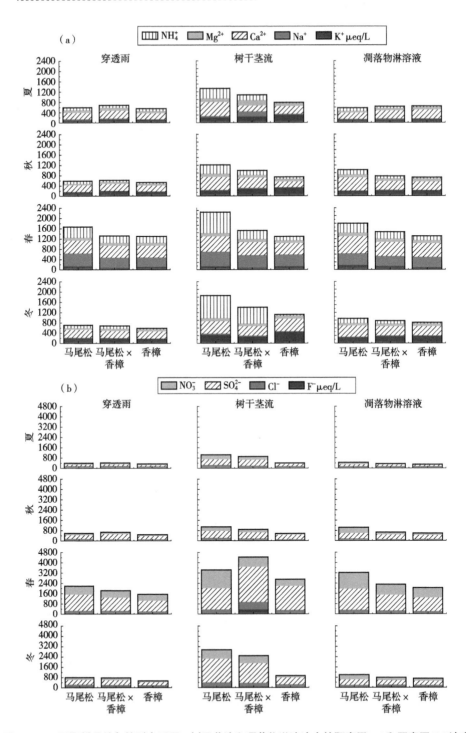

图 4-4　不同取样月份各林型穿透雨、树干茎流和凋落物淋溶液中的阳离子(a)和阴离子(b)浓度

由于树干茎流中的离子通量较低(阳离子和阴离子通量分别为 0.01875 ~ 0.3695 和 0.03950 ~ 0.6302kg/hm²),在图 4-5 中,将通量显示为穿透雨加上树干茎流(TF+SF)和凋落物淋溶液(LL)。凋落物层拦截了来自森林雨水的养分通量,但 NO_3^- 除外。Pi 凋落物对 NO_3^- 的淋溶量最大(3.39 ~ 9.60kg/hm²),远大于 Ci 凋落物的淋溶量(0.34 ~ 5.24kg/hm²)。由于淋溶 NO_3^- 和拦截 SO_4^{2-} 的能力不同,Ci 的凋落物淋溶液的 NO_3^- 和 SO_4^{2-} 的通量之和最低(5.23、10.99、17.04 和 14.79kg/hm²),其次是 Pi_Ci(7.84、10.24、17.96 和 18.47kg/hm²),而 Pi 凋落物淋溶液中 NO_3^- 和 SO_4^{2-} 的通量之和最高(10.1、15.98、19.79 和 27kg/hm²)。

除 10 月外,其他各月 Ci 中 TF+SF 的阳离子和阴离子通量均低于 Pi_Ci 和 Pi (图 4-5b),而 Ci 中穿透雨和树干茎流的阳离子通量与阴离子通量之比在 7 月和 4 月显著高于 Pi(表 4-3)。与 Pi 相比,Pi_Ci 的凋落物淋溶液阳离子通量与阴离子通量之比升高 17.39% ~ 46.03%。在 7 月、10 月和 4 月采样中,Ci 的阳离子通量与阴离子通量之比分别比 Pi 林升高 80.95%、39.53% 和 36.17%(表 4-3)。Ci 的树干茎流和凋落物淋溶液(除 1 月份的凋落物淋溶液外)中的盐基饱和度显著高于 Pi;除 1 月份的树干茎流以及 7 月和 1 月的凋落物渗滤液外,Ci 树干茎流(除 1 月份外)以及 10 月和 4 月的凋落物淋溶液中盐基饱和度也显著高于 Pi_Ci (表 4-4)。

表 4-3 4 个取样月期间 3 种森林类型阳离子通量与阴离子通量之比

森林水分	森林类型	$\Sigma^+ : \Sigma^-$(通量)			
		夏季	秋季	冬季	春季
穿透雨	马尾松	1.32±0.038b	0.65±0.030	0.46±0.065	0.63±0.038b
	马尾松×香樟	1.32±0.060b	0.61±0.048	0.41±0.006	0.63±0.027b
	香樟	1.60±0.099a	0.75±0.031	0.52±0.021	0.81±0.025a
树干茎流	马尾松	1.16±0.11b	0.74±0.094	0.45±0.061a	0.37±0.025b
	马尾松×香樟	1.22±0.082b	0.98±0.17	0.19±0.010b	0.49±0.021b
	香樟	2.05±0.28a	0.88±0.048	0.33±0.077ab	0.85±0.097a
凋落物淋溶液	马尾松	0.63±0.043b	0.43±0.012b	0.23±0.018	0.47±0.025b
	马尾松×香樟	0.92±0.13ab	0.60±0.059a	0.27±0.022	0.60±0.018a
	香樟	1.14±0.11a	0.63±0.037a	0.27±0.032	0.64±0.026a

注:不同的小写字母表示不同森林类型之间的显著差异。

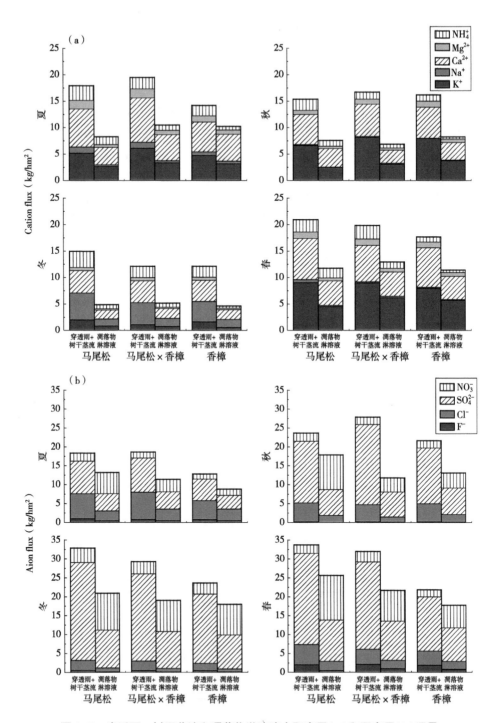

图4-5 穿透雨、树干茎流和凋落物淋溶液中阳离子(a)和阴离子(b)通量

表4-4 不同森林类型穿透雨、树干茎流和凋落物渗滤液中的盐基饱和度

$$[(K^+ + Ca^{2+} + Mg^{2+}):\Sigma^+]$$

森林类型	夏季	秋季	冬季	春季
穿透雨				
马尾松	75.58	80.79b	44.85	83.12
马尾松×香樟	81.21	87.99a	48.85	81.98
香樟	77.80	89.96a	51.39	91.49
树干茎流				
马尾松	66.59c	70.58b	37.42b	50.56b
马尾松×香樟	74.21b	78.85b	45.57ab	58.08b
香樟	92.17a	90.09a	51.55a	93.75a
凋落物淋溶液				
马尾松	72.86c	81.27b	54.43	78.66b
马尾松×香樟	85.03ab	85.00b	55.02	85.27b
香樟	87.22a	91.09a	57.97	93.36a

注：不同的小写字母表示不同森林类型之间的显著差异。

3 讨论

3.1 降水的变化

本研究中的监测数据表明，铁山坪的降水pH值在6.58~7.33之间变化，监测的这4个月份的降水均为中性降水。为了评估降水质量的变化，将本研究的数据与其他学者在该研究地点2001—2004年(向仁军 et al.，2012)和2003年(王文兴 et al.，2009)的数据进行了比较(表4-1)。2001—2004年和2003年的平均pH值约为4.1，比本研究中观察到的2018年至2019年的平均pH低了2个单位以上，这可能是由于中国的酸性排放减少所致(Duan et al.，2016)。与2001—2004年的平均值相比，本研究监测的降水中大多数离子平均浓度大幅增加，尤其是K^+(3.5倍)、Ca^{2+}(8.6倍)、Cl^-(6.8倍)，SO_4^{2-}和NO_3^-(6~7倍)。2003年监测的降水中(王文兴 et al.，2009)，除Ca^{2+}、SO_4^{2-}和NO_3^-外，其他离子浓度远低于2001—2004年，而Ca^{2+}、SO_4^{2-}和NO_3^-的浓度仍低于本研究中观察到的值。本研究监测的降水样品的SO_4^{2-}和NO_3^-的比值平均为3.16，远低于2001—2004和2003年的观测值(分别为4.27和5.3)。Chen(2007)在重庆的研究中也证实了降

63

水中 NO_3^- 比率增加。RCA 的升高也证实了降水由酸性向中性转变。这些数据部分证实了本研究的第一个假设，即降水的 pH 值和 NO_3^- 的比例增加了。然而，由于 2001—2004 年观测到的年际变化较大（向仁军等，2012），本研究中的 1 年监测数据不足以断言铁山坪目前的降水已由酸性降水转变为中性降水，需要更长时间的观测数据来证实这一点。

3.2　不同类型森林水的影响

本研究中，凋落物淋溶液中的阳离子和阴离子通量均低于穿透雨和树干径流之和，说明凋落物层对穿透雨和树干茎流的养分有截留作用。为了进一步检测穿透雨和树干茎流对凋落物淋溶液养分通量的影响程度，使用阳离子、阴离子和 DOC 通量进行了变差分解分析（VPA）。VPA 表明，68% 的凋落物淋溶液养分通量可以用穿透雨和树干茎流来解释。穿透雨和树干茎流的养分通量对凋落物淋溶液养分通量的贡献率分别为 20% 和 3%，共同贡献率为 45%。前人的一些研究也证实了穿透雨和树干茎流对森林地表的贡献（Carnol and Bazgira，2013）。Bellot 等（1999）发现树干茎流的养分输入仅占土壤可溶性物质输入的 2%~3%，与本研究中观察到的树干茎流的贡献相对较小是一致的；尽管贡献率较低，但树干径流在森林生态系统中发挥着重要作用，树干茎流将雨水集中在紧邻树干的区域，为树木和土壤提供的水和营养远远超过穿透雨（Bellot et al.，1999）。

本研究还表明，树干茎流中养分含量比穿透雨高。我们发现树干茎流中的 DOC 含量、阳离子和阴离子浓度最高，pH 值最低，其次是穿透雨和凋落物淋溶液。树干茎流中营养物质的高浓度是由于树干营养物质的淋溶和树干茎流量极低两方面造成的。在 VPA 分析中用浓度代替通量时，树干茎流对凋落物淋溶液的贡献率从 3% 增加到 9%，这进一步说明了树干茎流根区养分浓度方面的重要性，进而影响根际微生物群落和功能（Levia and Germer，2015）。因此，本研究中的第二个假设是部分正确的，因为穿透雨对森林地表的养分通量的贡献比树干茎流更大；然而，树干茎流对根区的瞬时影响特别强烈。

3.3　林型的影响

之前的一项研究分析了 17 个林分的数据，结果表明针叶林比落叶林拦截的污染物更多（De Schrijver et al.，2007）。本研究中，香樟纯林穿透雨和树干茎流中阳离子和阴离子通量远低于马尾松纯林和马尾松–香樟混交林；但香樟纯林树干茎流的 pH 值和阳离子∶阴离子比值最高，且 DOC 最低。中国西北部的一项研究表明针叶林冠层酸性离子和交换性盐基离子的富集能力大于阔叶树种（Han et al.，2015）。尽管他们的研究结果与我们一致，但他们提出种植针叶树以改善森林生态系统功能的措施并不适合我们的研究区域，他们的研究区域位于西北部，没有酸雨或土壤酸化的历史（Xu et al.，2009）。本研究区域是典型的酸雨污染区，土壤酸化严重（马尾松纯林、马尾松-香樟混交林和香樟纯林表层土壤 pH 分别为3.98、4.54 和4.6），在土壤酸化的区域种植那些能提供更少的酸性雨水和更多盐基饱和度的物种是更有利的。本研究计算了穿透雨、树干茎流和凋落物淋溶液的盐基饱和度，3 个林型中香樟纯林的盐基饱和度最高，其次为混交林（表4-4）。且香樟纯林凋落物淋溶液的阴离子通量比马尾松纯林低得多，主要是由于香樟纯林中 NO_3^- 通量比较低。日本中部的研究也发现常绿林的凋落物淋溶液 NO_3^- 通量是高于落叶林的（Ashik et al.，2019）。研究结果表明穿透雨中 N 的输入与土壤 pH 负相关，这一结果在我国南部的一个研究中得到证实（Fang et al.，2011）。本研究中马尾松纯林穿透雨的 NO_3^- 通量最高，香樟纯林则最低，香樟林中穿透雨、树干茎流以及凋落物淋溶液中较低的 N 输入有利于维持土壤相对高的 pH 值。

香樟纯林穿透雨和凋落物淋溶液的 DOC 含量和通量最低，而马尾松纯林最高。尽管香樟纯林树干茎流的 DOC 通量相对高，但相对于穿透雨和凋落物淋溶液而言其体积很小从而可以忽略不计。研究发现穿透雨中 DOC 浓度和凋落物淋溶液的 DOC 通量在针叶林中都要高于阔叶林。DOC 包含一些短链酸和大分子酸，如腐殖质酸和黄腐酸，从而影响水的酸度。地表渗滤液中 DOC 高的树种会促进阳离子淋溶，引起土壤酸化。

4　小结

本研究中的监测数据表明铁山坪的降水是中性的，且降水中的 NO_3^- 比例增高。树干茎流尽管体积小营养通量低，但能提高树干周边区域的养分浓度从而影响养分循环。香樟纯林通过雨水输入土壤的 N 和 DOC 较少，而盐基离子饱和度较高，进入土壤的雨水 pH 值较高，从而可以有效改善土壤酸化，有利于土壤酸化的恢复，从而保证酸雨污染地区森林生态系统的可持续发展。本章研究揭示了针叶纯林、阔叶纯林以及针阔混交林水文过程中雨水性质的变化，及其对土壤酸化的影响。但本研究是基于四个月的监测数据，为了更确定地阐明铁山坪地区的降水性质以及森林类型对雨水的影响，需要更长时间更多的观测数据。

|第5章|

马尾松、香樟纯林及其混交林土壤及土壤溶液性质研究

1 香樟林有效改善酸雨区马尾松林地土壤酸化和土壤养分状况

1.1 研究方法

1.1.1 采样及分析方法

分别于 2018 年 7 月、10 月，2019 年 1 月和 4 月中旬对马尾松林、香樟林以及马尾松-香樟混交林进行土壤样品的采集，分别代表夏季、秋季、冬季和春季的样品，每次采样时选择连续晴天以确保土壤湿度不会过大。在每个样地内按照"S"形布置 10 个采样点，每个采样点挖一个土壤剖面，按土壤形成层取样。每个样地 10 个采样点的各土层分别混合成一个混合样品，即每个样地得到两个土层混合样品。

1.1.2 分析方法

每次采样后将土壤样品低温运输到实验室，测定土壤酸碱度（pH）、阳离子交换量（CEC）、有机碳（SOC）、全氮（TN）、全磷（TP）、全钾（TK）、硝态氮（NO_3^--N）和铵态氮（NH_4^+-N）含量。土壤 pH 值采用电位法测定；CEC 采用草酸铵-氯化铵浸提后用半微量凯氏定氮法测定；SOC 用重铬酸钾容量-外加热法测定；TN 利用硫酸加催化剂消煮后半微量定氮法测定；TP 采用 NaOH 熔融-钼锑抗比色法分析；TK 利用 NaOH 熔融-火焰光度法测定；NH_4^+-N 和 NO_3^--N 则采用 0.01mol/L 氯化钙浸提后利用 AA3 流动注射分析仪进行分析测定。

1.1.3 土壤综合肥力评价方法

为了更加全面地了解 3 种林型对土壤养分的影响状况，利用模糊综合评价法

(左湘熙等，2021)对 3 种林型的土壤肥力进行评价。利用主成分分析得出公因子方差，并计算各项指标权重。通过隶属度函数计算每个指标的隶属度。pH 采用抛物线型隶属度函数，其他指标采用 S 型函数(冯嘉仪等，2018)。结合各个指标的权重和隶属值，计算土壤的综合肥力指数(integrated fertility index，IFI)。公式为：

$$IFI = \sum_{i=1}^{n}(W_i \times F_i)$$

式中：n 为参评指标的个数，W_i 与 F_i 分别为表示第 i 个指标的权重与隶属值。

1.1.4　统计方法

采用主成分分析法(PCA)确定不同林型、不同季节和不同土层的土壤性质差异，同时结合 PERMANOVA 分析土层、林型、季节对土壤性质的影响。用 R 软件完成 PCA 和 PERMANOVA 分析。为了探明不同林型之间土壤酸化和养分的差异，将相同林型各个季节的样品分土层合并进行方差分析，具体合并方法为：将同一个样地得到的 4 个月份的土壤结果都视为这个样地的重复，如样地1(香樟纯林 Ci)的 2018 年 7 月和 10 月以及 2019 年 1 月和 4 月的结果分别为 Ci-Jul-2018、Ci-Oct-2018、Ci-Jan-2019、Ci-Apr-2019，而在合并季节后的分析中则都为 Ci。利用 SPSS18 进行单因素方差分析(ANOVA)，确定土壤性质在不同林型之间是否存在差异。

1.2　结果

1.2.1　林型、季节、土层对土壤性质的主成分分析

为了探讨林型、季节和土层对土壤性质总的影响，进行了 PERMANOVA 分析，结果表明土层对土壤性质的影响极其显著($P=0.001$)，但季节和林型影响不明显。PCA 结果(图 5-1)表明主成分 1 轴显著地将土壤区分开来，A 层土壤主要分布在主成分 1 轴的右侧，而 O 层土壤在不同季节和不同林型土壤性质分布比较分散地分布在 PCA 图的左侧。O 层土壤性质表现出一定的季节性分异，夏季(黄色)和秋季(蓝色)土壤性质主要分布于主成分 2 轴的上方，而冬季(红色)和春季(黑色)则分布于主成分 2 轴的下侧。当将 O 层和 A 层分开进行 PERMANOVA 分析后发现，季节对 O 层和 A 层土壤性质均影响显著(P 分别为 0.001 和 0.021)；林型对 O 层土壤性质的影响极显著($P=0.002$)，而对 A 层土壤没有明显影响($P=0.134$)。

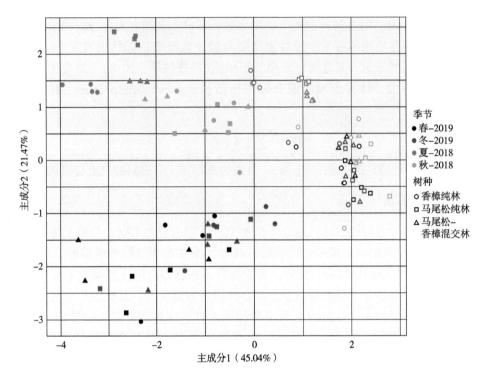

图 5-1　林型、季节、土层对土壤性质影响的主成分分析

注：图中符号，实心代表 O 层；空心代表 A 层。

1.2.2　林型和土层对土壤性质的影响

本研究的主要目的是为了探讨不同林型之间土壤性质的差异，因此，不考虑季节的因素，将同一林型某指标的各季节结果合并为同一林型某指标结果后，分别比较 O 层和 A 层土壤各个指标在不同林型之间的差异。

1.2.2.1　不同林型、土层对土壤酸化的影响

从全年来看，马尾松纯林、马尾松-香樟混交林以及香樟纯林的 O 层土壤 pH 值分别为 4.86、5.10 和 5.22，将马尾松纯林改造成香樟纯林后 pH 值显著提高了 0.36 个单位（图 5-2）；而 A 层土壤 pH 值的变化趋势则与 O 层相反，马尾松纯林（5.42）>马尾松-香樟混交林（5.25）>香樟纯林（5.22）。从土层来看，只有马尾松纯林的 O、A 两层土壤 pH 值差异显著，由 O 层的 4.86 提到到 A 层的 5.42；马尾松-香樟混交林 A 层土壤 pH 值比 O 层只提高了 0.15 个单位，而香樟纯林 O、A 两层土壤 pH 值则没有发生变化（图 5-2）。

O 层马尾松纯林和混交林的 CEC 没有显著差异，分别为 14.12 和 16.66cmol/kg，而香樟纯林 CEC 虽然与马尾松纯林没有显著差异，但与混交林相比则显著

降低了 27.53% 。A 层土壤的 CEC 含量显著低于 O 层，只有 4.54 ~ 5.47cmol/kg，且马尾松纯林 CEC 显著高于马尾松-香樟混交林。而将马尾松林改造成混交林或香樟纯林后，NH_4^+ ： NO_3^- 比值都逐渐降低，O 层中马尾松纯林 NH_4^+ ： NO_3^- 显著高于其他两个林型，而 A 层中仅香樟纯林显著低于马尾松纯林；而土层对 NH_4^+ ： NO_3^- 没有显著影响(图 5-2)。

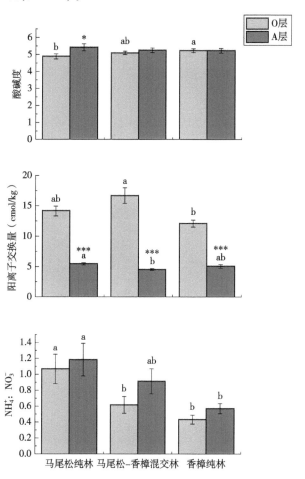

图5-2 不同林型对土壤酸化的影响

注：不同小写字母表示同一季节不同林型间差异显著($P<0.05$)；星号表示 O 层和 A 层之间差异显著，* 在 0.05 水平差异显著，** 在 0.01 水平差异显著，*** 在 0.001 水平差异显著。下同。

1.2.2.2 不同林型、土层对土壤养分的影响

对于 O 层土壤而言，由马尾松纯林改造成马尾松-香樟混交林以及香樟纯林后土壤全磷、全钾逐渐递增；且马尾松纯林的全磷和全钾含量均显著低于种有香

樟的林地，而马尾松纯林的硝态氮含量虽然也显著低于香樟纯林，但与混交林差异不显著（图 5-3）。O 层土壤有机碳含量则是马尾松纯林最高，均值为 174.97g/kg；而改造成马尾松-香樟混交林和香樟纯林后有机碳含量逐渐降低，且香樟纯林 O 层有机碳含量与马尾松纯林比显著降低了 30.98%。而铵态氮含量虽然各林型之间没有显著差异，但均呈现出马尾松纯林>马尾松-香樟混交林>香樟纯林的趋势；而硝态氮含量则与铵态氮呈现出相反的趋势，即马尾松纯林<马尾松-香樟混交林<香樟纯林；相对于马尾松纯林而言，香樟纯林的铵态氮含量降低了 27.05%，但没有达到显著水平，而硝态氮含量则显著提高了 64.14%；而土壤全氮含量则是混交林最高，香樟林最低（图 5-3）。

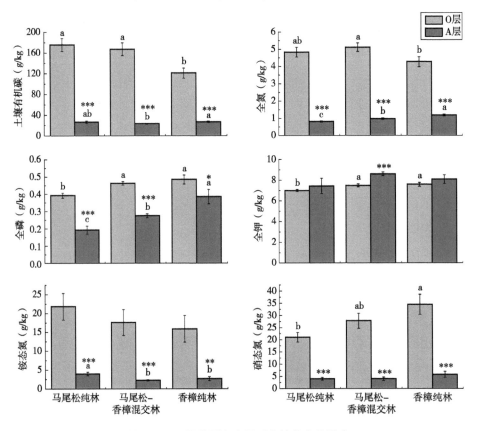

图 5-3　不同林型和土层对土壤养分的影响

A 层土壤的养分含量除全钾外，其他养分指标均显著低于 O 层，但林型之间的变化趋势与 O 层有所差别。A 层土壤有机碳含量则是香樟纯林最高；全氮、全磷含量则是马尾松纯林<马尾松-香樟混交林<香樟纯林，且各林型之间差异显著；而全钾和硝态氮含量虽然种植香樟后有所升高但没有达到显著差异；而马尾

松林地改造成混交林或香樟纯林后，A 层土壤铵态氮含量是显著降低的，但其绝对值比较低，分别为 3.99、2.20 和 2.67mg/kg(图 5-3)。

1.2.3 土壤肥力评价

利用主成分分析法确定的各指标权重见表 5-1，结合《全国第二次土壤普查标准》以及相关文献确定转折值见表 5-2(王玲玲等，2016；吴小芳等，2021)。不同林型土壤肥力得分值见表 5-3，得分在 0.585～0.664，根据相关文献的土壤肥力分级标准(夏莉等，2022)，马尾松纯林改造成马尾松-香樟混交林、香樟纯林，土壤肥力等级从 3 级的土壤质量一般改善为 2 级具有良好的土壤肥力。

表 5-1　各项土壤肥力因子权重

指标	酸碱度	阳离子交换量	有机碳	全氮	全磷	全钾	铵态氮	硝态氮
公因子方差	0.887	0.785	0.948	0.935	0.721	0.650	0.858	0.758
权重	0.136	0.120	0.145	0.143	0.110	0.099	0.131	0.116

表 5-2　各肥力指标的隶属度函数转折点

转折点	酸碱度	阳离子交换量（cmol/kg）	有机碳（g/kg）	全氮（g/kg）	全磷（g/kg）	全钾（g/kg）	铵态氮（mg/kg）	硝态氮（mg/kg）
X1	4.5	10	6	0.5	0.2	5	15	20
X2	5.5	20	40	2	1.0	25	25	35
X3	6.5							
X4	7.5							

表 5-3　不同林型土壤各属性肥力隶属度值与综合肥力得分

林型	酸碱度	阳离子交换量	有机碳	全氮	全磷	全钾	铵态氮	硝态氮	综合肥力
马尾松	0.451	0.476	1		0.317	0.190	0.808	0.163	0.585
马尾松-香樟	0.640	0.699	1	1	0.396	0.213	0.556	0.567	0.662
香樟	0.748	0.287	1	1	0.421	0.217	0.454	0.973	0.664

1.3　讨论

1.3.1　林型、土层和季节对土壤整体性质的影响

影响森林土壤性质的因素很多，如土壤类型、土层、季节、以及不同林型。本研究中土壤类型一致，当所有数据一起分析时，土层对土壤性质的影响最大，

而林型和季节的影响都不明显。土层显著影响土壤性质，不同深度的土壤性质之间存在差异主要是由于地上凋落物和细根周转对表层土壤的影响要大于深层土壤。不同森林类型对土壤的影响显著，主要是由于森林结构改变碳氮动态而造成的，因为不同物种组成会影响不同冠层结构下的养分循环，从而极大地影响森林生态学整体养分周转速率如光合速率、蒸腾速率、土壤碳氮比、稳定同位素比率等。从图5-1可以看出A层土壤相对于O层而言非常集中地聚拢在一起，且PERMANOVA分析结果也发现林型对O层土壤影响显著，而对A层没有产生显著影响，所以当O层和A层土壤一起分析时土层的影响则掩盖了林型的影响。林型对O层土壤整体性质影响显著，而对A层没有影响，可能是由于不同林型的树种组成通过控制表层土壤和植被层的凋落物生物量、碳氮含量及其周转速率从而显著影响碳氮输入的质量和数量以及营养物质的重新分配（Chen et al.，2018），而这种影响在表层土壤中要高于深层土壤，因此林型对O层土壤性质有显著影响而对A层没有。而也有一些其他研究表明土层对土壤的影响要大于林型。Stone等（2014）研究了不同土壤类型的两种林型下不同深度的土壤酶活和微生物群落结构发现，不同林型和不同土壤类型的微生物量、酶活及微生物群落结构相似，但土壤养分、微生物量和酶活均随土壤深度增加而成倍降低，说明相对于土壤或森林类型而言，土壤深度才是影响酶活和微生物群落结构的主要因子。Ding等（2021）也发现土壤深度对微生物的影响尤其是细菌群落的影响要大于林型，这主要是由于不同深度土壤理化性质的差异造成。而且不同季节的温度、降雨不同造成土壤温度和水分的变化，从而影响土壤养分含量。

季节对土壤性质的影响则主要是由于气候的季节性对植物生长、落叶、凋落物分解等产生明显的影响，而这种季节性通过冠层、凋落物和土壤中的微生物活动或水文过程而强烈影响营养动态。以氮动态来说，夏季总的氮矿化潜力要高于氮的固定，而冬季则以氮固定为主；生长季氮净矿化速率大约是休眠季节的1.6倍（Tomohiro et al.，2018）。Yamashita等（2011）发现，泰国北部的热带干旱森林的土壤pH和可交换性钾钠镁均在雨季（11月）显著高于旱季（3月），主要是因为在雨季凋落物快速分解和矿化的结果。由于季节对土壤的影响显著，可见在研究林分改造或其他环境因子对土壤的影响时一次采样很难说明问题，为了更全面揭示马尾松林改造成香樟林或马尾松-香樟混交林后土壤质量的变化，我们按季节采样，但最后将各季节土壤样品的结果合并，旨在探讨不同林型之间的土壤质量差异。

1.3.2 土层对土壤酸化及养分的影响

马尾松纯林O层pH比A层显著降低了0.53个单位，混交林中也是A层pH

略低于 A 层，而香樟纯林中 O、A 两层土壤的 pH 基本一致(图 5-2)。通常来说，森林表层土壤 pH 值低于下层土壤，是由于凋落物分解产生有机酸所导致(Yamashita et al.，2011)。土壤 CEC 是土壤酸缓冲能力和重要肥力的影响因素之一，本研究中三林型 O 层 CEC 均显著高于 A 层，这主要是因为影响 CEC 的主要因素土壤有机碳在 O 层远高于 A 层的缘故。

无论是针叶林、混交林还是阔叶林，O 层土壤有机碳、全氮、全磷、硝态氮及铵态氮均显著高于 A 层。Jiang 等(2021)研究了东北的松树林、橡树林和草地后发现，无论什么植被类型下土壤有机碳和全氮含量均随着土层变深而呈现递减的趋势。高琳等(2022)也表示在粤北香芋种植区土壤氮、磷、钾含量和有机碳随着土壤发生层呈现下降的趋势。无论是农田土壤还是森林土壤，硝态氮和铵态氮的含量都是表层土壤高于深层土壤。而这种土壤深度引起的土壤性质变化主要是因为地上凋落物和细根周转对表层土壤的影响要大于深层土壤。表层土壤养分含量高于深层土壤，一方面因为表层土壤的通气能力比深层土壤好，养分从上层向深层输入，养分聚集在上层土壤中，而表现出表层土壤养分高于深层土壤的现象；另一方面是因为根系主要分布在表层，活根影响土壤碳代谢，与死根相比，活根释放更多的可溶性碳，加速死根的分解，从而释放更多营养元素。

1.3.3　林型对土壤酸化和养分的影响

由于 A 层土壤养分含量远低于 O 层，且 PERMANOVA 分析也显示林型对 O 层土壤整体性质有显著影响，而对 A 层没有影响，因此我们这部分讨论主要关注林型对 O 层土壤性质的影响。

从全年平均水平来看，马尾松林改造成香樟林后土壤 pH 值明显提高(图 5-2)。张俊艳等(2014)的研究也表示阔叶林区的土壤 pH 较针叶林区的 pH 高。本研究与前人的研究结果一致。这可能与香樟凋落物的质量有关，有研究表明富含钙的凋落物树种会降低土壤酸度(Schrijver et al.，2012)，马志良等(2015)研究了亚热带常绿阔叶林 6 个树种凋落物钙、镁、猛的释放特征，结果表明香樟凋落叶的钙镁含量显著高于马尾松凋落叶。而一些研究表明针叶林地表渗滤液比阔叶林的排出更多的 DOC(Mats et al.，2011)，而产生高浓度 DOC 的地表渗滤液的树种促进阳离子浸出，引起土壤酸化。在铁山坪的研究发现，马尾松纯林凋落物淋溶液 DOC 含量显著高于香樟纯林(见第 4 章)。

土壤中硝态氮和铵态氮的比例也会对土壤酸化产生影响，研究表明当 NH_4^+：NO_3^- 低于 1 时，说明土壤中以 NO_3^--N 为主，则植物吸收的 NO_3^--N 比 NH_4^+-N 多；而当土壤中 NH_4^+-N 比例高时，则植物根系吸收 NH_4^+ 释放 H^+，则根际酸化会加剧，从而加重铝毒影响盐基离子的吸收；而且土壤中 NH_4^+ 的积累可增加硝化细菌底物从而促进硝化作用，引起土壤酸化（Sparrius，2011）。本研究中，香樟纯林及马尾松-香樟混交林的 NH_4^+ : NO_3^- 均显著低于马尾松纯林且都低于1，说明这两个林型中植物以吸收 NO_3^--N 为主，不会加剧土壤酸化；而马尾松纯林的 NH_4^+ : NO_3^- 大于1，说明会加剧根际酸化，影响盐基离子吸收，且马尾松纯林土壤全磷、全钾含量也显著低于香樟纯林及马尾松-香樟混交林（图5-3），均不利于植物生长。有研究表明，土壤铵态氮的增加会导致土壤酸化（Gruba et al.，2015），而本研究中马尾松改造后，土壤中铵态氮是显著减少的，这表明马尾松纯林改造成针阔混交林或阔叶纯林后，降低土壤 NH_4^+ : NO_3^- 既可缓解土壤酸化，又有利于植物营养的吸收。

土壤CEC是土壤酸缓冲能力和重要肥力的影响因素之一，但本研究发现马尾松纯林改造后CEC含量没有变化或者有所降低（图5-2），这一结果看似与林型改造对土壤pH和 NH_4^+ : NO_3^- 的影响有所矛盾。实际上，土壤中有机碳是CEC的最主要来源，土壤有机碳对CEC的解释度高达88%，虽然阔叶树可以降低土壤酸化、提高pH，但是减少了CEC，这主要都是因为土壤有机碳质量的差异引起的（Gruba et al.，2015）。本研究中，马尾松纯林以及马尾松-香樟混交林土壤有机碳含量要显著高于香樟纯林（图5-3），而有机碳有与CEC显著正相关，因此香樟纯林CEC含量偏低。

有机碳是土壤中最重要的有机组分，是土壤质量的核心、土壤肥力的重要指标。一般认为阔叶林、混交林的土壤有机碳含量要高于针叶纯林，主要是因为阔叶林和混交林凋落物比针叶林凋落物 C/N 更低，所以凋落物更易分解，转化为土壤腐殖质的过程更强烈；而针叶树种凋落叶中萜类物质和酚类物质含量较高，易形成酸性腐殖质，抑制土壤的腐殖化过程。但本研究中，马尾松纯林改造成马尾松-香樟混交林及香樟林后土壤有机碳含量并没有增加，香樟林O层土壤有机碳含量显著低于马尾松纯林（图5-3），这与前人的研究不太一致。为了验证数据的准确性，于2021年3月、5月、11月再次采集土壤样品分析土壤有机碳含量，结果依然是香樟纯林的土壤有机碳含量显著低于马尾松纯林（表5-4）。Gruba 等（2015）的研究也支持本研究的结果，他们研究了欧洲赤松（*Pinus sylvestris*）、欧洲栎（*Quercus robur*）、挪威云杉（*Piceaabies*）、欧洲山毛榉（*Fagus sylvatica*）以及鹅耳枥（*Carpinus betulus*）5种不同树种的酸性土壤有机碳含量，结果发现欧洲赤松土壤有机碳含量最高，其次为挪威云杉，而欧洲栎有机碳含量最低。邓厚银等（2021）的研究也表明在粤北地区杉木林的土壤有机碳含量最高，香樟林有机碳含量最低。土壤有机碳的形成是一个复杂的过程，影响因素很多，而本研究以及Gruba和邓厚银的研究都是在酸性土壤中开展的，酸性土壤环境中针叶树种和阔叶树种对有机碳含量的影响可能与一般情况有所不同，其影响机制需要进一步研究证实。

表5-4 2021年3个月份不同林型土壤有机碳的变化

月份	马尾松	马尾松-香樟	香樟
2021年3月	55.40±8.06a	35.62±3.49b	31.13±2.14b
2021年5月	49.79±4.52a	37.63±4.25b	33.75±1.74b
2021年11月	42.78±6.55a	36.47±5.83ab	30.85±4.50bc

注：不同小写字母表示同一月份不同林型间的差异显著（$P<0.05$）。

不同林型对土壤全氮的影响基本与有机碳差不多，也是香樟纯林O层土壤全氮含量最低，两者呈显著正相关关系（$R=0.979$），因为土壤中的氮元素主要取决于有机碳的积累和分解。但马尾松改造成马尾松-香樟混交林以及香樟纯林后均显著改善了土壤的全磷和全钾含量，香樟纯林也显著提高了土壤硝态氮含量。磷是植物生长发育中不可或缺的营养元素，在森林生态系统生产力形成过程中起着重要作用。土壤全磷、全钾是指土壤中各种形态磷、各种形态钾的总和，虽不能直接反映对土壤的有效性，但能反映土壤潜在的供磷、供钾能力。有研究表明，当土壤全磷含量低于0.8～1mg/kg时，将出现供磷不足（王树力，2006），而本研究中铁山坪各林型土壤全磷含量均明显低于该水平（图5-3），且亚热带地区被认为是一级缺磷区（张福锁等，2007）。因此，在缺磷严重的重庆铁山坪地区将马尾松纯林改造成马尾松-香樟混交林及香樟纯林后，虽然不能完全解决缺磷问题，但也能有效提高酸性土壤中的全磷含量；虽然马尾松纯林改造成香樟纯林后O层土壤全氮含量降低，但有学者认为亚热带森林生产力受土壤磷的限制比受氮更为严重（Wardle et al.，2009），因此马尾松纯林改造后能提高土壤的供磷水平促进植物生长。钾是植物生长必需的营养元素之一，是植物吸收最多的第三大养分元素，土壤中钾的含量直接影响植物对钾的吸收，从而影响森林生态系统生产力和营养循环。通常认为当土壤全钾含量大于15g/kg时钾含量是丰富的（李倩等，2011），而本研究中铁山坪各林型土壤全钾含量均低于10g/kg（图5-3），可以认为该研究地点土壤缺钾；且已有研究表明在我国亚热带地区大面积分布缺钾的酸性森林土壤（李倩等，2011）。本研究中马尾松纯林改造成马尾松-香樟混交林以及香樟纯林后，表层土壤全钾含量显著提高（图5-3）。因此在铁山坪酸性土壤背景下，将马尾松纯林改造成针阔混交林或阔叶纯林后能提高土壤全钾含量，有利于植物的生长。这可能是马尾松林的凋落物限制养分释放归还到土壤，而马尾松-香樟混交林和香樟纯林下的植物种类丰富，有助于土壤养分回归。有研究表明，林下灌木的物种多样性与全钾含量存在极显著相关性，而马尾松纯林改造成香樟林后，林下物种丰富度显著增加，也提高了土壤全钾含量（黄超，2020）。

重庆酸雨区不同林型间土壤综合肥力有明显差异，马尾松纯林的土壤肥力等级为 3 级，土壤肥力一般，质量中等；但改造后的马尾松-香樟混交林、香樟纯林的土壤肥力处于 2 级，土壤肥力较高，土壤质量较好。一些研究结果也表明阔叶林、针阔混交林的土壤肥力优于针叶林，这可能是因为阔叶林和针阔混交林在增加全钾、全磷等的方面较针叶林有更大的积累潜力。本研究中香樟林的林龄为30 多年，但相关研究表明在改造时间更短的林型，香樟已能有效改善土壤酸化；如李志勇等（2007）的研究表明在种植香樟 26 年后能有效改善铁山坪林场的土壤酸化。薛沛沛等（2019）的研究表明在马尾松纯林的地区种植香樟 15 年后能更好地改善土壤肥力，促进森林可持续发展。

1.4 小结

林型对 O 层土壤性质有显著影响，而对 A 层土壤没有明显影响。马尾松纯林改造成香樟纯林及其混交林后可提高土壤 pH 值，并降低土壤 $NH_4^+ : NO_3^-$，有助于缓解土壤酸化。改造后，香樟纯林 O 层土壤有机碳和全氮含量低于马尾松纯林，但明显提高土壤全磷、全钾含量，有利于缺磷、缺钾的铁山坪酸性土壤区域的植物生长。同时改造后能明显提高土壤肥力，一般从 3 级的土壤质量改善为 2级具有良好的土壤肥力。

2 马尾松纯林改造对土壤溶液性质的影响

土壤溶液是土壤化学和生物化学反应的介质，是植物吸收养分的直接来源，在外界环境变化时，土壤溶液化学成分能做出迅速响应。目前关于森林土壤溶液的研究大多集中在溶蚀能力、光谱学特征以及重金属等方面。酸沉降下，森林土壤水会受到硝化、吸附、风化等的作用，造成盐基离子淋失及其化学性质变化（廖佩琳等，2022）。关于林分改造对土壤溶液离子浓度影响的研究还不多见，无法证实森林土壤溶液化学成分是否能有效反映不同林木生长过程中土壤-植物-气候系统的复杂反应。西南地区是我国酸沉降影响最严重地区之一，也是开展酸沉降研究的热点区域。当前，该区域内已开展了包括酸沉降区森林健康、降雨特性、土壤水文、土壤肥力、凋落物分解等研究。但鲜有林分改造影响土壤溶液性质的研究，无法全面理解森林类型、酸沉降及土壤溶液之间的内在关联。因此，研究酸沉降下不同类型森林的土壤溶液特征，能为深入揭示森林生态系统对酸沉降的响应机制提供科学依据。

马尾松和香樟均为我国西南地区的重要乡土树种，且二者的土壤性质存在着一定差异，可作为比较不同森林类型土壤响应酸沉降的理想对象。本章以重庆铁山坪林场的马尾松纯林、马尾松-香樟混交林、香樟纯林为对象,调查不同林分、不同季节和不同土层的土壤溶液性质差异,以探明马尾松纯林改造对土壤酸化的影响,评估土壤溶液对酸沉降变化的响应,为该地区有效改善土壤酸化提供科学依据。

2.1　材料和方法

2.1.1　样品采集和处理

在马尾松纯林、马尾松-香樟混交林及香樟纯林样地的 15cm 和 30cm 土层深处分别布设 5 个 WS 系列的吸压式土壤溶液取样器(云生科技有限公司,中国)。于 2018 年 7 月(夏季)和 10 月(秋季)及 2019 年 1 月(冬季)和 4 月(春季),采用负压法原位采集各样地前述两个土层深处的土壤溶液,保存于 4℃冰盒内带回实验室,用于后续指标测定。马尾松-香樟混交林在夏季未采集 30cm 土层深处的土壤溶液,所以在结果中缺失这一部分数据。

各土壤溶液样品过 0.45μm 滤膜后,采用以下方法测定各指标。用台式 pH 计(REX PHS-3C,中国上海)和台式电导率仪(REX DDS-12A,中国上海)测定 pH 值和电导率(EC)。用总有机碳分析仪(TOC-L,日本岛津)测定可溶性有机碳(DOC)含量。用原子吸收分光光度计(AAS,ZA3300,日本东京)测定 Ca^{2+}、Mg^{2+} 含量,并用火焰光度计(FP640,中国上海)测定 K^+ 和 Na^+ 含量。用离子色谱仪(ICP,Dionex ICS-900,USA)测定阴离子的含量。总氮(TN)含量采用 H_2SO_4-H_2O_2 消煮后的半微量定氮法测定;用 0.01mol/L 氯化钙溶液浸提各样品的铵态氮(NH_4^+-N)和硝态氮(NO_3^--N),随后用 AA3 流动注射分析仪分析其含量。依据土壤溶液中主要阴、阳离子的电荷摩尔数,参照 Yang 等(2018)的方法,用以下公式计算酸中和能力(Acid Neutralizing capacity,ANC)。

$$ANC(\mu eq/L) = (Ca^{2+}+Mg^{2+}+K^++Na^++NH_4^+)-(F^-+Cl^-+SO_4^{2-}+NO_3^-)$$

ANC 被估计为土壤中水溶性碱性阳离子和水溶性酸性阴离子的电荷平衡,通常用于量化化学淋滤对土壤酸化的敏感性(Jiang et al.,2016)。

2.1.2　数据处理和统计分析

用 Excel 2019 和 SPSS 23 软件对数据进行整理和统计分析,用 Origin2017 作图。用 SPSS 中的单因素方差分析(one-way ANOVA)检验不同林分之间或土层样品间土壤溶液性质的差异显著性($P<0.05$ 为显著)。在本研究中,对不同土层的样品统计分析发现各指标在不同深度基本不存在显著差异($P>0.05$),所以后续结果只进行不同林分的差异分析。

2.2 结果

2.2.1 马尾松纯林改造对土壤溶液 pH 值、EC 和 DOC 的影响

由图 5-4a 可知，马尾松纯林的表层(15cm)和深层(30cm)土壤溶液的 pH 值均在夏季(pH=7.45)最高且显著大于其他季节($P<0.05$)。香樟纯林的土壤溶液 pH 值在表层为夏季(6.8)显著大于冬季和春季($P<0.05$)，在深层则为夏季(7.07)显著大于其余季节($P<0.05$)。马尾松-香樟混交林的土壤溶液 pH 值在不同季节没有显著差异($P>0.05$)。总体来看，除夏季外，马尾松-香樟混交林和香樟纯林各土层的土壤溶液的 pH 值都比马尾松纯林高。其中，冬季马尾松-香樟混交林和香樟纯林表层土壤溶液的 pH 值比马尾松纯林分别高出 1.0 和 2.1(图 5-4a)；春季马尾松-香樟混交林深层土壤溶液的 pH 值比马尾松纯林高出 1.4(图 5-4b)。

各土壤溶液样品的 EC 对比见图 5-4c、d。可见，除春季外，马尾松纯林和混交林表层样品的 EC 在夏季显著大于其他季节($P<0.05$)，而香樟纯林在夏季显著大于冬季($P<0.05$)。对表层溶液，马尾松纯林和混交林夏季的 EC 均显著高于冬季和秋季，但与春季样品无显著差异；香樟纯林夏季样品显著高于冬季，与其余季节无显著差异(图 5-4c)。对深层样品，所有样品的 EC 最高值均在夏季，显著高于其余季节(图 5-4d)。对 3 种林分进行比较，各取样季节的马尾松纯林表层样品的 EC 值均高于香樟纯林和马尾松-香樟混交林，且在春季显著高于香樟纯林(95.9μs)($P<0.05$)(图 5-4c)。

表层土壤溶液的 DOC 含量在各林分之间无显著差异(图 5-4e)，但春季的马尾松-香樟混交林的深层土壤溶液 DOC 含量(41.69mg/L)显著($P<0.05$)大于马尾松纯林(图 5-4f)。

2.2.2 马尾松林改造对土壤溶液的总氮、氨氮及硝氮含量的影响

由图 5-5 可知，关于土壤溶液样品的 TN 含量，马尾松纯林为夏季和春季的值显著高于秋季和冬季，混交林和香樟纯林的最高值均在夏季，但冬季的马尾松纯林 TN 含量显著高于香樟纯林和混交林；而马尾松-香樟混交林和香樟林为夏季显著高于其他季节(图 5-5a)。

对于表层土壤溶液样品，马尾松纯林夏季的铵态氮含量(1.14mg/L)显著大于其他季节(图 5-5b)；而马尾松纯林冬季和春季的硝态氮含量显著大于夏季和秋季，且冬季和春季的马尾松纯林硝态氮含量显著高于香樟纯林和混交林(图 5-5c)。对于深层土壤溶液样品，TN 和硝态氮含量无林分类型的显著差异(图 5-5e 和图 5-5f)；而马尾松-香樟混交林的铵态氮含量仅在秋季大于马尾松纯林和香樟纯林，其他季节或林分间的差异均不显著(图 5-5e)。

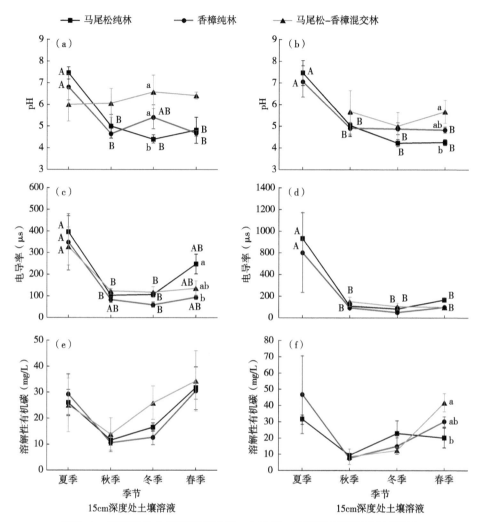

图5-4 不同林分土壤溶液酸碱度、电导率、溶解性有机碳的季节变化

注：不同大写(小写)字母表示同一林分(季节)不同季节(林分)间差异显著($P<0.05$)。下同。

2.2.3 马尾松林改造对土壤溶液阳离子的影响

见表5-5，在表层和深层的土壤溶液中，3种林分 K^+ 的峰值出现在冬季。在表层土壤溶液中，香樟林的 Na^+ 含量显著大于马尾松林和混交林，且马尾松林和香樟林的 Na^+ 含量在夏季和冬季显著高于秋季和春季($P<0.05$)；但在深层溶液中，马尾松林的 Na^+ 含量在夏季显著高于其余季节($P<0.05$)。对表层样品的 Ca^{2+} 含量，香樟林在夏季高于其他季节，且显著高于冬季和春季；在冬季，马尾松林显著高于香樟林和混交林。在表层土壤溶液中，马尾松-香樟混交林的 Mg^{2+} 含量

在夏季显著高于其他季节，且冬季马尾松林的 Mg^{2+} 含量显著大于香樟和混交林。而深层溶液的 Ca^{2+}、Mg^{2+} 含量在不同林分或季节都无显著差异（$P>0.05$）。

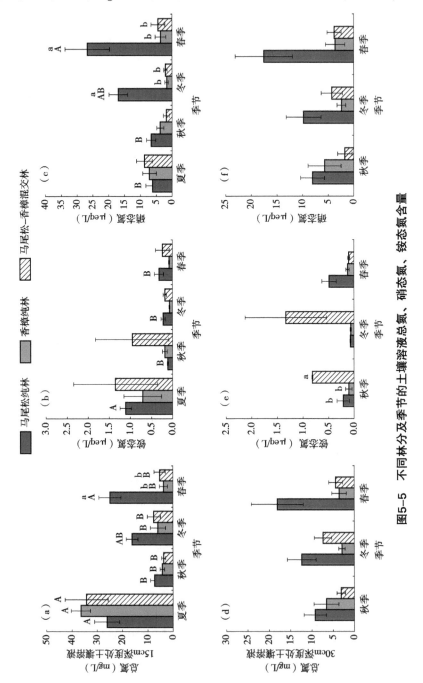

图5-5 不同林分季节的土壤溶液总氮、硝态氮、铵态氮含量

表 5-5　不同林分及季节的土壤溶液阳离子含量　　　　　　μeq/L

阳离子	取样深度 cm	林分类型	夏季	秋季	冬季	春季
K+	15	马尾松	148.7B	169.2B	323.7A	45.5B
		香樟	97.4AB	65.4B	230.8A	9.0B
		马尾松-香樟	103.4	69.2	210.3	44.9
	30	马尾松	47.9BC	117.3B	341.0A	14.7C
		香樟	96.2BC	142.7B	280.3A	22.4C
		马尾松-香樟		120.5AB	265.8A	37.6B
Na+	15	马尾松	309.8A	57.6Bb	332.6A	23.9B
		香樟	321.7A	50.0Bb	296.7A	12.0B
		马尾松-香樟	332.6	250.7a	337.0	187.0
	30	马尾松	1156.5A	201.1B	325.0B	19.6B
		香樟	1655.4	69.6	289.9	56.5
		马尾松-香樟		600.0	342.0	53.6
Ca2+	15	马尾松	568.6	360.3	638.7a	429.1
		香樟	633.1A	348.0AB	322.3Bb	253.0B
		马尾松-香樟	400.0	378.1	334.2b	387.2
	30	马尾松	234.8	359.1	513.4	463.5
		香樟	493.0	426.6	348.7	370.5
		马尾松-香樟		481.6	398.7	494.9
Mg2+	15	马尾松	128.8	105.1	130.7a	108.4
		香樟	139.0	106.2	95.7b	110.8
		马尾松-香樟	148.0A	129.5B	97.1Cb	122.8B
	30	马尾松	102.0	121.9	116.9	69.0
		香樟	138.3	110.8	98.7	107.8
		马尾松-香樟		126.9	104.2	50.5
NH4+	15	马尾松	78.9A	7.4B	15.4B	21.9B
		香樟	50.7	13.5	5.1	5.7
		马尾松-香樟	96.7	68.0	13.0	17.2
	30	马尾松	252.0A	14.9ABb	5.0B	34.7AB
		香樟	41.1	7.4b	4.5	9.0
		马尾松-香樟		58.5a	95.4	7.3

注：不同大写（小写）字母表示同一林分（季节）不同季节（林分）间差异显著（P<0.05），若无差异则不标注大小写。下同。

2.2.4 马尾松林改造对土壤溶液阴离子含量的影响

3种林分各土壤溶液的阴离子含量对比结果见表5-6。总体来看，土壤溶液阴离子含量高低次序为均：$SO_4^{2-}>NO_3^->Cl^->F^-$。其中，$SO_4^{2-}$含量变化范围为341.3~2888.9μeq/L；表层溶液中，夏季马尾松林的SO_4^{2-}含量分别是其他季节的6~7倍，夏季混交林的SO_4^{2-}含量也显著大于春季，混交林的SO_4^{2-}含量在秋季和冬季都显著高于马尾松林。在深层土壤溶液中，马尾松林和香樟林的SO_4^{2-}峰值出现在夏季，且夏季马尾松的SO_4^{2-}含量显著大于春季，但春季香樟林和混交林的SO_4^{2-}含量显著大于马尾松林(表5-6)。

表5-6 不同林分及季节的土壤溶液阴离子含量　　　　　　　μeq/L

阴离子	取样深度 cm	林分类型	夏季	秋季	冬季	春季
F^-	15	马尾松	32.8B	10.3B	74.4A	84.3Aa
		香樟	29.3	33.9	63.0	54.8b
		马尾松-香樟	33.5B	6.0C	52.9A	60.3Aab
	30	马尾松	27.3	13.5	177.7	86.1
		香樟	46.8AB	9.7B	60.0A	60.3A
		马尾松-香樟		5.9B	66.9AB	69.6A
Cl^-	15	马尾松	119.4B	197.6A	111.1B	147.5AB
		香樟	245.4A	125.7B	93.8B	82.1B
		马尾松-香樟	113.6	170.3	180.3	155.7
	30	马尾松	89.5	138.9	83.0	89.6
		香樟	158.	196.5	99.1	101.9
		马尾松-香樟		304.5	276.2	264.6
SO_4^{2-}	15	马尾松	2888.9Aa	377.8Bb	431.6Bb	341.3B
		香樟	884.7b	657.9ab	578.2b	574.0
		马尾松-香樟	1853.1Aab	838.1ABa	1080.7ABa	804.4B
	30	马尾松	1038.6A	690.4AB	617.3AB	297.9Bb
		香樟	1994.6	616.4	897.7	800.6a
		马尾松-香樟		1450.1	1382.9	941.9a
NO_3^-	15	马尾松	438.7B	462.7B	1204.0ABa	1906.5Aa
		香樟	508.4	264.8	119.2b	256.7b
		马尾松-香樟	623.7	134.0	298.3b	161.3b
	30	马尾松	226.1	575.4	700.1	1253.7
		香樟	254.7	408.3	172.6	259.6
		马尾松-香樟		129.6	309.8	275.1

2.2.5　马尾松林改造对土壤溶液酸中和能力的影响

根据各样品阴、阳离子电荷比计算的 ANC 结果如图 5-6 所示，ANC 为负数。对于表层土壤溶液，香樟林和混交林春季的 ANC 显著高于马尾松林，其 4 个季节的平均值也是如此。此外，各林分不同取样季节的表层酸中和能力不同，马尾松林秋季和冬季的 ANC 较高，香樟和混交林的最大值分别在冬季和秋季(图 5-6a)。对于深层土壤溶液，3 种林分的 ANC 在各季节均无显著差异，且较高值均在 7 月(图 5-6b)。

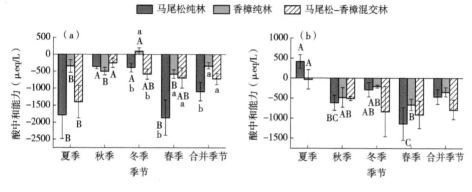

图 5-6　不同林分及季节的土壤溶液酸中和能力

2.3　讨论

本研究中，除夏季外，其他季节各土层土壤溶液的 pH 值均表现为香樟林和混交林高于马尾松林。马尾松林改造成香樟林和混交林后能显著提高土壤 pH 值，这可能与马尾松和香樟林下植物种类、凋落物的数量和质量有关。本研究还表明各林分的土壤溶液 pH 值在夏季高于其他季节，呈现出"冬季低，夏季高"的趋势，这可能与降水输入及其 pH 值有关，如重庆铁山坪的降水量呈现"冬季低，夏季高"的趋势，夏季的降水量大，冲刷空气中的污染物较少，稀释作用较强使其离子组分降低，因而夏季降水的 pH 值较高，所以进入土壤溶液的 pH 也较高(张永江等，2018)。此外，夏季土壤溶液的 EC 显著高于其他季节，这可能也与降水量有关，夏季降水量增多使其土壤水分运动比较活跃，造成 EC 增加。土壤溶液的 EC 与离子强度呈正相关，EC 值越大表征样品的离子强度越高。而土壤溶液的 EC 增加会提高土壤矿物的正电荷密度，从而增强矿物对酸性阴离子的吸附力，进而提升土壤溶液的 pH 值(Sanderson et al. , 2017)。

DOC 是土壤中最活跃的有机碳库，虽然仅占土壤有机质总量的很小部分，但却可以影响土壤有机质成分的动态平衡。本研究中 3 种林分的土壤溶液 DOC

含量无明显季节变化，可能是因土壤溶液中络合铝的耗竭导致的。本研究中马尾松林土壤溶液的总氮含量较香樟林和混交林高，表明马尾松林改造为香樟林可导致其腐殖质层的土壤总氮含量下降。土壤溶液的 NH_4^+ 和 NO_3^- 含量分别在夏季和春季达到峰值，这与程治文等（2014）的研究结果一致，可能是因土壤溶液中的总氮在夏季被更加活跃的土壤动物和微生物活动分解转化为 NH_4^+，而冬季时 NH_4^+ 的一部分又通过硝化作用转化为 NO_3^-。同时，本研究中的土壤溶液 NO_3^- 含量明显大于 NH_4^+，说明当地各林分的土壤硝化作用明显。香樟林和混交林土壤溶液的 NH_4^+ 含量高于马尾松林，而马尾松林的 NO_3^- 含量高于香樟林和混交林，这说明马尾松林的土壤硝化作用更强，使其土壤酸化更严重，可能是因马尾松纯林土壤的交换性 Al^{3+} 含量高，适合某些土壤微生物把 NH_4^+ 转化为 NO_3^-。在 NH_4^+ 转化为 NO_3^- 过程中会产生大量的 H^+，随着 H^+ 与活化的 Al^{3+} 进入土壤溶液、胶体表面，土壤胶体吸附的盐基离子被交换并淋失（Chen et al.，2018），所以马尾松林的土壤酸化程度和根系受害高于香樟林和混交林，更加降低植物对 Mg、Ca 等营养元素的吸收，也就更易降低树木生长和森林健康水平。

矿质元素对植物生长至关重要，其含量变化能在一定程度上影响植物的生理和生长特性。本研究中 3 种林分土壤溶液的 Ca^{2+}、Mg^{2+} 含量无显著差异，而在表层土壤溶液中，夏季的 Ca^{2+}、Mg^{2+}、Na^+ 含量显著大于秋冬季节，这可能与夏季强烈的土壤微生物活性导致的林下凋落物和土壤有机质分解加速有关（江远清等，2007）。本研究中土壤溶液的 Ca^{2+}、Na^+ 含量也明显大于 K^+ 含量，而冬季的 K^+ 含量显著高于其他季节，这可能因为 K 是我国南方森林土壤的限制养分元素，冬季植物对其吸收减少导致其含量在冬季最高。香樟林和混交林的 SO_4^{2-} 含量整体都高于马尾松林，在第 4 章中我们发现针叶树的叶面及树干对雨水中污染物的拦截能力强于阔叶树；此外有研究表明马尾松林对地表径流中的 SO_4^{2-} 固持力亦强于香樟林（陶豫萍等，2007）。因此，可能是马尾松林地表和地上植被更强的 SO_4^{2-} 拦截或固持能力减少了 SO_4^{2-} 向土壤溶液的运移，使该林分土壤溶液中的 SO_4^{2-} 含量降低。

本研究中发现 3 种林分土壤溶液的 ANC 基本都为负数，这意味着虽然近年来铁山坪林场的酸沉降有所减少，但其土壤酸化进程仍在继续（Verstraeten et al.，2012）。在合并 4 个季节测定值的情况下，对表层土壤溶液而言，将马尾松林改造成香樟林后能明显改善其酸中和能力，缓解土壤酸化。本研究中，香樟林和混交林土壤溶液的 pH 除夏季外均高于马尾松林，这可能与香樟或混交林较强的 ANC 有关，可能是因马尾松改造后其林下物种数量增加、群落功能提升、土壤肥力提高，使土壤溶液的酸中和能力增强，缓解了土壤酸化。在冬季和春季，马尾松林土壤溶液亦有较高的 NO_3^- 和 Ca^{2+}、Mg^{2+} 等离子含量，表明其有较强的土壤盐基离子淋失，从而削弱了其土壤的酸缓冲能力，导致较低的 ANC。

2.4　小结

在重庆铁山坪研究马尾松林、香樟林、马尾松-香樟混交林土壤溶液性质后表明：

（1）各林分土壤溶液的阴离子含量大于阳离子含量；香樟林和混交林土壤溶液的 SO_4^{2-} 含量大于马尾松林，这可能是因马尾松林树冠拦截降水中污染物的能力较强。

（2）各林分土壤溶液中 NO_3^- 含量均大于 NH_4^+ 含量；马尾松林土壤溶液的 NO_3^- 含量大于香樟林和混交林，表明前者可能有更强的硝化作用，更易造成盐基离子淋失。

（3）除夏季外，香樟林和混交林表层及深层土壤溶液的 pH 值及酸中和能力均显著高于马尾松林，表明将马尾松林改造为香樟林或马尾松-香樟混交林后能缓解土壤酸化。

| 第6章 |

马尾松、香樟纯林及其混交林
凋落物性质研究

凋落物是植物生长发育过程中凋落到土壤中的有机物质，包括叶片、枝条等，是生态系统中至关重要的养分储存库，植物吸收利用的 C、N、P 和营养元素大多来自于凋落物归还。凋落物中基本营养物质的浓度直接影响到营养物质的质量和返回土壤的速度，并间接影响到植物根系的生长和对营养物质吸收，在陆地生态系统的营养循环中起着关键作用。凋落物量能够显示出植物的代谢水平，对维持森林生态系统土壤养分和肥力起到非常重要的作用。凋落物通过动物和土壤微生物的分解等方式进入土壤，并在陆地生态系统的养分循环和养分利用等过程中发挥重要作用。因此，深入研究森林凋落物对于了解森林土壤中的养分循环和维持生态系统的稳定性至关重要。

在森林生态系统研究中，凋落物量是非常关键的指标，也是森林经营中重要的参数。凋落物总量是指在单位时间内单位面积上的凋落物总量。不同的群落结构、物种组成，不同的海拔高度、纬度、气候条件等对凋落物总量都有很大的影响。张远东等 (2019) 的研究表明次生桦木林 (*Betula*) 和次生针阔混交林的年凋落物显著大于杉木林和灌木林，且针阔混交林和阔叶林的凋落物产量在夏季达到峰值，而针叶林在 10 月和次年 5 月到达最大值。金亮和卢昌义 (2016) 的研究表明秋茄 (*Kandelia candel*) 中龄林的年凋落物量明显高于成熟龄，是因为受到种植密度和生长发育阶段的影响。森林凋落物数量不仅受优势树种生物学特性的限制，而且对凋落模式及凋落器官的比率也有一定的影响。

凋落物量在整个生长季内都在动态变化，通常情况下，森林生态系统的凋落物量随季节的变化而变化，可以被划分为单峰型、双峰型和多峰型(或不规则型)3 种类型(石佳竹等，2019)。在森林中，凋落物量在春季和夏季最多，这主要是因为这些季节的降雨量较大，温度较高。同时也有研究表明凋落物量最大峰值出现在 11-2 月，这时植物的生长停止，进入落叶期，将大部分叶片归还到林下，而枯枝凋落是一种随机而又偶然的现象，通常发生在积雪的冬季(高迪，2019)。森林生态系统中的树种、年龄、密度都会影响到凋落物的数量和质量，而且森林中的环境条件也会影响凋落物的时间动态变化。例如，森林土壤中矿物质和有机物质含量、温度和湿度等因素都会影响到凋落物数量和质量。

但也有研究表明大的空间范围内气候是影响凋落物产量的最大限制因素，而在小范围内，森林类型是影响凋落物产量的最重要因子（彭玉华等，2015）。不同森林类型其凋落物的养分特征具有明显区别，许多研究结果表明针阔混交林凋落物养分含量大于针叶林，这可能是因为针叶林凋落物角质层比较厚且很难紧贴地面等原因，导致其分解速速率比阔叶林凋落物低很多，所以针叶林凋落物 N、P、K 含量也较低（潘伟华等，2011）。不同林型的凋落物中 N、P 含量均呈现出阔叶林高于针叶林的特征（谌贤等，2017），并且在同一区域，季风雨林的凋落物中的 N、P 含量明显大于常绿阔叶林，这是由于不同森林类型的凋落物在数量和品质上的差异，必然会对土壤中的微生物群落结构及活力产生一定的影响，从而对土壤中的氮磷含量及分配产生一定的影响（卢同平等，2016）。

凋落物营养物质的分解和释放是维持森林生态系统营养循环与能量转换的一个重要途径，它的 N 含量、P 含量、碳氮比（C∶N）、C∶P 和 N∶P 等，是表征其分解速度和营养元素释放速度的一个重要指标。研究发现，高 C∶N、高 C∶P 和高耐腐性物质的凋落物在分解早期往往需会吸附和固定土壤中的氮磷等营养物质；而低 C∶N、低 C∶P 和低耐腐性物质的凋落物则在更快的分解过程中快速释放营养物质（王瑾和黄建辉，2001）。也有学者提出，凋落物的 C∶N、C∶P 比值应当有一个极限，超过这个极限，凋落物的 N、P、C∶P 将会发生变化（Wieder，2014）。在 C∶N 比值低于 25 的情况下，其主要的作用是氮的矿化作用，而在超过 25 的时候，其主要作用是微生物的固定作用。而在凋落物 C∶P 比低于 200 时，植物残体磷可以进行纯矿化，在 200~300 时，则不会被矿化，而高于 300 时，则会进行纯矿化。

森林凋落物对酸雨有一定的缓冲作用，杜春艳等（2008）的研究表明，韶山森林凋落物层在冬季是一个较强的酸缓冲系统，它可以有效地缓冲酸性物质，而缓冲冬季强酸性降水对土壤的酸化起到的重要作用。较高的碱基阳离子浓度和较低的 C∶N 促进凋落物分解，促进碱阳离子循环加快，从而增加土壤的缓冲能力。合适树种的凋落物才可能有效地改善表土条件和缓解土壤酸化。如在贫瘠的沙质松林和橡树林中具有较高凋落物质量的灌木物种没有改变表土性质，且在短期到中期不会改变土壤酸度和碱基饱和度（Nevel et al.，2014）。陈堆全（2001）的研究表明，福建省永春碧卿林场的木荷（Schima superba）凋落物降低了土壤的酸度，缓解了当地土壤的酸化。吴雄（2022）的研究表明落叶阔叶林缓解酸雨的能力大于常绿阔叶林和针叶林。

凋落物的形成、分解和释放是一个动态过程，而这种动态变化是由树木年龄和森林结构所决定的。因此，凋落物的研究对于提高凋落物在维持森林生态系统稳定、提高森林生产力以及缓解土壤酸化过程中作用的认识具有重要意义。

1　材料与方法

1.1　凋落物收集及养分测定

在马尾松纯林、香樟纯林以及马尾松–香樟混交林每个样地内分别设置5个1m×1m小样方，去除小样方内地面表层全部凋落物，并在小样方上方50cm处放置1m×1m的尼龙网收集框，以截留并阻止凋落物落入小样方内，每月收集移走收集框内的凋落物。从2020年12月开始至2021年11月结束，每月定期采集收集框内的凋落物，共收集12次，按组成分为阔叶（Broadleaf）、针叶（Needle）和其他部分（Else），分别称重，在85℃下烘至恒重，以求算凋落物输入量。将每个月的凋落物的不同组成按照季节混合后，测定其pH、C、N、P、木质素及纤维素等含量。

采集的凋落物用重铬酸钾–外加热硫酸氧化法测定有机碳，用半微量凯氏定氮法测定全氮，用钼锑抗比色法测定全磷，用火焰光度法测定全钾含量，纤维素和木质素含量采用范氏（Van Soest）洗涤纤维分析法测定。

1.2　数据处理

（1）凋落物产量（LY）

$$LY = \frac{LY_1}{S} \tag{1}$$

式中：LY 为单位面积上的凋落物产量（kg/hm^2）；

　　　LY_1 为一个收集器收集的凋落物重量（kg）；

　　　S 为凋落物收集器的面积（hm^2）。

（2）凋落物元素归还量

$$LYe = LY \times Ce \times 10^3 \tag{2}$$

式中：LYe 为单位面积凋落物某元素的归还量（kg/hm^2）；

　　　LY 为单位面积上凋落物产量（kg/hm^2），

　　　Ce 为凋落物某元素含量（g/kg）；

　　　10^{-3} 为换算系数（魏玉洁，2021）。

2　结果与分析

2.1　3种林型凋落物总量及组成

多因素方差分析结果显示，季节以及林型和季节的交互作用对凋落物含量有显著影响。如图6-1所示，香樟年凋落物总量为18662.8kg/hm²，马尾松-香樟年凋落物总量为10867.7kg/hm²，均显著大于马尾松纯林。如图6-2所示，香樟林和混交林的凋落物含量在春季达到峰值，且显著大于其他季节($P<0.05$)。马尾松纯林的凋落物在夏季达到峰值，且夏季和春季显著大于冬季($P<0.05$)。在春季，香樟纯林的凋落物含量达到11941kg/hm²，较马尾松纯林和混交林分别显著增加了43.3%和29.5%。而在夏季，马尾松纯林的凋落物量最大，较香樟林和混交林分别显著增加了42.4%和41.2%。双因素分析发现，季节以及林型和季节的交互作用对凋落物总量影响显著(表6-1)。

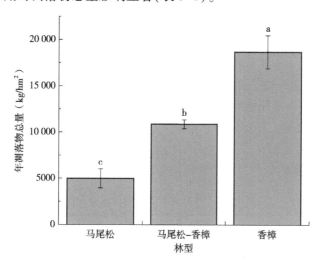

图6-1　不同林型年凋落物总量

注：不同小写字母表示林型间存在显著差异($P<0.05$)。

表6-1　季节和林型对凋落物总量的影响

影响因子	平方和	df	均方	F	P
林型	4238991	2	2119495	1.401	0.259
季节	190290623	3	63430207	41.927	0.001
林型与季节的交互作用	81163253	6	13527208	8.941	0.001

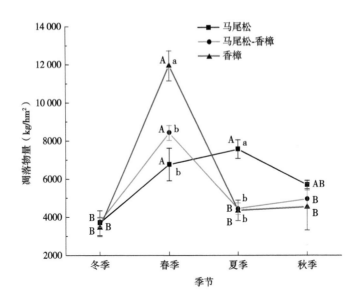

图6-2　不同林型和季节的凋落物量变化

注：不同大写字母表示同一林型不同季节存在显著差异（$P<0.05$），不同小写字母表示同一季节不同林型间存在显著差异（$P<0.05$）。

在冬季和夏季，马尾松纯林的其他凋落物显著高于马尾松-香樟混交林（$P<0.05$）。除春季外，马尾松的针叶凋落物显著高于混交林（$P<0.05$）。在春季，香樟林的总凋落物量显著大于其他两种林型（$P<0.05$）。见表6-2，除春季外，马尾松纯林的针叶凋落物占比最大。马尾松-香樟混交林中，阔叶和其他凋落物占比大于针叶凋落物，而香樟纯林中，阔叶凋落物占比达到最大，针叶凋落物基本没有。

表6-2　3种林型的凋落物组成与动态

季节	林型	阔叶	其他	针叶	总重
冬季	马尾松	1208.16（32.66）b	720.89（19.49）a	1769.48（47.84）a	3698.54
	马尾松-香樟	2865.90（76.66）a	175.68（4.70）b	696.67（18.64）b	3738.25
	香樟	3169.31（91.13）a	308.35（8.87）ab	0（0）	3477.65
春季	马尾松	2013.92（29.72）c	3078.41（45.43）	1683.56（24.85）	6775.88b
	马尾松-香樟	4881.52（58.06）b	2550.69（30.34）	976.10（11.61）	8408.30b
	香樟	9007.60（75.43）a	2934.15（24.57）	0（0）	11941.74a
夏季	马尾松	804.13（10.65）b	3103.91（41.09）a	3645.91（48.26）a	7553.94a
	马尾松-香樟	1569.16（35.34）b	1498.79（33.76）b	1371.63（30.90）b	4439.57b
	香樟	2958.10（68.04）a	1389.39（31.96）b	0（0）	4347.48b

（续）

季节	林型	阔叶	其他	针叶	总重
秋季	马尾松	953.94(16.74)b	1004.63(17.63)	3739.76(65.63)a	5698.33
	马尾松-香樟	1551.09(31.33)ab	1911.75(38.61)	1488.44(30.06)b	4951.28
	香樟	3527.86(77.92)a	999.76(22.08)	0(0)	4527.62

注：括弧内为各器官占总重量的百分比，同凋落期内各列标相同小写字母者表示无显著差异，不同写字母表示差异显著（$P<0.05$）。

2.2　凋落物性质

2.2.1　pH

如图6-3所示，在四季的阔叶凋落物和其他凋落物中，香樟和混交林的pH显

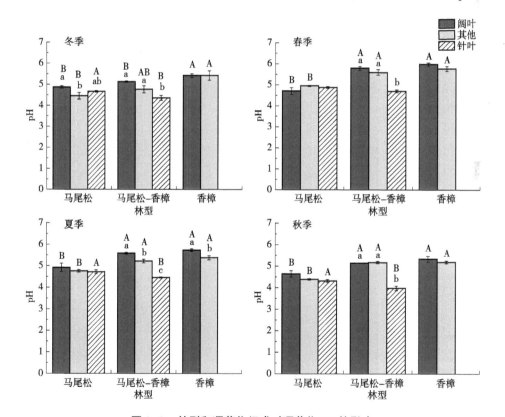

图6-3　林型和凋落物组成对凋落物 pH 的影响

注：不同大写字母表示同一凋落物组成不同林型有显著差异（$P<0.05$），不同小写字母表示同一林型不同凋落物组成有显著差异（$P<0.05$）。下同。

著高于马尾松纯林。而除春季外，针叶凋落物中，马尾松纯林的 pH 显著大于马尾松-香樟混交林。而在一年四季中，马尾松-香樟林中阔叶部分的 pH 显著高于针叶部分。马尾松纯林、香樟纯林和马尾松-香樟混交林，春季时的 pH 都显著大于秋季、冬季(表6-3)。

表6-3 同一林型同一凋落物组成下不同季节对凋落物组成 pH 的影响

林型	凋落物组成	冬季	春季	夏季	秋季
马尾松	其他	BC	A	AB	C
	针叶	A	A	A	B
马尾松-香樟	阔叶	B	A	A	B
	其他	B	A	AB	B
	针叶	B	A	AB	C
香樟	阔叶	BC	A	AB	C

注: 不同大写字母表示同一林型同一凋落物组成的季节存在显著差异($P<0.05$)，若不在表中显示则不显著($P>0.05$)。下同。

2.2.2 有机碳含量

由 6-4 图可知，在春季，香樟林阔叶凋落物的总有机碳(TOC)含量较马尾松林

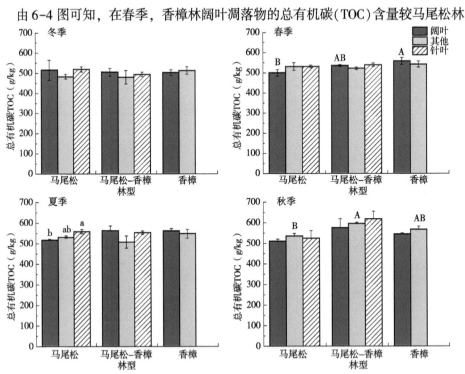

图6-4 不同林型和不同凋落物组成对凋落物总有机碳的影响

高了11.63%。而在秋季，马尾松-香樟混交林其他凋落物的TOC较马尾松林提高了11.45%。在夏季，马尾松针叶凋落物的TOC较阔叶凋落物明显增加了5.28%。

见表6-4，马尾松-香樟林其他凋落物的TOC在冬季显著高于秋季，而马尾松-香樟林针叶凋落物的TOC在冬季显著高于秋季。香樟林的阔叶凋落物TOC却在春季和夏季均显著高于冬季。

表6-4　不同林型和不同凋落物组成对凋落物总有机碳的影响

林型	凋落物组成	冬季	春季	夏季	秋季
马尾松-香樟	其他	A	AB	AB	B
	针叶	B	AB	AB	A
香樟	阔叶	B	A	A	AB

2.2.3 全氮含量

由图6-5可知，凋落物的全氮含量范围在4.12~8.67g/kg，在冬季和夏季的马尾松纯林中，阔叶部分的凋落物全氮显著高于其他部分。而在冬季和秋季的马

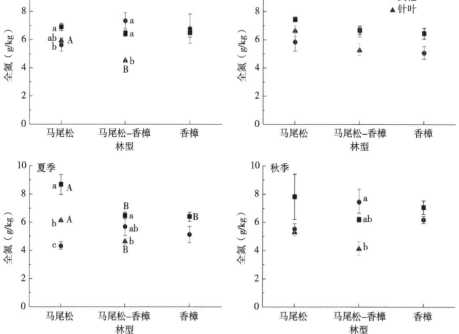

图6-5　不同林型和不同凋落物组成对凋落物全氮的影响

尾松-香樟混交林中，其他部分凋落物的全氮明显高于针叶部分。在夏季，马尾松纯林的阔叶凋落物中全氮含量显著高于其他两个林型。由表6-5可知，马尾松林的针叶部分全氮含量在春季达到最大，在秋季最小。

表6-5 季节对凋落物全氮的影响

林型	凋落物组成	冬季	春季	夏季	秋季
马尾松	针叶	AB	A	AB	B

2.2.4 全磷含量

如图6-6所示，凋落物的全磷含量范围在0.14～1.29g/kg。在冬季和秋季，马尾松-香樟混交林的其他凋落物的全磷含量显著高于马尾松林。除春季外，马尾松纯林阔叶凋落物的全磷较其他凋落物组成含量高。而在冬季和秋季，马尾松-香樟混交林的其他凋落物的全磷较针叶凋落物和阔叶凋落物含量高。见表6-6，马尾松纯林针叶凋落物的全磷含量在春季最高，冬季最小。马尾松-香樟混交林其他凋落物的全磷含量则在秋季最高，夏季最小。马尾松-香樟混交林针叶凋落物则在春季达到峰值。

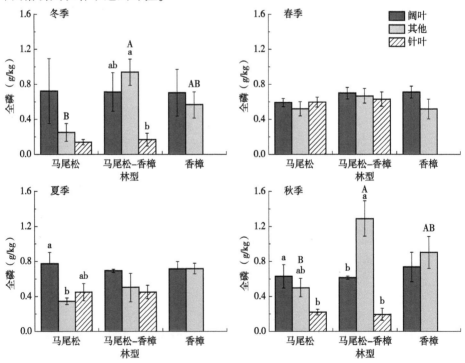

图6-6 不同林型和不同凋落物组成对凋落物全磷的影响

表6-6 季节对凋落物全磷的影响

林型	凋落物组成	冬季	春季	夏季	秋季
马尾松	针叶	C	A	AB	BC
马尾松-香樟	其他	AB	AB	B	A
	针叶	B	A	AB	B

2.2.5 全钾含量

如6-7图所示，3种林型凋落物的全钾含量范围在1.11~6.77g/kg。马尾松纯林的阔叶凋落物全钾含量在四季均显著高于其他两个凋落物组成。而除秋季外，在其他3个季节的马尾松-香樟混交林中其他部分凋落物全钾含量显著高于阔叶和针叶凋落物。在春季和夏季，香樟及马尾松-香樟混交林其他凋落物的全钾含量显著高于马尾松纯林。见表6-7，马尾松纯林阔叶凋落物、香樟其他凋落物、马尾松-香樟混交林的其他凋落物都在夏季达到峰值。

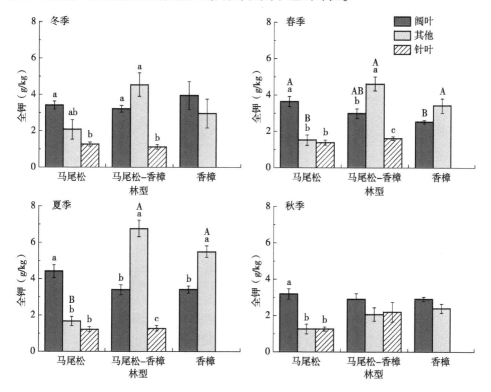

图6-7 林型和凋落物组成对凋落物全钾的影响

表 6-7　季节对凋落物全钾的影响

林型	凋落物组成	冬季	春季	夏季	秋季
马尾松	阔叶	AB	AB	A	B
马尾松-香樟	其他	B	B	A	C
香樟	其他	B	B	A	B

2.2.6　纤维素含量

如图 6-8 所示，纤维素在春、秋和夏季的不同林型或不同凋落物组成中无显著差异。但夏季的马尾松林和香樟林中，其他凋落物的纤维素含量显著大于阔叶凋落物。且夏季的马尾松-香樟林的阔叶凋落物的纤维素含量显著高于马尾松林。在马尾松林中，阔叶凋落物的纤维素在春季、冬季显著大于夏季，而针叶凋落物的纤维素含量在春季显著大于其他季节（表 6-8）。

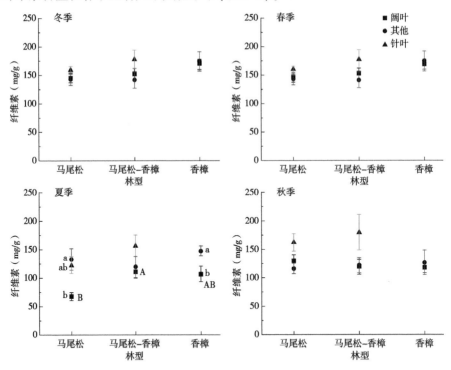

图 6-8　林型和凋落物组成对凋落物纤维素的影响

表 6-8　季节对凋落物纤维素的影响

林型	凋落物组成	冬季	春季	夏季	秋季
马尾松	阔叶	A	A	B	AB
	针叶	B	A	B	B

2.2.7 木质素含量

如图6-9所示，在夏季和秋季的马尾松林中，针叶凋落物的木质素含量显著高于阔叶凋落物。而在春季和冬季的马尾松-香樟林中，针叶凋落物的木质素含量显著高于其他凋落物。见表6-9，在不考虑林型和凋落物组成的情况下，春季凋落物的木质素含量显著高于冬季。

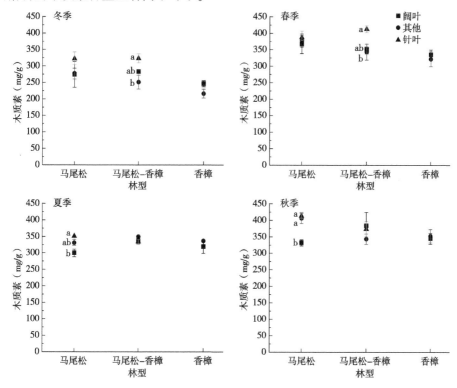

图6-9　林型和凋落物组成对凋落物木质素的影响

表6-9　季节对凋落物木质素的影响

林型	凋落物组成	冬季	春季	夏季	秋季
马尾松	其他	C	AB	B	A
	针叶	B	A	AB	A
马尾松-香樟	阔叶	B	AB	AB	A
	其他	B	A	A	A
	针叶	B	A	B	AB
香樟	阔叶	B	A	A	A
	其他	B	A	A	A

97

2.3 凋落物氮磷钾化学计量及归还量

2.3.1 C、N、P 的化学计量特征

凋落物的 C∶N 的范围为 67.27～109.52，在马尾松-香樟混交林中，针叶凋落物的 C∶N 显著大于其他两种凋落物组成。在春季和夏季，香樟纯林和马尾松-香樟混交林的阔叶部分 C∶N 显著大于马尾松纯林(图 6-10)。且在马尾松林其他凋落物组成的 C∶N 在冬季最小，夏季最大(表 6-10)。凋落物的 C∶P 的范围为 592.38～3384.41，在秋季，马尾松林和混交林的针叶凋落物的 C∶P 显著大于其他和阔叶凋落物的 C∶P，且在秋季马尾松纯林其他凋落物的 C∶P 显著高于马尾松-香樟混交林和香樟纯林(图 6-11)。N∶P 的范围为 5.95～120.27，在秋季，马尾松纯林和马尾松-香樟混交林针叶凋落物的 N∶P 显著比其他和阔叶凋落物的高(图 6-12)。马尾松-香樟混交林中针叶凋落物的 N∶P 在冬季达到峰值，在春季最小(表 6-10)。

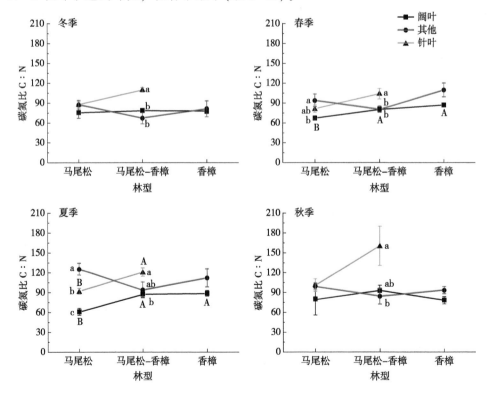

图 6-10　林型和凋落物组成对凋落物 C∶N 的影响

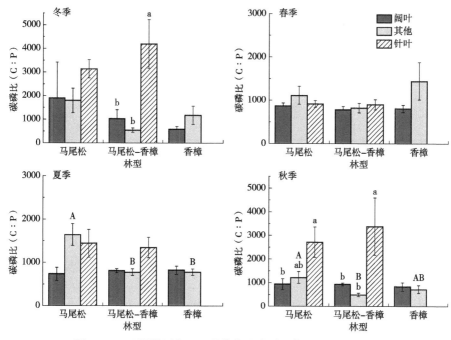

图6-11　不同林型和不同凋落物组成对凋落物 C∶P 的影响

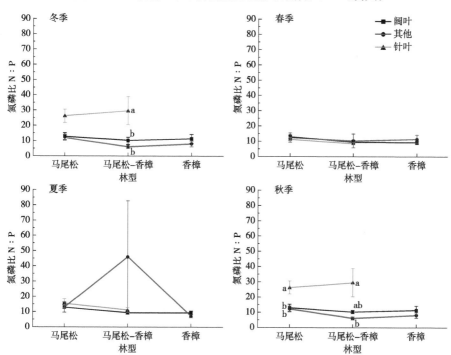

图6-12　林型和凋落物组成对凋落物 N∶P 的影响

表 6-10　季节对凋落物碳氮磷化学计量特征的影响

化学计量特征	林型	凋落物组成	冬季	春季	夏季	秋季
碳氮比 C：N	马尾松	其他	B	AB	A	AB
碳磷比 C：P	马尾松	针叶	A	B	AB	A
	马尾松-香樟	针叶	A	B	AB	AB
氮磷比 N：P	马尾松-香樟	针叶	A	B	AB	AB

2.3.2　凋落物碳氮磷钾的年输入总量

从 2020 年 12 月到 2021 年 11 月，马尾松林、香樟林和混交林凋落物有机碳的年输入总量分别为 12486.50kg/hm²、11712.06kg/hm² 和 13301.53kg/hm²，凋落物全氮的年输入总量分别为 142.08kg/hm²、130.93kg/hm² 和 154.40kg/hm²，凋落物磷的年输入总量依次为 10.89kg/hm²、13.86kg/hm²、16.25kg/hm²，凋落物总钾的年输入总量分别为 45.25kg/hm²、67.38kg/hm²、76.19kg/hm²，香樟林凋落物中的 C、N、P 和 K 年输入总量显著高于马尾松纯林（图 6-13）。

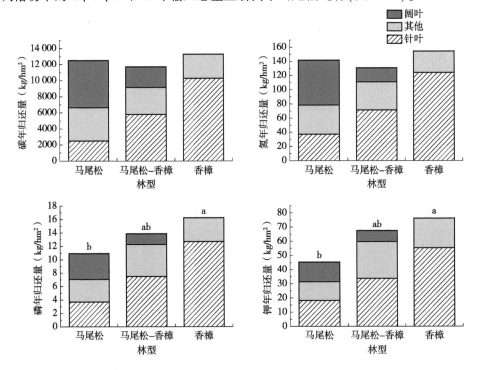

图 6-13　不同林型凋落物碳氮磷钾的年输入总量

注：不同小写字母表示在不同林型凋落物碳氮磷钾的年输入总量存在显著差异（$P<0.05$）。

3　讨论

在相同的气候条件下，对凋落物量影响最大的是森林类型，因树种组成、密度的不同，凋落物量发生明显变化。本研究中 3 种林型凋落物量均表现为单峰型；马尾松在夏季达到峰值，而马尾松-香樟混交林和香樟纯林则在春季达到峰值。有研究表明针叶凋落量受最低气温、最高气温和最大降水量的影响，阔叶凋落量受最低气温的影响（管梦娣等，2018）。在本研究区夏季降水量最大，且气温最高，春季气温较低，所以马尾松凋落物量在夏季达到峰值。林型凋落物的数量受森林中主要物种的生物学特性的影响，其凋落模式及凋落器官的比例也受其影响。所以马尾松凋落物组成主要以针叶和其他凋落物为主，这可能是因为常绿针叶树在生殖方面的器官资源的比例比较大，所以它的果实比较大，质量也比较重，这就造成了马尾松的针叶和其他部分（果实、枝干）在林分凋落物中占比较高。马尾松-香樟混交林 3 种凋落物的组成基本相同，而在香樟林中主要以其落叶为主，占比达到 80%。

在本研究中，无论在哪个季节香樟纯林阔叶部分和其他部分的凋落物的 pH 都显著大于马尾松纯林，且在香樟林中阔叶部分凋落物的 pH 是显著大于针叶部分凋落物的。研究表明，易分解、高质量的凋落物会缓解土壤酸化（Kooch and Bayranvand，2017）；而凋落物中的养分成分通过分解等作用可以进入土壤，凋落物的 pH 也会间接影响土壤 pH。所以在本研究中，马尾松-香樟混交林和香樟纯林凋落物的 pH 较马尾松纯林的高，这也会有助于提高马尾松-香樟混交林和香樟纯林土壤的 pH。在植物残体中，木质素和纤维素是最重要的组分，它们的分解对土壤有机质的生成以及陆地生态系统的碳循环等过程都有重要影响。纤维素是由葡萄糖分子构成，结构简单，降解相对较快；纤维素能有效滞留氮素，减少土壤氮素损失，改变土壤微生物群落结构。在本研究中夏季马尾松-香樟混交林的纤维素显著大于马尾松纯林，这说明混交林较针叶纯林能减少养分损失。木质素是一种无定形的大分子，结构复杂，稳定，变化多样，并可与纤维素和蛋白质等大分子结合，形成一种"屏障"，由于它的降解速度比较缓慢，在落叶中常被视为一种难以被降解的物质。同时木质素含量也可能对土壤表层有机物的积累起一定的作用。Thomas 和 Prescott 等（2000）的研究表明，木质素含量较低的孟氏黄杉（*pseudodotsuga menziesii*）具有较快的凋落物周转率。本研究中，马尾松木质素为 344.78mg/g，大于马尾松-香樟混交林和香樟纯林，这说明马尾松林凋落物中难分解的物质较多，分解速率较慢，从而会限制土壤微生物和动物活动，并抑制凋落物分解代谢活动。

在我国亚热带森林，森林植被主要受到 P 和 N 两种元素的制约，凋落物输入量对土壤养分特征有显著的影响，氮磷是反映凋落物营养状态的主要指示因子。而凋落物氮、磷的归还作用是反映土壤营养状态的关键，通常情况下阔叶林较针叶林有较高的凋落物养分归还量。本研究的香樟林的磷、钾年归还量较马尾松纯林的高。3 种林型凋落物养分归还量和养分含量均表现为 C>N>K>P，这可能是因为 C 是植被合成有机物质的主要原料，N 是合成叶绿素的主要元素，所以它需要更多的 C、N 来维持其生长和代谢。此外，在凋落之前，植物会将磷、钾向其它组织转运，以减少营养损失（刘璐等，2019），这也是造成该研究结果中磷、钾含量偏低的主要原因。另外，本研究区的雨季相对集中，受到温度、降水等因素的影响，钾在枯枝落叶中的溶解程度更大，钾更易流失。凋落叶中的 C：N 和 C：P 能够被用来作为植物生长和凋落物分解速度的指标，而 N：P 能够反映出生物生长发育的限制因素（Agren，2008）。马尾松林的 C：P 的值最高，达到 1536.49，这说明马尾松凋落物的分解速度和生长速度都较慢（孟庆权等，2019）。N：P 是反映植物在外部环境下生长的制约因素，如果叶内 N：P 低于某一数值（10、14），则普遍认为 N 对植物的影响很大；如果 N：P 比某一数值（16、20）大，则认为 P 对植株的生长产生很大的影响（熊星烁等，2020）。本研究中，3 种林型凋落物的 N：P 的值在 16～26，表明 3 种林型受到 P 限制的影响比较大。土壤养分含量显示铁山坪林场是典型的缺磷缺钾地区。香樟林凋落物的磷、钾年归还量显著大于马尾松林凋落物，且香樟纯林土壤的磷、钾较马尾松纯林的高，这说明阔叶林凋落物能显著提高土壤养分水平。

4 小结

本研究中 3 种林型凋落物量均表现为单峰型，但马尾松在夏季达到峰值，而马尾松-香樟混交林和香樟纯林则在春季达到峰值。马尾松-香樟混交林和香樟纯林凋落物的 pH 较马尾松纯林的 pH 高，有助于提高马尾松-香樟混交林和香樟林土壤的 pH。马尾松林凋落物木质素含量高且 C：P 也最大，这说明马尾松林凋落物分解速度较缓慢。3 种林型凋落物养分含量和养分归还量均表现为 C>N>K>P，且香樟林凋落物的磷、钾年归还量显著大于马尾松林凋落物，有助于提高土壤养分水平。

第7章

外生菌根真菌调控马尾松酸雨抗性机理研究

1 外生菌根真菌作用的概述

1.1 外生菌根真菌对植物的促进作用

外生菌根真菌在森林和土壤体系中具有重要的作用，可与多种林木根部共生，增强植物吸收和利用养分的能力。外生菌根真菌促进植物生长的作用包括营养供给和提高植物抗逆性，抗逆性主要包括了耐重金属、抗盐性、抗旱性、抗病虫害等。

1.1.1 营养作用

孙民琴等(2007)研究了7种外生菌根真菌对3种植物的影响，发现外生菌根真菌的接种可提高种子的出苗率，并使出苗时间提前，菌根真菌能显著提高松苗的苗高、地径、侧根数和干重。在对沙地樟子松人工林的研究中发现，沙地樟子松人工林不能天然更新的主要原因之一是表层土壤外生菌根真菌的缺乏使萌发的幼苗不能形成有效根系(朱教君等，2007)，外生菌根真菌的存在可阻止或延缓樟子松人工林的衰退。何跃军等(2008)对柏木幼苗接种了土生空团菌、松乳菇和彩色豆马勃3种外生菌根真菌，发现接种菌根真菌能促进柏木幼苗生长和地径生长。外生菌根真菌能分泌有机酸，将铁矿中的难溶性P和K降解出来，为植物提供营养(Adeleke et al.，2010)。

1.1.2 耐金属性

植物根际中金属形态的变化和菌根植物有关，土壤中金属的生物有效性是由菌根调节的。外生菌根能显著缓解植物对重金属的毒性。油松幼苗接种菌根真菌盆栽试验表明，接种菌根真菌后，根际重金属的生物有效性会明显降低，重金属对寄主植物的毒害作用会缓解(Krznaric et al.，2009)。

1.1.3 抗有机污染物

近年来，土壤的有机污染越发严重，传统的土壤修复方法存在一定的局限性。在逆境条件下，菌根能提高植物的生存能力，加快有机污染物的降解和转化。菌根技术作为一项重要的生物修复工具，在修复有机污染土壤上具有美好的前景。外生菌根真菌能降解多种 POPs，修复受到污染的土壤；能提高土壤中石油烃、芳环结构污染物的降解率。

1.1.4 抗病原菌

在离体培养条件下，某些外生菌根真菌对病原菌有抑制作用。Branzanti 等（1999）的研究发现，用 4 种外生菌根菌：*Laccaria laccata*，*Hebeloma crustuliniforme*，*H. sinapizan* 和 *Paxillus involutus* 在移栽时，对栗树苗进行接种，外生菌根真菌在病原菌存在的情况下，能提高植物的生物量，接种了病原菌后，菌根苗木的根、茎生长情况明显比未接种的苗木好，真菌能减少栗疫病的发生率。同时，有研究发现外生菌根菌与植物病原菌有共同的养分需求，两者在环境竞争中参与竞争，植物病原菌在竞争中处于劣势，难以存活；在空间和营养的竞争下，植物病害减少，生命力更强，体现出明显的抗病原菌性（Graham，2001）。

1.1.5 影响菌根的条件

林木外生菌根真菌的生态学特性研究，作为一门新的研究课题，具有较高的研究价值。外生菌根真菌种类繁多，各自的生态学特性和生境存在差异，展开此类研究，可依据不同的环境条件，选取最佳的真菌感染林木，提高植物对环境的适应性，增强其对不良环境因子的抗性，为生态系统的健康发展提供了新的思路。树木外生菌根菌与土壤因子、气候因子和季节变化以及立地因子联系紧密。研究发现，高大环柄菇和松乳菇的生长受到培养基、pH 值、水势及温度等条件的影响，生长状况表现出较大的差异（许美玲等，2007）。宋微等（2007）对多种林木外生菌根菌的生物学特性进行了分析，研究发现温度、碳源、氮源以及 pH 均对其有一定程度的影响。

1.2 酸雨对外生菌根真菌的影响

酸雨胁迫对植株的菌根同样存在着一定的危害作用。酸雨对菌根的危害主要表现在以下几个方面：菌根形成能力下降，菌根的种类和总数降低；养分吸收能力下降，生长减弱；细胞生理特征改变，菌根形态发生变化；酶活性受抑。

在研究酸雨对红云杉树苗的影响时发现，在高浓度酸雨处理下，通过对外生菌根的形态型鉴定,大部分菌根的形态组成比例明显降低,形成受到抑制(Roth and Fahey,1998)。在研究人工模拟酸雨对森林地面生态系统的影响时发现,受到酸雨的影响,细根的数量减少,形成菌根的总数明显降低(Esher et al.,1992)。在铝的作用下,菌根的形态特征也受到明显的影响,比如分生组织的空泡形成增加。尹大强等(1997)应用急性毒性生物测试方法研究了低 pH 和铝离子对菌根菌赭丝膜伞的毒性效应。结果表明,铝离子在低 pH(4.3)时对菌根菌毒性最强,菌根生长受到明显的抑制;低 pH 和铝离子能诱导菌根菌体内 SOD 活性明显升高。对马尾松(*Pinus massoniana*)和马尾松彩色豆马勃(*Pisolithus tinctorius*)菌根植株内碳水化合物及其代谢酶的研究发现,酸雨和铝胁迫抑制了叶绿素和干质量的积累,菌根的形成能增加叶绿素和干质量的积累,并减少糖向葡萄糖形式转化(谈建康和孔繁翔,2005)。

1.3 外生菌根缓解酸雨毒害的机理

1.3.1 菌根形态结构的物理屏蔽作用

许多植物能在生态系统中得以成功生存,在很大程度上是依赖与其共生的真菌为其提供养分,使得植物免于各种生物和非生物胁迫。国内外关于菌根及酸雨对菌根影响的研究发现:菌根的形成能大大增强植物对不良环境的抵抗能力,且形成菌根的植物对酸雨的耐受力比无菌根植物要强得多(刘营等,1997)。

一般认为,外生菌根主要是由菌套、哈蒂氏网、外延菌丝等部分组成,外生菌根特殊的形态结构决定了它特有的功能。外生菌根真菌的菌丝侵入植物根以后可以形成一些保护植物根系的结构,具有机械屏障作用,外生菌根真菌的菌丝在植物根部形成的菌套和哈蒂氏网紧密交织,对有害物质穿透根部组织具有限制和阻碍的作用,在根系主要施吸收功能的部分形成了一种良好的保护层,避免有毒有害的物质的直接接触,增强了宿主植物抗逆的能力。具有疏水性的菌套能够阻碍重金属离子及水分的运输,对有毒的物质也是一种很好的屏蔽作用,但是这种疏水性的作用及大小尚需要进一步的研究证实。有研究表明,酸雨胁迫下马尾松(*Pinus massoniana Lamb*)、彩色豆马勃(*Pisolithus tinctorius*)菌根共生体内存在铝离子的积累分布和根系细胞损伤状况,结果表明菌根真菌能吸收大量铝离子积累在菌丝内,阻止铝离子进入根系内部,从而减缓酸和铝离子对马尾松的影响(谈建康和孔繁翔,2004)。

1.3.2 增加养分吸收,增加御酸能力

菌根真菌的主要功能就是在不同的土壤环境中寻找并且获取养分以供给宿主植物。研究发现,接种适宜的外生菌根真菌可以明显改善宿主植物的营养,促进

植物生长。例如，接种双色蜡蘑后，通过提高根部对土壤养分的吸收来帮助欧洲赤松增加对矿质营养的吸收（Christophe et al.，2010）。外生菌根真菌促进植物吸收磷营养的能力更强（Hagerberg et al.，2003）。刘辉等以红绒盖牛肝菌（*Xerocomus chrysenteron*）、美味牛肝菌（*Boletus edulis*）、黄色须腹菌（*Rhizopogen luteous*）和劣味乳菇（*Lactarius insulsus*）4 种外生菌根真菌为对象，在纯培养条件下比较它们对 4 种难溶性磷酸盐的溶解能力，以探讨外生菌根真菌对难溶性磷酸盐的溶解作用及其影响因素，其中红绒盖牛肝菌的溶磷能力较强，具有应用于中国土壤缺磷地区造林的潜力（刘辉等，2010）。辜夕容等（2005）以国外引进的双色蜡蘑为试验菌株，在强酸性黄壤上研究了它们对马尾松幼苗生长、营养吸收和抗铝性的影响。在强酸性黄壤上，活性铝含量较高，外生菌根真菌双色蜡蘑的 3 个株系的接入均能显著促进马尾松幼苗生长、增加养分 N、K、Ca 和 Mg 吸收，说明接种双色蜡蘑不仅具有促进生长和改善营养的作用，而且还可以提高马尾松幼苗的抗铝能力。刘敏等（2007）用采自西南地区分离的马尾松林常见的 4 种外生菌根真菌对马尾松（*Pinus massoniana*）幼苗进行混合接种和单独接种，菌根苗在不同 pH 土壤及铝胁迫条件下培育 3 个月后采样分析其生长和养分吸收特性。结果表明：4 种接种方式均能有效形成菌根，显著增加幼苗的生物量，促进幼苗对 N、P、K 的吸收并显著提高抗铝性；混合接种促进马尾松幼苗生长的效果较单独接种好。

外生菌根在植物根部根系形成庞大的真菌菌丝网络，为宿主根系吸收矿质营养提供了便利。外延菌丝作为菌根的主要吸收器官，其数量和长度远远超过根毛，同土壤接触的面积即吸收面积大大增大，能将更多的水分和养分吸收到菌根中并供给寄主植物利用。外延菌丝可透过酸化的土壤，深入矿物颗粒内部获得 Ca^{2+}、Mg^{2+}（Adeleke et al.，2010），帮助植物获得更多的养分。

1.3.3 增强酶活性，提高植物生存能力

菌根能提高植物体内酶的活性。如提高接触酶活性可及时排出多余的氧，改善根部的呼吸；提高硝酸还原酶活性可使植物排除体内硝态氮的代谢障碍；提高磷酸酶的活性，可使植物越过根圈的无磷区，从根外吸收到可给态磷，从而提高植物对氮、磷的利用。

在森林生态系统中，磷是限制植物生长最重要的营养元素之一。外生菌根真菌能分泌胞外酶来帮助植物获得养分，比如通过酸性和碱性磷酸酶的作用，增加磷的吸收。在研究铝对两种外生菌根真菌生长（鸡油菌，豆马勃属）和矿质营养的影响实验中，发现酸性磷酸酶在缓解铝毒方面有重要作用，研究结果对利用外生菌根真菌提高宿主植物对酸铝毒害的耐性提供了很大的参考价值（Reddy et al.，

2002)。孔繁翔等(1999)研究模拟酸雨及不同 Ca/Al 比对马尾松菌根中真菌与植物共生及营养关系的影响，在分子水平上揭示污染对生物的作用和生物抗性机理。当 pH 为 2.0 的条件下模拟酸雨与铝离子共同作用时，马尾松苗根中酸性磷酸酶、硝酸还原酶以及海藻糖酶和甘露醇脱氢醇活性明显下降，且铝离子在 pH 值低的情况下毒性作用更强，而钙能有效缓解铝的毒性。在该实验中，当 Ca/Al 比为 1∶1 时，缓解能力最强；在接种外生菌根真菌彩色豆马勃后，马尾松幼苗根部酶活性仍能保持一定水平，植物对模拟酸雨及铝毒的抗性增强。

1.3.4　产生有机酸和其他物质

外生菌根真菌能分泌大量的物质，其中包括有机酸、蛋白质、氨基酸、糖类、黏液和聚磷酸盐等。大部分的分泌物具有络合有毒金属离子的能力。一方面，由于有机络合，有毒金属离子的活性降低；另一方面，也减少有毒有害的物质向植物地上部分的运输，从而减轻了对植物的毒害。

外生菌根及其真菌的有机酸分泌和金属络合物的形成可能代表了菌根真菌对宿主植物的保护机制。菌根菌丝体分泌有机酸，主要是小分子的有机酸，与土壤中的有毒金属产生络合作用，形成络合物，从而达到缓解或者降低金属毒性的作用。在高等植物中存在多种解除铝毒害机理，有机酸对铝的螯合作用被认为是一种重要的解毒机理。研究在植物根系分泌有机酸(包括苹果酸、草酸、琥珀酸及柠檬酸等)到根际对铝有解毒作用、根尖是有机酸的分泌位点、铝胁迫诱导植物分泌有机酸的专一性等方面已取得了较为明确的结果。酸性土壤中菌根真菌可通过产生和分泌有机物质络合铝离子而降低铝的植物毒性，铝胁迫下菌根真菌分泌的有机酸包括草酸、柠檬酸、苹果酸等，其中尤以草酸分泌量居多，络合能力最强。

此外，许多外生菌根真菌能产生各种生长激素如细胞生长素、细胞分裂素、赤霉素等。这些生长激素同植物本身所产生的植物生长激素是同样性质的，因此可以促进植物的生长。有研究表明，外生菌根植物受到铝胁迫时，菌根真菌能通过增加植物激素尤其是细胞分裂素的含量来增强寄主植物对铝的抗性(Jentschke and Godbold，2000)。

国内外研究表明，在离体培养条件下，有些外生菌根真菌对病原菌有抑制作用。外生菌根菌与植物病原菌有相似的养分需求，营养竞争的结果使植物病原菌在菌根共生体中无法生存。这种空间和营养的竞争作用造成了有利于植物生长而不利于病害侵入的环境条件，表现为一定的抗性(Graham，2001)。在自然条件下，多种胁迫可能同时对植物产生作用，但外生菌根通过对病原菌的抑制作用，增强植物的综合抗性。

2 马尾松林下外生菌根调查及耐酸铝外生菌根真菌筛选

以南方酸雨严重区马尾松林为调查对象，进行菌根-植物-土壤的调查和采样分析，阐明酸雨影响下三者的相互作用关系；同时以西南酸雨区重庆的马尾松林下外生菌根真菌为研究对象，通过酸铝毒性处理探索实验，筛选出耐酸铝的外生菌根真菌资源。

2.1 材料与方法

2.1.1 菌根-土壤-植物野外调查

2.1.1.1 调查地点和时间

依据中挪合作项目"中国酸沉降综合影响观测研究"（李霁等，2005）关于酸沉降方面的研究工作以及我国南方酸沉降的相关背景资料，本实验选取了南方酸雨区 4 个区域作为野外调查的采样点，分别为雷公山（LGS）、流溪河（LXH）、蔡家塘（CJT）、铁山坪（TSP）。调查时间为 2010 年 8 月至 2011 年 7 月。

1）雷公山

雷公山（118°11′E，26°22′N）位于贵州省雷山县境内，在凯里市东南 40km、贵阳市以东 140km 的位置。雷公山地区雨量充沛，降水集中在春季和夏季。雷公山气候温和，资源丰富，为各种物种创造了良好的生存环境。凯里海拔高度为529～1447m。凯里的年平均气温为 15.7℃，年平均降水量为 1225mm。

2）流溪河

流溪河位于广东省从化区东北方向 67km 的地方（133°35′E，23°33′N），海拔高度为 500m。流溪河所在的小流域地处亚热带，具有温和的气候，降水量较高，物种丰富。广州的年平均气温和降水量分别为 22.0℃和 1736mm。

3）蔡家塘

蔡家塘位于湖南省韶山市以西 10km 的地方（112°26′E，27°55′N），距离长沙130km。海拔高度 450～500m，年平均气温和降水量分别是 17.5℃和 1524mm。

4）铁山坪

铁山坪位于四川盆地，在重庆市中心东北方向约 25km 处（104°4′E，29°38′N），位于国家森林保护区内，海拔高度 450～500m。铁山坪属于亚热带湿润气候，小流域内霜、雪罕见，但时常有雾。年平均气温为 18.2T:，年均降水量为 1105mm。

2.1.1.2 调查方法

1) 样树的确定

在上述 4 个地点的监测站附近选取 10~15 株马尾松，GPS 定位，并在树高 1.3m 胸径处做好标记。对于陡坡上的树木，胸径标记点涂在树干的上坡向一侧。本实验选择的是马尾松天然的纯林和孤立木。

2) 树木生长参数

在马尾松树下取样，同时测定树高和胸径。对选取的样树进行针叶采样，带回实验室后，把针叶置入 60℃烘箱中烘干，最后测定针叶的钾、钙、镁、磷等的含量。

3) 采集外生菌根

沿着马尾松主根的方向，尽量采集完好的根段，将根样带土小心存放在牛皮纸样品袋中，带回实验室作进一步分析。

4) 采集土样

用内径 10cm 根钻，在距离样树 1m 处的位置，在东南西北 4 个方向上各打一钻，采集约 500g 土壤，放入牛皮纸袋，编号装好后带回实验室。

2.1.2 室内分析菌根侵染率、马尾松生长、土壤肥力的关系

2.1.2.1 菌根分析

通常情况下，如果土质疏松，则先把土壤和根样分离，然后再把不易分离的土壤根样用清水泡洗，使其分离，再将所得根样用清水冲洗，最后获得需要的根样。将根样剪成 1cm 左右的小段，随机挑取 50 个根段，数取所形成菌根根段数目和被检测根段的总数，计算侵染率和侵染强度指数。

1) 侵染率检测

将根从清水中取出，充分洗净，用剪刀剪成 1cm 长的小段，每一份样品取 50 小段，在体式显微镜下观察，计算形成菌根的根段数，统计菌根侵染率。

菌根侵染率(%) = (形成菌根根段数/被检根段总数)×100。

2) 侵染强度指数

由于被检测根段上的须根形成的菌根数不等，因此也常用侵染强度指数这一概念来表示被菌根真菌侵染的强度。侵染强度分为四级：一级为没有形成菌根，用 0 代表；二级为 1~2 个须根形成菌根，用 1 代表；三级为 3~4 个须根形成菌根，用 2 代表；四级为 4 个以上须根形成菌根，用 3 代表。

侵染强度指数(%) = ∑(侵染根段数×代表数值)/(检查根段总和×侵染最高一级的代表数值)×100

2.1.2.2 植物叶片分析

将带回的马尾松针叶烘干后，用粉碎机粉碎，研磨，过筛后，称取样品

0.1000g 左右，加入 6mL 浓 HNO_3、2mL 浓 HC1，用微波消解法处理样品，最后将处理后的样品，用 ICP 分别测量营养元素钾、钙、镁、磷等的含量。

2.1.2.3 土壤分析

土壤经风干、磨细，过 20 目孔径筛，测定土壤的钙、钾、镁、磷的含量和 pH 值等。

1) 风干

土样采回后，平摊在洁净的纸上，放在室内通风阴干。在这过程中，把大块的土弄碎，避免完全干后结成硬块，造成研磨困难。土样存放时应防止污染。样品风干后，把残留的动植物杂质去除。

2) 粉碎过筛

土样风干后，将其倒入研钵研细，然后让其全部通过 20 目孔径的筛子。土样充分混合均匀后，将其分成两份，一份作为物理分析用，另一份作为化学分析用。作为化学分析用的土样还必须进一步研细，使之全部通过 100 目孔径的筛子。

3) 测量

称取土样 0.1000g 左右，加入 6mL 浓 HNO_3、2mL 浓 HC1，用微波消解法处理样品，最后将处理后的样品，用 ICP 分别测量营养元素钾、钙、镁、磷等的含量。

2.1.3 外生菌根真菌野外调查与采集

选择酸雨严重的西南地区(以重庆为代表)，确定马尾松林的分布情况，根据当地酸雨情况，预先选定 3~5 处酸雨严重的马尾松林区进行子实体的采集工作。于夏秋季节(7—10 月)，在酸雨严重的马尾松林地下寻找子实体，对子实体进行拍照，在野外根据子实体特征初步分类、采集编号，用自封袋装好，然后对每个子实体逐项认真记录好发现的时间、地点、采集人等信息。本实验主要以重庆缙云山、铁山坪为子实体的采样地点。

2.1.4 子实体组织块分离、纯化，菌种的保存

2.1.4.1 外生菌根真菌的分离与纯化

组织分离法：从子实体上分离的方法，它是从子实体的某个部位切取一小块组织放入培养基中，使其长出真菌的方法。

在重庆缙云山采集的外生菌根子实体主要采取组织分离法获得外生菌根真菌。选择保存完整的子实体，用酒精棉球进行表面消毒，待酒精干后，用洁净并消过毒的手指从菌柄基部将菌体纵向掰开，再用已在酒精灯火焰上消过毒的解剖刀，在掰开的子实体内部切取直径约 5mm 大小的菌块，用消毒镊子或解剖刀迅速将其放入培养皿或试管内，最后将其置于 25±2℃暗培养，待菌种萌发后挑取

目的菌丝进行转接培养，几次纯化后即可获得纯菌种。

在重庆铁山评采集的子实体主要采取担孢子分离法获得真菌。利用外生菌根子实体的孢子，使其在培养基上萌发生长，从而获得纯菌株。

2.1.4.2　培养基及培养条件

本实验采用 Pachlewski 固体培养基对野外采集到的外生菌根子实体进行分离纯化，pH 为5.5，培养温度为25℃，培养基组成见表7-1，最后加入1ml/L微量元素混合液，具体成分见表7-2。

表7-1　Pachlewski 固体培养基成分　　　　　　　　　　g/L

成分	含量
酒石酸铵	0.5
磷酸二氢钾	1.0
硫酸镁	0.5
葡萄糖	20
维生素 B_1	0.1×10^{-3}
琼脂	20

表7-2　微量元素混合液成分　　　　　　　　　　mg/g

成分	含量
硼酸	8.45
硫酸锰	5
硫酸亚铁	6
硫酸铜	0.625
硫酸锌	2.27
钼酸铵	0.27

2.1.4.3　菌种的保存

将分离纯化的真菌置于低温冰箱中保存，定期(15~20天)进行转接，为下一步试验做好准备工作。

2.1.5　室内耐铝外生菌根真菌的筛选

2.1.5.1　不同浓度梯度的铝液配置

0.1lmol/L 的 $Al_2(SO_4)_3 \cdot 18H_2O$ 溶液的配制（标液）：称取 66.6415g $Al_2(SO_4)_3 \cdot 18H_2O$ 固体溶解到 1L 的烧杯中，用 1000mL 容量瓶定容。取

0.00ml、0.60ml、1.50ml、3.00ml 标准铝液分别到 300mL 培养液中，制成浓度分别为 0.0mmol/L、0.2mmol/L、0.5mmol/L、1.0mmol/L 的 Pachlewski 液体培养基，形成无铝、低铝、中铝和高铝四种处理。

2.1.5.2 菌种活化及接种

取低温保存的纯培养菌种(株)，将其接种于 Pachlewski 固体培养基上，培养 21 天后备用。

将无铝、低铝、中铝和高铝四种处理的液体培养基，用硫酸和氢氧化钠调节 pH 值分别至 3.5、4.5、5.5，一共 12 个处理，取 50mL 三角瓶分装不同处理的液体培养基，每瓶 15mL，每处理 5 次重复。液体培养基在 121℃高温高压蒸汽下灭菌 20 分钟，冷却后每瓶接种 2 块直径为 3mm 的外生菌根琼脂菌种，于 25℃条件下暗培养 21 天。

2.1.5.3 相关指标的测定

液体培养结束后，用酸度计测定培养液 pH 值。过滤收集培养获得的菌丝体，用去离子水冲洗，再在 80±2℃的烘箱中烘至恒重，称量，然后用 H_2SO_4-H_2O_2 法消煮菌丝体样品，分别测量其营养元素的含量。

将烘干的菌丝约 0.0500g 置于消化管中，先加数滴纯水润湿，再加 H_2SO_4 10mL，1mL30% 的 H_2O_2 静置 12 小时，在消化炉上消煮，若有少量颜色稍深的样品，待冷却并加数滴 H_2O_2，每次添加的 H_2O_2 应逐次减少，如此重复多次，消煮至溶液完全清澈后再加热 5 分钟，以除去剩余的过氧化氢，冷却。最后，将消煮液转移到 50mL 容量瓶中，用 ICP-AES 分析测定其中的磷、钾、钙和镁含量。

2.2 结果与分析

2.2.1 菌根-植物-土壤的调查

2.2.1.1 外生菌根侵染率和侵染指数调查

外生菌根真菌对宿主植物根系的侵染程度因其所处的生态环境不同而表现出很大的差异性，侵染率和侵染强度指数均能反映真菌对植物的侵染能力。本实验从采自 4 个不同区域的菌根中随机选取大小无明显差异的根段作分析，统计结果见表 7-3。

表 7-3 外生菌根侵染率及侵染指数统计

采样地点	雷公山	流溪河	蔡家塘	铁山坪
侵染率	0.4453±0.0799a	0.4372±0.0906a	0.3435±0.0346b	0.4397±0.0713a
侵染指数	0.2021±0.0459a	0.1342±0.1012b	0.1761±0.0623ab	0.1998±0.0447a

注：小写字母表示同一水平下，处理之间的差异达到显著，$P<0.05$。

4个样点的侵染率大小为：雷公山>铁山坪>流溪河>蔡家塘，蔡家塘马尾松林下外生菌根侵染率显著低于其余3个区域，雷公山的侵染率最高，但是与铁山坪和流溪河无显著性差异。从侵染指数来看：雷公山>铁山坪>蔡家塘>流溪河。流溪河马尾松林下外生菌根侵染指数显著低于雷公山和铁山坪两个区域。雷公山区域的侵染率和侵染指数同为最大值。侵染率和侵染强度都能反映菌根的侵染能力，从实验分析可知，侵染率和侵染指数的变化是不完全一致的，菌根所处的生态环境不同，其须根形成的菌根数也存在着一定的差异。

2.2.1.2 马尾松针叶营养元素分析

在植物营养元素中，钙、钾、镁、磷作为必需的元素，在植物生长中占有重要地位。钙参与构成植物细胞壁，也是细胞质膜的重要组成成分。钙作为某些酶的活化剂，参与植物体的代谢过程。钾对植物的生长发育也有重要影响，植物的酶在适量的钾存在时才能充分发挥它的作用。钾能促进植物光合作用，提高碳水化合物的代谢，帮助植物经济有效地利用水分，提高植物对不良环境的耐受能力。镁参与叶绿素的组成，也是许多酶的活化剂，与碳水化合物的代谢、磷酸化作用、脱羧作用关系密切。磷与植物生长发育和新陈代谢密不可分，参与植物体内许多重要有机化合物的合成，并以多种方式参与植物体内的生理、生化过程，很大程度上影响植物的生长发育和新陈代谢。对4个地区马尾松叶片采样分析，得到4种元素含量的结果如图7-1所示。

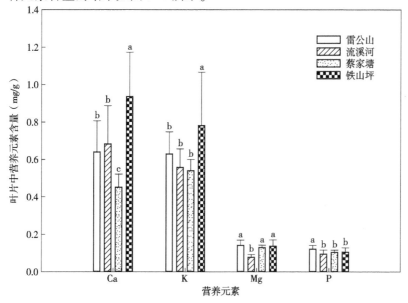

图7-1　马尾松叶片营养元素含量

注：小写字母表示处理间差异显著，$P<0.05$。下同。

采集的马尾松针叶中，钙的含量大小为铁山坪>流溪河>雷公山>蔡家塘，铁山坪显著高于其余3个地区；钾的含量大小为铁山坪>雷公山>流溪河>蔡家塘，铁山坪显著高于其余3个地区；镁的含量大小为雷公山>铁山坪>蔡家塘>流溪河，流溪河显著低于其余3个地区；磷的含量大小为雷公山>铁山坪>蔡家塘>流溪河，除雷公山显著高于其余3个地区外，铁山坪、蔡家塘和流溪河3个地区针叶含磷量无明显差别。

2.2.1.3 马尾松林下土壤分析

1）马尾松林下土壤pH值

酸沉降引起土壤酸化，土壤pH降低。pH的变化，能反映各地区土壤的酸度特征。4个地区土壤酸化强度如图7-2所示。

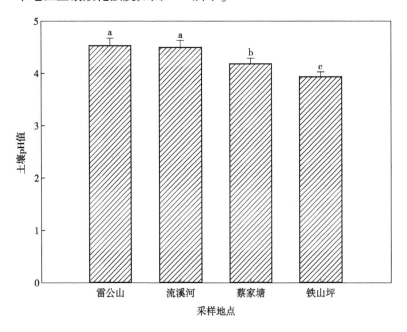

图7-2 马尾松林下土壤pH值

马尾松林下土壤pH值的大小依次为流溪河>雷公山>蔡家塘>铁山坪，雷公山和流溪河无明显差异，但其pH值显著大于蔡家塘和铁山坪。铁山坪的土壤pH最低，土壤酸性最强。

2）马尾松林下土壤营养元素含量

在酸雨区，土壤承受大部分酸性降水。一旦超过土壤缓冲能力，土壤会发生酸化，土壤中钙、钾、镁、磷等营养物质淋失、加速土壤贫瘠化。酸化的土壤进而对植物产生毒害。为了了解4个地区土壤中营养元素的含量变化，对采的土壤样品进行分析，结果如图7-3所示。

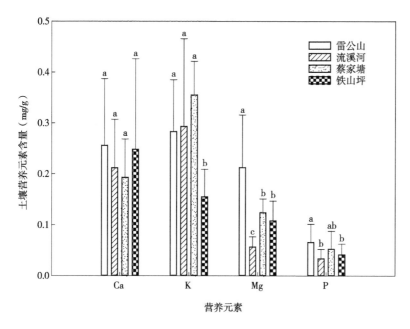

图7-3　马尾松林下土壤营养元素含量

4个地区马尾松林下土壤钙含量为雷公山>铁山坪>流溪河>蔡家塘，但各区域无显著性差异；钾含量为蔡家塘>流溪河>雷公山>铁山坪，铁山坪最低且显著低于其余3个地区水平；镁含量为雷公山>蔡家塘>铁山坪>流溪河，雷公山显著高于其余3个地区水平；磷含量为雷公山>蔡家塘>铁山坪>流溪河，雷公山显著高于流溪河和铁山坪地区水平。

2.2.2　耐酸铝外生菌根真菌的筛选

2.2.2.1　酸铝对外生菌根真菌 pH 的影响

分离出的外生菌根真菌按照采集的地区缙云山和铁山坪分别编号为：JYS1、JYS2、JYS3、JYS4、JYS5、JYS6、TSP1、TSP2、TSP3。本实验所用的菌根真菌6株来自西南酸雨区重庆缙云山，3株来自铁山坪。在液体培养筛选实验前，调整液体 pH 值分别为3.5，4.5，5.5 3个水平，培养结束后，测得培养液的 pH 值见表7-4。

液体培养前后，培养基中 pH 发生明显变化，培养结束后测得的各培养基液体 pH 均显著低于培养前的水平，液体中 H+含量明显增加。外加酸铝的加入对溶液的酸度有显著影响。

表7-4　液体培养基中 pH 变化统计

外生菌根真菌编号	铝浓度	pH 值		
		3.5	4.5	5.5
JYS1	无铝	2.48±0.01d	2.78±0.00c	2.98±0.00c
	低铝	2.56±0.01b	2.88±0.01a	3.05±0.00a
	中铝	2.59±0.01a	2.87±0.00a	3.04±0.01a
	高铝	2.52±0.00c	2.80±0.06b	3.00±0.01b
JYS2	无铝	2.61±0.00a	3.68±0.01a	3.02±0.00c
	低铝	2.67±0.05bc	2.86±0.01d	3.03±0.00c
	中铝	2.68±0.05b	2.89±0.06c	4.26±0.01a
	高铝	3.28±0.01a	3.01±0.01b	3.21±0.01b
JYS3	无铝	2.56±0.00c	3.10±0.00a	3.10±0.01a
	低铝	2.63±0.06a	3.09±0.006a	3.10±0.06a
	中铝	2.61±0.01b	3.01±0.06b	3.01±0.06b
	高铝	2.60±0.06b	2.98±0.00c	2.98±0.00c
JYS4	无铝	2.37±0.01b	2.62±0.02b	2.82±0.06a
	低铝	2.38±0.02b	2.66±0.01a	2.78±0.01b
	中铝	2.38±0.01b	2.65±0.01a	2.76±0.01c
	高铝	2.42±0.02a	2.62±0.01b	2.77±0.00bc
JYS5	无铝	2.50±0.06d	2.97±0.06a	2.97±0.02a
	低铝	2.54±0.01c	2.97±0.00a	2.97±0.00a
	中铝	2.60±0.02a	2.95±0.06b	2.95±0.06b
	高铝	2.56±0.00b	2.96±0.01ab	2.96±0.01ab
JYS6	无铝	2.35±0.01d	2.74±0.06b	2.86±0.00b
	低铝	2.42±0.01c	2.76±0.02a	2.85±0.02b
	中铝	2.51±0.01a	2.77±0.01a	2.90±0.02a
	高铝	2.47±0.00b	2.75±0.01ab	2.9±0.01a
TSP1	无铝	2.37±0.03b	2.67±0.01b	2.91±0.02b
	低铝	2.37±0.01b	2.72±0.01a	2.92±0.00ab
	中铝	2.4±0.00a	2.71±0.01a	2.93±0.01a
	高铝	2.4±0.00a	2.64±0.00c	2.92±0.01ab

（续）

外生菌根真菌编号	铝浓度	pH 值		
		3.5	4.5	5.5
TSP2	无铝	2.77±0.01c	2.91±0.01b	3.13±0.00b
	低铝	2.78±0.01c	3.02±0.01a	3.03±0.01c
	中铝	2.82±0.01b	3.00±0.01a	3.03±0.00c
	高铝	3.03±0.02a	3.01±0.02a	3.79±0.01a
TSP3	无铝	2.72±0.01b	2.97±0.01b	3.15±0.01a
	低铝	2.67±0.01c	3.00±0.01a	3.14±0.00b
	中铝	2.72±0.01b	2.90±0.01c	3.10±0.01d
	高铝	3.01±0.00a	2.86±0.01d	3.11±0.01c

注：表中数据为平均值±标准差（X±SD）。小写字母表示同一水平下，P 处理之间的差异达到显著，$P<0.05$。

2.2.2.2　酸铝对外生菌根真菌钙、钾、镁、磷含量的影响

外加酸铝胁迫影响真菌菌丝体中营养元素的含量，不同的真菌对酸铝的刺激表现出不同的反应。

1）酸铝对 JYS1 钙、钾、镁、磷含量的影响（图 7-4）

pH3.5 时，JYS1 菌丝体中含钙量随着培养液中铝浓度的升高而呈递增的趋势，在高铝时含量最高，且各处理水平有明显差异；pH4.5 时，含钙量在低铝和高铝时均显著低于无铝时；pH5.5 时，菌丝体中含钙量随着培养液中铝浓度的升高而呈递增的趋势，在高铝时含量最高，且各处理水平有明显差异。

pH3.5 时，菌丝体中含钾量随着培养液中铝浓度的升高而呈递增的趋势，且加入铝后，含钾量显著增高；pH4.5 时，铝浓度的增加对钾含量无显著影响；pH5.5 时，菌丝体中含钾量随着培养液中铝浓度的升高而呈增加的趋势，在高铝时含量最高，且与无铝时有显著差异。

pH3.5 时，菌丝体中含镁量随着培养液中铝浓度的升高而呈下降的趋势，且加入铝后，菌丝体含镁量显著降低；pH4.5 和 pH5.5 时，菌丝体含镁量随着溶液中铝的加入而显著降低。

pH3.5 时，菌丝体中含磷量随着培养液中铝浓度的升高而呈递增的趋势，且加入铝后，含磷量显著增高，在高铝时达到最大值；pH4.5 时，菌丝体中含磷量随着培养液中铝浓度的升高而呈下降的变化趋势，但在高铝浓度下，磷含量略有增加，但不显著；pH5.5 时，菌丝体中含磷量随着培养液中铝浓度的升高而呈增加的趋势，均显著高于无铝时磷含量。

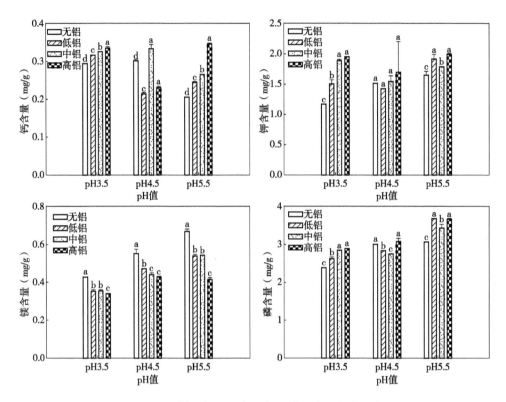

图7-4 酸铝对 JYS1 钙、钾、镁、磷含量的影响

2）酸铝对 JYS2 钙、钾、镁、磷含量的影响（图7-5）

pH3.5 时，JYS2 菌丝体中含钙量随着培养液中铝浓度的升高而呈递增的趋势，且加入铝后，含钙量显著增高，在高铝时达到最大值；pH4.5 时，菌丝体中含钙量随着培养液中铝浓度的升高而呈下降的变化趋势，且在高铝浓度下，达到最低；pH5.5 时，菌丝体中含钙量随着培养液中铝浓度的升高而呈下降的趋势，均显著低于无铝时钙含量。

pH3.5 时，菌丝体中含钾量随着培养液中铝浓度的升高而呈增加的趋势，在中铝时达到最大值；pH4.5 时，菌丝体中含钾量随着培养液中铝浓度的升高而呈增加的趋势，在高铝浓度下，达到最大值；pH5.5 时，菌丝体中含磷量随着培养液中铝浓度的升高而呈下降的趋势，均显著低于无铝时钙含量。

pH3.5 时，菌丝体中含镁量随着培养液中铝浓度的升高而呈先增加后降低的趋势，在高铝时达到最小值；pH4.5 时，菌丝体中含镁量随着培养液中铝浓度的升高而呈先降低后升高的趋势，在高铝浓度下，达到最大值；pH5.5 时，菌丝体中含镁量在低铝时最低，显著低于无铝时镁含量。

pH3.5 时，菌丝体中含磷量随着培养液中铝浓度的升高而呈先增加后降低的趋势，在高铝时达到最小值；pH4.5时，菌丝体中含磷量随着培养液中铝浓度的升高而呈递增的趋势，在高铝浓度下，达到最大值；pH5.5时，菌丝体中含磷量随在中铝和高铝时显著低于无铝时磷含量。

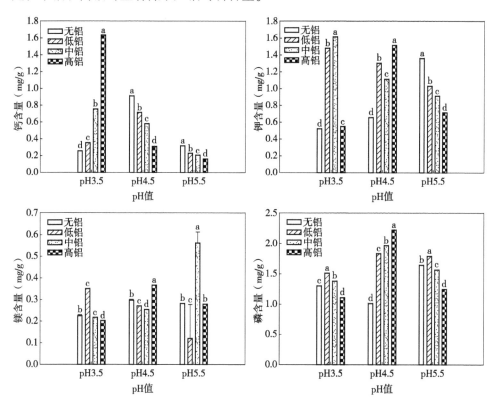

图7-5 酸铝对JYS2钙、钾、镁、磷含量的影响

3）酸铝对JYS3钙、钾、镁、磷含量的影响（图7-6）

pH3.5时，JYS3菌丝体中含钙量随着培养液中铝浓度的升高而呈增加的趋势，在高铝时含量最高，且各处理水平有明显差异；pH4.5时，含钙量随着培养液中铝浓度的升高而呈递增的趋势，在高铝时含量最高，且各处理水平有明显差异；pH5.5时，菌丝体中含钙量随着培养液铝浓度的升高而呈递增的趋势，在高铝时含量最高，且各处理水平有明显差异。

pH3.5时，菌丝体中含钾量随着培养液铝浓度的升高而呈递减的趋势，随着铝的加入，含钾量显著降低；pH4.5时，菌丝体中含钾量随着培养液铝浓度的升高而呈增加的趋势，在高铝时含量最高，且各处理水平有明显差异；pH5.5时，菌丝体中含钾量随着培养液铝浓度的升高而呈增加的趋势，在高铝时含量达到最高值，且各处理水平有明显差异。

119

pH3.5 时，菌丝体中含镁量随着培养液中铝浓度的升高而呈下降的趋势，但在高铝时显著增加；pH4.5 时，菌丝体含镁量在高铝时显著增加；pH5.5 时，在中铝和高铝时镁含量显著高于无铝时。

pH3.5 时，菌丝体中含磷量随着培养液中铝浓度的升高而呈递增的趋势，且加入铝后，显著增高，在高铝时达到最大值；pH4.5 时，菌丝体中含磷量随着培养液中铝浓度的升高而呈下降的趋势，但在高铝浓度下，略有增加，但不显著；pH5.5 时，菌丝体中含磷量随着培养液中铝浓度的升高而呈增加的趋势，均显著高于无铝时。

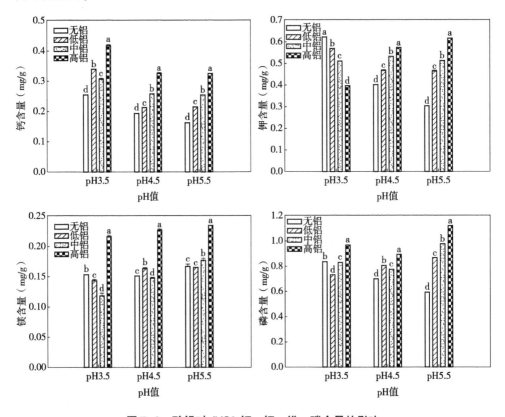

图 7-6　酸铝对 JYS3 钙、钾、镁、磷含量的影响

4）酸铝对 JYS4 钙、钾、镁、磷含量的影响（图 7-7）

pH3.5 和 pH4.5 时，JYS4 菌丝体中含钙量随着培养液中铝浓度的升高而呈递增的趋势，在高铝时最高，且各处理水平有明显差异；pH5.5 时，菌丝体中含钙量在低铝和中铝时显著降低，但在高铝时达到最大值，显著增加。

pH3.5 时，菌丝体中含钾量随着培养液中铝浓度的升高而呈递增的趋势，且加入铝后，显著增高；pH4.5 时，菌丝体中含钾量随着培养液中铝浓度的升高而呈递增的趋势，在中高铝时显著增高；pH5.5时，菌丝体中含钾量随着培养液中铝浓度的升高而呈先增加后降低的趋势，在高铝时最低，且与无铝时有显著差异。

pH3.5时，菌丝体中含镁量随着培养液中铝浓度的升高而呈下降的趋势，但在高铝时显著增加；pH4.5时，菌丝体含镁量在低铝和高铝时显著增加；pH5.5时，菌丝体含镁量在中高铝时显著升高。

pH3.5时，菌丝体中含磷量随着培养液中铝浓度的升高而呈增加的趋势，在高铝时达到最大值；pH4.5时，菌丝体中含磷量随着培养液中铝浓度的升高而呈递增的趋势，在高铝浓度下，达到最大值；pH5.5时，菌丝体中含磷量随着培养液中铝浓度的升高而呈增加的趋势，均显著高于无铝时。

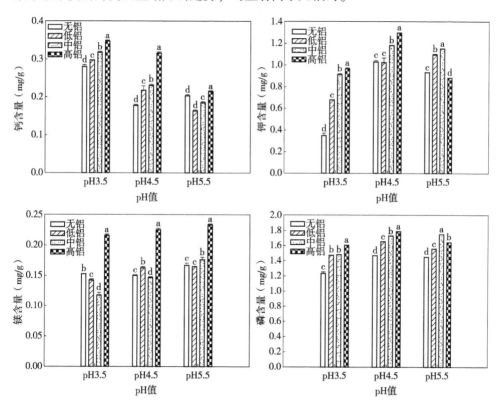

图7-7 酸铝对 JYS4 钙、钾、镁、磷含量的影响

5) 酸铝对 JYS5 钙、钾、镁、磷含量的影响（图7-8）

pH3.5时，JYS5 菌丝体中含钙量随着培养液中铝浓度的升高而呈降低的趋势，在高铝时最低，且各处理水平有明显差异；pH4.5时，含钙量在各铝水平下均显著高于无铝时；pH5.5时，菌丝体中含钙量在低铝和中铝时显著高于无铝时。

pH3.5 时，菌丝体中含钾量随着培养液中铝浓度的升高而呈递加的趋势，且加入铝后，显著增高；pH4.5 时，菌丝体中含钾量随着培养液中铝浓度的升高而呈递加的趋势；pH5.5 时，菌丝体中含钾量随着培养液中铝浓度的升高而呈先降低后增加的趋势，在高铝时最高，且与无铝时有显著差异。

pH3.5 时，菌丝体中含镁量随着培养液中铝浓度的升高而呈下降的趋势，但在高铝时显著增加；pH4.5 时，菌丝体含镁量随着溶液中铝的加入而显著降低；pH5.5 时，含镁量在低铝时略有降低，但随着铝浓度的增加，显著增加。

pH3.5 和 pH4.5 时，菌丝体中含磷量在低铝时略有降低，但随着铝浓度的增加，显著增加，在高铝时达到最大值；pH5.5 时，菌丝体中含磷量均显著低于无铝时，但是随着铝浓度的增加，出现递增的趋势。

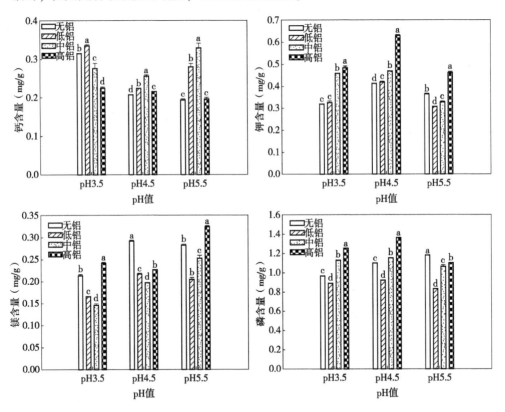

图 7-8　酸铝对 JYS5 钙、钾、镁、磷含量的影响

6）酸铝对 JYS6 钙、钾、镁、磷含量的影响（图 7-9）

pH3.5 时，JYS6 菌丝体中含钙量随着培养液中铝浓度的升高而呈递增的趋势，在高铝时最高，且各处理水平有明显差异；pH4.5 时，含钙量均显著低于无铝时，但随着铝浓度的增加，呈现增加的趋势；pH5.5 时，菌丝体中含钙量随着

培养液中铝浓度的升高而呈增加的趋势，在高铝时最高，加入铝后，钙含量与无铝时候相比，有明显差异。

pH3.5 时，菌丝体中含钾量均显著高于无铝时；pH4.5 时，菌丝体中含钾量均显著高于无铝时，且加入铝浓度越高，含量越高；pH5.5 时，菌丝体中含钾量随着培养液中铝浓度的升高而呈增加的趋势，且与无铝时有显著差异。

pH3.5 时，菌丝体中含镁量随着培养液中铝浓度的升高而呈下降的趋势，但随着铝浓度的增加，在高铝时较中铝时略有增加；pH4.5 时，菌丝体含镁量随着溶液中铝的加入而显著降低，且都低于无铝时；pH5.5 时，菌丝体中含镁量随着培养液中铝浓度的升高而呈增加的趋势，且在高铝时达到最大值。

pH3.5 时，菌丝体中含磷量随着培养液中铝浓度的升高而呈增加的趋势，且加入铝后，显著增高，在中铝时达到最大值；pH4.5 时，菌丝体中含磷量在低铝时略有降低，但在中铝和高铝时均显著高于无铝时；pH5.5 时，菌丝体中含磷量随着培养液中铝浓度的升高而呈增加的趋势，均显著高于无铝时。

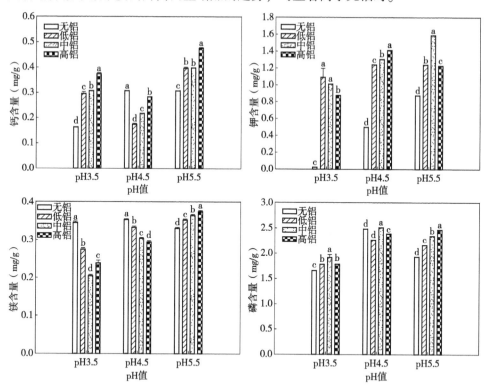

图 7-9　酸铝对 JYS6 钙、钾、镁、磷含量的影响

7）酸铝对 TSP1 钙、钾、镁、磷含量的影响（图 7-10）

pH3.5 时，TSP1 菌丝体中含钙量随着培养液中铝浓度的升高而呈增加的趋势，均显著高于无铝时，在中铝时最高；pH4.5 时，含钙量随着培养液中铝浓度的升高而呈增加的趋势，均显著高于无铝时，在高铝时达到最大值；pH5.5 时，菌丝体中含钙量随着培养液中铝浓度的升高而呈递增的趋势，均显著高于无铝时，在中铝时最高。

pH3.5 时，菌丝体中含钾量随着培养液中铝浓度的升高而呈递增的趋势，加入铝后，显著增高，但在高铝时，显著低于无铝时；pH4.5 时，菌丝体中含钾量随着培养液中铝浓度的升高而呈上升的趋势，且均显著高于无铝时；pH5.5 时，菌丝体中含钾量随着培养液中铝浓度的升高而呈增加的趋势，在高铝时最高，且与无铝时有显著差异。

pH3.5 时，菌丝体中含镁量随着培养液中铝浓度的升高而呈增加的趋势，在高铝时最高，且与无铝时有显著差异；pH4.5 时，菌丝体中含镁量随着培养液中铝浓度的升高而呈下降的趋势，但高铝时，显著高于无铝时；pH5.5 时，菌丝体含镁量均显著高于无铝时，在中铝达到最大值。

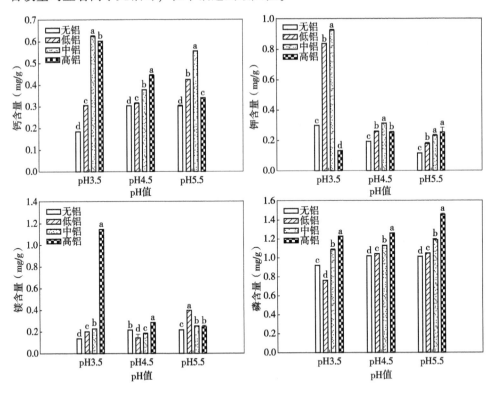

图 7-10　酸铝对 TSP1 钙、钾、镁、磷含量的影响

由图 7-10 可知，pH3.5 时，菌丝体中含磷量在无铝时略有下降，但随着培养液中铝浓度的升高，而呈递增的趋势，在高铝时达到最大值；pH4.5 和 pH5.5

时，菌丝体中含磷量随着培养液中铝浓度的升高而呈递增的变化趋势，加入铝后，均显著高于无铝时。

8）酸铝对 TSP2 钙、钾、镁、磷含量的影响（图 7-11）

pH3.5 和 pH4.5 时，TSP2 菌丝体中含钙量随着培养液中铝浓度的升高而呈递增的趋势，在高铝时最高，且各处理水平均显著高于无铝时；pH5.5 时，菌丝体中含钙量随着培养液中铝浓度的升高而呈递增的趋势，在中铝时最高，且各处理水平与无铝时有明显差异。

pH3.5 时，菌丝体中含钾量随着培养液中铝浓度的升高而呈先增加后降低的趋势，铝浓度升高后，显著降低；pH4.5 时，铝浓度的增加显著提高菌丝体钾含量；pH5.5 时，菌丝体中含钾量随着培养液中铝浓度的升高而呈增加的趋势，在高铝时最高，且与无铝时有显著差异。

pH3.5 时，铝浓度的加入，对菌丝体中含镁量无明显影响；pH4.5 和 pH5.5 时，菌丝体中含镁量随着培养液中铝浓度的升高而呈增加的趋势，在高铝时最高，且与无铝时有显著差异。

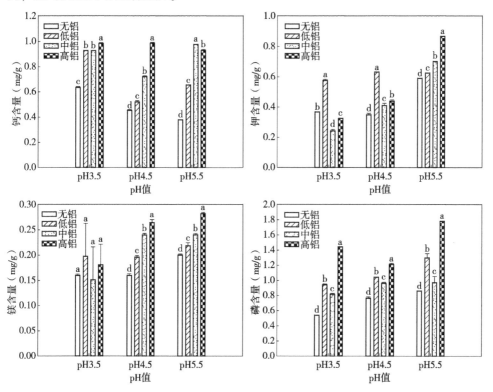

图 7-11 酸铝对 TSP2 钙、钾、镁、磷含量的影响

由图 7-11 可知，在各 pH 水平下，菌丝体中含磷量随着培养液中铝浓度的

升高而呈增加的趋势，且加入铝后，显著增高，在高铝时达到最大值。在不同的酸度条件下，表现出一致的变化趋势。

9）酸铝对 TSP3 钙、钾、镁、磷含量的影响（图 7-12）

pH3.5 时，TSP3 菌丝体中含钙量随着培养液中铝浓度的升高而呈增加的趋势，在高铝时最高且与无铝时有明显差异；pH4.5 时，菌丝体中含钙量随着培养液中铝浓度的升高而呈增加的趋势，且均显著高于无铝时；pH5.5 时，菌丝体中含钙量随着培养液中铝浓度的升高而呈递增的趋势，在高铝时最高，各铝水平均于无铝时有明显差异。

pH3.5 和 pH4.5 时，菌丝体中含钾量随着培养液中铝浓度的升高而递增，但仅在高铝时表现出明显的增加趋势；pH5.5 时，菌丝体中含钾量随着培养液中铝浓度的升高而呈增加的趋势，在中铝时最高，且与无铝时有显著差异。

pH3.5 时，菌丝体中含镁量随着培养液中铝浓度的升高而呈下降的趋势，但在高铝时，显著增加；pH4.5 时，仅在中铝时，含镁量表现出显著的降低；pH5.5 时，菌丝体含镁量随着溶液中铝的加入而显著增加，且在高铝时达到最高水平。

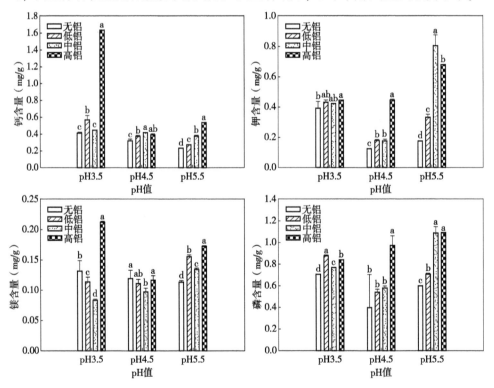

图 7-12 酸铝对 TSP3 钙、钾、镁、磷含量的影响

pH3.5 时，菌丝体中含磷量随着培养液中铝浓度的升高而呈增加的趋势，且

加入铝后，显著增高，在低铝时达到最大值；pH4.5时，菌丝体中含磷量仅在高铝时显著增加，在低铝和中铝时变化无明显；pH5.5时，菌丝体中含磷量随着培养液中铝浓度的升高而呈增加的趋势，均显著高于无铝时。

2.2.2.3　优良外生菌根真菌的筛选

从上述实验可以知道每一种外生菌根真菌都有自己合适的pH和铝条件，在不同的酸铝条件下都表现出一定的抗性。通过室内分离纯化、培养以及耐酸铝试验，筛选出抗性比较强的3种菌：牛肝、豆马勃和乳菇。由于大型真菌纯培养比较困难，培养周期长，加之实验室条件受限，在筛选出的3种耐酸铝菌种进行扩繁用于盆栽实验的过程中，马勃扩繁培养失败，最终筛选出两株酸铝抗性较强的菌种，分别为JYS1(牛肝菌)、JYS2(乳菇)(图7-13，图7-14)。

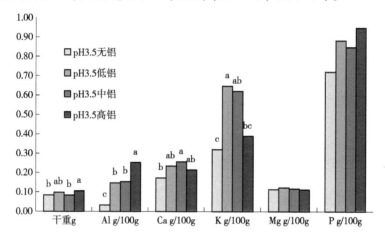

图7-13　JSY1在pH3.5不同铝水平下的干重及元素含量

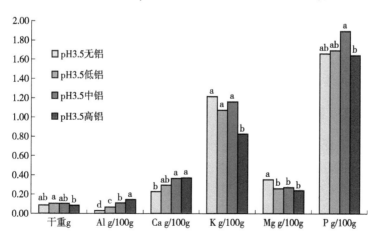

图7-14　JSY2在pH3.5不同铝水平下的干重及元素含量

2.3 讨论

2.3.1 外生菌根的作用

外生菌根真菌具有多样性，自然界中存在一些耐酸雨的菌根真菌，如茶树抗酸铝菌根真菌 ALF-1（*Neurospora sp.*）（梁月荣等，1999），这种抗性特征是遗传固有的。Schier 等（1995）在研究中发现，强酸和高浓度铝条件下，彩色豆马勃对刚松（*Pinus rigida*）的感染率不受影响。冯宗炜院士指出，人工接种优良的外生菌根真菌在酸铝林地上具有重要意义（冯宗炜，1993），外生菌根真菌对森林正常生长、植树造林都有积极的作用。菌根参与植物的多种生物进程，菌根侵染率的高低对寄主植物有重要影响。从采集的马尾松林下根段来看，酸雨污染最轻的雷公山区域的菌根侵染率和侵染指数最高，作为酸雨污染最严重的区域，重庆铁山坪的侵染率和侵染指数较高均大于流溪河和蔡家塘，此地区的外生菌根具有较强的耐酸铝性。蔡家塘的侵染率最低，但其侵染指数却显著高于流溪河，虽然侵染率和侵染指数的变化并不是完全一致，但是这两个指标都能反映出外生菌根真菌的侵染能力，但是真菌生长的环境受多方面的影响，其侵染力也存在着差别。即使是同一类型的森林，海拔高度、坡度、林龄等都会影响植物的菌根侵染率、侵染强度指数和细根生物量。本研究也存在着这种差异性。

2.3.2 马尾松叶片营养吸收

营养元素，尤其是钾和磷的含量在森林生长中占重要地位，菌根真菌能帮助寄主植物从土壤中吸收养分，在不同的土壤环境中寻找并且获取养分以供给宿主植物。从采集的马尾松针叶分析结果来看，铁山坪的钙、钾含量最高，雷公山的镁、磷含量最高。雷公山区域的菌根侵染率和侵染指数最高，重庆铁山坪的侵染率和侵染指数较高，均大于流溪河和蔡家塘。外生菌根侵染率和侵染指数与植物叶片营养变化可能存在着一定的相关性。

2.3.3 马尾松林下土壤分析

酸雨能够改变土壤的理化性质，进一步影响植物的健康。酸雨增加土壤溶液中 H^+ 和 Al^{3+} 的浓度，使酸雨区植物出现铝毒害，土壤溶液中高浓度的 Al^{3+} 可防害植物根系对 Ca^{2+}、Mg^{2+} 的吸收和根系的生长。酸雨淋洗植物表面后，会伤害植物叶片。酸雨会引起土壤 pH 值的改变。从本实验采集的土壤样品分析来看，马尾松林下土壤 pH 值均低于 5，pH 值大小依次为流溪河>雷公山>蔡家塘>铁山坪，其中流溪河和雷公山的 pH 值无明显差异，两研究结果基本一致。4 个区域马尾松林下土壤钙含量无显著性差异，雷公山样点土壤的钙、镁、磷含量最高，铁山坪样点土壤的钙、钾、镁含量最低。李霁等人(2005)的研究发现，实验的4个地区土壤样品pH平均值从小到大排列为铁山坪<蔡家塘<流溪河<雷公山，铁山坪森林土壤的pH平均值最低。本实验的研究结果与其基本一致。重庆受酸雨污染最严重，其土壤营养元素钙、钾含量最低，但其侵染率和侵染指数较高，相应的植物叶片钙、钾含量也高，外生菌根的存在可能提高了铁山坪地区马尾松对营养元素的吸收。

2.3.4 酸铝对真菌pH的影响

外生菌根真菌能分泌大量的物质，其中包括有机酸和其他物质，为菌根真菌对宿主植物重要的保护机制之一。菌根菌丝体主要分泌小分子有机酸，与土壤中的有毒金属产生络合作用，形成络合物，从而达到缓解或者降低金属毒性的作用。酸性土壤中菌根真菌可通过产生和分泌有机物质络合铝离子而降低铝的植物毒性，产生的各种有机酸中，草酸的络合能力最强。从不同水平的酸铝对9种真菌的胁迫结果来看，真菌在酸铝的作用下，分泌了某些酸性物质到培养液中，增加了 H^+ 的含量。本实验研究结果和现有的真菌解毒机理"真菌分泌有机酸对铝的螯合作用"一致。

2.3.5 酸铝对真菌营养元素的影响

许多外生菌根真菌都有吸收矿质营养的作用。外生菌根对铝毒的缓解源于增加营养元素的吸收，尤其是对磷的吸收，而不是降低铝的吸收。从实验结果可将真菌分为两大类型：酸铝敏感型和耐酸铝型。JYS2、JYS4、JYS5在弱酸、低铝条件下，表现出对酸铝的敏感性，但在不同的酸铝浓度下，各有不同。JYS2在弱酸、低铝条件下，营养元素显著降低；JYS4在低酸、低铝时，钙含量显著降低，在低酸高铝时钾含量显著降低；JYS5在弱酸、高铝时钙含量降低，在弱酸低铝时，钾、镁、磷含量均显著低于无铝时。JYS1、JYS3、JYS6、TSP1、TSP2、TSP3在强酸高铝时，大部分营养元素显著增加，表现出一定的耐酸铝性。菌株不同，表现出的耐铝性也有很大的差别。其中JYS1在强酸、高铝时，磷、钙、钾含量显著增加；JYS3在强酸、高铝时，磷、钾、镁含量显著增加；JYS6在强酸、高铝条件下，钙、钾、镁、磷含量显著升高；TSP1在低酸和中酸条件下，菌丝体含钙、钾、镁、磷含量随着外加铝的加入显著增加，在强酸下，钙在中铝时含量最高，镁、磷含量在高铝时达到最大；TSP2菌丝体在低酸下，钙、钾、镁、磷含量均随着外加铝的增加显著升高，在中酸下，钙、钾、磷含量随铝的加入显著增加，强酸下铝的加入，使得钙、钾、磷的含量有所增加而镁无明显变化；TSP3 在强酸、高铝下，钙、钾、镁、磷含量显著增加。由此表明，真菌可能通过营养物质的大量吸收来缓解酸铝的毒害。刘辉等(2010)的研究指出，红绒盖牛肝菌(*Xerocomus chrysenteron*)具有很强的溶解难溶性磷酸盐的能力，菌根真菌能增强磷元素的吸收。辜夕容(2005)和刘敏等(2007)在酸铝条件下研究发现菌根真菌重要的吸收营养物质的作用。

2.4 小结

(1)湖南蔡家塘和重庆铁山坪属于西南严重酸雨区，其土壤的 pH 值明显低于雷公山和流溪河。从野外采样土壤分析可知，重庆土壤酸度最强，受酸雨污染最严重。4 个区域的侵染率大小为：雷公山>铁山坪>流溪河>蔡家塘，侵染指数大小为：雷公山>铁山坪>蔡家塘>流溪河，侵染率和侵染指数的变化是不完全一致的，雷公山区域的侵染率和侵染指数同为最大，铁山坪的侵染率和侵染指数大于流溪河和蔡家塘。重庆铁山坪的侵染率和侵染指数较高，均大于流溪河和蔡家塘，此地区的外生菌根具有较强的耐酸铝性。

(2)从野外采集植物叶片营养分析可知，铁山坪的营养元素相对较高，可能与外生菌根资源有关，而蔡家塘的侵染率指数和营养元素对相对较低。从 4 个区域的土壤营养分析来看，雷公山的土壤营养元素相对较高，其余地区没有明显的变化规律。重庆铁山坪 pH 最低，受酸雨污染最严重，其土壤营养元素钙、钾含量最低，但其侵染率和侵染指数较高，植物叶片钙、钾含量却最高，由此可见，在酸雨污染严重的区域，外生菌根的形成有利于提高植物对营养元素的吸收，有利于植物的生长。

(3)外加酸铝影响外生菌根真菌的生长，且影响程度和真菌种类有关。从 9 种真菌的耐酸铝实验结果来看，可将真菌归纳为耐酸铝型和铝敏感型。JYS2、JYS4、JYS5 属于酸铝敏感型，JYS1、JYS3、JYS6、TSP1、TSP2、TSP3 属于耐酸铝型。即使都属于耐酸铝型的真菌，其耐酸铝的程度也存在着较大的差异。

(4)外加酸铝显著影响外生菌根真菌液体培养基的酸度。在真菌液体培养结束后，pH 值在各处理水平下表现出一致降低的趋势。在酸铝胁迫下菌根真菌分泌的有机酸外生菌根菌丝体，能分泌有机酸，主要是小分子有机酸，包括草酸、柠檬酸、苹果酸等，其中尤以草酸分泌量居多，这是培养液中 pH 值降低的主要原因。

(5)在酸铝的共同胁迫作用下，外生菌根真菌的营养元素会受到不同程度的影响。相应的营养元素(钙、钾、镁、磷)的含量增加，表明真菌缓解酸铝的毒害可能是通过营养物质的大量吸收来完成的。

3 接种外生菌根真菌对盆栽马尾松幼苗的酸雨抗性机理研究

3.1 材料与方法

3.1.1 接种菌剂

在上一章中通过在酸雨严重的西南地区(主要是四川)马尾松林地采集外生菌根子实体,经室内分离纯化得到纯菌株之后,进行耐酸铝实验,筛选出优良的酸铝耐性强的外生菌根真菌 JYS1(牛肝菌)和 JYS2(乳菇)。最后盆栽实验包括该项目分离纯化得到的牛肝菌和乳菇菌的液体菌剂,以及从中国林业科学研究院菌根中心购买到的分离于马尾松林下的马勃固体菌剂。

3.1.2 实验设计

模拟试验在中国林业科学研究院温室进行。试验设置 3 个酸雨值处理,分别为对照处理(CK,约 pH5.6)、pH4.5 和 pH3.5,每个酸处理下设有接种外生菌根菌处理和未接种外生菌根菌处理。接种分液体菌剂(实验室分离筛选出牛肝菌和乳菇)和固体菌剂(购买的彩色豆马勃),共 23 个处理,每个处理 30 盆重复,共 690 盆,具体实验设计见表 7-5。彩色豆马勃固体菌剂原种彩色豆马勃菌株分离自四川马尾松林下。1 年生马尾松幼苗由浙江省淳安林业站提供,树苗于 2011 年 11 月 28 日移栽于盆中。从 2012 年 2 月 16 日开始每周喷淋 1 次酸雨,对照喷淋去离子水,每次以浇透至树叶滴水为止,试验于 9 月 5 日结束。

3.1.2.1 液体菌剂接种

将固体培养基外生菌根琼脂菌种 3mm 2 块,于 25±2℃条件下 Pachlewski 液体培养基中暗培养 21 天,当长成很好的菌丝后,用粉碎机将菌丝打散制成菌液备用(图 7-15)。培养好的液体菌剂分别按牛肝:乳菇以 1:1 和 2:1 制成混合菌剂,将单一菌剂和混合菌剂各 20ml 浇灌在马尾松幼苗根部进行接种;同时用 20ml 去离子水作为对照处理。

3.1.2.2 固体菌剂接种

试验采用的外生菌根菌种为中国林业科学研究院林业研究所提供的马勃固体菌剂[Tinctorius(Pers.) Coker & Couch],接种时将固体菌剂与土壤按 1:10 进行混合。同时将一部分固体菌剂在 121℃下高压灭菌,以杀死其中的外生菌根菌,而保留固体菌剂中其他固有成分,将灭菌后的固体菌剂与土壤按 1:10 进行混合,作为未接种外生菌根菌的土壤基质(图 7-16)。

图7-15 室内外生菌根真菌液体菌剂培养

图7-16 室内模拟盆栽实验

3.1.2.3 模拟酸雨的配置

南方酸雨的类型为硫酸型酸雨，采用去离子水逐步稀释配制模拟酸雨，用分析纯浓 H_2SO_4 和浓 HNO_3 配制成摩尔比为 5:1 的酸雨母液。然后将适量母液用去离子水稀释成 pH 值分别为 3.5，4.5 和 5.5 预定水平的酸雨供试液，其他离子的含量为 NH_4^+ 2.67mg/L，Ca^{2+} 3.37mg/L，Mg^{2+} 0.33mg/L，Cl^- 1.14mg/L，K^+ 0.79mg/L，Na^+ 0.36mg/L，F^- 0.39mg/L。以去离子水为对照处理 CK(表7-5)。

表7-5 室内模拟酸雨处理接种外生菌根实验设计

处理编号	实验处理	处理编号	实验处理
	液体菌剂接种		固体菌剂接种
1	CK	17	CK
2	pH3.5	18	pH3.5
3	pH4.5	19	pH4.5
4	pH5.5	20	pH5.5
5	pH3.5+乳菇	21	pH3.5+马勃
6	pH4.5+乳菇	22	pH4.5+马勃
7	pH5.5+乳菇	23	pH5.5+马勃
8	pH3.5+牛肝		
9	pH4.5+牛肝		
10	pH5.5+牛肝		
11	pH3.5 牛肝:乳菇=1:1		
12	pH4.5 牛肝:乳菇=1:1		
13	pH5.5 牛肝:乳菇=1:1		
14	pH3.5 牛肝:乳菇=2:1		
15	pH4.5 牛肝:乳菇=2:1		
16	pH5.5 牛肝:乳菇=2:1		

3.2 采样及分析

分别于2012年5月5日，7月5日和9月5日收获植株生物量，每个处理随机选取5盆进行采样。植物样品按叶、茎、根分开收集，75℃烘干至恒重，测定分析各部分植物干重百分比和根冠比。

3.2.1 生长参数分析

在每次采样后同时测定松针的叶面积，把每束针叶合拢后近似看成圆柱体，利用总表面积的一半计算比叶面积，并称该比叶面积为半比表面积（SHA）。利用该方法计算的阔叶植物和其它叶片扁平植物的比叶面积与单侧叶面的比叶面积结果是一致的。每株幼苗取10束松针，每束针叶利用0.01g精度电子天平称量鲜重，根据含水率计算其干重 $m(g)$，利用钢卷尺测定叶片长度 $l(cm)$，利用数显游标卡尺（精度0.01mm）测量叶片长的1/4处、1/2处和3/4处的宽度和厚度各3

次，取平均值作为该处的宽度和厚度值，计算 3 处平均值的均值作为该叶片的宽度 $d(mm)$ 和厚度 $h(mm)$。经推导，两针一束叶的半比表面积 SHA(m^2/kg) 计算公式为：

$$SHA = 0.01 \times [(2h+d)\pi/4+d]l/m \tag{1}$$

利用 SPSS PASW Statistics 18 对各个采样时间测定计算得到的生物量、根冠比及半比表面积进行多重比较分析，考察外生菌根菌、酸雨处理及采样时间对马尾松幼苗的影响；同时在每个采样时间内对不同处理进行 ANOVA 分析，进一步分析不同时期外生菌根菌和酸雨对马尾松生长的影响。

3.2.2 植物样品营养元素分析

植物样品按叶、茎、根分开收集，75℃烘干至恒质量，粉碎后分别测定针叶和根系中矿质元素含量。植物氮采用凯氏定氮法分析，植物磷，钾，铝，钙，镁采用等离子发射光谱法测定。

3.2.3 土壤样品养分分析

根系挑选干净后，将盆栽土壤混合均匀后每盆取 200g 土进行土壤分析。土壤交换性阳离子用美国 Thermo 公司的等离子发射光谱仪测定，土壤有机质采用重铬酸钾氧化-外加热法测定，土壤速效氮采用碱解-扩散法测定，土壤有效磷和速效钾采用美国 Thermo 公司的等离子发射光谱仪测定。

3.2.4 土壤微生物分析

微生物代谢功能采用 BIOLOG 进行分析。即将 10g 土壤加 90ml 无菌的 0.85% 的 NaCl 溶液在摇床上振荡 30min，然后将土壤样品稀释至 10^{-3}，再从中取 125ml 该悬浮液接种到 BIOLOG-ECO 板的每一个孔中，最后将接种好的板放置 25℃的恒温培养箱中暗室培养，每隔 24h 在波长为 590nm 的 BIOLOG 读数器上读数，培养时间共为 168h。

孔的平均颜色变化率(AWCD)(Garland and Mills, 1991)计算方法如下：

$$AWCD = \Sigma(C-R)/n \tag{2}$$

式中：C 为每个有培养基孔的光密度值；R 为对照孔的光密度值；n 为培养基孔数；ECO 板 n 值为 31。根据碳源的种类，可以将微孔板碳源分成 6 大类：糖类、氨基酸、羧酸、胺类、聚合物和其他混合类(Benizri and Amiaud, 2005)。这些碳源中主要为糖类、氨基酸和羧酸类物质，且这 3 类物质是根系分泌物的主要成分，而根系分泌物又是土壤微生物的主要碳源，因此土壤微生物对这 3 类物质的利用就能反映出微生物总的代谢多样性类型的变化，本文中分别计算这 3 类物质的 AWCD 来比较模拟酸沉降对 3 类主要碳源利用的影响。

培养基的丰富度(richness)指数指被利用的碳源的总数目，为每孔中(*C*-*R*)的值大于 0.2 的孔数，多样性(diversity)指数采用 Shannon-Weinner 指数(H')：

$$H' = \Sigma(P_i \times \log P_i) \tag{3}$$

式中：$P_i = (C-R)/\Sigma(C-R)$。

3.3　模拟酸雨对盆栽马尾松幼苗的影响

3.3.1　对马尾松幼苗生长的影响

3 次取样结果表明，在试验初期酸雨对马尾松幼苗的生长没有明显影响；试验中期只有 pH4.5 和 pH5.5 处理对马尾松的生物量没有影响，而 pH3.5 处理则明显降低了马尾松幼苗生物量；在试验后期 pH5.5 和 pH4.5 显著增加马尾松幼苗生物量，而 pH3.5 则降低马尾松幼苗生物量但没有达到显著水平(表 7-6)。

表 7-6　不同酸雨处理对马尾松幼苗生物量的影响

酸雨处理	5 月样品	7 月样品	9 月样品
CK	2.98±0.35a	8.43±0.26a	11.39±0.03c
pH5.5	3.05±0.39a	8.15±0.45a	13.99±0.80b
pH4.5	3.62±0.27a	8.34±0.17a	17.04±0.76a
pH3.5	3.40±0.05a	5.24±0.48a	10.01±0.09c

酸雨不但影响生物量的积累，而且改变了生物量的分配(图 7-17)。试验初期中高浓度酸雨处理显著降低了根冠比；试验中期中低浓度酸雨处理抑制了生物量对根的分配；试验后期则中高浓度酸雨明显增加了根冠比，增加了生物量对根系的分配。

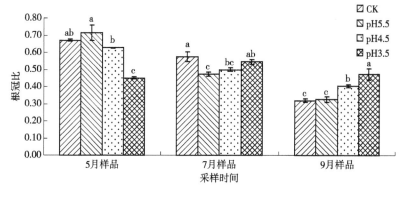

图 7-17　酸雨对马尾松根冠比的影响

酸雨胁迫对马尾松幼苗的比叶面积也产生了影响(图 7-18)。在处理初期,与对照比,中低强度酸雨降低了叶面积,而高强度酸雨对叶面积没有影响;但随着处理时间的延长,中低强度酸雨对叶面积的影响减弱,在处理中后期与对照相比中低强度酸雨对半比表面积没有显著影响,但 pH3.5 的高强度酸雨在中后期则明显降低了半比表面积。

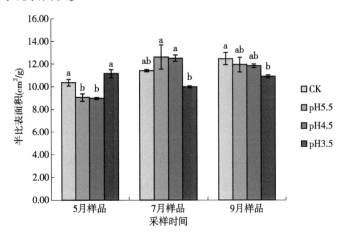

图 7-18 酸雨对马尾松叶面积的影响

3.3.2 对马尾松幼苗营养元素的影响

试验初期,酸雨处理降低根中的 N 元素含量,中高浓度酸雨增加根中 Al、Ca 含量,降低叶中 Al、Ca 含量;试验中期,中高浓度酸雨处理提高根中 P、K 含量,高浓度酸雨增加叶片的 Al、Ca、Mg 含量;试验后期,酸雨处理增加了根中的 K 含量,高浓度酸雨处理增加叶片中的 N、Al、Ca 含量(表7-7)。

表7-7 不同酸雨处理对马尾松幼苗根和叶元素含量的影响

处理	5月-根						5月-叶					
	N	P	K	Al	Ca	Mg	N	P	K	Al	Ca	Mg
CK	1.23a	0.12b	0.25b	0.20bc	1.26ab	0.36a	1.96ab	0.14ab	0.69a	0.05b	0.81ab	0.26
pH5.5	1.09b	0.12b	0.19c	0.16c	0.82b	0.21b	1.87b	0.13b	0.57b	0.06a	0.89a	0.26
pH4.5	1.08b	0.13ab	0.32a	0.29ab	1.38a	0.36a	2.08a	0.14ab	0.59ab	0.03c	0.61b	0.23
pH3.5	1.12b	0.14a	0.24b	0.38a	1.43a	0.41a	2.09a	0.15a	0.65ab	0.04bc	0.77ab	0.25
	7月-根						7月-叶					
CK	0.77b	0.09b	0.19b	0.44a	1.24	0.39	1.66b	0.13	0.64	0.05b	0.56bc	0.24b
pH5.5	0.97a	0.10ab	0.17b	0.34b	1.11	0.35	1.89a	0.14	0.64	0.04b	0.48c	0.23b

（续）

	7 月-根						7 月-叶					
pH4.5	0.75b	0.11a	0.19b	0.34b	1.27	0.36	1.70ab	0.14	0.55	0.05ab	0.71b	0.29ab
pH3.5	0.77b	0.12a	0.25a	0.44a	1.21	0.37	1.82ab	0.14	0.58	0.06a	0.97a	0.33a
	9 月-根						9 月-叶					
CK	0.67	0.09	0.11b	0.24	1.34	0.40	1.41b	0.11	0.48	0.02b	0.48b	0.25
pH5.5	0.81	0.09	0.16a	0.23	1.35	0.35	1.19b	0.11	0.46	0.02b	0.37b	0.25
pH4.5	0.79	0.09	0.17a	0.22	1.29	0.35	1.22b	0.11	0.48	0.02b	0.22c	0.23
pH3.5	0.96	0.09	0.16a	0.21	1.42	0.42	1.69a	0.10	0.49	0.03a	0.68a	0.25

3.3.3 对马尾松幼苗土壤养分的影响

试验结束后对各个处理下的土壤进行了养分性质和交换性阳离子的分析测定，结果表明，与对照处理相比，酸雨处理降低了土壤的有机质含量和速效 N 含量，但增加了土壤速效 P 含量（表7-8）。中低浓度酸雨处理后提高了土壤的交换性阳离子交换量，而高浓度酸雨则降低了土壤的交换性阳离子交换量（表7-9）。

表7-8 酸雨对土壤养分的影响

处理	有机质(g/100g)	速效氮(mg/kg)	速效磷(mg/kg)	速效钾(mg/kg)
CK	4.12±0.04a	130.40±5.42a	1.35±0.00b	86.54±0.77a
pH5.5	2.46±0.14b	109.10±2.60b	1.49±0.01a	80.11±2.63ab
pH4.5	3.06±0.50b	90.66±4.06c	1.51±0.05a	86.58±2.34a
pH3.5	2.77±0.15b	97.61±0.14bc	1.51±0.04a	78.57±2.10b

表7-9 酸雨对土壤阳离子(mmol/kg)的影响

	Al	Ca	Fe	K	Mg	Mn	Na	Zn	CEC
CK	0.20	42.58	0.03	1.54	15.27	0.01	3.53	0.01	63.15±0.76b
pH5.5	0.09	43.59	0.02	1.41	16.00	0.01	5.06	0.01	66.18±0.93a
pH4.5	0.15	42.42	0.04	1.49	17.89	0.01	4.61	0.00	66.62±0.59a
pH3.5	0.12	39.63	0.04	1.40	15.92	0.00	4.41	0.00	61.52±0.65b

3.3.4 对马尾松幼苗土壤微生物代谢功能的影响

3.3.4.1 AWCD

如图7-19所示，不同 pH 值模拟酸雨处理下土壤微生物的 AWCD 值随时间的延长而升高。AWCD 可反映土壤微生物利用碳源的整体能力及微生物活性。与对照处理相比,低酸处理(pH5.5)提高了土壤微生物对碳源的利用,刺激微生物活性;而中高度酸处理(pH4.5,pH3.5)则降低了土壤微生物的活性。

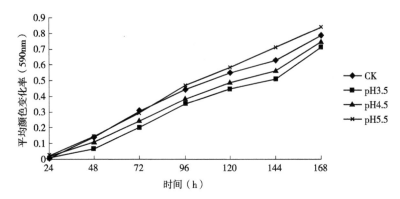

图7-19　不同酸处理下马尾松幼苗土壤微生物的 BIOLOG 碳源平均颜色变化率

　　与对照处理相比,低酸处理(pH5.5)均提高了马尾松幼苗土壤微生物对糖类、羧酸类以及氨基酸类 3 种碳源的利用;中酸处理(pH4.5)对糖类利用没有影响,提高了土壤微生物对羧酸类的利用,而降低了对氨基酸类的利用;高酸处理(pH3.5)则刺激了土壤微生物对糖类的利用,抑制氨基酸类的利用,对羧酸类没有影响(图 7-20)。

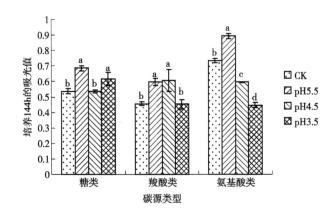

图7-20　不同酸处理下土壤微生物对 3 类主要碳源的利用

3.3.4.2　多样性指数和丰富度指数

　　中低浓度的酸雨处理提高了土壤微生物的多样性和丰富度指数,高浓度的酸处理对土壤微生物多样性指数和丰富度指数表现出抑制作用,虽然这种影响没有达到显著水平(表 7-10)。

表 7-10 模拟酸沉降对马尾松幼苗土壤微生物多样性指数和丰富度指数的影响

处理	多样性指数	丰富度指数
CK	1.35±0.01b	22±0.55b
pH5.5	1.37±0.01ab	24±0.70a
pH4.5	1.38±0.01a	24±0.63a
pH3.5	1.34±0.02ab	22±0.67ab

3.3.4.3 碳源利用的主成分分析

不同 pH 值的模拟酸沉降处理下土壤微生物对碳源的利用方式表明，主成分 1 和 2 分别揭示了变异量的 29.3% 和 26.9%，与对照处理相比模拟酸沉降明显改变了土壤微生物对碳源的利用方式。主成分 1 和 2 的方差分析也表明，酸处理与对照差异显著，说明酸沉降改变了土壤微生物的碳源代谢多样性(图 7-21)。

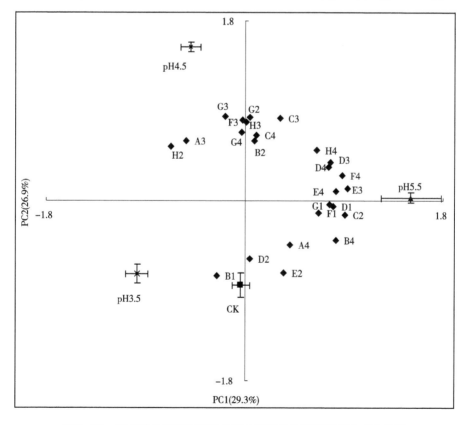

图 7-21 不同酸处理下马尾松幼苗土壤微生物碳源利用主成分分析

(图中碳源编号同表 7-11)

表 7-11 列出了与主成分显著相关的培养基，31 种培养基中有 12 种与主成分 1 显著相关，主要是糖类和氨基酸类物质；13 种与主成分 2 显著相关，主要是糖类和羧酸类物质。

表 7-11　BIOLOG 分析中与主成分 1 和主成分 2 显著相关的培养基

	主成分 1			主成分 2	
碳源编号	名称	r	碳源编号	名称	r
糖类			糖类		
C2	i-赤藓糖醇	0.904 *	A3	D-半乳糖酸 γ-内酯	-0.748 **
G1	D-纤维二糖	0.762 **	B2	D-木糖/戊醛糖	0.599 *
H2	D, L-α-磷酸甘油	-0.674 *	D2	D-甘露醇	-0.583 *
羧酸类			E2	N-乙酰-D 葡萄糖氨	-0.719 **
E3	γ-羟丁酸	0.927 **	G2	1-磷酸葡萄糖	0.835 **
氨基酸类			羧酸类		
B4	L-天门冬酰胺	0.819 **	A4	L-精氨酸	0.599 *
D4	L-丝氨酸	0.752 **	B1	丙酮酸甲酯	-0.749 **
E4	L-苏氨酸	0.820 **	F3	衣康酸	0.804 **
F4	甘氨酰-L-谷氨酸	0.878 **	G3	α-丁酮酸	0.843 **
胺类			H3	D-苹果酸	0.783 **
H4	腐胺	0.647 *	氨基酸类		
聚合物			C4	L-苯丙氨酸	0.652 *
D1	吐温 80	0.792 **	胺类		
F1	肝糖	0.661 *	G4	苯乙胺	0.683 *
其他混合物			其他混合物		
D3	4-羟基苯甲酸	0.769 **	C3	2-羟基苯甲酸	0.822 **

注：**，* 分别在 0.01 和 0.05 水平显著。

3.4　酸雨处理下接种彩色豆马勃固体菌剂对马尾松幼苗的影响

3.4.1　对马尾松生长的影响

与 pH5.5 处理相比，pH3.5 和 pH4.5 酸雨处理下生物量有降低的趋势，除 7 月份样品外其他两次采样（5 月和 9 月）生物量干重都明显低于 pH5.5 处理。

pH5.5 处理下接种固体菌剂对生物量的影响不明显，但 pH3.5 处理下接种外生菌根菌后能提高马尾松幼苗的生物量干重，而 pH4.5 处理下接种固体菌剂对生物量的影响在试验前期不明显，但在试验后期接种固体菌剂反而降低了 pH4.5 处理下马尾松幼苗的生物量(图 7-22)。

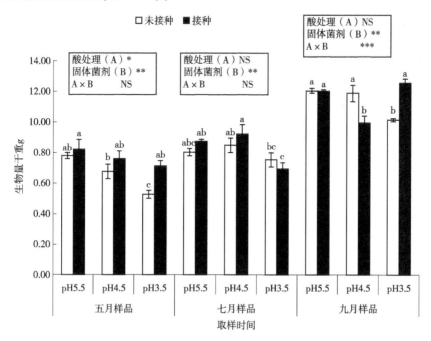

图 7-22 酸雨和外生菌根真菌对马尾松生物量的影响

注：NS，无显著差异；*，**，*** 分别表示在 0.05，0.01 和 0.001 水平下显著。

双因子分析结果表明，酸处理对生物量的影响仅出现在试验初期，而固体菌剂的影响则贯穿整个试验期，酸处理与固体菌剂的交互作用仅出现在试验后期。

试验初期，与 pH5.5 处理相比，pH4.5 和 pH3.5 处理明显降低了幼苗的根冠比，而在试验中后期，中高强度的酸处理则较 pH5.5 处理提高了根冠比。酸处理下接种固体菌剂对根冠比的影响没有明显一致的规律，在试验中后期接种固体菌剂有利于根冠比的提高。双因子分析结果表明，在试验初期，酸处理和固体菌剂对根冠比都没有影响，但两者之间存在明显的交互作用；而试验中后期，酸处理、固体菌剂对根冠比的影响明显，且两者之间的交互作用显著(图 7-23)。

酸雨胁迫对叶片半比表面积的影响表现在，随着 pH 值降低半比表面积先降低后升高，即 pH4.5 处理下半比表面积比 pH5.5 处理的小，但 pH3.5 处理下半比表面积又比 pH4.5 处理大。pH5.5 处理下接种固体菌剂与未接种相比，半比表面积降低了；pH4.5 处理下接种固体菌剂在试验前期和中期对半比表面积都没有

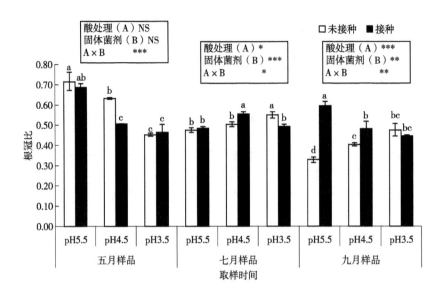

图 7-23　酸雨和外生菌根真菌对马尾松幼苗根冠比的影响

注：NS，无显著差异；*，**，***分别表示在0.05，0.01和0.001水平下显著。

影响，但试验后期接种固体菌剂处理的半比表面积比未接种固体菌剂处理的明显增加；pH3.5处理下，在试验前期接种固体菌剂使半比面积降低，但试验中后期接种处理与未接种处理相比明显提高了叶片的半比表面积(图7-24)。

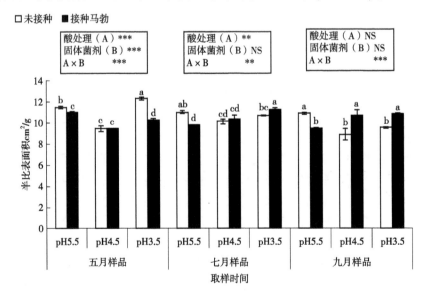

图 7-24　酸雨和外生菌根真菌对马尾松半比表面积的影响

注：NS，无显著差异；*，**，***分别表示在0.05，0.01和0.001水平下显著。

3.4.2　对马尾松幼苗营养元素的影响

3.4.2.1　土壤交换性阳离子

马尾松幼苗经过一段时间处理后，土壤 pH 值在强酸处理下明显降低。接种外生菌根菌的盆栽幼苗土壤 pH 值比未接种的土壤 pH 值要高。通过双因子方差分析发现，酸处理和外生菌根菌分别都对土壤 pH 值产生了显著影响，但两者之间不存在交互作用，这表现在无论是否接种外生菌根，酸雨处理后土壤 pH 值均降低(表 7-12)。

相同酸雨浓度处理下，接种外生菌根菌后降低了土壤中的交换性 Al^{3+} 的含量，显著增加了土壤中交换性 Ca^{2+} 的含量，但对交换性 Al 含量没有影响，酸处理与外生菌根菌对交换性 Al 没有交互作用，而对 Ca 的交互作用明显。pH3.5 酸雨处理下未接种外生菌根真菌的土壤盐基离子交换量最低，只有 41.6mmol/kg，显著低于其他处理。

双因子方差分析表明酸处理对 CEC 没有明显影响，外生菌根菌则对 CEC 有显著影响，且酸处理和外生菌根菌之间存在显著的交互作用。这表现在未接种的情况下，CEC 随着酸雨 pH 值降低先升高后显著降低，而接种外生菌根真菌后 CEC 随着酸雨 pH 值降低先显著降低后略有升高，说明在有无外生菌根菌存在的情况下酸雨对 CEC 的影响是不一致的。土壤酸化的一个指标是 CEC 降低，pH3.5 酸雨处理已经明显地使土壤缓冲能力降低，土壤对酸化敏感，但接种外生菌根能有效地改善土壤的缓冲能力。

3.4.2.2　土壤养分

相同酸雨处理下，接种外生菌根菌后马尾松幼苗土壤的有机质与未接种苗木相比显著降低，酸处理对土壤有机质含量没有明显影响，酸处理与外生菌根菌之间也不存在交互作用(图 7-25)。未接种外生菌根菌的苗木在 pH3.5 酸雨和 pH4.5 酸雨处理下土壤速效 N 比 CK 处理下明显降低，而接种外生菌根菌的苗木则在强酸(pH3.5，pH4.5)处理下速效 N 明显高于 CK 的接种处理；接种外生菌根菌的作用在不同酸雨处理下表现不同，CK 处理下接种苗木速效 N 降低，pH4.5 处理下接种苗木速效 N 增加，而 pH3.5 处理下则没有影响，表现为酸处理、外生菌根菌、酸处理与外生菌根菌的交互作用均显著影响了土壤的速效 N 含量。pH3.5 酸雨处理下未接种外生菌根菌的土壤中速效 P 含量最低，接种后则明显提高速效 P 含量；双因子方差分析结果表明酸处理和外生菌根菌对速效 P 含量影响极显著($P<0.01$)，且两者之间存在极显著的交互作用，主要表现在未接种外生菌根菌的情况下随着酸雨 pH 值的降低，速效 P 含量先升高后降低，而在接种外生菌根菌的情况下速效 P 含量随着 pH 值降低而增加，说明外生菌根菌的存

在改变了酸处理对速效 P 含量的影响。pH3.5 酸雨处理下接种外生菌根菌能提高土壤的速效 K 含量，而其他两个酸雨处理下接种外生菌根菌对土壤速效 K 含量没有明显影响；双因子方差分析结果表明酸处理和外生菌根菌对速效 K 含量影响显著，且两者之间存在显著交互作用，主要表现为未接种外生菌根菌情况下，土壤速效 K 含量在不同酸雨处理间没有差异，而接种外生菌根菌的情况下，随着处理酸雨 pH 值的降低土壤速效 K 含量增加，说明外生菌根菌的存在改变了酸处理对速效 K 含量的影响(图7-25)。

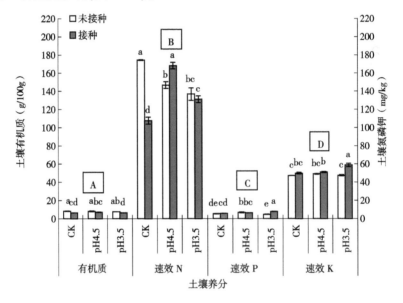

图7-25　不同 pH 值酸雨处理下接种外生菌根菌对土壤养分的影响

注：***，**，*分别表示在0.001，0.01 和0.05 水平下差异显著；NS，无显著差异。

相同字母表示在所有处理间无显著性差异，不同字母表示所处理间存在显著性差异。

3.4.2.3　叶片元素

pH3.5 酸雨处理下，未接种外生菌根菌的幼苗叶片中 N 含量明显高于其他处理，而 P、K、Al、Ca、Mg 含量均是最低的。在 CK 处理下，接种外生菌根菌与未接种相比，叶片营养元素含量除 Mg 以外其他均没有差异，Mg 含量在接种苗木叶片中含量比未接种的显著降低了4.5%；pH4.5 酸雨处理下，接种外生菌根菌对叶片 N、Ca 含量没有影响，但比未接种外生菌根菌的苗木明显提高了叶片中 P、K、Al 和 Mg 的含量；pH3.5 处理下，则接种外生菌根菌显著降低叶片 N 含量，而明显提高了其他元素的含量。双因子方差分析结果表明，酸处理对 N、Ca 含量有明显影响，对 P、K、Al、Mg 没有明显影响；外生菌根菌则对所有元素含量均存在明显影响；除 Al 外，酸处理和外生菌根菌对其他元素含量均存在极显著的交互作用，主要表现在未接种外生菌根菌和接种外生菌根情况下酸处理对各元素含量的影响不同，如对 P 的影响，未接种外生菌根菌情况下随着酸雨强度升高叶片 P 含量显著降低，而接种外生菌根菌后则 pH4.5 和 pH3.5 处理均明显提高了叶片的 P 含量，说明外生菌根菌的存在改变了酸处理对叶片 P 含量的影响（表7-13）。

3.4.2.4 根系元素

未接种外生菌根菌幼苗中，pH4.5 酸雨处理下根系 N 含量明显低于 CK 和 pH3.5 酸雨处理，但接种的幼苗中则 pH4.5 酸雨处理下根系 N 含量最高，其次为 CK 的处理，pH3.5 酸雨处理接种外生菌根菌的幼苗根系 N 含量最低。在 CK 和 pH4.5 的酸雨处理下，接种外生菌根菌后根系 N 含量均比未接种苗木显著提高；但 pH3.5 酸雨处理下，接种外生菌根菌对根系 N 含量没有影响。双因子方差分析结果表明，酸处理、外生菌根菌对根系 N 含量影响极显著，且两者之间存在明显的交互作用，这主要表现在，未接种外生菌根菌的处理中，随着酸雨 pH 值降低根系 N 含量先降低后增加，而接种外生菌根菌的处理中，随着酸雨 pH 值降低根系 N 含量先升高后降低，说明外生菌根菌的存在改变了酸处理对根系 N 含量的影响。在相同酸处理中，与未接种外生菌根菌的幼苗相比，接种外生菌根菌均明显提高了根系 P 含量，虽然酸处理和外生菌根菌对 P 含量都存在极明显的影响，但两者之间没有交互作用，这表现在无论是否接种外生菌根菌，与 CK 处理相比，pH4.5 处理对根系 P 含量没有影响，但 pH3.5 处理则显著降低了根系 P 含量，说明外生菌根菌的存在没有改变酸处理对 P 含量的影响，故二者之间没有交互作用。pH3.5 酸雨处理下，接种外生菌根菌明显提高了根系 K 含量；酸处理对 K 含量没有影响，外生菌根菌的影响是显著的，且酸处理和外生菌根菌之间没有交互影响，表现在无论是否接种外生菌根菌，随着酸雨 pH 值的改变，根系 K 含量没有明显变化（表7-14）。

未接种外生菌根菌处理中，随着 pH 值降低根系 Al 含量显著减少，且相同酸处理下接种外生菌根菌明显降低了根系 Al 含量；酸处理、外生菌根菌对根系 Al 含量有着极显著的影响，且两者存在非常明显的交互作用，这表现在未接种外生菌根菌情况下，随着酸雨 pH 值降低根系 Al 含量明显降低，但在接种外生菌根菌情况下，与 CK 处理相比，pH4.5 处理下 Al 含量没有差异，但 pH3.5 处理下 Al 含量明显提高。pH4.5 酸雨处理中未接种外生菌根菌的幼苗根系 Ca 含量是最低的，但该酸处理下接种外生菌根菌提高了根系 Ca 的含量；CK 和 pH3.5 酸雨处理下根系 Ca 含量相当，且 pH3.5 酸处理下接种外生菌根菌降低了根系 Ca 含量（表7-14）。未接种外生菌根菌的幼苗在 pH4.5 和 pH3.5 酸雨处理后根系 Mg 含量明显低于 CK 的处理，但接种苗木中却是 pH3.5 处理下根系 Mg 含量最高，这

表 7-12 不同 pH 值酸雨处理下接种外生菌根菌对土壤根阳离子（mmol/kg）的影响

酸处理	外生菌根菌	pH	Al	Ca	Fe	K	Mg	Mn	Na	Zn	CEC
pH3.5	未接种	4.60±0.03d	0.41±0.01a	24.74±0.95c	0.06±0.00a	1.08±0.05b	9.94±0.40c	0.04±0.00c	5.39±0.07bc	0.02±0.00ab	41.66±1.43c
pH3.5	接种	4.74±0.03cd	0.30±0.12ab	31.57±0.39ab	0.06±0.00a	1.27±0.02a	10.82±0.25b	0.06±0.01ab	4.20±0.02d	0.01±0.00b	48.28±0.56b
pH4.5	未接种	4.66±0.02d	0.37±0.02a	29.10±0.65b	0.05±0.00a	1.07±0.04b	11.22±0.23ab	0.07±0.00a	5.32±0.13c	0.02±0.00a	47.20±0.97b
pH4.5	接种	4.78±0.02bc	0.31±0.00ab	32.65±1.45a	0.03±0.00c	1.06±0.05b	9.61±0.20c	0.05±0.00e	3.85±0.05e	0.02±0.00a	47.56±1.40b
CK	未接种	4.84±0.02b	0.32±0.03ab	28.87±1.27b	0.04±0.00b	1.00±0.02b	10.79±0.14b	0.07±0.01a	5.53±0.01ab	0.02±0.00a	46.62±1.34b
CK	接种	4.95±0.07a	0.21±0.01b	33.01±0.60a	0.02±0.00c	1.23±0.05a	11.70±0.33a	0.05±0.00bc	5.72±0.04a	0.02±0.00a	51.95±0.94a
酸处理		***	NS	NS	*	NS	NS	**	***	NS	NS
外生菌根菌		*	*	***	***	**	NS	NS	***	NS	***
酸处理×外生菌根菌		NS	NS	*	***	*	***	*	***	NS	**

表 7-13 模拟酸雨和接种外生菌根菌对马尾松叶片元素含量的影响

g/100g

酸处理	外生菌根菌	N	P	K	Al	Ca	Mg
pH3.5	未接种	2.05±0.225a	0.10±0.001d	0.56±0.026c	0.01±0.000d	0.32±0.003c	0.18±0.002d
pH3.5	接种	1.27±0.064b	0.13±0.005a	0.80±0.017a	0.02±0.002ab	0.55±0.008a	0.23±0.002ab
pH4.5	未接种	1.16±0.067b	0.11±0.004c	0.59±0.008c	0.01±0.002cd	0.48±0.025b	0.18±0.007d
pH4.5	接种	1.34±0.014b	0.13±0.003a	0.77±0.009a	0.02±0.001a	0.48±0.001b	0.23±0.003a
CK	未接种	1.30±0.050b	0.12±0.002ab	0.64±0.009b	0.02±0.000bc	0.49±0.004b	0.22±0.001b
CK	接种	1.29±0.038b	0.11±0.003bc	0.66±0.006b	0.02±0.002b	0.51±0.012b	0.21±0.005c

（续）

酸处理	外生菌根菌	N	P	K	Al	Ca	Mg
	酸处理	**	NS	NS	NS	***	NS
	外生菌根菌	*	***	***	***	***	***
	酸处理×外生菌根菌	***	***	***	NS	***	***

注：***，**，* 分别表示在0.001，0.01 和0.05 水平下差异显著；NS，无显著差异。
相同字母表示在所有处理间无显著差异，不同字母表示存在显著性差异。

表7-14 模拟酸雨和接种外生菌根菌对马尾松幼苗根系元素含量的影响

g/100g

酸处理	外生菌根菌	N	P	K	Al	Ca	Mg
pH3.5	未接种	0.42±0.004c	0.06±0.003d	0.17±0.005d	0.27±0.003c	0.73±0.003a	0.18±0.001c
	接种	0.41±0.004cd	0.12±0.004b	0.30±0.003ab	0.25±0.008d	0.64±0.005c	0.21±0.011b
pH4.5	未接种	0.39±0.017d	0.09±0.005c	0.18±0.002cd	0.30±0.004b	0.52±0.027d	0.17±0.003c
	接种	0.74±0.006a	0.13±0.002a	0.29±0.058bc	0.23±0.006e	0.65±0.026c	0.17±0.007c
CK	未接种	0.41±0.004c	0.08±0.003c	0.24±0.013bcd	0.43±0.004a	0.72±0.002ab	0.22±0.006ab
	接种	0.53±0.003b	0.13±0.004a	0.28±0.073bcd	0.23±0.009e	0.67±0.015bc	0.18±0.004c
	酸处理	***	***	NS	***	***	***
	外生菌根菌	***	***	**	***	NS	NS
	酸处理×外生菌根菌	***	NS	NS	***	***	***

注：***，**，* 分别表示在所有处理间无显著性差异，NS，无显著差异。
相同字母表示在所有处理间无显著差异，不同字母表示存在显著性差异。

说明酸处理和外生菌根菌之间存在交互作用。

3.4.3　对马尾松土壤微生物代谢功能的影响

3.4.3.1　平均颜色变化率(AWCD)

随着培养时间的变化，ECO 板颜色发生变化。AWCD 是反映土壤微生物活性，即利用单一碳源能力的一个重要指标。如图 7-26 所示，与对照处理相比酸雨处理降低了土壤微生物的 AWCD 值，而 pH4.5 和 pH3.5 的酸雨处理下接种外生菌根菌提高了 AWCD 值。虽然酸雨处理抑制土壤微生物活性，但接种外生菌根菌后提高了土壤的缓冲能力，缓解了酸雨的抑制作用，使得土壤微生物活性有所恢复。

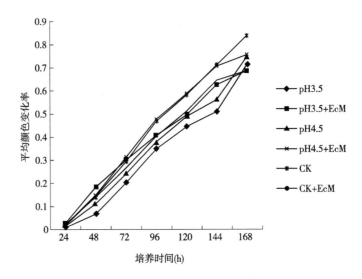

图 7-26　不同处理下马尾松幼苗土壤微生物的 BIOLOG 碳源平均颜色变化率

如图 7-27 所示，对照处理下接种外生菌根菌后降低了土壤微生物对 3 类主要碳水化合物糖类、羧酸类和氨基酸类物质的利用；pH4.5 酸雨处理下接种外生菌根菌增加了土壤微生物对糖类和氨基酸类物质的利用；pH3.5 酸雨处理下接种外生菌根菌提高了土壤微生物对糖类、羧酸类和氨基酸类 3 种碳源的利用。双因子分析结果表明，酸雨和外生菌根菌对糖类的利用存在显著的交互影响，主要表现在未接种外生菌根菌时 pH 值 4.5 处理下糖类利用率显著低于对照处理，而接种外生菌根菌后 3 者之间没有显著差异；酸雨和外生菌根菌对羧酸类物质的利用也存在显著交互影响，未接种外生菌根菌时 pH 值 3.5 处理下土壤微生物对羧酸类物质的利用明显低于对照和 pH 值 4.5 处理，而接种外生菌根菌后 pH 值 3.5 处理下土壤微生物对羧酸类物质的利用显著高于对照，但与接种外生菌根菌的

pH 值 4.5 处理无显著差异；酸雨和外生菌根菌对氨基酸类物质的利用交互作用显著，未接种外生菌根菌时 pH4.5 和 pH3.5 显著降低土壤微生物对氨基酸类物质的利用，而接种外生菌根菌后 3 个酸处理下氨基酸类物质利用率没有差异。

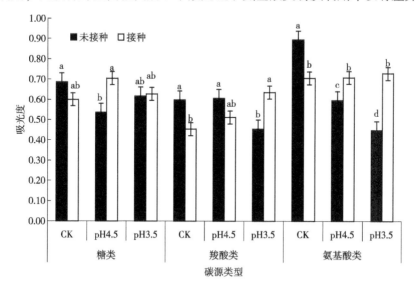

图 7-27　接种外生菌根菌对酸雨处理下土壤微生物主要碳源利用的影响

3.4.3.2　多样性指数和丰富度指数

未接种外生菌根菌的处理中，与对照处理相比，pH4.5 酸雨处理对土壤微生物多样性指数和丰富度指数没有显著影响，pH3.5 酸雨处理则显著降低了土壤微生物多样性指数和丰富度指数。对照处理和 pH4.5 处理下接种外生菌根菌对土壤微生物的多样性指数和丰富度指数没有影响。与对照处理相比，强酸处理（pH3.5）显著降低了土壤微生物的多样性指数和丰富度指数，但接种外生菌根菌后显著提高了 pH3.5 处理下土壤微生物的多样性指数和丰富度指数（表 7-15）。

酸雨处理和外生菌根对土壤微生物代谢多样性和丰富度指数都存在明显的交互作用。未接种外生菌根菌的不同酸雨处理下，强酸处理（pH3.5）下多样性指数和丰富度指数都显著低于对照处理和 pH4.5 处理；而接种外生菌根菌后不同酸处理下多样性指数和丰富度指数没有显著差异。

表 7-15　接种外生菌根对酸处理下马尾松幼苗土壤微生物多样性的影响

处理		香农-威纳多样性指数	丰富度指数
CK	未接种	1.39±0.00a	25.67±0.33a
	接种	1.36±0.00a	24.33±0.88a

（续）

处理		香农-威纳多样性指数	丰富度指数
pH4.5	未接种	1.39±0.01a	24.33±0.88a
	接种	1.38±0.01a	25.00±1.00a
pH3.5	未接种	1.31±0.03b	20.33±0.33b
	接种	1.37±0.00a	24.67±0.33a
酸处理		*	**
外生菌根		NS	NS
酸处理×外生菌根		**	**

3.4.3.3 碳源利用的主成分分析

主成分分析结果表明（表7-16，图7-28），酸雨胁迫下接种外生菌根菌后马尾松幼苗土壤微生物碳源利用的两个主成分分别解释了变异量的22.9%和17.8%，各处理间土壤微生物碳源利用方式在主成分1和主成分2上均存在显著差异（主成分1，$F=21.386$，$P<0.0001$；主成分2，$F=22.624$，$P<0.0001$）。这说明接种外生菌根菌后改变了酸雨胁迫下马尾松幼苗土壤微生物对碳源的利用方式。与主成分1显著相关的碳源共有13种，除3种氨基酸外，糖类、羧酸类、胺类、聚合物及其他物质各两种；与主成分2显著相关的碳源则较少，只有一种糖类、两种氨基酸和两种羧酸类物质。

表7-16 BIOLOG分析中与主成分1和主成分2显著相关的培养基

碳源编号	主成分1	r	碳源编号	主成分2	r
	糖类			糖类	
C2	I-赤藻糖醇	-0.515 *	G1	D-纤维二糖	0.745 **
H1	a-D-乳糖	0.766 **			
	羧酸类			羧酸类	
B3	D-半乳糖醛酸	0.551 *	B1	丙酮酸甲脂	-0.510 *
H3	D-苹果酸	0.758 **	E3	y-羟基丁酸	0.757 **
	氨基酸			氨基酸	
C4	L-苯基丙氨酸	0.616 **	E4	L-苏氨酸	0.591 **
D4	L-丝氨酸	-0.682 **	F4	甘氨酰-L-谷氨酸	0.522 *
F4	甘氨酰-L-谷氨酸	-0.734 **			
	胺类				

（续）

碳源编号	主成分1	r	碳源编号	主成分2	r
G4	苯乙基胺	0.586 *			
H4	腐胺	−0.519 *			
	其他				
C3	2-羟苯甲酸	−0.528 *			
D3	4-羟基苯甲酸	−0.495 *			
	聚合物				
D1	吐温80	−0.810 **			
E1	环式糊精	0.628 **			

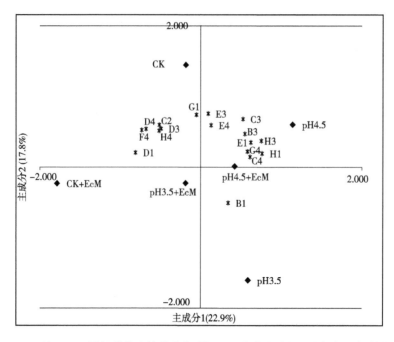

图7-28　不同处理下马尾松幼苗土壤微生物碳源利用主成分分析（图中碳源编号同表7-16）

　　注：pH3.5+EcM，pH3.5接种外生菌根真菌；pH4.5+EcM，pH4.5接种外生菌根真菌；CK+EcM，CK接种外生菌根真菌。

3.4.4　讨论

3.4.4.1　酸雨对马尾松生长的影响

　　酸雨对马尾松的生长在5月份表现出显著的抑制作用；而在7月份pH值

3.5 处理下马尾松生物量干重与对照没有明显差别，有向对照处理回归的趋势；但到了处理后期(9月份)则酸雨又明显地降低了马尾松生物量的干重。在研究酸雨对杜仲影响中也得到类似的结果，在处理时间 2 个月时酸雨降低杜仲的生物量及叶面积，到处理时间 4 个半月时各项指标有向对照回归的趋势，而到了 6 个半月时则酸雨对杜仲生物量及叶面积又表现出抑制作用(齐泽民和钟章成，2006)。由此可见，马尾松等植物在酸雨危害初期受害，但逆境锻炼使其抗逆能力增强而在试验中期恢复生长，但随着试验的继续进行酸雨对植物的伤害又会进一步加大。

关于酸雨对植物生物量分配的影响有着不同的报道结果：张治军等发现重庆酸雨区马尾松根系生物量比例较低，呈现出马尾松根系生物量有随着土壤酸化程度加剧而减少的趋势(张治军等，2008)；黄益宗等(2006)在模拟酸雨对马尾松和尾叶桉生长的影响中，酸雨降低两个树种的生物量，根系生物量以及根系生物量占的比例都降低；而他们在野外调查酸沉降对华南地区马尾松和尾叶桉生物量的影响中却发现在酸雨污染的区域其根系生物量占总生物量的比例要高于清洁区，也就是说酸雨污染促进了这两个树种对根系的生物量分配(黄益宗等，2007)；但大部分研究结果倾向于酸雨或 N 沉降抑制根系的生长，降低根冠比。产生这种现象的原因很多，与树种、酸雨作用时间、试验方式(盆栽或原位)以及受试树种的年龄等都有关。

叶面积是研究植物的一个重要指标，一般认为植物叶面积越大，越有利于植物进行光合作用，本研究中酸雨对马尾松幼苗叶面积的影响表现出先增加后降低的趋势。模拟酸雨对杜仲、马尾松和尾叶桉的叶面积也有抑制作用。在酸雨胁迫下，叶面积减少，直接导致光合作用的降低，从而导致生物量积累的减少。

酸雨可使土壤的理化性质发生改变，间接影响植物的生长，酸雨加速土壤矿物质如 Si、Mg 的风化、释放，使营养元素特别是 K、Na、Ca、Mg 等产生淋失，降低土壤中阳离子交换量和盐基饱和度，导致植物营养不良。酸雨还可以使土壤中的有毒有害元素活化，尤其是铝离子。随着硫、氮的输入，H^+ 置换了土壤中交换位上的盐基阳离子，导致土壤中 Ca^{2+}、Mg^{2+} 等盐基阳离子和营养元素的淋失，使植物长势衰退。本研究中酸雨处理降低了土壤有机质和有效氮含量，同时高浓度酸雨处理降低土壤阳离子交换量。酸雨通过改变土壤性质间接影响了植物对营养物质的吸收利用。氮通过影响植物叶片叶绿素、光合速率和暗反应的主要酶活性以及光呼吸强度等直接或间接影响作物光合作用。

关于土壤酸化对微生物过程的影响说法不一。有报道称模拟酸雨处理后土壤微生物活性有降低的、有升高的，也有不受影响的。处理时间长短是影响结果的关键因素。本研究结果显示，低浓度模拟酸雨处理后不仅刺激了土壤微生物活性

（AWCD），而且提高了土壤微生物的多样性指数和丰富度指数。低酸的刺激作用可归因于低浓度酸沉降的"施肥效应"，莫江明等（2004）在鼎湖山的研究中表明，外加氮处理促进了森林中马尾松针叶树种的生长，却抑制了阔叶树种的生长。李德军等（2004）在南亚热带森林所作的氮沉降模拟实验也证实，中氮处理则大大促进了幼苗生长。S、N是植物生长所必需的大量元素，酸雨中的S、N相当于进行了施肥，尤其是在较贫瘠土壤中，可以增加土壤肥力，进而增加植物生产力。另一方面，较低的pH值增加了土壤中养分的可利用性，有利于植物的生长。通过刺激植物生长可以增加根系分泌物的量，从而刺激了土壤微生物活性，同时适当的酸处理可以增加一些嗜酸微生物的生长，从而提高了土壤微生物的多样性和丰富度。

但酸雨的这种施肥效应也只是一个短期现象，因为可利用的离子将会减少，同时浓度高的酸雨会对植物产生抑制作用。李德军等（2004）在南亚热带森林所作的氮沉降模拟实验证实，高氮处理组的树木幼苗生长逐渐受到抑制，树苗的净光合速率随氮输入水平提高呈现先增加后减小的趋势。同样的，本研究中高浓度酸沉降处理后土壤微生物活性受到抑制、多样性和丰富度都降低。究其原因，是认为酸雨中的pH值是土壤中许多微生物生长的主要制约因素，因为大多数的细菌和放线菌生长在较窄的pH范围内，其最适pH范围在中性附近，在低pH值的范围时生长明显受到抑制；尽管真菌适合在微酸性环境中生长，但张德明等的研究表明酸雨的低pH值使一些分解有机碳和氮的真菌受到明显的遏制，从而导致活性降低、多样性减少。土壤微生物活性一个比较常用的指标是土壤呼吸，许多研究通过对土壤呼吸的考察来研究模拟酸雨对土壤微生物活性的影响。Vanhala等（1996）对松树和桦树经过8年的酸雨处理后发现，模拟酸雨降低了土壤呼吸，土壤呼吸降低是因为根系分泌物减少了，根际微生物依靠的是根系分泌物中的低分子化合物。根系分泌物改变影响了土壤呼吸，进而改变了植物营养状况。根系分泌物减少也许是由于光合作用能力的降低。同时植物生物量的降低可能导致进入腐殖质层的针叶凋落物减少，因而降低了微生物可利用的物质，从而降低了微生物活性。

碳源利用的主成分分析表明模拟酸沉降改变了马尾松幼苗土壤微生物的碳源代谢多样性，主要受影响的是糖类、羧酸类和氨基酸类物质。低浓度酸处理（pH5.5）同样刺激了土壤微生物对这3类物质的利用率，而中高浓度酸处理下土壤微生物对这3类物质的影响则发生了变化，有刺激、有抑制也有无影响的。目前利用Biolog技术研究酸雨对土壤微生物影响的比较少，仅有的几个研究也与本研究得到的结果不一致。Pennanen等（1998a）利用Biolog-GN技术发现酸处理只轻微地改变了细菌群落的碳源利用，但PLFA技术显示酸处理改变了土壤微生物的群落结构。Pennanen(1998b)在另一个研究中，Biolog 的 PCA 分析发现酸雨处理与对照没有产生分异，说明实验中细菌群落的碳源利用没有被酸处理改变。出现这种不同结果的原因是多方面的，与酸处理的时间、采用的树种不同、采集的土壤部位都有关。本研究中采用的是幼苗，而 Pennanen 的研究中采用的是成树，幼苗可能对外界环境胁迫更敏感，且不同树种对模拟酸雨的敏感性也不同。而且本研究采用的是盆栽实验，采集土壤时植物根系已经布满整个花盆，采集到的土壤可以近似地看作根际土壤，而 Pennanen 等的研究中采用的是表层腐殖质，而模拟酸雨主要是通过根系分泌物影响土壤微生物的，因此虽然本研究酸处理时间没有 Pennanen 等研究的处理时间长，但模拟酸雨对根际土壤微生物的影响已经表现出来了。

影响土壤微生物数量、结构和功能的因子众多，而土壤微生物在整个物质循环中扮演着重要的角色，酸雨如何影响土壤微生物是值得探讨的一个问题。每一种方法都存在着局限性和不确定性，为了更好地研究酸雨对土壤微生物的影响，应该运用不同的方法，如 PLFA、Biolog、分子技术，同时结合土壤呼吸、土壤酶活进行考察。

3.4.4.2 酸雨和外生菌根真菌对马尾松生长的影响

在低 pH 值处理下，外生菌根菌接种的苗木生物量要明显高于未接种的苗木，说明接种外生菌根真菌能有效地促进酸雨胁迫下马尾松的生物量积累。在铝胁迫下接种双色蜡蘑显著地促进了马尾松幼苗的生长，短短 3 个月内菌根苗的生物量比非菌根苗高出 50% 以上（辜夕容 et al.，2005）；在模拟氮沉降的研究中，接种外生菌根菌的落叶松苗（*Larix kaempferi*）明显提高了最大光合速率和生物量总重。本研究中，接种外生菌根菌对生物量的分配影响仅出现在 7 月份的样品中，在 pH 值 3.5 处理下菌根苗的根系生物量分配降低，根冠比降低。Taniguchi（2008）等分别研究了 7 种外生菌根对 N 沉降胁迫下落叶松的影响，发现 N 处理下接种某几种外生菌根菌（S. granulatus，Rhizopogon sp.，unidentified ECM fungus T01，Tomentella sp. 2 or Amanita sp）时显著地降低了根系的生长（Taniguchi et al.，2008）。酸雨胁迫下，叶面积减少，直接导致光合作用的降低，从而导致生物量积累的减少。接种外生菌根菌后，则抵消了低酸处理对叶面积的作用，在中后期菌根苗的叶面积显著地高于非菌根苗，则有利于植物在酸胁迫的环境中进行光合作用，保护了马尾松的生长。总体来说，酸处理下，接种外生菌根菌促进了马尾松幼苗的生长，提高了半比表面积，有利于植株的光合作用，提高生物量的积累。由此可见，在南方酸雨严重的区域，通过接种外生菌根菌来提高植株的抗逆性，促进植株生长，减轻酸雨危害是行之有效的一个重要途径。

3.4.4.3 酸雨和外生菌根真菌对土壤元素的影响

酸雨可使土壤的理化性质发生改变，间接影响植物的生长，酸雨加速土壤中矿物质如 Si、Mg 的风化、释放，使营养元素特别是 K、Na、Ca、Mg 等产生淋失，降低土壤中阳离子交换量和盐基饱和度，导致植物营养不良。酸雨还可以使土壤中的有毒有害元素活化，尤其是铝离子。随着硫、氮的输入，H^+ 置换了土壤中交换位上的盐基阳离子，导致土壤中 Ca^{2+}、Mg^{2+} 等盐基阳离子和营养元素的淋失，使植物长势衰退。本研究结果表明，在未接种外生菌根真菌的处理中，pH3.5 的强酸处理与对照酸处理相比显著降低了土壤的 pH 值、Ca、Fe、Mg、Mn 以及 CEC 的量。说明强酸处理已经对土壤理化性质产生了影响，但接种外生菌根真菌后可有效地缓解酸雨的副作用，主要表现在 pH3.5 处理下接种外生菌根真菌明显提高了土壤中交换性阳离子如 Ca、K、Mg 以及 CEC 的含量。Al 毒害是酸性土壤限制植物生长的最主要问题之一，在酸沉降影响下，Al 被活化，对植物根生长产生严重影响。研究发现 pH2.0 的模拟酸雨及铝离子对马尾松幼苗根的磷、氮吸收以及两共生生物之间的营养物质交换过程产生了影响，且铝离子在 pH 值低的情况下毒性作用更强（孔繁翔等，1999）。本研究中，未接种外生菌根 pH3.5 和 pH4.5 酸雨处理下土壤中可交换性 Al 的量明显高于对照处理，但接种外生菌根菌显著降低了土壤中可交换性 Al 的含量。辜夕容（2004）利用双色蜡蘑的三个株系分别感染受铝危害严重的马尾松幼苗，发现施加铝和接种外生菌根真菌均不影响马尾松根层交换性钾的含量，但铝明显降低交换性钙、镁的含量；与对照处理相比，接种外生菌根真菌显著提高了马尾松根层土壤交换性钙、镁的含量；外生菌根真菌细胞壁分泌的黏液、有机酸、氨基酸等物质不但能络合铝离子，同时也能络合钙离子、镁离子等阳离子，这一方面提高了这些离子的有效性，另一方面通过络合作用也防止了它们的流失，从而引起菌根苗木根层土壤的钙、镁等离子含量高于非菌根苗木根层。而且在辜夕容（2004）的研究中，双色蜡蘑 LbS238A 苗木根层土壤活性铝含量要低于非菌根苗木，其生长优于非菌根苗木，说明 LbS238A 苗木分泌的有机物质可能在根层与铝形成稳定的环状结构，使铝失活，降低了铝的毒性，属于体外解毒类，这与本研究中彩色豆马勃接种后的效果一致，接种彩色豆马勃后菌根苗木土壤中的交换性铝较非菌根苗木明显降低。

菌根真菌能够产生磷酸酶，使土壤中的不可给态磷转化为可给态磷，并以聚磷酸盐颗粒状态贮藏在菌丝的液泡内，以此供给寄主植物利用。辜夕容研究表明，与对照处理相比，接种外生菌根显著提高了苗木根层土壤有效氮和有效磷含量；在铝加入土壤中后导致磷的有效性下降，难溶性磷增多时，外生菌根分泌的草酸也随之增多，使难溶性磷溶解，有效磷增加（辜夕容，2004）。本研究中，未接种外生菌根菌的处理下，酸雨降低了速效 N 的含量，但对有机质、速效 P 和速效 K 影响不大；而相同酸处理下，菌根化苗木比非菌根化苗木土壤的有机质低，但提高了土壤速效 P 和速效 K 的含量。说明在铝毒害为主的酸化土壤中，外生菌根的存在可以提高土壤中可利用性 P 的含量，有助于植物对 P 的吸收利用。

3.4.4.3 酸雨和外生菌根真菌对植株营养的影响

酸雨对土壤性质的影响间接影响了植物对营养物质的吸收利用。N 对植物叶片叶绿素、光合速率和暗反应的主要酶活性的影响以及光呼吸强度等直接或间接影响作物光合作用。本研究中，未接种外生菌根菌的处理中，与对照处理的相比 pH3.5、pH4.5 酸雨处理均提高了植株叶片中的 N 元素含量。黄智勇（2007）对樟树（*Cinnamomum camphora*）的研究也发现，N 含量在 pH3.0、pH4.0、pH5.0 酸雨处理后均高于对照平均值。酸雨处理下植物 N 元素含量的增加一般用"施肥效应"来解释，模拟酸雨中含有 NO_3^-、NH_4^+，为植物提高了可利用的 N。P、K、Ca、Mg，对植物的生长有着重要作用。本研究中，未接种外生菌根菌的苗木经过酸雨处理后，马尾松幼苗叶片和根系中的 P、K、Ca 和 Mg 的含量均降低。番茄（*Lycopersicum esculentum*）、胡萝卜（*Daucus carota*）、棉花（*Gossypium hirsutum L.*）等植株在 pH4.6~2.8 的模拟酸雨胁迫下，K^+ 的外渗率明显提高。酸雨处理后樟树幼苗叶中矿质元素含量都受到一定程度的影响，N、P、Ca、Mg、Fe、Al、Cu、Mn、Ni 含量均较对照处理的有所增加；C、K、Zn 含量有所减少。黄益宗等（2006）发现，模拟酸雨导致尾叶桉（*Eucalyptus urophylla*）根、茎、叶中 P 质量分数提高，叶中 Mg 质量分数降低，pH5.0 和 pH4.0 处理时根、茎、叶 Ca 质量分数提高，其他元素如 N、K 质量分数差异不显著；马尾松除了根、茎、叶中 P 质量分数比对照处理的提高外，其他元素 N、K、Ca、Mg 质量分数几个处理间差异不显著。果树黄皮（*Clausena lansium*）叶中 N、P、K、Ca、Mg、Fe、Zn、Mn 等元素质量分数不随 pH 值变化而变化，而番石榴（*psidium guajave*）叶中的 N 质量分数随 pH 下降而增加，P、K、Ca、Mg、Mn、Fe、Zn 等元素质量分数随 pH 下降而减小。龙眼树（*euphoria longan*）在酸雨的作用下其叶、梢、芽中的营养元素 K、Mg、P、Fe、Zn、Mn 渗出，而吸收 H^+、Cl^- 等离子（陈志澄 et al.，2004）。导致以上不同结果发生的原因可能是由于酸雨导致土壤酸化改变有效离子组成或者有毒离子的释放增加从而影响植物的矿质营养代谢。

接种外生菌根真菌，可以提高马尾松在贫瘠土壤中的生存能力和抗铝性，是因为菌根分泌的有机酸可通过降低铝的化学活性来提高寄主植物的抗铝性，还可以促进土壤中难溶养分的溶解，促进植物对土壤养分的吸收（辜夕容，2004）。本研究中除对照酸处理外，模拟酸雨处理下接种外生菌根真菌的苗木叶片中的 P、K、Ca 和 Mg 含量都明显高于未接种外生菌根菌的幼苗，接种外生菌根真菌同样提高了马尾松根系中 N、P、K、Mg 的含量；且接种外生菌根真菌降低了马尾松幼苗根系中的 Al 含量。刘敏等（2007）的研究表明，给马尾松幼苗单独或混合接种彩色豆马勃（*Pisolithus tinctorius* 715）和模式种双色蜡蘑（*Laccaria bicolor* S238N）均能有效形成菌根，显著增加幼苗的生物量，促进幼苗对 N、P、K 的吸收并显著（$P<0.05$）提高抗铝性。试验中强酸处理混合接种时马尾松幼苗对 N、P 的吸收量高于中低酸处理混合接种，可能是因为酸度过大，活性铝的含量增大。在铝胁迫下菌根真菌分泌的有机酸一方面可以和铝络合形成稳定的结构从而降低了铝对植物的毒害，另一方面还可以促进土壤中难溶养分的溶解，促进植物对土壤养分的吸收。

3.4.4.4 酸雨和固体菌剂对土壤微生物代谢功能的影响

BIOLOG 代谢多样性类型与微生物群落组成相关，使得其对功能微生物群落变化较为敏感。BIOLOG 方法已广泛应用于评价土壤微生物群落的功能多样性：不同土地利用类型下的土壤；不同管理策略下的农业土壤；不同环境胁迫下的土壤，如酸雨胁迫、臭氧胁迫、重金属胁迫；接种菌根真菌的土壤。但利用 BIOLOG 评价酸沉降胁迫下接种外生菌根真菌后土壤微生物功能多样性的研究未见报道。

通过相同的实验，我们也研究了外生菌根真菌对酸雨处理下马尾松生长和营养吸收的影响，接种外生菌根真菌提高了强酸处理（pH3.5）下马尾松幼苗的生物量，有利于马尾松幼苗的生长，外生菌根真菌抵消了酸雨胁迫对马尾松生长的影响；且接种彩色豆马勃提高了酸雨处理下马尾松幼苗土壤 pH 值、交换性 Ca、Mg 和阳离子交换总量，菌根化幼苗土壤中交换性 Al 含量明显降低，提高了土壤对酸雨的缓冲能力；而且菌根化幼苗中植株叶片和根系中的 P、K、Mg 含量均高于未菌根化幼苗，提高植株对营养元素的吸收能力，有利于各元素之间的平衡。关于接种外生菌根菌对马尾松生长、营养、土壤质量的研究结果与本研究关于土壤微生物的研究结果是一致的。本研究试图用 BIOLOG 功能多样性来反映接种菌根真菌对酸雨胁迫下马尾松幼苗土壤细菌群落的影响，其中平均颜色变化率（AWCD）反映了土壤微生物利用碳源的整体能力及微生物活性；丰富度指数和多样性指数反映的是微生物利用碳源的数量及其功能多样性（代谢多样性）。酸雨中的 pH 值是土壤中许多微生物生长的主要制约因素，因为大多数的细菌和放线菌生长在较窄的 pH 范围内，其最适 pH 范围在中性附近，在处于低 pH 值的范围时生长明显受到抑制；尽管真菌适合在微酸性环境中生长，但张德明等（1998）的研究表明酸雨的低 pH 值使一些分解有机碳和氮的真菌受到明显的遏制，从而导致活性降低多样性减少。本研究结果也证实了强酸胁迫导致土壤微生物活性降低、多样性减少，但菌根真菌的存在缓解了酸雨的影响，这是因为菌根真菌提高了马尾松幼苗土壤交换性阳离子总量，提高了土壤对酸雨的缓冲能力，缓解了酸雨的抑制作用，使得土壤微生物活性有所恢复。在对照处理下接种外生菌根真菌降低了土壤微生物的活性以及对羧酸类、氨基酸类和糖类物质的利用。这可能是因为本研究中对照处理的 pH 值是 5.6，偏酸性，而一定程度的酸性降水可以刺激土壤中一些偏酸性的细菌活性，但接种外生菌根真菌中和了低酸降水（CK，pH5.6）对土壤的刺激作用。而在强酸胁迫下，接种外生菌根真菌能提高土壤微生物活性（AWCD），提高土壤微生物对羧酸类、氨基酸类和糖类物质的利用，同时提高代谢多样性，改变碳源利用结构。这应该是由于接种外生菌根菌后提高了强酸胁迫下马尾松幼苗土壤的 pH 值，提高了土壤中 P、K 含量，改善了土壤环境，有利于土壤微生物能更好地发挥其代谢功能，从而表现出较高的碳源利用率和代谢多样性。菌根真菌能通过改变根际土壤的 pH 值以及根际营养等方面来调节根际微生物的种群和数量，表现出较明显的根际效应；根际微生物又能通过自身的分泌物提高菌根真菌对寄主植物的侵染率，促进菌根的形成和生长。菌根可能通过改变 pH 值和分泌物的组分来改变根际微环境。

接种外生菌根真菌缓解了酸雨胁迫对土壤微生物的影响，有利于酸雨胁迫下土壤肥力的保持。可见，给树苗接种外生菌根真菌是缓解酸铝毒害的一种有效方法。

3.4.5 小结

（1）酸处理降低土壤 pH 值，接种彩色豆马勃固体菌剂改善了低酸处理下土壤的 pH 值。

（2）酸处理对土壤交换性 Al 和 Ca 没有明显影响，强酸处理显著降低土壤 CEC，但接种彩色豆马勃则降低了交换性 Al，同时显著增加了土壤中交换性 Ca 的量和土壤 CEC 的量，接种外生菌根菌可以增加土壤对酸化的缓冲能力。

（3）接种彩色豆马勃降低了叶片 N 含量，增加了 P、K、Ca、Mg 的含量，有利于植株叶片营养元素的积累和营养平衡。

（4）接种彩色豆马勃能提高酸雨处理下马尾松植株根系的 N、P、K、Mg 含量，而降低根系 Al 含量，接种外生菌根菌可以提高植株根系吸收营养的能力，同时降低根系 Al 毒害。

（5）接种外生菌根真菌缓解了酸雨胁迫对土壤微生物的影响，提高土壤微生物活性，提高丰富度和多样性，提高微生物对碳源的利用，有利于酸雨胁迫下土壤肥力的保持。

4 野外原位模拟酸雨和外生菌根对马尾松的影响

本研究采用原位试验的方法，考察了接种外生菌根菌对模拟酸雨胁迫下马尾松幼苗生长、养分元素以及根际土壤基本性质的影响。原位试验在湖南省长沙县完成，设置了 3 种不同 pH 的模拟酸雨强度，分别为 pH5.6（CK）、pH4.5，pH3.5，每个酸处理下设有接种外生菌根菌处理和未接种外生菌根菌处理，总共 6 个试验处理，每个处理设置 3 块样地，每块样地栽种 30 株马尾松幼苗。南方酸雨的类型为硫酸型酸雨，采用当地地下水逐步稀释配制模拟酸雨，用分析纯浓 H_2SO_4 和浓 HNO_3 配制成摩尔比为 4：1 的酸雨母液。然后将适量母液用地下水稀释成 pH 值分别为 3.5，4.5 和 5.6（CK）预定水平的酸雨供试液。

　　试验前土壤 pH 值为 6.16，有机质 20.28g/kg，总氮 0.13%，速效磷 28.59mg/kg，速效钾 31.5mg/kg，全磷 0.53g/kg，全钾 33.9g/kg。试验采用的外生菌根菌种为中国林业科学研究院林业研究所提供的彩色豆马勃固体菌剂，该菌剂原种彩色豆马勃菌株分离自四川马尾松林下。移栽马尾松幼苗时每课树苗接种 50ml 固体菌剂。同时将一部分固体菌剂在 121℃ 下高压灭菌，以杀死其中的外生菌根菌，而保留固体菌剂中其他固有成分，移栽幼苗时同样接种 50ml 已灭菌的固体菌剂。2 年生的马尾松幼苗由井冈山市三益森林苗圃有限公司提供，马尾松树苗于 2015 年 3 月移栽于样地中，并接种外生菌根菌剂。2015 年 4 月开始每周喷淋一次模拟酸雨，每次喷淋时用 20L 的喷雾器对叶片进行喷淋，每个处理的 3 块样地（90 株幼苗）喷淋一喷壶配置好的酸雨溶液，试验于 2017 年 7 月结束，试验期间共喷淋酸雨约 110 次。分别于 2015 年 11 月中旬、2016 年 11 月中旬、2017 年 7 月试验结束时采集样品，测定植物株高、直径，采集植物样品测定生物量、分析植物营养元素；分析土壤有机碳组分、土壤微生物多样性等指标。

4.1　采样分析

　　于 2015 年 11 月中旬采集样品，每个样地随机取 3 株植物进行采样并分析马尾松幼苗生长、养分元素。在每块样地上用内径为 34mm 的土钻取表层 20cm 土壤，每块样地取 3 钻土壤混合均匀，用于土壤基本性质的测定。

　　叶面积测定采用排水法测定，计算公式：

$$A = 2L\left(1 + \frac{\pi}{n}\right)\sqrt{Vn/\pi L}$$

式中：A 为叶面积；V 为针叶体积（排水法测定）；n 为每束针叶数；L 为针叶长度。

　　株高测定：测量植株根颈部到顶部之间的距离。

　　生物量测定：收获时用自来水把苗木根系冲洗干净，并用去离子水冲洗几遍，用滤纸吸干水分，按根、茎和叶分别统计两种树种的鲜质量。然后把样品放入 75℃ 的恒温干燥箱内烘干，统计干质量。

　　植物养分元素测定：植物样品按叶、茎、根分开收集，75℃ 烘干至恒质量，粉碎。植物 N 采用凯氏定氮法分析，植物 P、K、Al、Ca、Mg 采用等离子发射光谱法测定。

土壤交换性阳离子测定：采用等离子发射光谱法。

土壤养分的测定：有机质采用重铬酸钾氧化-外加热法测定；土壤可溶性氮采用碱解-扩散法测定；土壤有效磷和速效钾采用等离子发射光谱法测定；土壤铵态氮采用靛酚蓝比色法测定；土壤硝态氮采用镀铜镉还原-重氮化耦合比色法测定；土壤可溶性碳采用 TOC 仪进行测定。

利用 SPSS PASW Statistics 18 对叶面积、株高、生物量、土壤养分和植物养分进行双因素分析，考察外生菌根真菌、酸雨处理对马尾松幼苗的影响；同时对不同处理样品进行 ANOVA 分析，进一步分析外生菌根真菌和酸雨对马尾松生长的影响。

4.2 结果

4.2.1 生长

与对照处理相比，pH3.5 和 pH4.5 酸雨处理显著降低了非菌根苗的叶面积，接种外生菌根真菌增加了叶面积。酸雨和外生菌根真菌分别对马尾松幼苗叶面积有显著影响，且二者之间存在显著的交互作用。各个处理对马尾松幼苗株高均无显著影响。与对照处理相比，pH3.5 和 pH4.5 酸雨处理显著降低了非菌根苗的总生物量及各部位生物量(根、茎、叶)。接种外生菌根真菌显著提高了 pH4.5 酸雨处理的马尾松幼苗根、叶干重，pH3.5 酸雨处理的叶干重。酸雨对马尾松幼苗各部分生物量均有显著影响(除根外)，外生菌根真菌的影响均不显著，这二者之间的交互作用均显著(除茎外)。与对照处理相比，pH3.5 酸雨处理显著提高了非菌根苗的根冠比(表 7-17)。

4.2.2 针叶元素

与对照处理相比，pH4.5 酸雨处理显著提高了非菌根苗针叶中 N、P、Ca 含量，显著降低了 Mg 含量，pH3.5 酸雨处理显著提高了非菌根苗针叶中 P、Ca 含量。接种外生菌根真菌显著降低了 pH4.5 酸雨处理的马尾松幼苗针叶中 N、P 含量，而对 pH3.5 酸雨处理针叶中 N、P、K、Ca、Mg 均无显著变化。双因子方差分析结果表明，酸雨处理对马尾松幼苗针叶中 N、P、Ca 含量有显著影响，外生菌根真菌对马尾松幼苗针叶中 N、P、K、Ca、Mg 含量均无显著变化，酸雨处理和外生菌根真菌对马尾松幼苗针叶中 N、P 含量有显著的交互作用，说明外生菌根真菌的存在改变了酸雨处理对马尾松幼苗针叶中 N、P 含量的影响(图 7-29)。

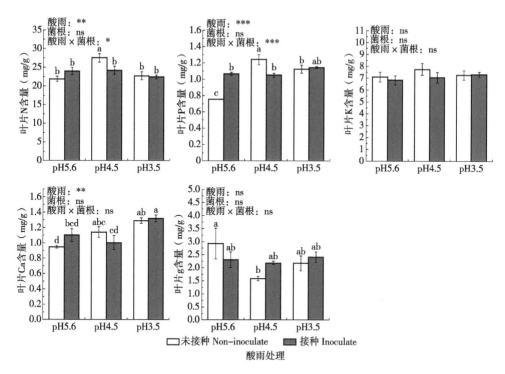

图 7-29　不同 pH 值酸雨处理下接种外生菌根真菌对马尾松幼苗针叶元素的影响

注：图中不同小写字母表示差异显著。下同。

4.2.3　根系元素

　　pH3.5 酸雨处理下的非菌根苗根系 N 含量最低，而接种外生菌根真菌显著提高了 N 含量。与对照处理相比，pH4.5 酸雨处理显著降低了非菌根苗根系 P 含量，而接种外生菌根真菌显著提高了根系 P 含量。马尾松幼苗根系 K 含量在不同处理间无显著变化。与对照处理相比，pH3.5 和 pH4.5 酸雨处理显著降低了非菌根苗根系中 Ca 含量，而接种外生菌根真菌显著提高了根系 Ca 含量。双因子方差分析结果表明，酸雨处理对马尾松幼苗根系中 P、Ca 含量有显著影响，外生菌根真菌对马尾松幼苗根系中各元素含量无显著影响(P 除外)，酸雨处理和外生菌根真菌对马尾松幼苗根系中 N、P、Ca 含量有显著的交互作用，说明外生菌根真菌的存在改变了酸雨处理对马尾松幼苗根系中 N、P、Ca 含量的影响(图 7-30)。

4.2.4　土壤养分

　　与对照处理相比，pH4.5 酸雨处理显著降低了非菌根苗土壤中速效磷含量，显著提高了可溶性氮和硝态氮含量，pH3.5 酸雨处理显著降低了非菌根苗土壤中

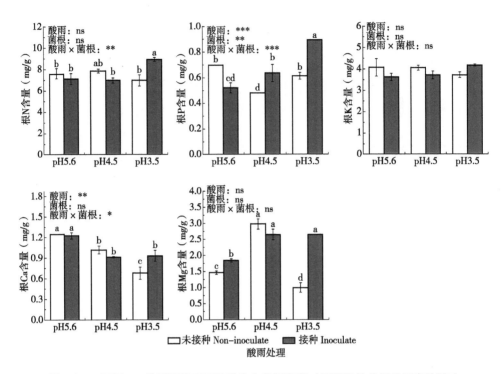

图 7-30　不同 pH 值酸雨处理下接种外生菌根真菌对马尾松幼苗根系元素的影响

所有测定的养分含量。接种外生菌根真菌显著提高了 pH3.5 酸雨处理的土壤中所有测定的养分含量(速效磷除外),但却显著降低了 pH4.5 酸雨处理的土壤中上述养分含量。除酸雨处理对土壤速效钾和可溶性碳无显著影响外,酸雨、外生菌根真菌均对上述指标影响显著,且酸雨和外生菌根真菌的交互作用对上述指标影响极显著(表 7-18)。

4.2.5　土壤交换性阳离子

根据双因子方差分析结果可知酸雨和外生菌根真菌对 CEC 均无显著影响,且二者之间的交互作用不显著。与对照处理相比,pH4.5 酸雨处理显著提高了非菌根苗土壤中 Na^+、Ca^{2+} 含量,pH3.5 酸雨处理显著提高了 Na^+、Mg^{2+} 含量。接种外生菌根真菌显著提高了 CK 处理土壤中 Na^+、Mg^{2+} 含量,显著降低了 K^+ 含量;显著提高了 pH4.5 酸雨处理的土壤中 Mg^{2+} 含量,显著降低了 Ca^{2+}、K^+ 含量;显著提高了 pH3.5 酸雨处理的土壤中 Na^+、K^+ 含量,显著降低了 Mg^{2+} 含量。双因子方差分析结果表明,酸雨处理对土壤中 Na^+、Mg^{2+} 含量有显著影响,外生菌根真菌对土壤中 Ca^{2+}、K^+、Na^+、Mg^{2+} 有显著影响,且酸雨和外生菌根真菌对以上 4 种阳离子存在显著的交互作用(表 7-19)。

表7-17 不同pH值酸雨处理下接种外生菌根真菌对马尾松幼苗生长的影响

酸处理	外生菌根真菌	叶面积(cm²)	株高(cm)	生物量干重(g)				根冠比
				总	根	茎	叶	
pH3.5	接种	190.40±9.50b	92.00±2.00	56.40±0.32c	8.02±0.51bc	22.03±1.08c	27.57±0.55b	0.162±0.010ab
	未接	177.80±12.43b	84.33±2.96	53.40±0.44c	7.98±0.19bc	23.66±1.67bc	23.25±1.72c	0.170±0.002a
pH4.5	接种	245.01±12.55a	86.33±5.36	58.16±1.89c	9.95±1.17ab	27.03±2.99bc	28.07±0.64b	0.180±0.014a
	未接	182.07±6.36b	85.00±2.89	57.97±0.28c	6.92±0.47c	28.45±1.15b	21.42±1.49c	0.138±0.007b
CK	接种	234.06±10.65a	92.67±2.67	79.54±4.06b	6.69±0.59c	42.08±3.13a	30.77±1.16b	0.092±0.004c
	未接	237.87±8.20a	97.00±6.24	94.90±4.02a	12.13±1.05a	42.30±0.89a	43.97±1.46a	0.141±0.013b
酸处理		***	ns	***	ns	***	***	***
外生菌根真菌		*	ns	ns	ns	ns	ns	ns
酸处理×外生菌根真菌		*	ns	**	***	ns	***	**

注：同列数值后不同字母表示差异达显著水平（$P<0.05$）；*** 表示在 0.001 水平下差异显著；** 表示在 0.01 水平下差异显著；* 表示在 0.05 水平下差异显著；ns 表示无显著差异。下同。

表7-18 不同pH值酸雨处理下接种外生菌根真菌对土壤养分的影响

酸处理	外生菌根真菌	有机质(g/kg)	速效磷(mg/kg)	速效钾(mg/kg)	可溶性碳(mg/kg)	可溶性氮(mg/kg)	NH_4-N(mg/kg)	NO_3-N(mg/kg)
pH3.5	接种	17.75±0.20b	9.00±0.31cd	193.33±6.36ab	523.61±21.52a	793.71±15.34b	7.92±0.58a	239.78±5.20b
	未接种	11.82±0.17d	6.00±0.20d	160.33±13.57c	419.81±6.64b	550.24±8.59e	1.97±0.15c	118.50±0.88d

（续）

酸处理	外生菌根真菌	有机质（g/kg）	速效磷（mg/kg）	速效钾（mg/kg）	可溶性碳（mg/kg）	可溶性氮（mg/kg）	NH_4-N（mg/kg）	NO_3-N（mg/kg）
pH4.5	接种	13.23±0.60c	9.83±1.54bc	163.67±5.24c	425.98±8.57b	624.90±10.36d	3.73±0.11b	153.78±5.54c
	未接种	19.94±0.60a	11.83±1.19b	205.33±12.17a	554.88±13.22a	893.05±8.59a	3.98±0.39b	275.33±4.08a
CK	接种	13.06±0.27cd	7.03±0.28d	169.33±0.67bc	444.58±13.96b	451.41±9.34f	1.84±0.22c	56.26±3.35e
	未接种	20.50±0.20a	14.45±0.46a	207.67±2.60a	562.45±19.81a	722.04±18.80c	3.58±0.32b	180.32±26.02c
酸处理		***	**	NS	NS	***	***	***
外生菌根真菌		***	**	*	**	**	***	***
酸处理×外生菌根真菌		***	***	***	***	***	***	***

表7-19 不同 pH 值酸雨处理下接种外生菌根真菌对土壤阳离子的影响

cmol/kg

酸处理	外生菌根真菌	K	Na	Ca	Mg	CEC
pH3.5	接种	0.93±0.08a	1.00±0.12a	6.42±0.24b	0.42±0.03d	7.08±0.98
	未接种	0.72±0.15bc	0.75±0.06b	5.57±0.28bcd	0.90±0.03b	7.69±0.08
pH4.5	接种	0.58±0.05c	0.67±0.04bc	4.42±0.13d	1.25±0.06a	8.54±0.43
	未接种	0.92±0.07a	0.74±0.04b	8.22±1.68a	0.44±0.02d	8.49±0.41
CK	接种	0.65±0.03c	0.73±0.06b	4.95±0.17cd	0.57±0.01c	8.30±1.35
	未接种	0.82±0.08ab	0.60±0.02c	5.76±0.53bc	0.39±0.02d	7.76±0.77
酸处理		ns	***	ns	***	ns
外生菌根真菌		*	**	**	***	ns
酸处理×外生菌根真菌		*	**	**	***	ns

4.3　讨论

叶面积是研究植物方面的一个重要指标，通常认为植物叶面积越大，越有利于植物进行光合作用，本研究中非菌根苗的叶面积随酸雨处理的 pH 降低而逐渐减小。齐泽民和钟章成（2006）的研究也表明了 pH3.5~2.5 酸雨处理减小了杜仲幼苗叶面积。叶面积的减小会降低植株的光合作用，从而影响生物量的积累。在本研究中接种外生菌根真菌可有效缓解酸雨对马尾松幼苗叶面积的不利影响。酸雨对植物的影响最终将反映到生长上，植物各部分的生物量是植物生长的重要指标。黄益宗等（2006）的研究表明，pH5、pH4、pH3 酸雨处理 4 个月后导致尾叶桉幼苗生物量分别降低 10.79%、19.21% 和 27.25%，马尾松幼苗生物量分别降低 12.78%、22.98% 和 28.70%。接种双色蜡蘑后可有效缓解铝对马尾松幼苗生物量的负作用，使生物量高 50% 以上（辜夕容等，2005）。本研究结果表明，酸雨处理显著降低了马尾松幼苗总生物量及各部位生物量（根、茎、叶），接种外生菌根真菌可在一定程度上缓解酸雨的不利影响。黄益宗（2007）在野外试验中发现，酸雨污染区域的马尾松和尾叶桉根系生物量占总生物量的比例要高于清洁区。这与本研究中 pH3.5 酸雨处理的马尾松幼苗根冠比变化趋势相同。造成这种现象的原因一方面可能是酸雨对地上部分的影响大于根系，另一方面可能是为了获取更多的养分，土壤酸化贫瘠刺激了根系的生长，从而抵消了部分负效应。

酸雨会影响植物对养分元素的吸收利用，且对植物不同组织的养分元素影响不同。N、P 是植物体中众多重要化合物的组成成分，在植物的生长过程中发挥着重要的作用。本研究中，pH3.5 和 pH4.5 酸雨处理均提高了针叶中的 N、P 含量。出现该结果的原因一方面可能是含有硝酸成分的酸雨对苗木产生了"N 肥效应"，另一方面可能是酸雨刺激了植物根系分泌有机酸，而有机酸促进土壤中难溶养分的溶解，从而促进植物对土壤养分的吸收利用。K，Ca，Mg 是土壤和植物中重要的养分元素。本研究结果表明，在马尾松幼苗针叶中，pH4.5 和 pH3.5 酸雨处理的 Ca 含量显著升高，pH4.5 酸雨处理的 Mg 含量显著降低；在马尾松幼苗根系中，pH4.5 酸雨处理显著降低了 Ca 含量，提高了 Mg 含量，pH3.5 酸雨处理显著降低了 Ca、Mg 含量。田大伦等（2007）对樟树幼苗的研究表明，酸雨处理提高了叶片中 N、P、Ca、Mg 含量，降低了叶片中 K 含量。黄益宗等（2006）对尾叶桉幼苗的研究表明，酸雨处理提高了根、茎、叶中 P、Ca 含量，降低了叶中 Mg 含量，对 N、K 含量影响不显著；造成酸雨对植物不同组织中养分元素的不同影响的原因可能是酸雨改变了土壤中的矿质元素，进而影响了植物的养分元素代谢。

接种外生菌根真菌有利于根系对养分元素的吸收，可显著提高植物体内养分元素的含量。王艺和丁贵杰(2013)对马尾松幼苗的研究表明，接种外生菌可提高植株对 K、P 的吸收能力，而对 N 的吸收能力无显著影响；外生菌根真菌也可以提高马尾松幼苗对干旱胁迫的抵抗力，促进植株对 N、P、K 的吸收。接种外生菌根真菌可降低植物根际土壤中活性铝的含量，且改善铝胁迫下苗木的生长，原因可能是外生菌根真菌的分泌物与铝形成稳定的结构，从而降低铝的活性(辜夕容，2004)。本研究中，接种外生菌根真菌显著提高了 pH3.5 酸雨处理的马尾松幼苗根系中 N、P、Ca、Mg 含量，而对马尾松幼苗针叶中上述元素含量无显著影响。我们对马尾松幼苗的盆栽试验与本研究相同的是接种外生菌根真菌同样提高了马尾松根系中 N、P、K、Mg 的含量(见第 3 节)。总之，外生菌根真菌可在宿主植物根系上形成复杂庞大的菌丝群，这样可促进植株对土壤中矿质元素的吸收。

酸雨可造成土壤的 pH 值降低，导致营养阳离子析出、营养阴离子增加、养分物质的含量发生变化，长时间的酸雨淋洗会造成土壤的养分贫瘠。土壤中的 N 部分来源于固氮微生物的生物固氮作用，此类微生物一般适合在中性环境中活动，在酸雨的影响下，固氮活性会降低，甚至停止。而这可能是本研究中 pH3.5 酸雨处理下土壤中可溶性氮、铵态氮、硝态氮含量降低的原因。接种外生菌根真菌可显著提高 pH3.5 酸雨处理的土壤中上述氮含量，原因可能是外生菌根真菌在一定程度上缓解了酸雨对土壤 pH 的不利影响。本研究中，pH3.5 酸雨处理显著降低了土壤中有机质和可溶性碳的含量。其原因可能是酸雨活化了土壤中的有毒金属(铝、锰、铁等)，这些有毒金属对土壤中的微生物产生了抑制作用，进而降低了可溶性碳和有机质的积累。而菌根菌丝体分泌的有机酸可与土壤中的有毒金属产生络合作用，从而达到缓解或者降低金属毒性的作用。

酸雨淋溶下，土壤通过释放盐基离子以中和土壤溶液中的酸度，但随着酸雨淋溶的持续，土壤中阳离子交换量和盐基饱和度会降低，造成盐基离子 K、Na、Ca、Mg 等淋失。张俊平采用室内淋溶的方法研究了模拟酸雨对果园土壤可交换性 K、Na、Ca、Mg 的影响，发现上述指标随着酸雨淋溶液 pH 的降低而降低(张俊平 et al.，2007)。在本研究中，pH3.5 酸雨处理降低了土壤中的 Ca^{2+}、K^+ 含量，但不显著，这说明酸雨已经对土壤中的部分盐基离子的含量产生了一定的影响，接种外生菌根真菌缓解了这种不利影响，主要表现为接种外生菌根真菌提高了 pH3.5 酸雨处理的 Ca^{2+}、K^+ 的含量。我们对马尾松幼苗的盆栽试验也发现，接种外生菌根真菌明显提高了酸雨处理下土壤中交换性阳离子的含量，如 Ca^{2+}、K^+、Mg^{2+}(见第 3 节)。本研究结果显示，pH3.5 酸雨处理提高了 Na^+、Mg^{2+} 的含量，pH4.5 酸雨处理提高了 Na^+、Ca^{2+} 的含量。造成这种结果的原因，一方面可能是土壤胶体对这部分盐基离子的吸附，另一方面可能是土壤中某些矿物经酸雨淋溶后发生了一定程度的风化，导致相应的盐基离子释放，其中一部分随淋溶液流失，而另一部分被土壤胶体吸附，使得部分土壤盐基离子含量在短期内相对增加，用以维持土壤的缓冲能力。

本研究中，pH3.5酸雨(强酸雨)处理对土壤养分产生了不利影响，具体表现为土壤中有机质、速效磷、速效钾、可溶性碳、可溶性氮、铵态氮、硝态氮的含量降低。酸雨的直接淋洗和对土壤理化性质的改变分别是酸雨对植物的直接影响和间接影响。在这两种因素的共同作用下，马尾松各部分养分元素的正常代谢受到了扰乱，最终影响到植株的生长。酸雨胁迫下，接种外生菌根真菌可有效改善土壤养分，提高马尾松根系中养分元素的含量，进而促进了马尾松幼苗的生长。因此，在酸雨危害严重的区域，接种外生菌根真菌可作为改善马尾松生长的一个有效的途径，为制定马尾松在酸雨严重区域的适应对策提供了科学依据。

4.4　小结

(1)强酸雨处理降低了土壤中有机质、速效磷、速效钾、可溶性碳、可溶性氮、铵态氮、硝态氮含量，接种外生菌根真菌可明显改善强酸雨处理的土壤中上述指标。

(2)酸雨处理抑制了马尾松幼苗的生长，具体表现为叶面积的减小和生物量的降低，接种外生菌根真菌可有效缓解酸雨处理对马尾松幼苗生长的不利影响。

(3)接种外生菌根真菌提高了强酸雨处理的马尾松幼苗根系中N、P、Ca、Mg含量，而对马尾松幼苗针叶中N、P、Ca、Mg含量无影响。

(4)接种外生菌根真菌在一定程度上可以缓解酸雨胁迫对马尾松幼苗生长、养分元素以及土壤的不利影响。

5　酸雨胁迫下接种外生菌根真菌对马尾松土壤养分及有机碳的影响

5.1　采样及分析

试验结束后在每块样地上用内径为34mm的土钻取表层20cm土壤，每块样地取3钻土壤混合均匀，用于土壤营养元素及有机碳组分的测定。

土壤养分的测定：土壤可溶性氮采用碱解-扩散法测定；土壤有效磷和速效钾采用等离子发射光谱法测定；土壤铵态氮采用靛酚蓝比色法测定；土壤硝态氮采用镀铜镉还原-重氮化耦合比色法测定。

土壤团聚体有机碳测定：用湿筛法将风干过2mm筛的土壤分成<0.053mm，0.053~0.25mm，0.25~2mm 3个级别的团聚体。将各级团聚体转移至铝盒中

60℃烘干，测定各级团聚体重量，并测定各级团聚体有机碳含量。土壤轻组（light fraction，LF）和重组（heavy fraction，HF）有机碳测定参考 Six 等（Six et al.，1998）的方法。

数据处理：

供试土壤各粒级团聚体的质量百分含量的计算公式如下：

各粒级团聚体质量百分含量=（各处理中该团聚体质量/各处理土壤样品总质量）×100%

利用 SPSS PASW Statistics 18 对植物各营养元素含量及土壤各组分有机碳进行双因素分析，考察模拟酸雨和接种外生菌根真菌处理对马尾松土壤营养元素及有机碳的影响；同时采用单因素方差分析（one-way ANOVA）和最小显著差异法（LSD）对不同数据组间进行差异显著性比较。

5.2 结果

5.2.1 酸雨和外生菌根真菌对有机碳输入的影响

在酸雨喷淋实验进行了两年的 2016 年 11 月中旬用收获法采集植株，分别测定植株各个器官的 C、N 以及纤维素和木质素等含量。

pH3.5 酸雨处理降低叶片有机碳含量，但酸雨和菌根接种对茎和根的有机碳含量没有影响；与 pH5.6 对照处理，pH4.5 酸雨处理显著提高了植株茎的氮含量，根系氮含量虽没有达到显著水平但也有所提高，pH3.5 处理则比 pH4.5 显著降低茎和根的全氮含量，但与 pH5.6 对照处理没有差异。双因子方差分析表明酸雨对叶片碳含量影响显著，菌根真菌接种对根系全氮含量影响显著，两者对茎全氮含量有显著交互作用（表 7-20）。

酸雨和外生菌根真菌对马尾松纤维素和木质素的影响不大（表 7-21），只有 pH3.5 酸雨处理以及 pH3.5 接种处理较对照处理显著降低了叶片纤维素含量；pH3.5 接种处理较对照处理和 pH3.5 未接种处理显著降低木质素含量；双因素分析表明酸雨对叶片纤维素含量影响显著，外生菌根对叶片木质素含量影响显著，但两者均无交互作用。

5.2.2 酸雨和外生菌根真菌对土壤养分的影响

由表 7-22 可知，同对照处理相比 pH3.5 酸雨处理显著降低所有测定养分的含量（除全钾含量外），而 pH4.5 则对土壤速效钾、速效磷含量有显著提高作用；在 pH3.5 酸雨处理条件下接种外生菌根真菌显著提高了土壤中所有测定养分的含量（除全钾外），这表明二者对土壤营养元素的交互作用显著。对于 pH5.6 及 pH4.5 酸雨处理而言，接种外生菌根不仅未对所测定养分含量有显著提升，有些

表 7-20 酸雨和外生菌根对植株碳氮的影响

酸雨处理	外生菌根	有机碳			全氮		
		叶	茎	根	叶	茎	根
pH3.5	接种	488.21±5.02ab	485.53±14.36	489.89±16.31	16.63±0.87	5.00±0.49ab	5.10±0.29bc
pH3.5	未接种	483.48±3.34b	515.93±15.74	478.21±4.44	17.85±1.03	4.56±0.32b	4.81±0.18c
pH4.5	接种	493.50±8.72ab	495.66±1.62	490.98±2.42	17.13±0.57	4.43±0.30b	5.56±0.24abc
pH4.5	未接种	503.61±5.36a	498.31±2.08	489.66±3.64	16.35±0.66	6.14±0.65a	6.48±0.50a
pH5.6	接种	505.21±2.28a	510.23±5.19	487.97±2.77	17.46±0.46	4.56±0.26b	6.00±0.60ab
pH5.6	未接种	500.83±8.96ab	490.75±11.90	483.15±2.62	17.77±1.99	4.46±0.13b	5.62±0.19abc
酸处理		*	ns	ns	ns	ns	ns
外生菌根菌		ns	ns	ns	ns	ns	*
酸处理×外生菌根菌		ns	ns	ns	ns	*	ns

表 7-21 不同 pH 值酸雨处理下接种外生菌根菌对植株纤维素和木质素的影响

酸雨处理	外生菌根	纤维素			木质素		
		叶	茎	根	叶	茎	根
pH3.5	接种	19.99±0.05c	30.31±1.88	31.74±2.81	14.36±0.95b	25.90±1.58	19.43±1.94
pH3.5	未接种	20.08±0.89bc	33.47±0.82	34.11±2.28	16.86±1.11a	25.07±0.57	21.79±2.55
pH4.5	接种	21.27±0.66abc	33.02±0.40	33.77±1.02	15.19±0.87ab	30.30±6.22	21.76±0.45
pH4.5	未接种	21.93±0.41ab	31.11±0.19	32.42±1.38	15.73±0.34ab	25.33±0.56	20.61±0.44

（续）

处理			纤维素		木质素		
pH5.6	接种	22.38±0.69a	26.55±5.90	33.81±1.35	15.47±0.39ab	23.02±1.02	21.34±0.35
	未接种	22.78±0.60a	33.98±1.02	34.96±1.02	17.37±0.63a	25.10±1.08	21.72±0.64
酸处理		*	ns	ns	ns	ns	ns
外生菌根菌		ns	ns	ns	*	ns	ns
酸处理×外生菌根菌		ns	ns	ns	ns	ns	ns

表 7-22　酸雨和外生菌根真菌对土壤主要营养元素及有机碳含量的影响

处理		速效钾 (mg/kg)	全钾 (g/kg)	速效磷 (mg/kg)	全磷 (g/kg)	NH_4^--N (mg/kg)	NO_3-N (mg/kg)	总氮含量 (g/kg)	有机碳含量 (g/kg)
pH5.6	未接种	244.67±2.31b	19.37±0.52a	13.29±0.31b	0.45±0.02a	12.80±2.34a	879.68±59.11a	43.7±0.1a	10.33±0.84a
	接种	200.00±8.00c	19.71±0.21a	9.52±0.20d	0.39±0.00b	4.06±2.15bc	227.35±76.91b	30.1±0.0b	8.00±0.19b
pH4.5	未接种	259.33±2.89a	19.27±0.28a	15.58±0.73a	0.46±0.01a	7.38±3.15ab	708.19±148.09a	41.3±0.0	10.21±0.96a
	接种	175.00±7.00c	18.87±0.93a	11.74±0.53c	0.38b	8.42±4.16ab	367.89±40.12b	25.4±0.0c	7.54±0.01b
pH3.5	未接种	127.67±5.03d	18.97±0.42a	6.02±0.31e	0.24±0.00c	1.50±2.59c	88.54±10.94c	15.1±0.0d	3.16±0.25c
	接种	211.00±12.29c	17.38±0.26b	14.1±1.31b	0.45±0.02a	9.22±3.48ab	344.47±69.05b	41.5±0.0a	11.18±0.30a
酸处理		***	ns	***	***	**	***	***	***
外生菌根真菌		**	*	ns	**	ns	***	**	***
酸处理×外生菌根真菌		***	*	***	***	**	***	***	***

注：同列数值后不同字母表示差异达显著水平（$P<0.05$），*** 在 0.001 水平下差异显著；** 在 0.01 水平下差异显著；* 在 0.05 水平下差异显著；ns：无显著性差异。

甚至起到了抑制作用,如 pH5.6 接种处理组中铵态氮、硝态氮及速效 P、速效钾含量较对照组显著下降(表 7-22)。

5.2.3 酸雨和外生菌根真菌对土壤有机碳的影响

与 pH5.6 相比,pH4.5 酸雨处理条件对土壤有机碳影响并不显著(表 7-22,图 7-31),经过两年的 pH3.5 酸雨处理,土壤有机碳与 pH5.6 和 pH4.5 处理相比显著降低了 69.42% 和 69.07%。对于 pH3.5 酸雨处理的马尾松树苗,接种外生菌根真菌明显提高了土壤有机碳含量,恢复至对照处理(pH5.6)水平,但对于 pH4.5 和 pH5.6 处理组影响并不显著。根据双因素方差分析可知,酸雨和外生菌根真菌对土壤有机碳含量有显著的交互作用,说明接种外生菌根真菌缓解了酸雨对土壤有机碳含量的影响。研究发现,与 pH5.6 处理相比 pH4.5 处理降低土壤 $\delta^{13}C$ 值,而 pH3.5 处理则提高了 $\delta^{13}C$ 值(图 7-31);而接种外生菌根真菌则抵消了酸雨对 $\delta^{13}C$ 值的影响。此外,通过对土壤 $\delta^{13}C$ 值与有机碳含量的分析,发现二者间呈显著负相关,其相关系数达 0.914($P<0.01$)(图 7-32)。

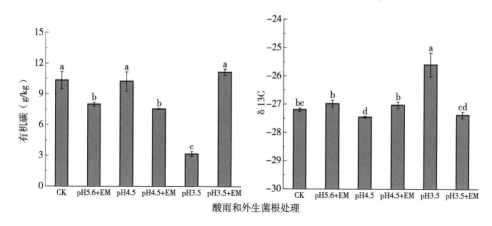

图 7-31 酸雨和外生菌根对土壤有机碳含量和 $\delta^{13}C$ 值的影响

5.2.4 酸雨和外生菌根真菌对土壤团聚体的影响

由表 7-23 可知,3 种粒级的土壤团聚体中,小于 0.053mm 的团聚体含量最少,占总量的 4.21% ~18.50%;0.053 ~0.25mm 和 0.25 ~2mm 的团聚体含量分别为 28.12% ~49.56% 以及 39.46% ~65.99%。经过两年的 pH3.5 酸雨处理后,小于 0.053mm 团聚体相对含量相较于对照处理显著提高,pH4.5 的酸雨处理后小于 0.053mm 团聚体相对含量相比对照处理差异不大;外生菌根真菌对小于 0.053mm 团聚体相对含量的影响只体现在 pH4.5 接种比未接种处理显著提高该粒级团聚体相对含量;无论是酸雨还是外生菌根真菌,以及酸雨和外生菌根真菌

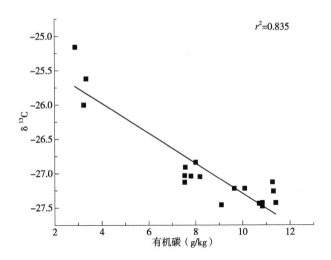

图 7-32　土壤中 $\delta^{13}C$ 值与有机碳含量相关关系

的交互作用对小于 0.053mm 团聚体相对含量的影响都是极显著的。pH4.5 和
pH3.5 处理后，0.053～0.25mm 团聚体相对含量与对照处理相比分别提高了
32.59% 和 34.66%，而接种外生菌根真菌对酸雨处理后土壤中的 0.053～0.25mm
团聚体相对含量没有明显影响；但 pH5.6 接种处理与未接种相比该粒级团聚体相
对含量显著提高。pH4.5 和 pH3.5 处理后，0.25～2mm 团聚体相对含量比 CK 处
理分别降低 18.44% 和 31.10%，但该两种处理条件下接种外生菌根真菌对
0.25～2mm 团聚体相对含量并未产生明显影响，而 pH5.6 接种显著处理降低了
该粒级团聚体相对含量。

表 7-23　酸雨和外生菌根真菌对土壤团聚体的影响

处理		小于 0.053mm		0.053～0.25mm		0.25～2mm	
		相对含量 （%）	有机碳含量 （g/kg）	相对含量 （%）	有机碳含量 （g/kg）	相对含量 （%）	有机碳含量 （g/kg）
pH5.6	未接种	7.77±1.93d	0.85±0.03b	31.78±2.86b	3.37±0.34b	60.45±3.37a	5.40±0.32a
	接种	10.14±0.53cd	0.86±0.05b	39.52±1.79a	3.37±0.16b	50.34±1.29b	3.36±0.12bc
pH4.5	未接种	8.57±1.12d	0.98±0.14b	42.13±2.82a	4.69±0.30a	49.30±1.91b	3.80±0.25b
	接种	16.8±1.18a	1.04±0.13b	38.44±2.83ab	3.04±0.16b	44.71±2.18bc	2.81±0.03d
pH3.5	未接种	15.56±0.51ab	0.56±0.07c	42.79±1.74a	1.50±0.21c	41.65±1.23c	1.10±0.02e
	接种	13.22±0.74bc	1.64±0.05a	44.56±1.28a	5.14±0.05a	42.22±0.62c	3.13±0.06cd
酸处理		**	ns	*	ns	***	***
外生菌根真菌		*	**	ns	**	*	*
酸处理×外生菌根真菌		**	**	ns	***	ns	***

5.2.5 酸雨和外生菌根真菌对土壤团聚体有机碳的影响

3种粒级的土壤团聚体中,小于0.053mm团聚体有机碳含量最少,pH3.5酸雨处理与pH4.5和CK相比该粒级团聚体有机碳含量显著降低(表7-23),但接种外生菌根明显缓解了pH3.5酸雨处理对该粒级土壤团聚体有机碳含量的抑制作用,表现为小于0.053mm的团聚体有机碳含量在pH3.5+EM处理下较pH3.5酸雨处理提高了近3倍;而在pH4.5、pH5.6条件下并未出现显著变化。与CK相比,0.053~0.25mm团聚体有机碳含量在pH3.5处理下显著降低;pH4.5处理下接种外生菌根真菌降低了0.053~0.25mm团聚体有机碳含量,而pH3.5+EM处理下0.053~0.25mm团聚体有机碳含量明显高于pH3.5处理,而且也显著高于CK处理。未接种外生菌根真菌处理中,0.25~2mm团聚体有机碳含量随酸雨pH值下降而降低;在pH5.6及pH4.5处理中,接种外生菌根真菌显著降低了0.25~2mm团聚体有机碳含量,而pH3.5处理条件下,接种外生菌根真菌显著提高了0.25~2mm团聚体有机碳含量。

5.2.6 酸雨和外生菌根真菌对土壤轻组重组有机碳的影响

土壤轻组有机碳含量远低于土壤重组有机碳(图7-33)。与CK和pH4.5处

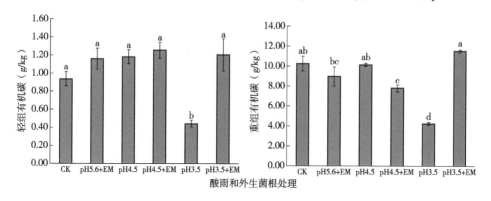

图7-33 酸雨和外生菌根对土壤轻组重组有机碳的影响

注:CK表示pH5.6未接种;pH5.6+EM表示pH5.6接种;pH4.5表示pH4.5未接种;pH4.5+EM表示pH4.5接种;pH3.5表示pH3.5未接种;pH3.5+EM表示pH3.5接种。

理相比,pH3.5处理显著降低了马尾松幼苗土壤的轻组有机碳含量,但pH3.5接种处理下轻组有机碳含量水平与对照处理持平;而pH5.6接种和pH4.5接种与对应的未接种外生菌根真菌处理相比轻组有机碳含量没有变化。酸雨和外生菌根真菌对重组有机碳的影响与轻组有机碳类似,pH3.5处理与CK和pH4.5处理相比显著降低了重组有机碳含量,接种外生菌根真菌显著提高土壤重组有机碳含

量；pH5.6 接种与 CK 处理相比对重组有机碳没有影响，而 pH4.5 接种处理后重组有机碳较 pH4.5 处理明显减少。

5.3　讨论

　　酸雨对土壤养分特征的研究工作已大量开展，不少研究表明酸沉降会导致土壤酸化，从而加速土壤有机质淋溶，使得土壤养分流失。本研究中，相比于对照组（pH5.6）处理，pH3.5 和 pH4.5 酸雨处理显著降低了土壤中铵态氮和硝态氮含量，这可能是由于固氮微生物在酸雨的影响下固氮活性下降所致。一些研究发现，模拟酸雨显著增加了土壤中全氮、铵态氮及硝态氮含量，其原因可能是酸雨淋溶会促进土壤中有机态氮向有效态氮转化，也可能是酸雨中 NO_3^- 增加了土壤的氮含量。而接种外生菌根则大大缓解了酸雨对土壤氮素含量的降低作用，这可能是因为在无机氮水平较低时，外生菌根真菌可以产生胞外酶促进复杂有机质分解，促进土壤中的有机氮分解转化，缓解自身及植物受到的养分限制。这种缓解作用同样体现在土壤速效磷，本研究中，pH3.5 酸雨处理显著降低了土壤速效磷和全磷含量，pH4.5 酸雨处理却使土壤速效磷含量有显著提高，这是因为一定强度酸雨胁迫能促进溶磷微生物和磷酸酶活性，而当高强度酸雨胁迫时土壤微生物活动逐渐受到抑制；土壤接种外生菌根显著提高了土壤速效磷含量，目前主流观点认为外生菌根真菌分泌的有机酸，如苹果酸、柠檬酸等，能与土壤中铁、铝磷酸盐及闭蓄态磷酸盐中的 Fe^{3+} 和 Al^{3+} 发生络合反应，使土壤中不溶性的磷酸盐进入土壤溶液中。pH3.5 酸雨处理同样显著降低了土壤中速效钾含量，而在 pH4.5 酸雨处理下，土壤速效钾含量显著提高，这可能是由于强酸（pH3.5）的淋溶作用导致 K^+ 大量流失，而在 pH4.5 酸雨处理下，从含钾矿物中析出的 K^+ 被土壤胶体吸附；接种外生菌根真菌显著提高了速效钾含量，其机理与提高速效磷含量类似，外生菌根真菌释放的有机酸能够与土壤含钾矿物晶格中的铁、铝等离子发生络合反应，活化土壤中的无效钾，提升土壤 K^+ 含量。

　　土壤是陆地生态系统中最大的碳库，是地球碳循环的重要组成部分；目前，有关酸雨对森林土壤有机碳影响的研究较少，而在酸雨胁迫下外生菌根真菌对土壤有机碳影响的研究更是未见报道。本研究发现，在经过 20 个月的模拟酸雨处理后，pH3.5 酸雨处理与对照处理相比显著降低了土壤有机碳含量，但 pH4.5 处理下土壤有机碳没有受到影响，这与王晓君等（2012）对慈竹林模拟氮硫复合沉降试验的结果类似；出现这种情况的原因可能是高强度酸雨抑制了植物生长，进入土壤的有机质含量减少。而 Wu 等（2016）以成熟林为研究对象，发现与对照处理相比 pH3.0 酸雨处理显著提高了土壤有机碳含量，酸雨作用降低了土壤微生物生物量的含量，抑制了土壤的呼吸速率和凋落物分解，有利于土壤有机碳的累积。

出现不同结果的原因，一方面可能是树龄存在差异，另一方面可能是不同土壤对酸雨的敏感性不同。值得注意的是，土壤 $\delta^{13}C$ 值与土壤有机碳含量呈显著负相关，这种负相关性表明土壤有机碳分解程度较高；土壤 $\delta^{13}C$ 值的增加可能是由于有机质分解，碳同位素分馏效应加强所致，这表明 pH3.5 酸雨处理促进了土壤有机碳的分解，而接种外生菌根真菌有效地缓解了强酸处理(pH3.5)对马尾松幼苗土壤有机碳含量的影响，pH3.5 接种处理下土壤有机碳恢复到对照处理水平。我们前期的试验发现，在模拟酸雨处理 7 个月后，pH3.5 处理显著降低了土壤有机碳含量，pH3.5+EM 明显缓解了酸雨对有机碳的影响，但与对照处理相比，pH3.5 接种处理下土壤有机碳含量仍然显著低于对照处理，且经过更长时间的处理(至 2016 年 11 月底)后，酸雨持续降低土壤有机碳含量，外生菌根真菌则发挥了更好的缓解作用。

土壤团聚体是土壤的重要物质基础，其组成是影响土壤肥力、植物生长、土壤质量尤其是有机碳固持的重要因素。在本研究中，酸雨处理显著提高了土壤中小于 0.053mm(pH4.5 处理除外)和 0.053~0.25mm 的团聚体相对含量，即酸雨淋溶显著增加了小团聚体的含量，说明酸雨淋溶易使土壤大团聚体出现破碎化，这也表现在酸雨处理后 0.25~2mm 大团聚体相对含量显著降低。林琳等(2013)通过室内人工模拟酸雨淋溶赤红壤试验发现，土壤在快速湿润作用下小于 0.25mm 团聚体的含量随淋溶酸雨的 pH 值降低而显著增多，大粒径团聚体含量则相应减少，说明酸雨对土壤团聚体结构的破坏以快速湿润机制为主。0.25~2mm 团聚体是土壤肥力的重要物质条件，可以该粒径团聚体及其有机碳的相对增加来评价植被恢复或土壤改良措施的土壤生态效应。本研究发现，pH3.5 酸雨处理显著降低了土壤各粒级土壤团聚体有机碳含量，尤其是 0.25~2mm 土壤团聚体，其有机碳含量下降约 79.63%。由此可见，酸雨处理不利于土壤肥力的保持。pH3.5 酸雨处理下，接种外生菌根真菌对团聚体各粒级的相对含量没有显著影响，但显著提高了各粒级土壤团聚体有机碳含量，有利于土壤肥力的保持。

根据土壤有机碳密度大小，可将其分为轻组和重组两大组分。轻组有机碳占比与土壤生产力密切相关，同 SOC 相比，能更迅速地指示土壤质量的变化，可作为土壤潜在生产力和外界环境引起的土壤有机质变化的早期指标。本研究发现，pH3.5 的酸雨处理显著降低了土壤轻组有机碳含量，但接种外生菌根真菌有利于土壤轻组有机碳含量的恢复，pH3.5 接种处理下土壤轻组有机碳含量与对照处理持平。这可能是因为酸雨降低马尾松根系生物量，从而减少进入土壤的可溶性有机碳，导致轻组有机碳减少。与此同时 pH3.5 处理也显著降低了土壤重组有机碳含量，接种外生菌根真菌则同样有效缓解了酸雨对重组有机碳的影响。轻组有机碳和可溶性有机碳的性质、数量和组成，反映了土壤中动植物残体物质的投入、固持与分解之间的平衡程度与水平，其差异与其凋落物和枯死细根归还量有关；而重组有机碳则反映了有机碳的长期含量水平。本研究表明，高强度酸雨处理对土壤有机碳的短期影响和长期影响都很明显，而接种外生菌根真菌则可以有效改善酸雨对土壤有机碳的影响。

从本研究的结果可以看出，高强度酸雨处理(pH3.5)后，总有机碳、各粒级团聚体有机碳以及轻组重组有机碳均显著低于对照处理，而接种外生菌根真菌(pH3.5接种)后各指标明显改善，恢复到对照处理水平。一方面接种外生菌根真菌提高了宿主的抗逆能力，使宿主生长恢复，与酸雨处理相比宿主总生物量和根系生物量都有明显提高，从而增加了进入土壤有机质的数量；另一方面，真菌菌丝的巨大生物量及其周转率是影响碳进入土壤有机质的关键因素，接种外生菌根真菌提高了进入土壤的有机质含量；此外，酸雨能够活化土壤中的有毒金属(铝、锰、铁等)，这些有毒金属对土壤中的微生物产生抑制作用，进而降低了有机质的积累，而外生菌根真菌菌丝体分泌的有机酸可与土壤中的有毒金属产生络合作用，从而达到缓解或降低金属毒性的作用。Phillips 等(2012)指出，植物根部和菌根真菌都能够分泌一些物质及酶类促进土壤有机质的分解，为菌根真菌提供糖类等碳水化合物，这些过程明显促进了土壤 C、N 循环，增加土壤的肥力，提高了土壤的碳截获功能。

5.4 小结

(1)pH3.5 酸雨处理显著降低土壤中速效磷、速效钾、总磷、铵态氮、硝态氮的含量，接种外生菌根后酸雨对土壤营养元素含量的抑制作用明显缓解。

(2)酸雨对土壤团聚体分布影响明显，提高微团聚体相对含量，降低大团聚体含量；而接种外生菌根真菌后团聚体分布格局没有发生明显改变。

(3)pH3.5 处理显著降低了土壤总有机碳、各粒级土壤团聚体有机碳及轻组、重组有机碳含量，而接种外生菌根真菌的则明显改善了酸雨对土壤有机碳的影响。

(4)接种外生菌根真菌能在一定程度上缓解酸雨胁迫对土壤主要营养元素以及土壤有机碳的不利影响。

6 酸雨和外生菌根真菌对马尾松土壤微生物的影响

6.1 采样及分析

分别在试验处理后 8 个月和 20 个月的 2015 年 11 月和 2016 年 11 月采集土壤样品。试验结束后在每块样地上用内径为 34mm 的土钻取表层 20cm 土壤，每块样地取 3 钻土壤混合均匀，用于土壤微生物分析。

6.1.1　土壤微生物高通量测序

DNA 提取和 PCR 扩增：根据试剂盒 E. Z. N. A. © soil DNA kit(Omega Bio-tek, Norcross，GA，U. S.)说明书进行微生物群落总 DNA 抽提，使用 1% 的琼脂糖凝胶电泳检测 DNA 的提取质量，使用 NanoDrop2000 测定 DNA 浓度和纯度。使用 338F(5'-ACTCCTACGGGAGGCAGCAG-3)和 806R(5'-GGACTACHVGGGT-WTCTAAT-3')进行 16s 扩增；ITS1(5'-CTTGGTCATTTAGAGGAAGTAA-3')和 2043R(5'-GCTGCGTTCTTCATCGATGC-3')对 ITS1 基因进行 PCR 扩增。扩增程序如下：95℃预变性 3min，25 个循环(95℃变性 30s，55℃退火 30s，72℃延伸 30s)，然后 72℃稳定延伸 10min，最后在 4℃进行保存(PCR 仪：ABI GeneAmp © 9700 型)。PCR 反应体系为：5×TransStart FastPfu 缓冲液 4μL，2.5mM dNTPs 2μL，上游引物(5uM) 0.8μL，下游引物(5uM)0.8μL，TransStart FastPfu DNA 聚合酶 0.4μL，模板 DNA 10ng，ddH$_2$O 补足至 20μL。每个样本 3 个重复。

Illumina Miseq 测序：将同一样本的 PCR 产物混合后使用 2% 琼脂糖凝胶回收 PCR 产物，利用试剂盒 AxyPrep DNA Gel Extraction Kit(Axygen Biosciences，Union City，CA，USA)进行回收产物纯化，经 2% 琼脂糖凝胶电泳检测，并用 QuantiF-luor-ST(Promega，Madison，Wisconsin)对回收产物进行检测定量。使用 NEXTflex™ Rapid DNA-Seq Kit(Bioo Scientific，美国)进行建库：①接头链接；②使用磁珠筛选去除接头自连片段；③利用 PCR 扩增进行文库模板的富集；④磁珠回收 PCR 产物得到最终的文库。利用 Illumina 公司的 Miseq PE300 平台进行测序(上海美吉生物医药科技有限公司)。

使用 fastp(Chen et al.，2018a；Chen et al.，2018b)软件对原始测序序列进行质控，使用 FLASH(Magoč and Salzberg，2011)软件进行拼接：①过滤 reads 尾部质量值 20 以下的碱基，设置 50bp 的窗口，如果窗口内的平均质量值低于 20，从窗口开始截去后端碱基，过滤质控后 50bp 以下的 reads，去除含 N 碱基的 reads；②根据 PE reads 之间的 overlap 关系，将成对 reads 拼接(merge)成一条序列，最小 overlap 长度为 10bp；③拼接序列的 overlap 区允许的最大错配比率为 0.2，筛选不符合序列；④根据序列首尾两端的 barcode 和引物区分样品，并调整序列方向，barcode 允许的错配数为 0，最大引物错配数为 2。

使用 UPARSE(Edgar，2013)软件，根据 97%(Edgar，2013；Stackebrandt and GOEBEL，1994)的相似度对序列进行 OTU 聚类并剔除嵌合体。利用 RDP classifier(Wang et al.，2007b)对每条序列进行物种分类注释，比对 unite8.0/its_fungi，设置比对阈值为 70%。

本研究利用美吉生物云平台完成高通量测序数据分析。利用 Mothur 软件计算 Alpha 多样性指数(OUT richness, Shannon, Chao1, Ace),运用 SPSS18 对多样性指数进行单因素方差分析。利用 R 软件(version3.3.1)基于 Bray-cutis 距离算法进行主坐标分析(Principal co-ordinates analysis, PCoA 分析)区分不同酸雨浓度和接种对土壤微生物群落结构的影响。

6.1.2 土壤中氮循环微生物分析

6.1.2.1 DNA 提取

根据试剂盒 PowerSoil DNA Isolationkit(MoBio, Carlsbad, USA)从 0.5g 土壤中提取 DNA。使用 NanoDrop ND-1000 UV-Vis 分光光度计(NanoDrop, Wilmington, USA)检查提取的 DNA 的纯度和浓度,所有样品的 A260/A280 ≈ 1.8。DNA 提取液置于-40℃条件下保存备用。

6.1.2.2 qPCR 分析

用 iCycler iQ5 Thermocycler(Bio-Rad, Hercules, USA)对氨氧化微生物(AOA 和 AOB amoA 基因)以及反硝化微生物(nirK, nirS 和 nosZ 基因)进行定量,每个样品两个技术重复。25μl 反应混合液,含有 12.5μl SYBR Premix Ex Taq (TaKaRa, Dalian, China), 0.5μl 引物(10μM)和 2μl 稀释模板 DNA(1-10ng)。

6.1.2.3 T-RFLP 分析

PCR 的条件与 qPCR 分析一样。50μl 反应混合液,含 25μl Premix Ex Taq (TaKaRa, Dalian, China), 1μl 引物(10μM)和 2μl 稀释模板 DNA(1-10ng)。使用凝胶提取试剂盒(Qiagen, Hilden, Germany)纯化 PCR 产物。硝化古菌 PCR 扩增产品的限制性内切酶采用 HpyCH4V、硝化细菌内切酶采用 RsaI、反硝化微生物限制性内切酶分别采用 HaeIII(Guo et al., 2013)、MspI(Guo et al., 2013)和 Msp I(Hu et al., 2014b)。T-RF 相对丰度采用 3730xl DNA Analyser(Applied Bio-systems, Carlsbad, USA)分析。利用 GeneMarker2.2(SoftGenetics, State College, USA)分析 T-RFLP 谱。只有 T-RF 相对丰度大于 1% 且限制性片段长度在 50-500bp 的才用于后续分析(Ge et al., 2016)。

6.1.2.4 克隆和测序

建立了氨氧化菌和反硝化菌的克隆文库。每个处理的三个重复的 PCR 产物混合,从每个处理中随机选取 20 个阳性克隆子,利用 3730xl DNA Analyser(Applied Biosystems, Carlsbad, USA)进行测序。采用 mega 软件和邻接法进行系统发育树的构建,并选用 Bootstrap 法检验发育树(Hu et al., 2015)。

6.1.3 潜在硝化速率(PNR)和反硝化酶活性(DEA)的测定

采用氯酸盐抑制法测定 PNR。5ml 新鲜土壤样品加 20ml 含 1mM(NH_4)$_2SO_4$

的磷酸缓冲液（PBS，pH7.4）。加入最终浓度为 10mM 的氯酸钾以抑制亚硝酸盐氧化。土壤悬浮液在 25℃暗处培养 24h，用 5ml 2M KCl 提取亚硝酸盐，并用 SynergyH1 微孔板读取器（BioTek，Winoosk，USA）在 540nm 波长下测量。

采用乙炔抑制法测定 DEA。称取相当于 4g 干土的新鲜土壤放入 100ml 的无菌血清瓶，用去离子水将所有样品的总持水量调节至 13ml，以使硝酸盐溶于水中。然后，用橡胶塞密封瓶子，并在 25℃下振荡 20 分钟，将土壤中的空气排除。用 N_2-C_2H_2 混合物（90∶10，体积∶体积）注入每个瓶子的顶部空间，以制造厌氧条件并抑制 N_2O 还原，每个瓶子中添加 8ml 含有 KNO_3（56mg NO_3^--N L^{-1}）和葡萄糖（288mg C L^{-1}）的溶液。在 25℃ 条件下培养，在 0 和 6h 采集气体样品（20ml），然后使用 7890A 气相色谱仪（美国威尔明顿安捷伦）分析 N_2O 浓度。根据 Schinner 等人（Schinner et al.，2012）的公式计算顶部空间和 DEA 中 N_2O 的量。

6.2 结果

6.2.1 酸雨和外生菌根真菌对土壤微生物多样性的影响

试验处理 8 个月后土壤微生物多样性见表 7-24：与 pH5.6 处理相比，pH4.5 处理下细菌和真菌的 OTU、Ace、Chao 以及细菌的 Shannon 指数都没有明显差异，但 pH3.5 处理后显著降低这些指数，而这些多样性指数在 pH3.5 处理接种外生菌根真菌后显著提高；而土壤真菌 Shannon 指数在 pH4.5 处理下最高，而接种外生菌根真菌对土壤真菌 Shannon 多样性指数没什么影响。

表 7-24 酸雨和外生菌根真菌处理 8 个月对土壤细菌、真菌群落多样性的影响

酸雨处理	外生菌根真菌处理	OTU		Ace		Chao		Shannon	
		细菌	真菌	细菌	真菌	细菌	真菌	细菌	真菌
pH3.5	接种	2577b	442a	3127a	487a	3129a	485a	6.68b	3.33abc
	未接种	2347c	342b	2845b	353b	2848b	358b	6.37c	3.01cd
pH4.5	接种	2346c	463a	2873b	480a	2859b	479a	6.49bc	3.45ab
	未接种	2693a	446a	3197a	459a	3209a	459a	6.90a	3.69a
pH5.6	接种	2517b	415a	3051a	446a	3060a	448a	6.59b	3.09bcd
	未接种	2594ab	413a	3082a	451a	3088a	449a	6.70ab	2.98d

经过两年处理后发现，pH3.5 处理与 pH5.6 相比，土壤细菌多样性指数没有明显差异，而 pH4.5 和 pH3.5 处理后土壤真菌的 OTU 数目以及 Shannon 多样性指数均显著高于 pH5.6 处理；相同酸雨处理下，接种外生菌根真菌与未接种处理下土壤细菌的多样性没有差异，但 pH3.5 接种处理与未接种比提高了土壤真菌 OTU、Ace、Chao（表 7-25）。

表 7-25　酸雨和外生菌根真菌处理两年对土壤细菌、真菌群落多样性的影响

酸雨处理	外生菌根真菌处理	OTU		Ace		Chao		Shannon	
		细菌	真菌	细菌	真菌	细菌	真菌	细菌	真菌
pH3.5	接种	2179b	451a	2642bc	540a	2640b	523a	6.57abc	3.58ab
	未接种	2160b	398b	2588c	429c	2626b	429b	6.53bc	3.64ab
pH4.5	接种	2362a	450a	2868a	538a	2884a	541a	6.73a	3.73a
	未接种	2309ab	413ab	2794ab	496ab	2797ab	475ab	6.74a	3.36bc
pH5.6	接种	2336ab	389bc	2875a	480abc	2887a	477ab	6.70ab	3.03cd
	未接种	2176b	354c	2697abc	440bc	2694ab	451b	6.48c	2.97d

6.2.2　酸雨和外生菌根真菌对土壤微生物群落的影响

6.2.2.1　群落组成

　　处理一年后，从属水平的土壤细菌群落结构组分来看，所有处理中丰度较高的是 Gemmatimonadaceae、Anaerolineaceae、Xanthomonadales、Nitrosomonadaceae、Cytophagaceae、Bacillus。高浓度酸雨处理后，土壤中 Gemmatimonadaceae、Anaerolineaceae、Cytophagaceae 丰度降低，Bacillus 丰度增加；接种外生菌根真菌后显著提高了 Gemmatimonadaceae、Saccharibacteria、Anaerolineaceae 的相对丰度，而降低了 Bacillus 丰度（图 7-34 左）。处理两年后，所有处理中丰度较高的细菌是

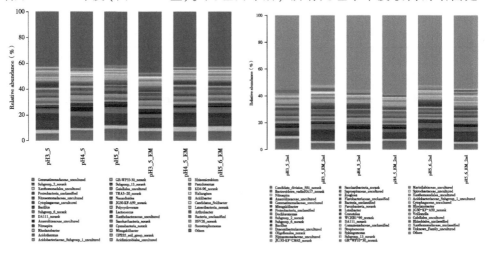

图 7-34　酸雨和接种外生菌根真菌对土壤细菌属水平群落组成的影响

（左图为 2015 年 11 月样品，右图为 2016 年 11 月样品）

注：pH3_5 表示 pH3.5；pH4_5 表示 pH4.5；pH5_6 表示 pH5.6；pH3_5_EM 表示 pH3.5 接种；pH4_5_EM 表示 pH4.5 接种；pH5_6_EM 表示 pH5.6 接种。右图"_2nd"表示第二年的样品。

Proteobacteria、Bacteroidetes、Gemmatimonadaceae、Nitrospira、Mizugakiibacter、Anaerolineaceae、Dechloromonas。与 pH5.6 处理相比，pH3.5 处理两年后 Proteobacteria、Mizugakiibacter 减少，pH3.5 接种处理则显著提高该属丰度；pH3.5 处理两年后 Nitrospira、Anaerolineaceae 增加，pH3.5 接种处理降低 Nitrospira 丰度，与 pH5.6 处理差不多；pH3.5 处理两年后 Bacillus 丰度与 pH5.6 没有明显差异，pH3.5 接种处理两年后 Saccharibacteria 丰度高于 pH3.5 处理（图7-34右）。由此可见，酸雨和外生菌根真菌处理两年后的土壤细菌群落组分与处理一年后的组分是有差别的，而且酸雨和外生菌根真菌对土壤细菌组分的影响年际间也是有差异的。

土壤真菌中以 Hypocreales、Thelephoraceae、Penicillium、Mortierella 占绝对优势；pH3.5 处理两年后降低了 Hypocreales、Penicillium、Ascomycota、Trichocomaceae 相对丰度，增加了 Mortierella、Trichophaea、Thelephoraceae 相对丰度；pH5.6 接种处理与未接种相比，降低了 Hypocreales、Penicillium，提高了 Thelephoraceae、Mortierella；pH4.5 接种与未接种处理比降低了 Hypocreales、Penicillium 相对丰度，增加了 Mortierella 相对丰度；pH3.5 接种与未接种处理比提高了 Hypocreales、Penicillium、Mortierella 相对丰度（图7-35）。

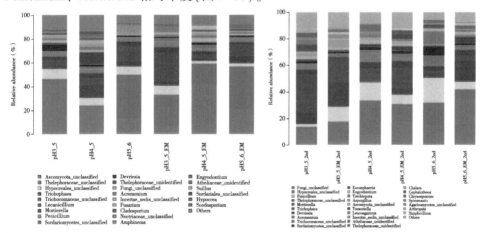

图7-35　酸雨和接种外生菌根真菌对土壤真菌属水平群落组成的影响

（左图为 2015 年 11 月样品，右图为 2016 年 11 月样品）

注：pH3_5 表示 pH3.5；pH4_5 表示 pH4.5；pH5_6 表示 pH5.6；pH3_5_EM 表示 pH3.5 接种；pH4_5_EM 表示 pH4.5 接种；pH5_6_EM 表示 pH5.6 接种。右图"_2nd"表示第二年的样品。

6.2.2.2　群落结构

PERMANOVA 分析结果表明，酸雨处理（2015 年 $P = 0.003$，2016 年 $P < 0.001$）和接种外生菌根真菌（2015 年 $P = 0.009$，2016 年 $P = 0.008$）均对真菌群落结构产生显著影响；而且酸雨处理和接种处理对真菌群落结构交互作用明显（2015 年 $P = 0.007$，2016 年 $P < 0.001$）。同样地，酸雨处理和接种外生菌根真菌

也显著影响了土壤细菌群落结构，且两者交互作用明显。

经过两年处理后，酸雨显著改变了土壤细菌和真菌的群落结构。2016年各处理的真菌群落结构的差异比2015年更明显（图7-36）。PCoA结果表明，x轴在2015和2016年分别解释了51.5%和22.6%的真菌群落结构差异；而y轴在两年样品中解释量均约17%。在未接种外生菌根真菌处理中没有检测到彩色豆马勃序列；而接种处理的真菌群落明显区别于未接种处理（$P<0.001$）。

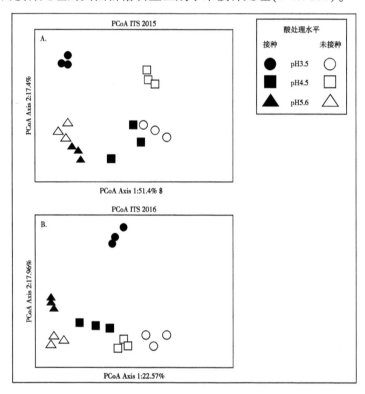

图7-36　酸雨和外生菌根真菌对土壤真菌群落结构的影响

当评估二价阳离子（Ca和Mg）与总游离Al离子浓度之比对真菌群落组成的影响时，发现该比值与2015年（$P=0.049$）和2016年（$P=0.001$）的真菌群落组成有关；但是没有检测到该比值对细菌群落的影响（2015年$P=0.103$，2016年$P=0.145$）；但是在2015年发现模拟酸雨的pH值与该比值对细菌群落结构有显著的交互作用（$P=0.001$）。

主成分1在2015年解释了细菌变异量的37.78%，2016年解释量为19.59%；而主成分2在2015年和2016年分别解释了细菌群落结构变异量的17.07%和10.7%（图7-37）。丰度最高的细菌目是Xanthomonadales，尤其是Xanthomonadaceae科（黄单胞菌科），其次是Sphingobacteriales（鞘氨醇杆菌目）。

在高浓度酸雨处理(pH3.5)中 Rhodocyclales(红环菌目)和 Clostridiales(梭菌目)相对丰度较高(图7-38)。

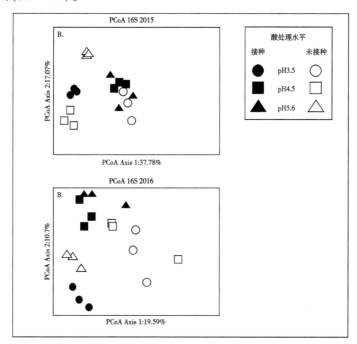

图7-37 酸雨和外生菌根真菌对土壤细菌群落结构的影响

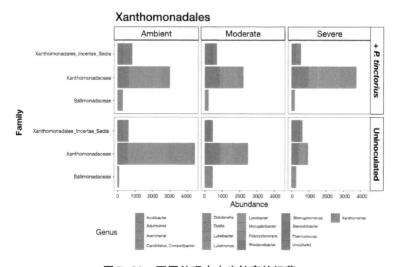

图7-38 不同处理中丰度较高的细菌

注:Acidic treatment levels 表示酸处理水平; + P. tinctorius 表示接种;Uninoculated 表示未接种;Severe 表示 pH3.5;Moderate 表示 pH4.5;Ambient 表示 pH5.6;Family 表示科;Genus 表示属。

不同处理间真菌群落结构也不同。在接种彩色豆马勃的土壤中相对于未接种处理而言含有更多数量的真菌病原菌($P=0.015$)。与对照处理相比，pH4.5($P=0.016$)和pH3.5($P=0.030$)处理的土壤中腐生真菌丰度更高。而且模拟酸雨处理($P<0.001$)和接种外生菌根真菌处理($P=0.047$)都显著影响菌根真菌的多样性；而且酸雨处理和接种处理的交互作用显著($P<0.001$)。二价阳离子(Ca 和 Mg)与总游离 Al 离子浓度之比显著影响菌根真菌群落组成($P=0.037$)，而且该比值与酸雨处理($P=0.006$)以及接种处理($P=0.049$)对菌根真菌群落均有明显的交互作用。

外生菌根真菌 Cenococcum 属(土生空团菌)在 pH3.5+EM 处理中丰度较高，但在对照处理或 pH4.5 处理中几乎检测不到；pH3.5+EM 处理中 Cenococcum 的丰度是其他处理的 200 倍。一些外生菌根真菌，如 Tricholoma 仅仅在 pH3.5 处理中检测到，而其他一些外生菌根真菌，如 Russula、Sebacina 和 Scleroderma 则只在 pH4.5 处理中出现；而 Suillus 只在对照处理中检测到。对照处理中的优势真菌为 Amphinema 和 Archaeorhizomycetes，而 pH3.5 处理中的优势菌则是 Trichophaea 和 Oidiodendron(图 7-39)。

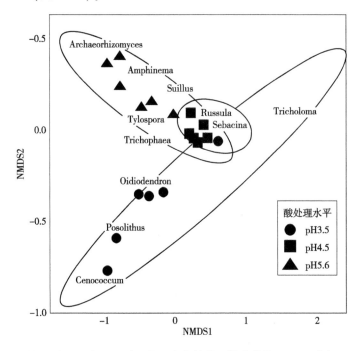

图 7-39　不同 pH 酸雨处理中关键差异性真菌的 NMDS 分析

6.2.3　酸雨和外生菌根真菌对土壤氮循环微生物的影响

土壤中无机氮的完全循环需要硝化和反硝化的相互作用才能完成。氨氧化，即将氨氧化成亚硝酸盐，是土壤中硝化的第一步，也是限速步骤，该过程由氨氧化细菌(AOB)和氨氧化古菌(AOA)驱动完成。反硝化是将硝酸盐还原转化为氮气(N2)，主要由具有不同基因编码的不同还原酶的反硝化菌介导完成。在这些基因中，亚硝酸盐还原酶基因(nirK 和 nirS)和氧化亚氮还原酶基因(nosZ)通常被用作分析反硝化菌群落的基因标记物。了解氮循环微生物对酸雨的响应对于评估森林生态系统功能尤为重要。

酸雨可能通过改变土壤性质和底物可利用性或改变植物光合产物进入土壤的方式影响土壤氮循环微生物。例如，酸雨可能通过调节土壤 pH 值来影响土壤氮循环微生物，因为土壤 pH 值已被证明是影响土壤氮微生物丰度、群落组成和活性的重要因素。而且，由于酸雨对硝酸盐浸出和植物氮吸收的影响，酸雨可能会改变氮循环微生物的底物可利用性，据报道，土壤氮的可用性会影响土壤氨氧化菌和反硝化菌。此外，反硝化过程中的电子供体溶解有机碳可能影响反硝化菌群落。因此，酸雨可能通过抑制植物生长来减少光合产物对土壤的输入，从而由于土壤有效碳的减少而影响氮循环微生物。

外生菌根真菌定植于根部，与许多树种形成共生体，从宿主获得光合产物，进而增强植物对土壤氮和其他养分的吸收。已有研究表明外生菌根真菌可以调动有机质中的氮(例如，植物凋落物)，从而增加土壤的流动性氮。因此外生菌根真菌接种通过影响植物进入土壤的碳输入或通过改变土壤氮可利用性而缓解或加剧模拟酸雨对土壤氮循环微生物的影响。然而，接种外生菌根真菌如何调节氮循环微生物对模拟酸雨的响应，需要进一步的调查研究。

为揭示模拟酸雨和外生菌根真菌接种对氨氧化菌和反硝化菌丰度和组成的影响，本研究选择了 pH5.6 和 pH3.5 两个模拟酸雨水平，以及接种和未接种彩色豆马勃两个接种处理，共 4 个处理：CK(pH5.6，未接种)；SAR(pH3.5，未接种)；EMF(pH5.6，接种)以及 SAR+EMF(pH3.5，接种)。

6.2.3.1 氨氧化菌和反硝化菌丰度的变化

酸雨和外生菌根真菌对 AOA amoA 和 nosZ 基因有着显著的交互作用($P < 0.05$)(表 7-26)。

表 7-26 酸雨和外生菌根真菌对功能基因(**AOA** *amoA*，**AOB** *amoA*，*nirK*，*nirS*，and *nosZ*)，潜在硝化速率(potential nitrification rate，PNR)和反硝化酶活性(denitrification enzyme activity，DEA)的影响

处理	AOA*amoA*	AOB*amoA*	*nirK*	*nirS*	*nosZ*	PNR	DEA
模拟酸雨	NS	NS	*	NS	NS	NS	NS
菌根真菌	NS	NS	NS	*	NS	NS	NS

(续)

处理	AOA*amoA*	AOB*amoA*	*nirK*	*nirS*	*nosZ*	PNR	DEA
模拟酸雨×菌根真菌	**	NS	NS	NS	*	NS	***

注：模拟酸雨表示 pH5.6 与 pH3.5 对比；外生菌根真菌接种表示未接种与接种对比；星号和 NS 表示双因素方差分析结果：*$P<0.05$，**$P<0.01$，***$P<0.001$，NS $P>0.05$；AOA：氨氧化古菌，AOB：氨氧化细菌。

定量 PCR 结果表明，土壤中 AOA *amoA* 基因拷贝数为 $3.05\times10^7 \sim 6.84\times10^7$ copies/g（土壤干重），AOB *amoA* 基因拷贝数为 $5.17\times10^4 \sim 1.60\times10^5$ copies/g（土壤干重）（图7-40A）。AOA 丰度平均比 AOB 丰度高 2~3 个数量级。与对照处理（pH5.6 不接种 EMF）相比，pH3.5 的模拟酸雨处理显著降低了土壤中 AOA 的丰度（$P<0.05$），而在 pH3.5 的模拟酸雨处理同时接种 EMF 后，AOA 丰度恢复到对照处理的水平。AOB 丰度在各处理之间差异不显著（$P=0.17$）。

土壤中 *nosZ* 基因型反硝化微生物的丰度显著高于 *nirK* 和 *nirS* 基因型反硝化微生物的丰度：*nirK* 基因拷贝数为 $1.82\times10^6 \sim 2.90\times10^6$ copies/g（土壤干重），*nirS* 基因拷贝数为 $7.82\times10^5 \sim 2.12\times10^6$ copies/g（土壤干重），*nosZ* 基因拷贝数为 $4.89\times10^6 \sim 8.98\times10^6$ copies/g（土壤干重）（图7-40B）。*nirK* 和 *nirS* 基因型反硝化微生物的丰度在各处理之间相对稳定，而 *nosZ* 基因型反硝化微生物的丰度在 pH3.5 的模拟酸雨同时接种 EMF 的处理下显著增加（$P<0.05$）。

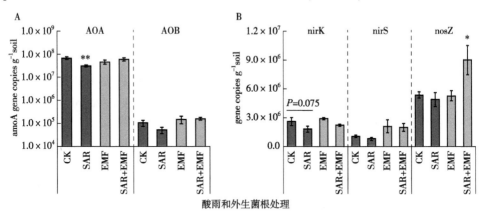

图7-40　酸雨和外生菌根真菌对功能基因丰度的影响

（A）氨氧化古菌和氨氧化细菌 *amoA* 基因丰度；（B）*nirK*，*nirS* 和 *nosZ* 基因丰度。

注：amoA gene copies g^{-1} soil，每克土壤中 amoA 的基因拷贝数；gene copies g^{-1} soil，每克土壤中的基因拷贝数；*$P<0.05$，**$P<0.01$。CK，pH5.6 未接种；SAR，pH3.5 未接种；EMF，pH5.6 接种；SAR+EMF，pH3.5 接种。

Pearson 相关性分析发现，土壤中 AOA 丰度与土壤含水率（$R=0.58$，$P<$

0.05)、总碳($R=0.79$，$P<0.01$)、总氮($R=0.78$，$P<0.01$)、可溶性有机碳($R=0.71$，$P<0.01$)和 NH_4^+-N($R=0.77$，$P<0.01$)含量显著正相关，与土壤 pH 显著负相关($R=-0.60$，$P<0.05$)；$nosZ$ 基因型反硝化微生物丰度只与土壤 NO_3^--N 含量之间显著正相关($R=0.70$，$P<0.05$，图 7-41)。

各处理的 PNR 为 $0.030 \sim 0.049 \mathrm{mg\ NO_2^-}$-$\mathrm{N\ kg^{-1}\ soil\ h^{-1}}$(图 7-42A)，各处理间 PNR 没有显著差异($P=0.35$)，但 pH3.5 处理中 PNR 最大。Pearson 相关性分析表明，PNR 与土壤 pH 显著正相关($R=0.73$，$P<0.01$，图 7-41)。各处理间 DEA 的变化与 PNR 不同(图 7-42B)。DEA 与土壤总碳($R=0.74$，$P<0.01$)，总氮($R=0.85$，$P<0.001$)，DOC($R=0.78$，$P<0.01$)，NH_4^+-N($R=0.77$，$P<0.01$) and NO_3^--N($R=0.83$，$P<0.001$)显著正相关(图 7-41)。PNR 与 AOA 和 AOB 的丰度没有显著相关性，而 DEA 与 nosZ 基因显著正相关($R=0.69$，$P<0.05$，图 7-41)。

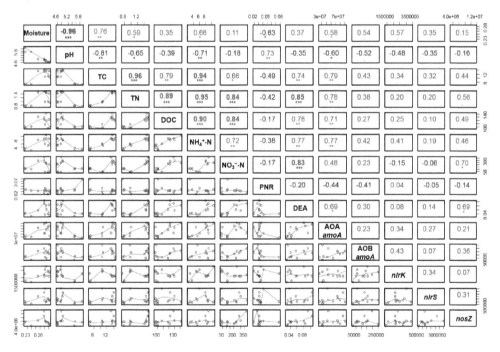

图 7-41　土壤性质与功能基因丰度以及 PNR 和 DEA 的相关性

同时，在研究中也分析了 PNR 和 DEA 与可利用底物的相关性。由于氨(NH₃)被认为是土壤中氨氧化菌的真实底物，因此分析了 PNR 与 NH₃ 含量之间的相关性。Pearson 相关性分析发现，PNR 和 DEA 与可利用底物(NH₃ 和 NO_3^--N)显著正相关($P<0.001$ 和 $P=0.001$，图 7-42C 和 D)。

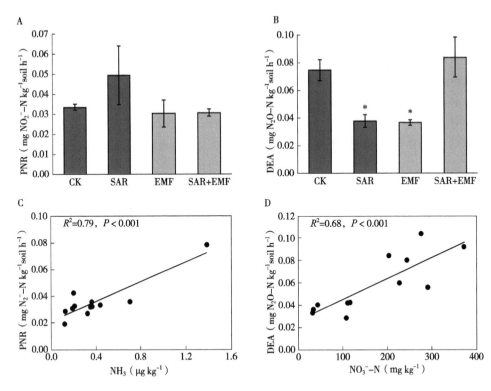

图7-42 不同处理和底物可利用性对PNR和DEA的影响

注：CK，pH5.6未接种；SAR，pH3.5未接种；EMF，pH5.6接种；SAR+EMF，pH3.5接种。

6.2.3.2 氨氧化菌和反硝化菌群落组成的响应

PCoA结果表明酸雨处理后土壤中AOA和AOB的群落组成明显区别于对照处理（图7-43B和D），不同处理间反硝化菌群落组成也存在明显差异（图7-43F，H，J）。CK和SAR+EMF两个处理之间的AOA和nosZ基因型反硝化微生物群落之间的差异（Bray-Curtis距离）比CK和SAR之间的群落差异明显减小（图7-44A和B），而nirS基因型反硝化微生物群落则表现出相反趋势，说明接种外生菌根真菌会改变酸雨对氮循环微生物群落的影响。

PerMANOVA分析结果表明酸雨处理和菌剂处理对AOB、nirK、nirS和nosZ基因型反硝化微生物的群落组成存在显著的交互作用。而且酸雨处理对五种功能微生物的群落组成存在显著的影响，外生菌根真菌接种处理显著影响了反硝化微生物（nirK、nirS和nosZ）的群落组成，而对氨氧化微生物（AOA和AOB）的群落组成没有显著影响。

偏mantel检验得到，AOA群落组成与土壤含水量显著相关（Spearman's coefficient $R=0.40$，adjusted $P<0.05$，表7-27）。nirK（$R=0.48$，adjusted $P<0.01$）、

$nirS$（$R=0.67$，adjusted $P<0.01$）和 $nosZ$（$R=0.35$，adjusted $P<0.05$）基因型反硝化微生物的群落组成与土壤 NO_3^--N 含量之间的相关性最高；且 $nirK$（$R=0.37$，adjusted $P<0.05$）、$nirS$（$R=0.43$，adjusted $P<0.01$）基因型反硝化微生物群落组成与土壤 TN 显著相关。而 $nirS$ 基因型反硝化微生物群落组成与 DOC 显著相关（$R=0.33$，adjusted $P<0.05$）。

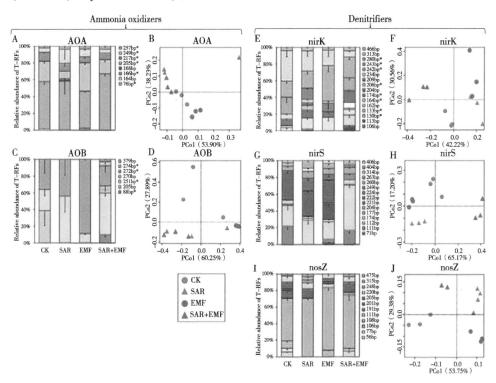

图 7-43　模拟酸雨和外生菌根真菌对氨氧化菌和反硝化菌群落的影响

注：Ammonia oxidizers 表示氨氧化菌；Denitrifiers 表示反硝化菌；CK 表示 pH5.6 未接种；SAR 表示 pH3.5 未接种；EMF 表示 pH5.6 接种；SAR+EMF 表示 pH3.5 接种。

表 7-27　微生物群落与土壤性质的相关性

土壤性质	AOA	AOB	$nirK$	$nirS$	$nosZ$
所有土壤性质	0.39 **	0.08	0.40 **	0.47 **	0.31 *
土壤水分	0.40 *	−0.03	−0.10	−0.16	−0.11
pH	0.23	−0.01	−0.19	−0.14	−0.11
总碳	0.15	−0.14	0.10	−0.17	0.23
总氮	−0.21	0.14	0.37 *	0.43 **	0.18

（续）

土壤性质	AOA	AOB	*nirK*	*nirS*	*nosZ*
可溶性有机碳	-0.16	0.12	0.24	0.33 *	0.16
铵态氮	-0.13	-0.16	0.04	-0.18	0.12
硝态氮	-0.05	0.24	0.48 **	0.67 **	0.35 *

注：表中数值为 Spearman's 相关系数。

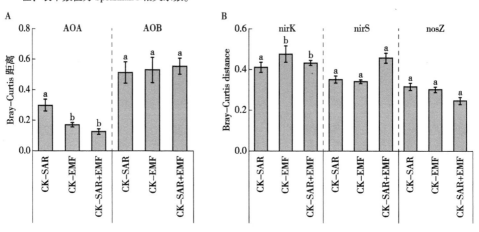

图 7-44　不同处理间的氨氧化微生物和反硝化微生物群落差异

注：CK-SAR，pH5.6 未接种处理与 pH3.5 接种处理之间的距离；CK-EMF，pH5.6 未接种与接种之间的距离；CK-SAR+EMF，pH5.6 未接种处理与 pH3.5 接种处理之间的处理。

6.3　讨论

6.3.1　酸雨和外生菌根真菌对马尾松土壤微生物群落的影响

强酸处理且接种彩色豆马勃的马尾松土壤真菌群落与未接种处理的有很大差异。强酸处理下接种外生菌根真菌可以使得土壤真菌群落结构向着未受酸雨危害或酸雨危害较轻的土壤真菌群落靠近，这些土壤中可能包含有助于土壤有机质稳定性的真菌。彩色豆马勃可以耐受环境胁迫，也可以缓解环境胁迫以及由此引起的土壤微生物过程。外生菌根真菌通常会增加植物的初级生产力，植物会将固定的一部分碳分配给外生菌根真菌用于菌丝生长，但环境胁迫，如强酸环境可能会妨碍这个过程，并抑制植物和真菌的生长。

豆马勃是一种广泛存在的黑化外生菌根真菌，能在强酸环境中生存，如 Fernandez 等人（2013 年）使用微型根管成像所证明的，来自另一个黑化外生菌根真菌 *Cencoccus geophilum* 的菌丝，可能比未黑化的外生菌根真菌在土壤中存在的时间更长，因为它们富含黑色素的菌丝是耐分解的。Cencoccus是强酸+彩色豆马勃接种处理中的优势菌，且在其他处理中几乎检测不到，如果这些耐分解的菌根残余物有助于土壤碳储存，则该类菌有助于土壤有机质的积累。因此，推测大量Cencoccus的存在是强酸+接种彩色豆马勃处理中土壤有机质显著增加（图7-31）的原因。酸性化合物处理可能会刺激微生物利用土壤有机碳库中更老、更难降解的碳，这可能是强酸处理但未接种外生菌根真菌土壤中SOM的观测值相对较低的原因。

各处理土壤中微生物群落保护了许多植物病原菌和利用难分解碳的微生物，土壤中分解木质素的Xanthomonadales（黄单胞菌）和Sphingobacteriales（鞘氨醇菌）占优势也说明了这一点。有研究表明模拟酸雨增加了土壤中利用不稳定碳的微生物Rhodocyclales和Clostridiales（Goldfarb et al.，2011）。尽管接种彩色豆马勃显著改变真菌和细菌群落组成，酸雨和接种外生菌根真菌的交互作用以不同于酸雨或接种的影响改变了土壤真菌群落。

菌根功能类型可能强烈地影响森林生态系统中的氮固定和碳固存。因此，真菌群落功能对菌根菌接种的反应可能会改变长期处于慢性酸沉降背景下的生态系统的营养循环或微生物的相互作用。这些研究结果表明接种彩色豆马勃可以缓解酸沉降的影响，为其他真菌改善土壤创造条件。

6.3.2　酸雨和外生菌根真菌对马尾松土壤氮循环微生物的影响

6.3.2.1　酸雨和外生菌根真菌对AOA和AOB的影响

在第2节中发现pH3.5酸雨处理显著降低土壤的碳氮含量（表7-8），这可能是酸雨影响AOA丰度的一个原因。而酸雨处理下接种外生菌根真菌显著提高了土壤碳氮，这可能有利于AOA的生长。但是AOB的丰度在各处理间没有显著差异，说明在被检测的酸性土壤中氨氧化作用主要是由AOA驱动的。与之相反的是，在中性和碱性土壤或施氮肥的土壤中AOB占主导地位。

NH_3被认为是图中氨氧化的直接底物，因此本研究分析了NH_3含量和氨氧化菌丰度之间的相关性。然后，在酸雨处理中检测到了最高含量的NH_3，但该处理中AOA丰度显著降低。在酸雨胁迫、碳源有限的情况下，如果AOA生长受限，是可能出现这种现象的。需要注意的是AOA可以直接利用有机碳，因此他们可能是混合营养型或异养型微生物。Tourna及其同事（2011）发现，少量添加丙酮酸盐可以刺激Nitrososphaera viennensis的生长，说明AOA可以混合营养型生长。因此，酸雨胁迫下土壤有效碳含量的显著降低不利于混合营养或异养AOA的代谢和生长。

通过计算Bray-Curtis距离直接比较不同处理间的群落差异结果表明，与

pH5.6 未接种和 pH3.5 未接种处理之间 AOA 的群落差异相比，pH5.6 未接种和pH3.5 接种处理之间的差异显著降低(图 7-44A)。这个结果说明外生菌根真菌接种可以一定程度缓解模拟酸雨对 AOA 群落的影响，这与接种和酸雨对 AOA 丰度的影响一致。氨氧化菌的不同响应说明 AOA 对环境变化更敏感，功能基因丰度、微生物群落组成与土壤性质之间的相关分析结果也证明了这一点。相关性分析结果表明 AOA 的丰度和群落组成与土壤性质显著相关，而 AOB 与土壤性质则无显著相关性。AOA 和 AOB 的不同反应通常归因于它们对氨基底物的不同亲和力和敏感性，土壤氨可用性被认为是导致氨氧化菌差异的直接因素。因此，AOA(而非 AOB)的丰度和群落组成对氨限制酸性土壤中的可利用氨基敏感，这可能是由于 AOA 对氨基化合物具有较高亲和力。

此外，partial Mantel 检验，AOA 群落组成对土壤湿度的变化高度敏感(表 7-26)，这意味着不同处理中的土壤含水量可以调节 AOA 群落组成的变化。Gleeson及其同事(2010)报告称，AOA 和 AOB 群落组成显著受草地土壤水分有效性的影响；有研究发现，增加土壤湿度可以刺激氮矿化，从而影响氨氧化底物的可利用性；此外土壤含水量的增加也会加速底物向氨氧化菌的扩散。因此，土壤湿度可以通过改变底物可用性和流动性从而影响氨氧化菌群落组成。

各处理间 PNR 没有显著差异(图 7-42)，但 PNR 与土壤 pH 值显著正相关(图 7-41)。土壤 pH 对 PNR 影响的潜在机制可能是 pH 影响氨基底物的有效性。本研究发现 PNR 与 NH_3 显著正相关(图 7-42C)，表明参与氨氧化的土壤微生物生物量对底物有效性的变化高度敏感。但是，PNR 与 AOA 和 AOB 的丰度均不存在相关性。潜在硝化速率旨在确定参与氨氧化的土壤微生物在假设的最佳条件下将氨转化为亚硝酸盐的最大能力。因此，对这一结果的一种可能解释是，硝化作用也可能由土壤中的异养细菌和真菌介导。

6.3.2.2 酸雨和外生菌根真菌对反硝化菌的影响

至于 nirK 基因，不同处理之间的丰度略有不同，pH3.5 未接种处理中检测到的值略低(图 7-40B)。与对照相比，酸雨处理并没有想住降低 *nirS* 和 *nosZ* 基因(图 7-40B)。酸雨处理中反硝化菌丰度的变化说明森林土壤中 nirK 基因型反硝化微生物可能比 nirS 和 nosZ 基因型反硝化微生物对酸雨更敏感。而且我们发现nosZ 基因的丰度比 nirK 和 nirS 基因总量还高，说明被检测土壤中 N_2O 排放量较低，因为 nosZ 基因型反硝化微生物主导 N_2O 的还原过程。酸雨处理接种外生菌根真菌显著增加了 nosZ 基因，主要是因为该处理土壤中 NO_3-N 含量显著增加。

对照和酸雨+外生菌根真菌处理间 nosZ 基因型反硝化微生物的群落差异显著低于对照和酸雨处理之间的差异，但 nirS 基因型则表现出相反的趋势。这些结果说明接种外生菌根真菌可以调节模拟酸雨对反硝化微生物群落的影响。Partial

Mantel 检测结果显示土壤 NO_3-N 含量是反硝化微生物群落组成的主要驱动因子（表 7-26），说明土壤中底物可利用性与反硝化微生物群落组成直接相关。相关性分析结果也表明 nirS 基因型反硝化微生物与土壤 DOC 动态变化有关，DOC 是反硝化过程中的电子供体。Levy-Booth 等人（2014）报道，nirS 基因主要受土壤碳影响，且对土壤有机碳升高的响应比 nirK 基因敏感。且 nirK 和 nirS 基因型反硝化微生物群落组成受土壤总氮的影响。因此，模拟酸雨和外生菌根真菌接种可以通过改变土壤碳氮含量，尤其是 NO_3-N 含量而间接影响反硝化微生物群落组成。

DEA 和土壤 NO_3-N 含量显著正相关（图 7-42D），表明反硝化酶活性受底物有效性的强烈影响。我们的研究结果也表明 DEA 与 nosZ 基因拷贝数显著正相关，说明可以根据 nosZ 基因的丰度推测土壤中反硝化酶活性。Salles 等人（2009）发现，具有不同物种丰富度的反硝化微生物群落可导致不同程度的反硝化作用，群落组成可对群落功能产生影响。因此，含有不同功能基因的反硝化菌有利于土壤中的反硝化功能。

6.4 小结

（1）酸雨和外生菌根真菌显著影响菌根真菌多样性，（Ca+Mg）/Al 显著影响菌根真菌群落组成。

（2）酸雨和外生菌根真菌对细菌和真菌群落结构差异均有显著影响，且第二年真菌群落差异更明显；（Ca+Mg）/Al 与真菌群落结构显著相关，而与细菌群落结构没有相关性。

（3）pH3.5+EM 处理中外生菌根真菌土生空团菌占绝对优势，这可能是该处理土壤有机质含量升高的原因。

（4）pH3.5 酸雨处理降低古菌 amoA 基因丰度，并抑制反硝化酶活性；同时酸雨改变了氮循环功能基因群落组成。

（5）酸雨胁迫下接种外生菌根真菌可以缓解酸雨对基因丰度、反硝化酶活性的影响。

参考文献

陈堆全，2001. 木荷凋落物分解及对土壤作用规律的研究. 福建林业科技，2：35-38.

陈志澄，唐晓，陈海珍，等，2004. 酸雨对龙眼果树影响研究. 生态科学，23(3)：219-222.

谌贤，刘洋，邓静，等，2017. 川西亚高山森林凋落物不同分解阶段碳氮磷化学计量特征及种间差异. 植物研究，37(2)：216-226.

程国玲，李培军，2007. 小叶白蜡接种外生菌根真菌对土壤石油烃的降解效果. 生态学杂志，26(3)：389-392.

程治文，呼世斌，2014. 落叶松人工林土壤硝态氮和铵态氮的动态. 东北林业大学学报，42(10)：80-82.

邓厚银，胡德活，晏姝，等，2021. 粤北地区杉木林与阔叶纯林土壤肥力特征. 东北林业大学学报，49(1)：86-90.

丁建莉，2017. 长期施肥对黑土微生物群落结构及其碳代谢的影响. 北京：中国农业科学院.

杜春艳，曾光明，张龚，等，2008. 韶山针阔叶混交林凋落物层的淋溶及缓冲作用. 生态学报，(2)：508-516.

冯宗炜，曹洪法，1999. 酸沉降对生态环境的影响及其生态恢复. 中国环境科学出版社.

冯宗炜，1993. 酸雨对生态系统的影响. 中国科学技术出版社.

付晓萍，田大伦，2006. 酸雨对植物的影响研究进展. 西北林学院学报，(4)：23-27.

高迪，2019. 六盘山华北落叶松林枯落物时空特征变化及其水文效应. 北京：北京林业大学.

高吉喜，曹洪法，舒俭民，1996. 酸雨对植物新陈代谢的影响. 环境科学研究，9(4)：41-45.

高琳，卢文婷，林昌华，等，2022. 粤北香芋种植区典型土壤剖面发育特征. 中国农学通报，38(10)：85-91.

高文慧，郭宗昊，高科，等，2021. 生物炭与炭基肥对大豆根际土壤细菌和真菌群落的影响. 生态环境学报，30(1)：205-212.

辜夕容，梁国仕，杨水平，等，2005. 接种双色蜡蘑对马尾松幼苗生长、养分和抗铝性的影响. 林业科学，41(4)：199-203.

辜夕容，2004. 外生菌根缓解铝毒性研究. 重庆：西南农业大学.

管梦娣，李君，张广娜，等，2018. 沂蒙山区不同森林类型凋落物量及其动态特征. 生态学报，38(18)：6694-6700.

郭玉文，孙翠玲，宋菲，1997. 酸性沉降与日本森林衰退. 世界林业研究，(1)：53-57.

郝嘉鑫，童方平，赵敏，等，2021. 马尾松根生产苗与常规苗外生菌根真菌多样性特征. 菌物学报，40(07)：1617-1626.

何跃军，钟章成，刘济明，2008. 接种外生菌根真菌对柏木幼苗生长的影响. 贵州农业科学，36(1)：67-69.

胡波，张会兰，王彬，等，2015. 重庆缙云山地区森林土壤酸化特征. 长江流域资源与环境，24(2)：300-309.

黄超，2020. 马尾松林改造过程中林下植物多样性及土壤环境动态研究. 重庆：西南大学.

黄晓华，陆天虹，周青，等，2004. 酸雨伤害植物机理与稀土调控研究. 中国生态农业学报，12(3)：121-123.

黄益宗，李志先，黎向东，等，2006. 模拟酸雨对华南典型树种生长及营养元素含量的影响. 生态环境，15(2)：331-336.

黄益宗，李志先，黎向东，等，2007. 酸沉降和大气污染对华南典型森林生态系统生物量的影响. 生态环境，16(1)：60-65.

黄智勇，2007. 模拟酸雨对6种城市绿化植物幼苗叶矿质元素含量的影响研究. 中南林业科技大学.

冀瑞卿，高婷婷，李冠霖，等，2020. 东北红松纯林菌根外生菌根真菌群落与环境因子的相关性. 菌物学报，39(04)：743-754.

简尊吉，倪妍妍，徐瑾，等，2021. 中国马尾松林土壤肥力特征. 生态学报，41(13)：5279-5288.

江远清，莫江明，方运霆，等，2007. 鼎湖山主要森林类型土壤交换性阳离子含量及其季节动态特征. 广西植物，(1)：106-113.

金亮，卢昌义，2016. 秋茄中龄林和成熟林凋落物量及其动态特征. 厦门大学学报(自然科学版)，55(4)：611-616.

孔繁翔，刘营，王连生，等，1999. 酸沉降对马尾松菌根共生蛋白及营养关系影响. 环境科学，20(6)：1-6.

李霁，刘征涛，舒俭民，等，2005. 中国中南部典型酸雨区森林土壤酸化现状分析. 中国环境科学，(S1)：77-80.

李倩，黄建国，2011. 外生菌根真菌改善树木钾素营养的研究进展. 贵州农业科学，39(6)：107-110.

李志勇，陈建军，王彦辉，等，2008. 重庆酸雨区人工木荷林对土壤化学性质的影响. 植物生态学报，32(3)：632-638.

李志勇，王彦辉，于澎涛，等，2007. 马尾松和香樟的抗土壤酸化能力及细根生长的差异. 生态学报，(12)：5245-5253.

廖佩琳，高全洲，杨茜茜，等，2022. 酸沉降背景下鼎湖山林区径流的水化学组成特征. 生态学报，42(6)：2368-2381.

梁月荣，刘祖生，陆建良，等，1999. 茶树根际土壤抗酸铝真菌ALF-1(Neurosporasp.)抗酸铝机理. 茶叶科学，(2)：119-124.

林慧萍，2005. 酸雨对陆生植物的影响机理. 福建林业科技，32(1)：60-64.

刘厚田，田仁生，1992. 重庆南山马尾松衰亡与土壤铝活化的关系. 环境科学学报，12(3)：297-305.

刘辉，吴小芹，陈丹，2010. 4种外生菌根真菌对难溶性磷酸盐的溶解能力. 西北植物学报，30(1)：143-149.

刘立玲，周光益，党鹏，等，2022. 湘西石漠化区3种造林模式土壤真菌群落结构差异. 生态学报，42(10)：4150-4159.

刘璐，赵常明，徐文婷，等，2019. 神农架常绿落叶阔叶混交林凋落物养分特征. 生态学报，39(20)：7611-7620.

刘敏，陈刚，李存英，等，2007. 川东南马尾松外生菌根苗及其抗铝性研究. 北方园艺，2007，(11)：205-208.

刘世鹏，江林春，韦洁敏，等，2021. 金银花根际土壤真菌群落多样性及其土壤影响因子研究. 陕西林业科技，49(01)：1-8.

刘营，孔繁翔，章敏，1997. 菌根及酸沉降对菌根影响的研究进展. 环境科学研究，(6)：18-22.

刘中良，宇万太，2011. 土壤团聚体中有机碳研究进展. 中国生态农业学报，19(2)：447-455.

卢同平，张文翔，牛洁，等，2016. 西双版纳不同森林类型凋落叶与土壤碳氮变化研究. 热带作物学报，37(8)：1526-1533.

孟庆权，葛露露，杨馨邈，等，2019. 福建三明两种人工林叶片碳氮磷化学计量特征的季节变化. 应用与环境生物学报，25(4)：776-782.

莫江明，薛璟花，方运霆，2004. 鼎湖山主要森林植物凋落物分解及其对 N 沉降的响应. 生态学报，24(7)：1413-1420.

宁琪，陈林，李芳，等，2022. 被孢霉对土壤养分有效性和秸秆降解的影响. 土壤学报，59(01)：206-217.

潘伟华，赵月萍，吴家森，等，2011. 临安市不同森林植被枯落物营养元素与土壤肥力分析. 安徽农业科学，39(10)：5828-5829.

彭玉华，黄小荣，申文辉，等，2015. 老虎岭库区不同林型凋落物特征. 中国水土保持，(6)：56-59.

齐泽民，钟章成，2006. 模拟酸雨对杜仲光合生理及生长的影响. 西南师范大学学报(自然科学版)，31(2)：151-156.

任来阳，于澎涛，刘霞，等，2013. 重庆酸雨区马尾松与木荷的叶凋落物分解特征. 生态环境学报，22(2)：246-250.

任晓巧，章家恩，向慧敏，等，2021. 酸雨对植物地上部生理生态的影响研究进展与展望. 应用与环境生物学报，27(6)：1716-1724.

石佳竹，许涵，林明献，等，2019. 海南尖峰岭热带山地雨林凋落物产量及其动态. 植物科学学报，37(5)：593-601.

宋微，吴小芹，2007. 12 种林木外生菌根真菌的培养条件. 南京林业大学学报(自然科学版)，31(3)：133-135.

孙民琴，吴小芹，叶建仁，2007. 外生菌根真菌对不同松树出苗和生长的影响. 南京林业大学学报(自然科学版)，31(5)：39-43.

谈建康，孔繁翔，2004. 酸沉降对马尾松菌根内 Al 积累和细胞损伤的影响. 中国环境科学，24(4)：424-428.

谈建康，孔繁翔，2005. 酸沉降和铝对马尾松菌根共生体碳代谢影响. 林业科学，2005，41(6)：23-27.

谭玲，何友均，覃林，等，2014. 南亚热带红椎、马尾松纯林及其混交林土壤理化性质比较．西部林业科学，43（2）：35-41.

陶豫萍，吴宁，罗鹏，等，2007. 森林植被截留对大气污染物湿沉降的影响．中国生态农业学报，（4）：9-12.

王冰，周扬，张秋良，2021. 兴安落叶松林龄对土壤团聚体分布及其有机碳含量的影响．生态学杂志，40（6）：1618-1628.

王玲玲，徐福利，王渭玲，等，2016. 不同林龄华北落叶松人工林地土壤肥力评价．西南林业大学学报，36（2）：17-24.

王瑾，黄建辉，2001. 暖温带地区主要树种叶片凋落物分解过程中主要元素释放的比较．植物生态学报，（3）：375-380.

王楠，潘小承，王传宽，等，2020. 模拟酸雨对毛竹阔叶林过渡带土壤真菌结构及其多样性的影响．环境科学，41（5）：2476-2484.

王树力，2006. 不同经营类型红松林对汤旺河流域土壤性质的影响．水土保持学报（2）：90-93.

王文兴，许鹏举，2009. 中国大气降水化学研究进展．化学进展，21（Z1）：266-281.

王小东，汪俊宇，周欢欢，等，2019. 模拟酸雨高温胁迫对桂花品种'杭州黄'抗氧化酶活性和非结构性碳代谢的影响．浙江农林大学学报，36（1）：54-61.

王晓君，2012. 慈竹林凋落物分解和土壤有机碳对模拟氮、硫沉降的响应．四川农业大学.

王轶浩，王彦辉，于澎涛，等，2013. 重庆酸雨区马尾松林凋落物特征及对干旱胁迫的响应．生态学报，33（6）：1842-1851.

王轶浩，王彦辉，2021. 酸沉降背景下马尾松林土壤水文物理性质比较研究．四川农业大学学报，39（1）：63-70.

吴小芳，张振山，范琼，等，2021. 海南省果园土壤肥力综合评价研究．热带作物学报，42（7）：2109-2118.

吴士文，索炎炎，张峥嵘，等，2012. 南方茶园土壤酸化特征及交换性酸在水稳性团聚体中的分布．水土保持学报，26（1）：195-199.

夏莉，董文渊，钟欢，等，2022. 四种类型筇竹林分的土壤肥力诊断与综合评价．西部林业科学，51（1）：62-69.

向仁军，柴立元，张青梅，等，2012. 中国典型酸雨区大气湿沉降化学特性．中南大学学报（自然科学版），43（1）：38-45.

熊星烁，蔡宏宇，李耀琪，等，2020. 内蒙古典型草原植物叶片碳氮磷化学计量特征的季节动态．植物生态学报，44（11）：1138-1153.

薛沛沛，齐代华，陈昆鹏，2019. 香樟林演替过程中土壤理化性质动态变化及土壤肥力评价．林业调查规划，44（1）：64-70.

许美玲，朱教君，许爱华，等，2007. 不同培养基、pH值、水势和温度对2种外生菌根真菌生长的影响．辽宁林业科技，（5）：20-22.

尹大强，金洪钧，孙爱龙，等，1997. 低pH、铝和钙离子对菌根菌赭丝膜伞的毒性和超氧化物歧化酶的影响．应用生态学报，8（6）：659-662.

张帆，罗承德，张健，2005. 植物铝胁迫发生机制及其内在缓解途径研究进展．四川环境，24(3)：64-69.

张福锁，崔振岭，王激清，等，2007. 中国土壤和植物养分管理现状与改进策略. 植物学通报，(6)：687-694.

张俊平，张新明，王长委，等，2007. 模拟酸雨对果园土壤交换性阳离子迁移及其对土壤酸化的影响. 水土保持学报，21(1)：14-17.

张俊艳，成克武，臧润国，等，2014. 海南岛热带针-阔叶林交错区群落环境特征. 林业科学，50(8)：1-6.

张义杰，徐杰，陆仁窗，等，2022. 生石灰对林下酸化土壤的调控作用及三七生长的影响. 应用生态学报，33(4)：972-980.

张永江，邓茂，李莹莹，等，2018. 重庆市黔江区降水地球化学特征. 中国环境监测，34(2)：47-56.

张远东，刘彦春，顾峰雪，等，2019. 川西亚高山五种主要森林类型凋落物组成及动态. 生态学报，39(2)：502-508.

张治军，王彦辉，于澎涛，等，2008. 不同优势度马尾松的生物量及根系分布特征. 南京林业大学学报(自然科学版)，32(4)：71-75.

郑珂，赵天良，张磊，等，2019. 2001～2017年中国3个典型城市硫酸盐和硝酸盐湿沉降特征. 生态环境学报，28(12)：2390-2397.

周虎，吕贻忠，杨志臣，等，2007. 保护性耕作对华北平原土壤团聚体特征的影响. 中国农业科学，(9)：1973-1979.

朱教君，康宏樟，许美玲，等，2007. 外生菌根真菌对科尔沁沙地樟子松人工林衰退的影响. 应用生态学报，18(12)：2693-2698.

ACOSTA-MARTÍNEZ V, DOWD S, SUN Y, et al. , 2008. Tag-encoded pyrosequencing analysis of bacterial diversity in a single soil type as affected by management and land use. Soil Biology and Biochemistry, 40(11)：2762-2770.

ADELEKE R A, CLOETE T E, BERTRAND A, et al. , 2010. Mobilisation of potassium and phosphorus from iron ore by ectomycorrhizal fungi. World Journal of Microbiology & Biotechnology, 26(10)：1901-1913.

AGREN G I, 2008. Stoichiometry and Nutrition of Plant Growth in Natural Communities. Annual Review of Ecology, Evolution, and Systematics, 39(1)：153-170.

ASHIK T, ONISHI T, ISLAM R, et al. , 2019. A paired catchment study of nitrogen dynamics in a cool-temperate mixed deciduous broad-leaved and coniferous evergreen forests, central Japan. Proceedings of International Symposium on a New Era in Food Science and Technology, p. 23.

AUBREY D P, 2020. Relevance of precipitation partitioning to the tree water and nutrient balance. Precipitation Partitioning by Vegetation(3)：147-162.

BADALI H, GUEIDAN C, NAJAFZADEH M J, et al. , 2008. Biodiversity of the genus Cladophialophora. Studies in Mycology, 61(1)：175-191.

BARTHÈS B, ROOSE E, 2002. Aggregate stability as an indicator of soil susceptibility to runoff and erosion；validation at several levels. Catena, 47(2)：133-149.

BELLOT J, AVILA A, RODRIGO A, 1999. Throughfall and Stemflow. Ecology of Mediterranean Evergreen Oak Forests, p. 209-222.

BORRELL A N, SHI Y, GAN Y, et al., 2017. Fungal diversity associated with pulses and its influence on the subsequent wheat crop in the Canadian prairies. Plant and Soil, 414(1-2): 13-31.

BRANZANTI M B, ROCCA E, PISI A, 1999. Effect of ectomycorrhizal fungi on chestnut ink disease. Mycorrhiza, 9(2): 103-109.

CARNOL M, BAZGIR M, 2013. Nutrient return to the forest floor through litter and throughfall under 7 forest species after conversion from Norway spruce. Forest Ecology and Management, 309: 66-75.

CHEN C J, JIA Y F, CHEN Y Z, et al., 2018. Nitrogen isotopic composition of plants and soil in an arid mountainous terrain: south slope versus north slope. Biogeosciences, 15(1): 369-377.

CHEN G T, TU L H, CHEN G S, et al., 2018. Effect of six years of nitrogen additions on soil chemistry in a subtropical Pleioblastus amarus forest, Southwest China. Journal of Forestry Research, 29(6): 1657-1664.

CHEN X Y, MULDER J, 2007. Atmospheric deposition of nitrogen at five subtropical forested sites in South China. Science of the Total Environment, 378(3): 317-330.

CHRISTOPHE C, MARIE-PIERRE T, STÉPHANE U, et al., 2010. Laccaria bicolor S238N improves Scots pine mineral nutrition by increasing root nutrient uptake from soil minerals but does not increase mineral weathering. Plant and Soil, 328(1-2): 145-154.

COSTA O Y A, RAAIJMAKERS J M, KURAMAE E E, 2018. Microbial Extracellular Polymeric Substances: Ecological Function and Impact on Soil Aggregation. Frontiers in microbiology, 9: 1636.

DE SCHRIJVER A, GEUDENS G, AUGUSTO L, et al., 2007. The effect of forest type on throughfall deposition and seepage flux: a review. Oecologia, 153(3): 663-674.

DIGHTON J, SKEFFINGTON R A, 1987. Effects of Artificial Acid Precipitation on the Mycorrhizas of Scots Pine Seedlings. New Phytologist, 107(1): 191-202.

DING X X, LIU G L, FU S L, et al., 2021. Tree species composition and nutrient availability affect soil microbial diversity and composition across forest types in subtropical China. Catena, 201: 105224.

DUAN L, YU Q, ZHANG Q, et al., 2016. Acid deposition in Asia: Emissions, deposition, and ecosystem effects. Atmospheric Environment, 146: 55-69.

ELEVI B R, OREN A, 2012. The amino acid composition of proteins from anaerobic halophilic bacteria of the order Halanaerobiales. Extremophiles : life under extreme conditions, 16 (3): 567-572.

EL-SHEIKH M A, RAJASELVAM J, ABDEL-SALAM E M, et al., 2020. Paecilomyces sp. ZB is a cell factory for the production of gibberellic acid using a cheap substrate in solid state fermentation. Saudi Journal of Biological Sciences, 27(9): 2431-2438.

ERISMAN J W, DRAAIJERS G, 2003. Deposition to forests in Europe: most important factors influencing dry deposition and models used for generalisation. Environmental Pollution, 124 (3):

379-388.

ESHER R J, MARX D H, URSIC S J, et al. , 1992. Simulated acid rain effects on fine roots, ectomycorrhizae, microorganisms, and invertebrates in pine forests of the southern United States. Water, Air, and Soil Pollution, 61(3-4): 269-278.

FALAGÁN C, JOHNSON D B, 2014. Acidibacter ferrireducens gen. nov. , sp. nov. : an acidophilic ferric iron-reducing gammaproteobacterium. Extremophiles: life under extreme conditions, 18 (6): 1067-1073.

FANG Y, YOH M, KOBA K, et al. , 2011. Nitrogen deposition and forest nitrogen cycling along an urban-rural transect in southern China. Global Change Biology, 17(2): 872-885.

FENG C, WANG Z, MA Y, et al. , 2019. Increased litterfall contributes to carbon and nitrogen accumulation following cessation of anthropogenic disturbances in degraded forests. Forest Ecology and Management, 432: 832-839.

FERNANDEZ C W, MCCORMACK M L, HILL J M, et al. , 2013. On the persistence of Cenococcum geophilum ectomycorrhizas and its implications for forest carbon and nutrient cycles. Soil Biology and Biochemistry, 65: 141-143.

GARCÍA-FRAILE P, BENADA O, CAJTHAML T, et al. Terracidiphilus gabretensis gen. nov. , sp. nov. , an Abundant and Active Forest Soil Acidobacterium Important in Organic Matter Transformation. Applied and environmental microbiology, 2016, 82(2): 560-569.

GARLAND J L, MILLS A L, 1991. Classification and characterization of heterotrophic microbial communities on the basis of patterns of community-level sole-carbon-source utilization. Appl Environ Microbiol, 57(8): 2351-2359.

GLEESON D B, MÜLLER C, BANERJEE S, et al. , 2010. Response of ammonia oxidizing archaea and bacteria to changing water filled pore space. Soil Biology and Biochemistry, 42 (10): 1888-1891.

GOLDFARB K C, KARAOZ U, HANSON C A, et al. , 2011. Differential growth responses of soil bacterial taxa to carbon substrates of varying chemical recalcitrance. Frontiers in microbiology, 2: 94.

GRAHAM J H, 2001. What Do Root Pathogens See in Mycorrhizas? New Phytologist, 149(3): 357-359.

GRUBA P, MULDER J, 2015. Tree species affect cation exchange capacity (CEC) and cation binding properties of organic matter in acid forest soils. Science of the Total Environment, 511: 655-662.

GUNDERSEN P, SCHMIDT I K, RAULUND-RASMUSSEN K, 2006. Leaching of nitrate from temperate forests-effects of air pollution and forest management. Environmental Reviews, 14 (1): 1-57.

HAGERBERG D, THELIN G, WALLANDER H, 2003. The production of ectomycorrhizal mycelium in forests: Relation between forest nutrient status and local mineral sources. Plant and Soil, 252(2): 279-290.

HAMDAN K, SCHMIDT M, 2012. The influence of bigleaf maple on chemical properties of throughfall, stemflow, and forest floor in coniferous forest in the Pacific Northwest. Canadian Journal of Forest Research, 42(5): 868-878.

HAN C, ZHANG C, LIU Y, et al., 2021. The capacity of ion adsorption and purification for coniferous forests is stronger than that of broad-leaved forests. Ecotoxicology and Environmental Safety, 215: 112137.

HE W, MA Z Y, PEI J, et al., 2019. Effects of Predominant Tree Species Mixing on Lignin and Cellulose Degradation during Leaf Litter Decomposition in the Three Gorges Reservoir, China. Forests, 10(4): 360.

HEIJ G J, DE VRIES W, POSTHUMUS A C, et al., 1991. Effects of Air Pollution and Acid Deposition on Forests and Forest Soils//Heij G J, Schneider T. Studies in Environmental Science. Elsevier, p. 97-137.

JASTROW J D, 1996. Soil aggregate formation and the accrual of particulate and mineral-associated organic matter. Soil Biology and Biochemistry, 28(4): 665-676.

JENTSCHKE G, GODBOLD D L, 2000. Metal toxicity and ectomycorrhizas. Physiologia Plantarum, 109(2): 107-116.

JIANG W T, GONG L, YANG L H, et al., 2021. Dynamics in C, N, and P stoichiometry and microbial biomass following soil depth and vegetation types in low mountain and hill region of China. Scientific reports, 11(1): 19631.

JIANG J, WANG Y P, YU M X, et al., 2016. Responses of soil buffering capacity to acid treatment in three typical subtropical forests. Science of the Total Environment, 563-564.

JIROUT J, AIMEK M, ELHOTTOVÁ D, 2013. Fungal contribution to nitrous oxide emissions from cattle impacted soils. Chemosphere, 90(2): 565-572.

JOHNSON D B, STALLWOOD B, KIMURA S, et al., 2006. Isolation and characterization of Acidicaldus organivorus, gen. nov., sp. nov.: a novel sulfur-oxidizing, ferric iron-reducing thermoacidophilic heterotrophic Proteobacterium. Archives of microbiology, 185(3): 212-221.

KHAN R, GUPTA A K, 2017. Screening and characterization of acid producing fungi from different mine areas of Chhattisgarh region. KAVAKA, 49: 45-49.

KIM K K, LEE K C, EOM M K, et al., 2014. Variibacter gotjawalensis gen. nov., sp. nov., isolated from soil of a lava forest. Antonie van Leeuwenhoek, 105(5): 915-924.

KOOCH Y, BAYRANVAND M, 2017. Composition of tree species can mediate spatial variability of C and N cycles in mixed beech forests. Forest Ecology and Management, 401: 55-64.

KRZNARIC E, VERBRUGGEN N, WEVERS J H L, et al., 2008. Cd-tolerant Suillus luteus: A fungal insurance for pines exposed to Cd. Environmental Pollution, 157(5): 1581-1588.

KULICHEVSKAYA I S, DANILOVA O V, TERESHINA V M, et al., 2014. Descriptions of Roseiarcus fermentans gen. nov., sp. nov., a bacteriochlorophyll a-containing fermentative bacterium related phylogenetically to alphaproteobacterial methanotrophs, and of the family Roseiarcaceae fam. nov. International Journal of Systematic and Evolutionary Microbiology, 64(Pt 8): 2558-2565.

LEGOUT A, VAN DER HEIJDEN G, JAFFRAIN J, et al. , 2016. Tree species effects on solution chemistry and major element fluxes: A case study in the Morvan (Breuil, France) . Forest Ecology and Management, 378: 244-258.

LEJON D P H, CHAUSSOD R, RANGER J, et al. , 2005. Microbial community structure and density under different tree species in an acid forest soil (Morvan, France). Microbial Ecology, 50 (4): 614-625.

LEVIA D F, GERMER S, 2015. A review of stemflow generation dynamics and stemflow-environment interactions in forests and shrublands. Reviews of Geophysics, 53(3): 673-714.

LEVY-BOOTH D J, PRESCOTT C E, GRAYSTON S J, 2014. Microbial functional genes involved in nitrogen fixation, nitrification and denitrification in forest ecosystems. Soil Biology and Biochemistry, 75: 11-25.

LI J R, CHEN L, WANG H, et al. , 2022. Pattern and drivers of soil fungal community along elevation gradient in the Abies georgei forests of Segila mountains, Southeast Tibet. Global Ecology and Conservation, 39: e2291.

LIANG J, YE Y, PENG Y, et al. , 2018. Effects of simulated acid rain on physiological characteristics and active ingredient content of asparagus cochinchinensis (Lour.). Merr. Pakistan Journal of Botany, 50(6): 2395-2399.

LINDROOS A J, DEROME J, DEROME K, et al. , 2011. The effect of Scots pine, Norway spruce and silver birch on the chemical composition of stand throughfall and upper soil percolation water in northern Finland. Boreal environment research, 16(3): 240-250.

LIU X, ZHANG B, ZHAO W R, et al. , 2017. Comparative effects of sulfuric and nitric acid rain on litter decomposition and soil microbial community in subtropical plantation of Yangtze River Delta region. Science of the Total Environment, 601-602.

LIU Y F, ZHANG G X, QI M F, et al. , 2015. Effects of Calcium on Photosynthesis, Antioxidant System, and Chloroplast Ultrastructure in Tomato Leaves Under Low Night Temperature Stress. Journal of Plant Growth Regulation, 34(2): 263-273.

LIVINGSTONE D R, 2001. Contaminant-stimulated Reactive Oxygen Species Production and Oxidative Damage in Aquatic Organisms. Marine Pollution Bulletin, 42(8): 656-666.

LUCIANA A, LUÍS F, FRED A R, et al. , 2011. Gaiella occulta gen. nov. , sp. nov. , a novel representative of a deep branching phylogenetic lineage within the class Actinobacteria and proposal of Gaiellaceae fam. nov. and Gaiellales ord. nov. Systematic and Applied Microbiology, 34 (8): 595-599.

MALTZ M R, CHEN Z, CAO J X, et al. , 2019. Inoculation with Pisolithus tinctorius may ameliorate acid rain impacts on soil microbial communities associated with Pinus massoniana seedlings. Fungal Ecology, 40: 50-61.

MATS F, KARNA H, DAN B K, et al. , 2011. Dissolved organic carbon and nitrogen leaching from Scots pine, Norway spruce and silver birch stands in southern Sweden. Forest Ecology and Management, 262(9): 1742-1747.

202

NEVEL L V, MERTENS J, SCHRIJVER A D, et al. , 2014. Can shrub species with higher litter quality mitigate soil acidification in pine and oak forests on poor sandy soils? Forest Ecology and Management, 330: 38-45.

OSONO T, 2005. Colonization and succession of fungi during decomposition of Swida controversa leaf litter. Mycologia, 97(3): 589-597.

OUATIKI E, MIDHAT L, TOUNSI A, et al. , 2022. The association between Pinus halepensis and the Ectomycorrhizal fungus Scleroderma enhanced the phytoremediation of a polymetal-contaminated soil[J]. International Journal of Environmental Science and Technology, 19(12): 12537-12550.

PENNANEN T, FRITZE H, VANHALA P, et al. , 1998. Structure of a microbial community in soil after prolonged addition of low levels of simulated acid rain. Applied and environmental microbiology, 64(6): 2173-2180.

PENNANEN T, PERKIÖMÄKI J, KIIKKILÄ O, et al. , 1998. Prolonged, simulated acid rain and heavy metal deposition: separated and combined effects on forest soil microbial community structure. FEMS Microbiology Ecology, 27(3): 291-300.

PHILLIPS R P, MEIER I C, BERNHARDT E S, et al. , 2012. Roots and fungi accelerate carbon and nitrogen cycling in forests exposed to elevated CO_2. Ecology Letters, 15(9): 1042-1049.

REDDY M S, BABITA K, RAMAMURTHY V, 2002. Influence of Aluminum on Mineral Nutrition of the Ectomycorrhizal Fungi Pisolithus sp. and Cantharellus cibarius. Water, Air and Soil Pollution, 135: 55-64.

RINEAU F, GARBAYE J, 2009. Effects of liming on ectomycorrhizal community structure in relation to soil horizons and tree hosts. Fungal Ecology, 2(3): 103-109.

RÖLING W F M, 2010. Hydrocarbon-Degradation by Acidophilic Microorganisms//Handbook of Hydrocarbon and Lipid Microbiology, p. 1923-1930.

ROTH D R, FAHEY T J, 1998. The Effects of Acid Precipitation and Ozone on the Ectomycorrhizae of Red Spruce Saplings. Water, Air, and Soil Pollution, 103(1-4): 263-276.

SALLES J F, POLY F, SCHMID B, et al. , 2009. Community niche predicts the functioning of denitrifying bacterial assemblages. Ecology, 90(12): 3324-3332.

SANDERSON T M, BARTON C, COTTON C, et al. , 2017. Long-Term Evaluation of Acidic Atmospheric Deposition on Soils and Soil Solution Chemistry in the Daniel Boone National Forest, USA. Water, Air, & Soil Pollution, 228(10): 401-403.

SCHIER G A, MCQUATTIE C J, 1995. Effect of aluminum on the growth, anatomy, and nutrient content of ectomycorrhizal and nonmycorrhizal eastern white pine seedlings. Canadian Journal of Forest Research, 25(8): 1252-1262.

SCHRIJVER A, FRENNE P, STAELENS J, et al. , 2012. Tree species traits cause divergence in soil acidification during four decades of postagricultural forest development. Global Change Biology, 18(3): 1127-1140.

SENTHILKUMAR M, ANANDHAM R, KRISHNAMOORTHY R, 2020. Paecilomyces// maresan N, Senthil Kumar M, Annapurna K, et al. Beneficial Microbes in Agro-Ecology. Academic

Press, p. 793-808.

SEVERINO R, FROUFE H J C, BARROSO C, et al. , 2019. High-quality draft genome sequence of Gaiella occulta isolated from a 150 meter deep mineral water borehole and comparison with the genome sequences of other deep-branching lineages of the phylum Actinobacteria. Microbiologyopen, 8(9): e840.

SIGISFREDO G, KAI R, ROBERT B, et al. , 2013. Phylogenetic diversity and structure of sebacinoid fungi associated with plant communities along an altitudinal gradient. FEMS Microbiology Ecology, 83(2): 265-278.

SINGH O V, 2012. Extremophiles: Sustainable Resources and Biotechnological Implications. John Wiley & Sons, Inc.

SIX J, ELLIOTT E T, PAUSTIAN K, et al. , 1998. Aggregation and Soil Organic Matter Accumulation in Cultivated and Native Grassland Soils. Soil Science Society of America Journal, 62(5): 1367-1377.

SPARRIUS L B, 2011. Inland Dunes in the Netherlands: Soil, Vegetation, Nitrogen Deposition and Invasive Species. Universiteit van Amsterdam.

STEPKOWSKI T, ZAK M, MOULIN L, et al. , 2011. Bradyrhizobium canariense and Bradyrhizobium japonicum are the two dominant rhizobium species in root nodules of lupin and serradella plants growing in Europe. Systematic and Applied Microbiology, 34(5): 368-375.

STONE M M, DEFOREST J L, PLANTE A F, 2014. Changes in extracellular enzyme activity and microbial community structure with soil depth at the Luquillo Critical Zone Observatory. Soil Biology and Biochemistry, 75: 237-247.

TAKESHI T, RYOTA K, KAZUYOSHI F, 2007. Plant growth and nutrition in pine (Pinus thunbergii) seedlings and dehydrogenase and phosphatase activity of ectomycorrhizal root tips inoculated with seven individual ectomycorrhizal fungal species at high and low nitrogen conditions. Soil Biology and Biochemistry, 40(5): 1235-1243.

THOMAS K D, PRESCOTT C E, 2000. Nitrogen availability in forest floors of three tree species on the same site: the role of litter quality. Canadian Journal of Forest Research, 30(11): 1698-1706.

THRASH J C, COATES J D, 2015. Acidobacterium//Bergey's Manual of Systematics of Archaea and Bacteria.

TOMOHIRO Y, FFJIO H, NAOKO T, 2018. Seasonal Effects on Microbial Community Structure and Nitrogen Dynamics in Temperate Forest Soil. Forests, 9(3): 153.

TOURNA M, STIEGLMEIER M, SPANG A, et al. , 2011. Nitrososphaera viennensis, an ammonia oxidizing archaeon from soil. Proceedings of the National Academy of Sciences of the United States of America, 108(20): 8420-8425.

VAN NEVEL L, MERTENS J, DE SCHRIJVER A, et al. , 2013. Forest floor leachate fluxes under six different tree species on a metal contaminated site. Science of the Total Environment, 447: 99-107.

VANHALA P, FRITZE H, NEUVONEN S, 1996. Prolonged simulated acid rain treatment in the subarctic: Effect on the soil respiration rate and microbial biomass. Biology and Fertility of Soils, 23(1): 7-14.

VERSTRAETEN A, NEIRYNCK J, GENOUW G, et al. , 2012. Impact of declining atmospheric deposition on forest soil solution chemistry in Flanders, Belgium. Atmospheric Environment, 62: 50-63.

WANG L, CHEN Z, SHANG H, et al. , 2014. Impact of simulated acid rain on soil microbial community function in Masson pine seedlings. Electronic Journal of Biotechnology, 17(5): 199-203.

WANG Y H, SOLBERG S, YU P T, et al. , 2007. Assessments of tree crown condition of two Masson pine forests in the acid rain region in south China. Forest Ecology and Management, 242(2): 530-540.

WARDLE D A, BARDGETT R D, KLIRONOMOS J N, et al. , 2004. Ecological Linkages Between Aboveground and Belowground Biota. Science, 304(5677): 1629-1633.

WARDLE D A, 2009. Aboveground and belowground consequences of long-term forest retrogression in the rimeframe of millennia and beyond. Old-Growth Forests, 207: 193-209.

WIEDER W, 2014. Soil carbon: Microbes, roots and global carbon. Nature Climate Change, 4 (12): 1052-1053.

WU J P, LIANG G H, HUI D F, et al. , 2016. Prolonged acid rain facilitates soil organic carbon accumulation in a mature forest in Southern China. Science of the Total Environment, 544: 94-102.

XIE J S, GUO J F, YANG Z J, et al. , 2013. Rapid accumulation of carbon on severely eroded red soils through afforestation in subtropical China. Forest Ecology and Management, 300: 53-59.

XIONG W, LI R, REN Y, et al. , 2017. Distinct roles for soil fungal and bacterial communities associated with the suppression of vanilla Fusarium wilt disease. Soil Biology and Biochemistry, 107: 198-207.

XU H Q, ZHANG J E, OUYANG Y, et al. , 2015. Effects of simulated acid rain on microbial characteristics in a lateritic red soil. Environmental science and pollution research international, 22 (22): 18260-18266.

XU Z F, LI Y S, TANG Y, et al. , 2009. Chemical and strontium isotope characterization of rainwater at an urban site in Loess Plateau, Northwest China. Atmospheric Research, 94 (3): 481-490.

XUE L, REN H, LI S, et al. , 2017. Soil Bacterial Community Structure and Co-occurrence Pattern during Vegetation Restoration in Karst Rocky Desertification Area. Frontiers in microbiology, 8: 2377.

YAMASHITA N, OHTA S, SASE H, et al. , 2011. Seasonal changes in multi-scale spatial structure of soil pH and related parameters along a tropical dry evergreen forest slope. Geoderma, 165 (1): 31-39.

ZHANG N, LI C, NIU Z, et al. , 2020. Colonization and immunoregulation of Lactobacillus plantarum BF_15, a novel probiotic strain from the feces of breast-fed infants. Food & function, 11

（4）：3156-3166.

ZHANG X M, LIU W, ZHANG G M, et al. , 2015. Mechanisms of soil acidification reducing bacterial diversity. Soil Biology and Biochemistry, 81: 275.

ZHANG Y, CROUS P W, SCHOCH C L, et al. , 2011. A molecular, morphological and eco-logical re-appraisal of Venturiales — a new order of Dothideomycetes. Fungal Diversity, 51 (1): 249-277.

ZHANG Y, DAI S Y, HUANG X Q, et al. , 2020. pH-induced changes in fungal abundance and composition affects soil heterotrophic nitrification after 30 days of artificial pH manipulation. Geoderma, 366: 114255.

ZHU H H, CHEN C C, XU C, et al. , 2016. Effects of soil acidification and liming on the phy-toavailability of cadmium in paddy soils of central subtropical China. Environmental Pollution, 219: 99-106.

第二篇

大气臭氧浓度升高对
亚热带森林生态系统的影响

第8章

臭氧研究进展

1 近地层 O_3 研究背景

O_3 作为一种二次空气污染物，其产生与消亡的过程受到前体物质间的光化学反应的控制。随着全球人口数量的增加，人们对能源、交通运输和农业生产的需求量也不断增大，这也必然促进了 O_3 前体物的排放。因此，O_3 浓度升高已经逐渐成为局部地区乃至全球关注的重点环境问题之一。据预测，21 世纪末北半球夏季大气的 O_3 平均浓度可能达到 70nmol/mol 以上（Solomon et al.，2007）。在 O_3 污染严重的地区，其峰值浓度可超过 100nmol/mol，甚至达到 200nmol/mol（Society and Fowler，2008）。此外，对流层 O_3 浓度不仅与 O_3 前体物相关，还受到天气因素的影响。

对流层的 O_3 浓度在工业革命之前约为 10nmol/mol，19 世纪末到 20 世纪中后期北半球中纬度地区的 O_3 浓度已经增加到 30～35nmol/mol。根据 2013 年 IPCC 研究结果，全球臭氧浓度正以每年 0.5%～2.0% 的速度持续增加，臭氧浓度到 2050 年可能提高至 20%～25%。不同低纬度的地区、不同季节、不同时间，O_3 浓度均存在差异性。全球范围内，O_3 污染水平在欧洲中部，美国东部和中国东部区域最为严重。并且 O_3 浓度存在区域与时间的变化。在区域尺度上，其合成前体物在传输过程中也可以影响其浓度。例如，O_3 在北美、欧洲和亚洲之间进行的区域传输——亚洲和欧洲地区产生的 O_3 在传输过程中使得北美地区 O_3 浓度大幅度增加。同样，来自于北美和亚洲大量的合成前体物对欧洲的 O_3 形成具有重要作用。

1.1 O_3 浓度升高对植物影响的研究方法

田间暴露法：主要以封闭式气室和开顶式气室为代表。这里主要介绍开顶式气室（Open top champers，OTCs），开顶式气室包括上通风式和下通风式两种，其中下通风式较上通风式室内气体分布和流动更加均匀。OTCs 技术在 1973 年首次应用，美国全国农作物损失评价网于 1980 年利用 OTCs 研究了 O_3 浓度升高对农作物生产和产量的影响，包括：小麦（*Triticum aestivum*）、玉米（*Zea mays*）、大豆（*Glycine max*）和马铃薯（*Solanum tuberosum*）等，欧洲也基于 OTCs 技术建立起了欧洲农用损失评价网，随后其他一些国家也参照了该方法并开展类似研究。

FACE 研究平台：国际上于 20 世纪 80 年代开展了对开放式气体浓度升高系统（Free Air Concentration Enrichment，FACE）的研究。由于 FACE 系统是开放无隔离的，空气可在系统内自由流通，因此系统内的温湿度、光照辐射、风速与外界一致。FACE 系统被认为是研究近地层中 O_3 浓度增加对植物影响的相对理想的一种试验方法。

自然大气条件下田间小区法也是一种在开放的田间研究 O_3 对植物的生长和产量影响的理想方法，此法主要是利用自然大气中天然 O_3 浓度变化，结合一些化学防护剂来进行研究。由于利用大气实际 O_3 浓度，所以结果真实可靠。目前使用最多的防护剂是抗氧化剂-亚乙基二脲（EDU），其最大特点是对抑制 O_3 的植物伤害具有专一性，对抑制其它气体污染物如过乙酰基硝酸酯和 SO_2 的伤害没有作用，所以被广泛应用。

1.2 O_3 对地上部分的影响

1.2.1 O_3 浓度升高引起叶片伤害症状

叶片作为植物的主要光合作用器官，其健康状况与植株整体生长密切相关。O_3 主要通过气孔进入叶肉组织中，伤害栅栏组织，致使叶肉组织细胞质壁分离，内含物分解。且长期处于高浓度 O_3 条件下，叶片表面开始出现坏死斑并且愈加严重。早在 1956 年，就有美国学者发现并提出近地层 O_3 浓度升高会对植物产生一定的影响。在 1983 年，Yang 等（1983）对美国弗吉尼亚州雪兰多国家公园中的植物进行调查时发现，空气中的 O_3 已经威胁到了该地区的植物，部分植物的叶片出现了 O_3 伤害症状。之后有大量的控制试验证实了 O_3 对很多种植物都有较严重的危害。在 1958 年，有学者在较高 O_3 水平的环境下发现一些葡萄属（*Vitis*）植物的叶片表面出现了深色斑点，并对这种典型的 O_3 伤害症状进行了记录。也有学者在黄樟（*Cinnamomum porrectum*）、细本葡萄（*Vitis thnubergii*）以及马利筋（*Asclepias curassavica*）等植物叶片表面上也发现了典型的 O_3 伤害症状（Davis and Orendovici，2006）。100nmol/mol O_3 处理 4 天后，水稻（*Oryza sativa*）叶片叶脉边缘出现了红褐色的点状斑。地中海白松（*Pinus halepensis*）在高浓度 O_3 熏蒸下，叶龄较大的针叶和当年叶都出现了斑点和条状斑。

1.2.2 O_3 浓度升高对植物光合作用的影响

光合作用作为绿色植物最主要的能量转化过程，对外界环境因子的响应也很敏感。诸多研究发现，O_3 浓度升高会减少植物叶片中叶绿素（Chl）的含量，并导致净光合速率（Pn）降低。Wittig 等（2007）通过对一些落叶树种和一些常绿树种进行 O_3 暴露试验后，发现在 O_3 胁迫下，叶片 Pn 降低，暗呼吸速率增加，叶片的衰老过程加加剧。

气孔是 O_3 进入植物体的重要通道，O_3 一般会通过影响气孔的结构和功能，例如气孔数量、孔径和开度等，进而对植物产生影响。当外界环境中的 O_3 浓度升高时，植物一般会降低其气孔导度（Gs）用以减少进入植物体的 O_3 通量，但同时也降低了二氧化碳的吸收。气孔关闭是导致植物叶片 Pn 降低的因素之一。通常情况下，速生植物对 O_3 浓度升高的响应更为敏感，因为与其他植物相比，其 O_3 气孔通量较大。当地中海盆地的 O_3 浓度高时，该地区植被叶片的 Gs 随之降低，挥发性有机化合物的排放量增加，抗氧化酶的活性增强（Paoletti，2006）。

长期的 O_3 污染条件下，植物可能会失去对气孔的调节控制，甚至使 gs 增大。当气孔的调节功能受到影响时，O_3 降低植物光合作用主要是由非气孔限制因素导致的。在这种情况下，O_3 胁迫会引起叶绿体结构发生改变、光合色素含量降低、可溶性蛋白被分解、抗氧化酶及参与固碳的酶活性降低、叶面积减小、叶片衰老加剧、有机物运输受阻，最终降低了植物的光合作用。同时，O_3 会使植物类囊体膜的成分发生改变。在非气孔限制因素中，叶绿体固碳效率的降低是 Pn 下降的主要原因。O_3 浓度升高降低了地中海白松针叶中的总核酮糖-1，5-二磷酸羧化酶/加氧酶（Rubisco）的活力。而 Rubisco 的减少是非气孔限制因素占主导作用的一个重要的特征。此外，O_3 进入叶肉细胞后会伤害叶绿体，降低叶绿素含量，进而降低光合作用。

1.2.3　O_3 浓度升高对植物呼吸代谢的影响

植物的呼吸作用对 O_3 胁迫的响应不固定，既有可能升高，也有可能降低：通过提高呼吸代谢速率修复 O_3 造成的伤害，通过损伤线粒体来减弱呼吸作用。O_3 浓度升高会提高植物抗氧化过程和补偿修复过程中相关的酶活性。例如，磷酸烯醇式丙酮酸既在糖酵解和三羧酸循环的反应过程中具有重要的作用，也在一些植物的光合作用过程中作为 CO_2 的受体。有学者研究表明在 O_3 浓度升高的条件下，磷酸烯醇式丙酮酸羧化酶的活性会增加，会促进磷酸烯醇式丙酮酸与碳酸氢根发生反应。在 O_3 浓度升高的条件下，磷酸烯醇式丙酮酸羧化酶的活性会提高，这样有利于抵御 O_3 伤害和修复损伤。

1.3　O_3 对地下过程的影响

1.3.1　根生长

根系是植物重要的功能器官，它不但为植物吸收养分和水分、固定地上部分，而且通过呼吸和周转消耗光合产物并向土壤输入有机质。根系生长是否正常，根系的生态功能是否正常发挥直接影响植物的生长。臭氧影响植物根系的延伸速率、根长、根系数量等，但研究根系对臭氧响应胁迫应用最多的指标就是根系生物量和根茎比。

1.3.1.1 根系生物量

臭氧通过破坏叶片气孔功能或者降低 Rubisco 的活性，减小碳同化能力，叶片由于自我修复及抗氧化剂合成的需要，会从根系获取碳，从而降低根生物量。但不同树种、不同树龄、不同群落组成以及不同试验处理得到的结果也不尽一致。

臭氧处理后，桦树（*Betula pendula*）、美国西黄松（*Quercus ilex*）、杰弗瑞松（*Pinus jeffreyi*）幼苗根系生物量均降低（Karlsson 等，2003）。降低树木根系生物量，臭氧有两种途径对植物造成影响：①植物生长初期，光合作用不足以满足植物代谢，此时根储量起到关键作用；②不发达的根系系统会降低植物对环境胁迫的耐性，以及繁殖的成功率。但成熟的欧洲山毛榉（*Fagus sylvatica*）和挪威云杉（*Picea abies*）混交林经过臭氧加倍处理两个生长季后，细根生物量没有影响，细根数量增加（Nikolova et al.，2010），这可能与臭氧引起的养分和水分输送限制相关，或者与内源激素调节相关；经过臭氧 43ug/m³ 和 68ug/m³ 短期（6h）和长期（30 天）处理后，巴西红木（*Caesalpinia echinata*）幼苗的根系生物量不受影响，这可能是由较低的气孔导度限制了臭氧进入叶片组织，从而避免了其造成的伤害（Moraes 等，2006）。在美国莱茵河附近，Pregitzer 等（2008）利用 FACE 系统在 1998-2004 年间对山杨，纸皮桦/山杨（*Betula papyrifera/Populus tremuloides*），糖枫/山杨（*Acer saccharum/Populus tremuloides*）群落进行 CO_2 和 O_3 暴露试验，结果表明 2002 年前，臭氧处理降低所有群落的粗根生物量，纸皮桦/山杨和纸皮桦/糖枫的细根生物量；而在 2002 和 2005 年，臭氧显著增加了山杨群落的细根生物量，与大部分短期研究结果相比，他们的长期研究结果很清楚地表明，臭氧升高处理增加了山杨细根生物量的碳分配，这是由于长期臭氧条件淘汰了群落中臭氧敏感的基因型及树种，而臭氧耐性较大的树种及基因型占据了更大的生存空间及资源。

1.3.1.2 根茎比

地下碳分配的减少通常伴随着根茎比降低，但观察到的根茎比反应差别很大，主要是因为物种间和物种内差异、种植条件不同以及个体差异。臭氧处理下，根茎比的响应也因处理浓度、树种及树龄不同而出现差异。

Díaz-de-Quijano 等（2012）利用 FACE 系统对山地松（*Pinus uncinata*）幼苗进行臭氧暴露处理，臭氧浓度升高显著降低了根茎比；一年生山毛榉幼苗经过臭氧加倍处理两年后，与对照处理相比根茎比显著降低（Luedemann et al.，2009）；AOT40-120ppm h 的臭氧处理两年后，两个生长季末分别取样，桦树（*Betula pendula*）幼苗根茎比与对照处理（AOT40-3ppm h）相比均降低；随着 AOT40 增加，山毛榉和白蜡（*Fraxinus excelsior*）芽苗的根茎比显著降低，但挪威云杉和欧洲赤松（*Pinus sylvestris*）芽苗根茎比没有显著变化（Landolt et al.，2000）；巴西红木幼苗经过臭氧 43ug/m³ 和 68ug/m³ 短期（6h）和长期（30 天）处理后，根茎比不受影响（Moraes et al.，2006）。而 Thomas 等（2005）对两年生挪威云杉幼苗进行自然大气和过滤处理，处理 3 年后自然大气处理与过滤处理相比提高了云杉幼苗的根茎比。

1.3.2 根系碳水化合物

臭氧通过影响光合作用、碳水化合物合成以及碳分配过程而影响植物的碳代谢过程，有研究表明臭氧暴露减少碳水化合物对根系的分配。

1.3.2.1 淀粉

许多研究表明，臭氧暴露影响根系淀粉含量，研究最多的树种包括山毛榉、云杉和西黄松。Braun 等（1995）调查了臭氧污染程度不同区域的一年生山毛榉和两年生云杉的碳水化合物浓度，发现随着累积臭氧通量的增加，山毛榉根中淀粉含量变化不显著，云杉根中淀粉含量降低，但其叶中淀粉量增加，这可与光合同化物从同地上部运输到根部的能力减弱相关。Lux 等（1997）分别在 400m 和 1800m 两个海拔位置对云杉苗和山毛榉苗进行臭氧暴露试验，在低海拔 400m 生长的云杉苗经过一年的臭氧处理后，云杉最细根的淀粉含量在大气处理中明显多于过滤处理；但在 1800m 海拔的云杉苗在大气处理下根系中的可溶性碳水化合物和淀粉含量显著低于过滤处理；而山毛榉在两个海拔下，均是大气处理下根系淀粉含量低于过滤处理。169ppm-h 剂量的臭氧处理后，在接下来的休眠期和生长期美国黄松幼苗根系碳水化合物显著减少，淀粉含量影响最大，在休眠期粗根和细根淀粉含量分别降低 43% 和 44%，生长期粗根、细根和新根淀粉含量分别降低 50%、65% 和 62%，这可能是由于臭氧在第二个生长季造成针叶提前衰老从而降低了根获得光合产物的量。

1.3.2.2 可溶性糖类

可溶性糖类种类很多，对臭氧的响应也不同。Lux 等（1997）研究表明，在低海拔 400m 生长的云杉苗经过一年的臭氧处理后，臭氧暴露明显影响了细根中三糖棉子糖的含量，自然大气处理下云杉细根中三糖棉子糖只有过滤处理的一半，粗根和最细根的海藻糖含量轻微减少；而自然大气处理的山毛榉根系中可溶性糖类，尤其是葡萄糖、果糖和蔗糖含量显著高于过滤处理。Thomas 等（2005）对两年生挪威云杉幼苗和欧洲山毛榉幼苗进行自然大气和过滤处理，处理三年后云杉细根中糖醇、双糖和三糖含量对臭氧没有响应，单糖和总的可溶性碳水化合物含量在臭氧熏蒸后显著增加，总量增加主要是由于单糖增加；而臭氧对山毛榉幼苗根系的糖醇含量没有显著影响，臭氧熏蒸显著增加了细根单糖含量，但对其他碳水化合物没有影响。一年生山毛榉幼苗在六个臭氧浓度不同的区域生长两年后，山毛榉细根单糖含量随臭氧浓度升高而呈现降低趋势（Braun et al.，1995）。

美国西黄松幼苗经臭氧浓度加倍处理后，细根中的可溶性糖类含量发生变化。臭氧处理的幼苗在休眠期粗根中葡萄糖含量则显著低于对照处理；在生长期，臭氧显著减少了粗根、细根和新根中的葡萄糖含量。臭氧处理的新根葡萄糖含量只有对照处理的21%。在休眠期，高浓度臭氧处理下（351ppm h）细根和新根中的果糖含量减少了78%和81%。臭氧显著降低了根中的单糖含量，与对照相比，臭氧处理下（351ppm h）新根的单糖含量减少了80%（Andersen et al.，1997）。

1.3.3 根系和土壤呼吸

1.3.3.1 根系呼吸

关于细根呼吸（Rr）对臭氧的响应还不是很清楚，以往的研究得到一系列相反的结论。臭氧降低了一些针叶树的细根呼吸（火炬松、华山松、花旗松），但也提高了一些针叶树（西黄松）和温带阔叶树（落叶红橡树）的细根呼吸。臭氧暴露后根系呼吸降低，一方面是由于根系的维持呼吸与生长呼吸的降低导致的；另一方面是由于根系生物量减少导致的。总体来说，臭氧对根系呼吸的影响是值得关注的，因为臭氧可能会造成根系系统获取水分、养分、合成必要氨基酸和蛋白质的能力改变。

1.3.3.2 土壤呼吸

植物的生理活性和土壤微生物控制着陆地生态系统中的碳、氮流动，流层臭氧浓度升高有可能改变这种流动。土壤 CO_2 通量代表了整个植物根系和土壤微生物对臭氧的反应，反映了土壤中碳流动的变化。有研究认为臭氧对土壤 CO_2 释放是消极影响，也有的认为是积极影响。造成这种影响差异的原因有：物种或基因型不同，试验植物的发育阶段不同、暴露时间长短不同以及试验设计不同。Scagel（1997）研究了北美黄松（*Pinus ponderosa*）在臭氧胁迫下根和土壤呼吸的季节变化，发现随着臭氧浓度的升高根的 CO_2 产生量、O_2 的消耗量和呼吸指数（CO_2/O_2）都是增加的。Kasurinen 等（2004）研究了臭氧胁迫下白桦林下土壤 CO_2 的释放，结果表明，提高臭氧浓度促进了土壤 CO_2 的释放，这可能是由于臭氧暂时地促进了菌根的形成，提高了根获取营养的能力以及根的周转速率。

1.3.4 微生物

1.3.4.1 土壤微生物

臭氧浓度提高会降低凋落物的质量和分解速率，以及微生物生物量，并且改变微生物的群落结构及功能多样性。对微生物群落结构和活性的影响会导致植株营养、植物竞争和物种组成的改变。

关于臭氧对根际微生物的影响研究比较少，一些学者研究了臭氧对农作物或草本植物根际微生物的影响，而关于臭氧对森林植物根际微生物的影响研究则非常缺乏。Scagel 和 Andersen（1997）研究表明，臭氧影响北美黄松土壤中活微生物和总微生物的种群组成。活真菌生物量、活真菌和细菌生物量比值随植物受臭氧胁迫的时间延长而增加。在低臭氧浓度下（23nL/L），总真菌和总细菌的生物量增加，但臭氧对其的影响不是线性的；在高臭氧浓度下（31nL/L），总真菌和总细菌生物量与对照相比是下降的。Scholoter 等（2005）研究了山毛榉幼苗根际和非根际土壤微生物对臭氧的响应，结果表明山毛榉幼苗根际微生物群落对臭氧处理作出了响应，对照处理下根际土壤微生物多样性高于 O_3 处理，而且群落结构和功能都受到了臭氧的影响，多样性明显降低，潜在营养周转降低。

1.3.4.2 菌根

菌根菌丝是森林土壤中重要的连接网，用来传输水分和养分，从而影响生物多样性及整个生态系统的生产力。臭氧对外生菌根群落的影响还不清楚。一些短期研究表明，臭氧促进了几个树种的菌根形成，而其他一些研究发现臭氧对菌根影响很小或者没有影响；有些报道发现，当一些落叶树或针叶树暴露于臭氧中时，其菌根侵染率不受影响；但也有一些研究发现，短期或低浓度臭氧暴露对菌根侵染率有中性或刺激作用，而中长期或高浓度臭氧暴露则对菌根产生明显的副作用。70 年树龄的山毛榉-云杉混交林中的山毛榉在臭氧浓度加倍处理后，臭氧暴露改变了外生菌根真菌的群落结构和相对丰度，臭氧增加了菌根数量和细根数量，可能是根对臭氧浓度增加的过渡响应，通常发生在低浓度臭氧处理前期。

214

| 第 9 章 |

O₃ 浓度升高对宜昌楠和红豆杉
幼苗的影响研究

1 材料和方法

1.1 试验区概况

本试验的研究地点位于江西省吉安市泰和县灌溪镇的中国科学院千烟洲试验站($115°03'29.2''E$, $26°44'29.1''N$), 地处中亚热带常绿阔叶林区, 具有典型的亚热带季风气候, 属赣江中游典型红壤丘陵区。海拔为 100m 左右, 温暖湿润, 四季分明, 年平均温度为 17.8℃, 年平均降水量为 1471.2mm, 年平均蒸发量为 259.9mm, 年平均相对湿度为 83%。该区域主要的植被类型为亚热带常绿阔叶树种, 但由于滥砍滥伐, 常绿阔叶林基本消失。从 1983 年, 中国科学院地理科学与资源研究所在此地进行了治理, 营造人工林。桢楠、闽楠、刨花楠、宜昌楠、红豆杉、丹桂、邓恩桉, 广泛分布于我国亚热带, 具有较高的经济和生态价值。

1.2 OTC 熏气系统

本研究采用开顶式气室(OTC)进行臭氧熏蒸, 熏气系统主要由纯 O_3 钢瓶、O_3 浓度控制系统、O_3 发生系统、通风系统、开顶式气室、布气系统、O_3 浓度监测系统组成(图 9-1)。

纯 O_2(图 9-1a): 氧气瓶装氧气。

O_3 浓度控制系统(图 9-1b): 通过质量流量计, 将设定流量的 O_2 分配到 O_3 发生器, 从而产生设定流量的 O_3。

O_3 发生系统(图 9-1c): 利用 O_3 发生器(CFG70D)将 O_2 转化为 O_3。

通风系统(图 9-1d): 利用离心式鼓风机, 通过布气系统向开顶式气室内输入空气。

开顶式气室(图 9-1e): 主体由不锈钢框架构成, 底部为边长 1m、高 2m 的正八棱体, 为减少外部气体对室内气体的影响, 顶部为与水平成 60°的收口, 外

215

包钢化玻璃，距收口处40cm处设置一圆形钢化玻璃，用于遮挡雨水。

布气系统(图9-1f)：两根管呈"T"型连通，与地面水平的管的两端密封，并在水平管的两部分的斜下45°处均匀钻一排孔，从而使水平管在气流的反作用力下可以转动。与地面垂直的管的一端与水平管的中间相通，另一端与鼓风机相通。

O_3浓度监测系统(图9-1g)：利用O_3浓度分析仪(Thermo Fisher，49i，美国)对OTC内的气体中的O_3浓度进行分析。

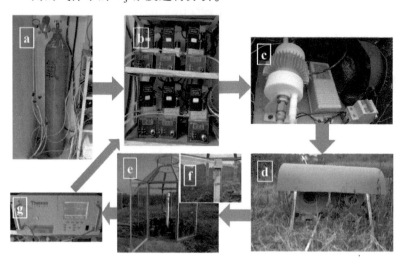

图9-1　OTC熏气系统实物图

1.3　供试材料

红豆杉是我国一级保护树种，具有抗癌的作用。宜昌楠是我国二级保护树种，具有重要的应用和经济价值。这两个树种都是亚热带乡土树种。在本研究中，采用原位试验的方法，在生长季中对一年生红豆杉和宜昌楠幼苗进行O_3熏蒸试验。

1.4　熏气处理及分析方法

1.4.1　红豆杉和宜昌楠实验

1.4.1.1　试验处理

试验设置4个处理：过滤大气、自然大气、O_3浓度100nmol/mol、O_3浓度150nmol/mol。每个O_3处理设置3个OTC，每种苗木在每个OTC有10株。熏气时间从2015年3月21日开始至2015年11月2日结束，每日熏气时间为8小时(北京时间09：00-17：00)。试验过程中随时对叶片上的可见伤害症状进行记录并拍照。从8月至10月的每月中旬测定气体交换参数。2015年11月采样并分析光合色素含量、抗性生理指标、内源激素水平及生长。

1.4.1.2 测定指标及方法

（1）气体交换参数

在叶片水平上，晴天上午09：00-11：00从每个OTC气室随机选取2~3株幼苗，每株主干自上而下4-7叶位选取完全展开的叶2片，用Li-6400便携式光合测定仪测定气体交换参数进行。光合有效辐射（PAR）为1000μmol/m²s），CO_2浓度为周围空气的CO_2浓度（约为370μmol/mol），空气流量为0.5L/s，叶室温度为周围空气的温度，相对湿度55%±5%。

光响应曲线，设定恒定的CO_2浓度（约400μmol/mol）、空气湿度（50%±5%）以及叶室温度（29℃±2℃），于晴天上午（09：00-11：00）测定植株光响应曲线，PAR设置的梯度为0、20、50、100、200、400、600、800、1000、1200、1500、1800μmol/（m²s）。在不同处理组中分别选取3株宜昌楠和红豆杉植株，每株选取相同叶位且完全展开叶片3片进行测定。在Pn-PAR响应曲线中选取光合有效辐射（PAR）=1000μmol/（m²s）时的相关气体交换参数进行分析。气孔限制值（L_s）的计算公式为：

$$L_s = 1 - \frac{C_i}{C_a} \tag{1}$$

式中：C_i为胞间CO_2浓度；Ca为大气CO_2浓度。绘制Pn-PAR响应曲线，采用非直角双曲线模型进行拟合，其表达式为：

$$Pn = \frac{qI - \sqrt{(qI + Amax)^2 - 4\theta qIAmax}}{2\theta} - R_{day} \tag{2}$$

式中：Pn为净光合速率；q为表观量子效率；Amax为最大净光合速率；I为光合有效辐射；θ为光响应曲线曲角；R_{day}为暗呼吸速率。在PAR<200μmol/（m²s）阶段，对Pn-PAR光响应曲线进行直线回归，得到线性方程，与非直角双曲线模型计算出的Amax值和X轴这两条平行直线相交，得出交点。与X轴的交点为光补偿点（LCP），而与Amax交点的横坐标为光饱和点（LSP）。

（2）光合色素含量

取2g叶片组织（避开叶脉），用95%乙醇避光提取48h，于664nm、648nm、470nm处测定吸光度。根据Lichtenthaler（1987）的修正公式计算总叶绿素、叶绿素a、叶绿素b和类胡萝卜素含量。

（3）抗性生理指标

超氧化物歧化酶（SOD）：称取植物样品0.5g，按1：5（W：V）加入50mmol L含1%聚乙烯吡咯烷酮（PVP）和10mmol L巯基乙醇的磷酸缓冲液（pH7.8）冰浴研磨，于15000×g(4℃)离心20min，上清液为粗酶液。活性测定按Dellongo等的方法，稍有改进。在3ml反应体系中包括0.1mmol L EDTA(pH8.0)，13mmol L的蛋氨酸，75×10⁻⁶mol LNBT，2×10⁻⁶mol L核黄素。酶活性采用抑制氮蓝四唑(NBT)光化学还原50%的酶量为一个酶活性单位。

抗坏血酸含量：称取去除叶脉的叶片组织约0.2g，放入装有液氮的研钵中，用2mL 10%的三氯乙酸研磨成匀浆，10000g 4℃离心20min，取上清液，采用Okamura的方法测定。

总酚含量：采用Folin Ciocaiteu's酚试剂显色法测定。将30μL样品加入60μL 10% Folin Ciocaiteu's试剂和240μL 700mM的Na_2CO_3溶液，于空白酶标板中震荡，置于暗处室温反应30min后于765nm处测吸光度。以没食子酸作为标准品代替样品作标准曲线，样品中的总酚以没食子酸的含量表示。

丙二醛(MDA)含量：利用硫代巴比妥酸法测定。取待测样片0.2g左右，加入液氮研磨后，加入2mL 10%三氯乙酸研磨至匀浆，10000g 4℃离心20min，取2mL上清液加入2mL用20% TCA配制的0.5%硫代巴比妥酸，混匀后95℃水浴反应15min，然后转移至冰水混合物中迅速冷却以终止反应，4000g离心10min，于波长532、600和450nm处测定吸光度。丙二醛含量(μmol/L)=6.45×(D532−D600)−0.56D450

(4)生长

收获时用自来水把苗木根系冲洗干净，按根、茎和叶分别统计鲜质量。然后把样品放入75℃的恒温干燥箱内烘干，统计干质量。

(5)土壤理化性质和微生物分

采集土壤样品测定土壤理化性质，并采用高通量测序方法对土壤细菌和土壤真菌多样性进行了分析。土壤理化性质指标测定方法同第2章；土壤细菌和真菌多样性分析同第3章。

2 O_3对宜昌楠和红豆杉幼苗生长的影响

2.1 结果

2.1.1 M8和AOT40

试验从2015年3月21日开始至2015年11月2日结束。NF(自然大气)、E1(100nmol/mol)、E2(150nmol/mol)的M8(每日8h的O_3浓度均值)分别为27.26、96.30、147.06nmol/mol。至试验结束，NF、E1、E2的AOT40(O_3浓度超过40nmol/mol的累积)值分别为27.26、96.30、145.04μmol/mol·h(表9-1)。

表 9-1　每日 8h O₃ 浓度均值(M8)和 AOT40 值

处理	每日 8h O₃ 浓度均值(nmol/mol)	AOT40[μmol/(mol·h)]
NF	27.26	2.27
E1	96.30	75.25
E2	147.06	145.04

2.1.2　可见伤害症状

　　O₃ 熏蒸后宜昌楠和红豆杉幼苗叶片均出现了明显的可见伤害症状。O₃ 熏蒸的浓度越高，症状出现的时间越早。E2 处理的两树种幼苗出现症状的时间最早，首次在宜昌楠幼苗叶片上观察到明显可见伤害症状时的 AOT40 值为 51.150μmol/mol·h；首次在红豆杉幼苗叶片上观察到明显可见伤害症状时的 AOT40 值为 62.086μmol/mol·h。O₃ 熏蒸引起的可见伤害症状会因受试树种的不同而具有一定的差异性(图 9-2)。其中宜昌楠幼苗叶片主要表现出红褐色点状斑、褪绿块状斑、整体褪绿，症状只出现在叶片阳面的叶脉之间，新生叶片未观测到明显的伤害症状。红豆杉幼苗叶片症状比较单一，主要是在叶片阳面的主叶脉两边出现红褐色条状斑，叶位较低的枝条上的叶片先出现伤害症状，同一根枝条上靠近基端的叶片先出现伤害症状。

图 9-2　宜昌楠和红豆杉幼苗叶片的 O₃ 伤害症状

注：Y，宜昌楠；H，红豆杉。

2.1.3 气体交换参数和光合色素

在 3 次的测量中，O_3 熏蒸均显著降低了宜昌楠幼苗叶片的 Pn。平均 E1 和 E2 两个处理，在 8、9、10 月份分别降低了 Pn 21.53%、53.46%、62.49%[图 9-3(a)-(c)]。与宜昌楠幼苗相比，O_3 熏蒸引起的红豆杉幼苗叶片 Pn 的显著性降低所观测的时间较晚。O_3 熏蒸只在 10 月份的测量中显著降低了红豆杉幼苗叶

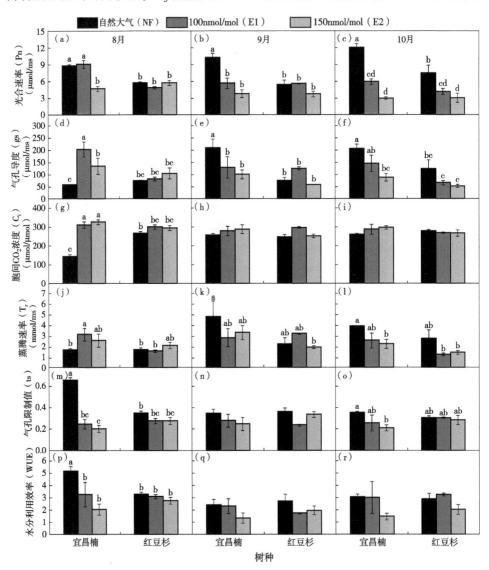

图9-3 不同 O_3 浓度对宜昌楠和红豆杉幼苗叶片气体交换参数的影响

片的 Pn，而 8、9 月份均未显著降低 Pn[图9-3(a)-(c)]。在各个处理下，红豆杉幼苗叶片的 Pn 和 gs 具有显著的相关性，其中 NF 处理下两者间的相关性系数为 0.905，E1 处理的两者间的相关性系数为 0.881，E2 处理的两者间的相关性系数为 0.721。然而对于宜昌楠幼苗，只有 NF 处理的 Pn 和 gs 具有显著的相关性（$R=0.717$），而 E1 和 E2 处理的 Pn 和 gs 相关性均不显著（图9-4）。两个树种的 AOT40 值和 Pn 的回归方程是显著的。其中宜昌楠幼苗的 AOT40-Pn 线性回归方程的斜率为 -0.0586，红豆杉幼苗的为 -0.0237（图9-5）。O₃，树种及其交互作用对所有测定的光合色素含量均具有显著性影响。E1 和 E2 显著降低了宜昌楠幼苗所有测定的光合色素含量，而对红豆杉幼苗叶片的所有测定的光合色素含量无显著影响（图9-6）。

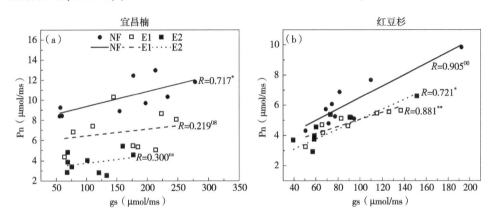

图9-4 不同 O₃ 浓度对宜昌楠和红豆杉幼苗叶片 Pn 和 gs 相关性的影响

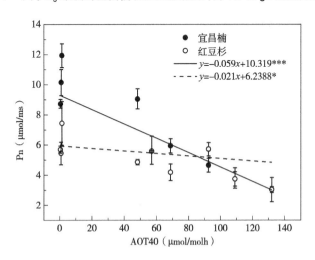

图9-5 AOT40 和 Pn 之间的相关性

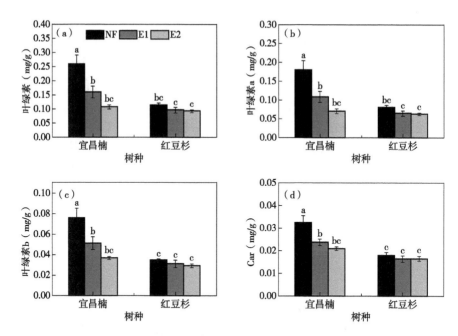

图9-6 不同 O_3 浓度对宜昌楠和红豆杉幼苗叶片光合色素含量的影响

注：Chl a, 叶绿素 a；Chl b, 叶绿素 b。

2.1.4 抗性生理

O_3 和树种因素均对 MDA 含量、还原型抗坏血酸含量和 SOD 活力有显著性影响，但是对总酚含量均无显著性影响。O_3 和树种的交互作用对 MDA 含量和还原型抗坏血酸含量有显著性影响，但是对 SOD 活力和总酚含量无显著性影响（表9-2）。与 NF 处理相比，E1 显著增加了宜昌楠幼苗叶片的 SOD 活力 56.24%，MDA 含量 34.78%，还原型抗坏血酸含量 25.52%，显著增加了红豆杉幼苗叶片的 SOD 活力 48.06%（图9-7）。与 NF 处理相比，E2 显著增加了宜昌楠幼苗叶片的 SOD 活力 81.03%，MDA 含量 43.39%，还原型抗坏血酸含量 35.86%，显著增加了红豆杉幼苗叶片的 SOD 活力 48.06%（图9-7）。

表9-2 O_3、树种、时间及其交互作用对各种测定参数影响的显著性分析

参数	O_3	树种	时间	O_3×树种	O_3×时间	时间×树种	O_3×时间×树种
Pn	***	***	ns	***	***	ns	*
gs	*	***	ns	ns	***	ns	**
Ci	***	ns	ns	***	***	*	**
Tr	ns	**	*	ns	ns	ns	ns

（续）

参数	O_3	树种	时间	$O_3 \times$树种	$O_3 \times$时间	时间×树种	$O_3 \times$时间×树种
WUE	***	ns	**	ns	ns	ns	ns
Ls	***	ns	ns	ns	ns	ns	ns
Chl	**	***	-----	**	-----	-----	----
Chl a	**	***	-----	*	-----	-----	----
Chl b	**	***	-----	*	-----	-----	----
Car	**	***	-----	*	-----	-----	----
MDA	***	***	-----	**	-----	-----	----
SOD	***	*	-----	ns	-----	-----	----
还原型抗坏血酸	**	**	-----	**	-----	-----	----
总酚	ns	***	-----	ns	-----	-----	----
茎	**	ns	-----	ns	-----	-----	----
总干重	***	ns	-----	ns	-----	-----	----
叶干重	**	ns	-----	ns	-----	-----	----
茎干重	***	ns	-----	ns	-----	-----	----
根干重	**	ns	-----	*	-----	-----	----
叶干重/总干重	ns	ns	-----	ns	-----	-----	----
茎干重/总干重	ns	ns	-----	*	-----	-----	----
根干重/总干重	ns	ns	-----	*	-----	-----	----
根茎比	ns	ns	-----	*	-----	-----	----

2.1.5　植株生长参数

O_3熏蒸显著降低了两个树种幼苗的茎 log-size[①]（图9-8a），但茎 log-size 在树种之间无显著性差异（表9-2）。除了红豆杉幼苗的茎干重之外，两个树种幼苗的总干重、根干重、茎干重和叶干重在 O_3 浓度升高的条件下均显著降低（图9-8b-e）。与 NF 处理相比，E1 降低红豆杉幼苗的根茎比18.81%，E2 降低红豆杉幼苗的根茎比27.51%。而 E1 和 E2 对宜昌楠的根茎比无显著性影响（图9-8i）。O_3熏蒸对宜昌楠幼苗的叶干重/总干重、根干重/总干重、茎干重/总干重影响不显

---

①茎 log-size 为描述树木生长的参数，公式为 $y=\log10(d^2 h)$，式中：d 表示基径，h 表示树高。

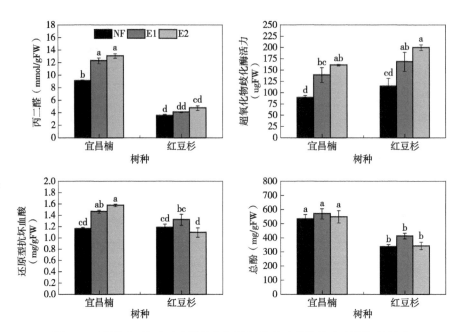

图9-7 不同 O_3 浓度对宜昌楠和红豆杉幼苗叶片抗性生理指标的影响

著。而对于红豆杉幼苗，根干重/总干重和茎干重/总干重在 O_3 浓度升高的条件下发生了显著改变（图9-8f-h）。

2.2 讨论

O_3 胁迫下大多数植物叶片会出现可见伤害症状。O_3 通过叶片表面的气孔进入组织细胞中，破坏栅栏组织，使细胞质壁分离，细胞内含物因被破坏而分散。且长期暴露于高浓度 O_3 环境中，叶片表皮开始出现坏死斑点并逐渐变大。本试验中宜昌楠幼苗叶片主要表现出红褐色点状斑、褪绿块状斑、整体褪绿，症状只出现在叶片阳面的叶脉之间，新生叶片未观测到 O_3 伤害症状。红豆杉幼苗叶片症状主要是在叶片阳面的主叶脉两边出现了红褐色条状斑，叶位较低的枝条上的叶片先出现症状，同一根枝条上靠近基端的叶片先出现症状。由此可知，O_3 引起的伤害症状在两个树种间表现不同，但基本都是叶龄较大的叶片最易出现症状。

Pn（净光合速率）是一种重要的生理指标，可以反映环境胁迫的情况。在本研究中，O_3 熏蒸在3次测量中均显著降低了宜昌楠幼苗叶片的 Pn，而只在最后的测量中显著降低了红豆杉幼苗叶片的 Pn。很多研究已经证明了气孔关闭会降低 Pn。此外，环境胁迫也可以直接影响叶绿体，然后降低 Pn，因此，非气孔因素也是 Pn 降低的原因之一。因此，Pn 降低可能是由于气孔限制因素或者非气孔限制因素。本研究中，O_3 浓度升高的条件下宜昌楠幼苗叶片的 Pn 和 gs 解耦联，

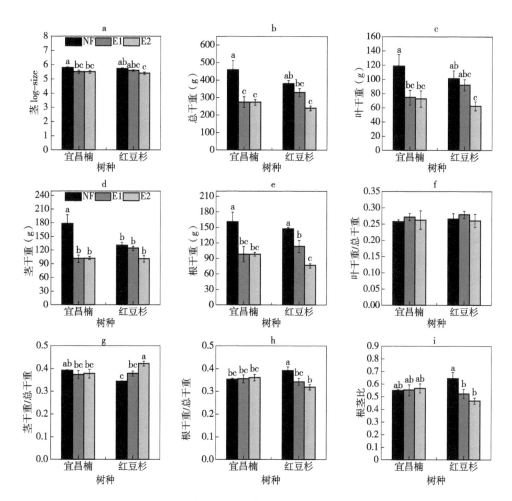

图 9-8　不同 O₃ 浓度对宜昌楠和红豆杉幼苗生长参数的影响

说明气孔功能受到了损伤。很多研究发现，O₃ 浓度升高会损伤气孔功能。气孔功能损伤将会降低气孔对 O₃ 熏蒸响应的敏感性，并增加 O₃ 进入叶片的通量。在这种情况下，O₃ 会直接伤害叶绿体，从而降低对 CO₂ 的同化。因此本研究中，O₃ 熏蒸主要是通过非气孔限制因素降低了宜昌楠幼苗叶片的 Pn，而不是气孔限制因素。对于红豆杉幼苗，各个处理的 Pn 和 gs 均具有显著的相关性，但是 O₃ 熏蒸的相关性小于 NF 的。这说明非气孔限制因素也是红豆杉 Pn 降低的原因之一。根据两个树种的 Pn 和 gs 之间的相关性，我们推断非气孔限制因素对宜昌楠幼苗叶片 Pn 降低的贡献大于红豆杉。Ls 通常被用来判断 Pn 降低是由于气孔限制因素还是非气孔限制因素。E1 和 E2 平均降低了宜昌楠幼苗叶片的 Ls28.57% 和红豆杉幼苗叶片的 Ls 3.03%，这也为上述观点提供了依据。

伴随着非气孔限制因素引起 Pn 的降低，通常会出现膜脂过氧化程度的加重，例如 MDA(丙二醛)含量的增加。在本研究中，O_3 熏蒸增加了两树种幼苗叶片的 MDA 含量，这说明了膜脂过氧化程度在 O_3 浓度升高的条件下加重了。在氧化胁迫下，植物发展了一系列的抗氧化机制。在本研究中，O_3 熏蒸引起的 SOD(超氧化物歧化酶)活力的增加可能会抑制氧自由基的积累。还原型抗坏血酸是植物组织中最重要的抗氧化剂之一，植物组织中的还原型抗坏血酸对于抵御氧化胁迫具有重要的作用。本研究中，O_3 熏蒸增加了宜昌楠幼苗叶片的还原型抗坏血酸含量，这是一种普遍的现象。一些其他的研究也表明，O_3 熏蒸会增加植物组织的还原型抗坏血酸含量(Iyer et al. , 2012)。然而在本研究中，与 NF 相比，宜昌楠幼苗叶片中还原型抗坏血酸含量在 E1 处理下增加，而在 E2 处理下未增加，这说明还原型抗坏血酸对高浓度的 O_3 更加敏感。本研究中，O_3 熏蒸对两树种幼苗叶片的总酚含量无显著影响，也有一些证据说明酚类化合物能对 O_3 熏蒸产生不同的响应(Saviranta et al. , 2010)。虽然酚类化合物在抗氧化防御中具有重要的作用，但是酚类化合物的合成需要较多的原料，而且不像其他小分子抗氧化剂可以快速地合成。这可能解释了为何本研究中总酚含量在 O_3 浓度升高的条件下未发生改变。

在本研究中，O_3 熏蒸降低了两树种幼苗叶片的 Pn 和 Chl 含量，这说明增加的抗氧化剂含量和抗氧化酶活力不足以抵御 O_3 熏蒸造成的伤害。最终，O_3 熏蒸也会影响两个树种的生长。在本研究中，与 NF 相比，O_3 熏蒸显著降低了两树种的茎生长。由于气孔限制因素(气孔关闭)和非气孔限制因素(电子传输和生理生化的改变)的原因，叶片的碳同化能力降低；植物的自我修复以及抗氧化物质的合成会增加代谢，消耗可利用资源，最终导致叶片碳积累降低。在本研究中，O_3 熏蒸导致 Pn 降低，抗氧化剂和抗氧化酶的增加，这说明了叶片中的干物质的降低是由于以上两个原因共同导致的。植物叶片中的干物质降低会破坏植株整体的碳平衡，降低从地上部分配到根部的碳，最终导致了根系生物量的降低和根茎比的改变。正如本研究所发现的，O_3 熏蒸显著降低了两个树种幼苗的根系生物量，并且显著降低了红豆杉幼苗的根茎比。

在本研究中，根据 Pn-AOT40 线性回归方程，与红豆杉幼苗相比，宜昌楠幼苗显示出了较大的斜率绝对值，较大 MDA 含量的增幅，较大的 Chl 含量和生物量的降幅。因此，基于以上的结果，宜昌楠幼苗表现出来更强的 O_3 敏感性。O_3 熏蒸对植物的影响直接取决于气孔的 O_3 通量，受气孔开放的程度所控制。Zhang 等(2001)的研究表明，植物的 gs 越大，进入叶片的 O_3 通量就越大，并表现出更严重的生长负面响应。在本研究中，相同的处理下，宜昌楠幼苗叶片的 gs 较红豆杉的更大(除了 8 月份的 NF 处理)，这说明两个树种的 O_3 敏感性差异可能与 gs 有关。虽然 O_3 主要是通过气孔进入叶片组织的，但是通过表皮的非气孔进入叶片组织的方式也不能忽视。与宜昌楠幼苗相比，红豆杉幼苗叶片表面具有明显的蜡质层。而叶片表面的蜡质层可以在一定程度上抵御 O_3 进入叶片组织。此外，Xu 等（2011）的研究发现 O_3 浓度升高可以刺激红豆杉产生紫杉酚，紫杉酚是红豆杉的特有代谢产物，具有药物价值。然而，作为二次代谢产物，紫杉酚或许也可以保护红豆杉抵御生物或者非生物的胁迫，例如 O_3。

2.3　小结

（1）非气孔限制因素是宜昌楠和红豆杉幼苗叶片 Pn 降低的主要原因。

（2）O_3 熏蒸下，两个树种幼苗叶片中的 MDA 含量增加，表明膜脂过氧化的发生。增加的抗氧化物质的水平有利于缓解 O_3 造成的伤害。

（3）由于 O_3 熏蒸降低了两树种幼苗叶片的 Pn，减少了 CO_2 的固定量；植物自我修复的过程中，会消耗一部分可利用资源；抗氧化物质的合成也会消耗一部分可利用资源。最终造成了两树种幼苗生长指标的降低。

（4）宜昌楠幼苗较红豆杉幼苗对 O_3 更敏感。

3　O₃ 浓度升高对宜昌楠和红豆杉幼苗土壤微生物的影响

3.1　结果

3.1.1　土壤理化性质和土壤微生物量

对照处理中两个树种的土壤微生物量和大部分土壤理化指标都是相似的，臭氧浓度升高降低了土壤微生物量碳氮，土壤 pH 值，但提高了土壤中 NO_3^--N 和可利用性 P 的含量。100nmol/mol 臭氧处理（E100）增加了宜昌楠土壤有机质，150nmol/mol 臭氧处理（E150）则降低了宜昌楠土壤有机质，而红豆杉土壤有机质在 E100 和 E150 处理下均降低（表9-3）。

表9-3　O_3 浓度升高对宜昌楠和红豆杉土壤性质及微生物量的影响

O_3 处理	微生物量碳	微生物量氮	有机质	pH	铵态氮	硝态氮
CFY	93.12±10.00a	17.08±1.71a	1.19±0.01b	6.86±0.03b	1.14±0.03b	5.15±0.13e
E100Y	87.87±7.42ab	11.49±2.00b	1.32±0.01a	5.94±0.02d	3.13±1.22a	7.13±0.18d
E150Y	52.71±4.34c	8.99±1.80b	1.00±0.07d	5.78±0.03e	1.67±0.16ab	8.80±0.82b
CFH	91.36±6.09a	14.00±0.73ab	1.09±0.01c	7.13±0.01a	1.90±0.32ab	12.77±0.44a
E100H	61.86±16.59bc	11.38±1.49b	1.09±0.01c	6.34±0.05c	1.50±0.05b	8.25±0.62bcd

（续）

O_3 处理	微生物量碳	微生物量氮	有机质	pH	铵态氮	硝态氮
E150H	57.45±4.47c	9.52±2.02b	0.91±0.01e	6.37±0.03c	1.31±0.14b	7.12±0.47cd
O_3	**	**	***	***	ns	ns
树种	ns	ns	***	***	ns	***
O_3×树种	ns	ns	***	***	ns	***

注：CF，过滤大气；E100，100nmol/mol；E150，150nmol/mol；Y，表示宜昌楠；H，表示红豆杉。下表同。

3.1.2 土壤微生物多样性

红豆杉的土壤细菌和真菌群落多样性都要高于宜昌楠。臭氧浓度升高显著降低了宜昌楠的细菌多样性，但对红豆杉细菌多样性没有影响（表9-4）。宜昌楠的细菌丰富度较低，E100 和 E150 处理下 OTU 丰富度指数分别降低20.4%（$P=0.028$）和38.0%（$P=0.001$），香农多样性指数分别降低 10.8%（$P>0.05$）和21.3%（$P=0.016$）。与对照处理相比，臭氧浓度升高处理下宜昌楠的真菌 OTU 丰富度指数分别降低了 7.11% 和 8.70%（$P=0.041$），红豆杉真菌 OTU 丰富度指数分别降低 8.19%（$P=0.02$）和 10.14%（$P=0.007$）。

表9-4 O_3 浓度升高对土壤微生物多样性

O_3 处理	细菌 16S		真菌 ITS	
	OTU 丰富度	Shannon 指数	OTU 丰富度	Shannon 指数
CFY	5389±23	10.56±0.08	905±22	5.93±0.05
E100Y	4292±324 * (0.028)	9.42±0.51	840±20	5.91±0.19
E150Y	3342±196 * (0.001)	8.31±0.44 * (0.016)	826±17 * (0.041)	5.79±0.07
CFH	7735±460	10.79±0.37	1200±3	6.26±0.12
E100H	7800±236	10.93±0.01	1102±31 * (0.02)	5.79±0.22
E150H	7289±31	10.42±0.07	1078±5 * (0.007)	5.76±0.15
O_3	** 0.002	** 0.005	0.001	ns
树种	*** 0.000	*** 0.000	0.000	ns
O_3×树种	* 0.027	* 0.034	ns	ns

3.1.3 土壤微生物群落结构和组成

PCoA 结果表明，不同臭氧处理对土壤细菌（图9-9左）、真菌（图9-9右）群落结构有明显影响。在对照处理中，宜昌楠和红豆杉的细菌和真菌群落结构相似。细菌和真菌群落均表现为主成分 1 轴按臭氧处理分开，主成分 2 轴则按树种聚类。

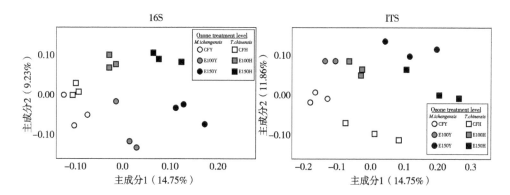

图9-9 臭氧浓度升高对宜昌楠和红豆杉土壤细菌(左)和真菌(右)群落结构的影响

注：CF, 过滤大气；E100, 100nmol/mol；E150, 150nmol/mol；Y, 表示宜昌楠；H, 表示红豆杉。

两个树种的所有土壤样品中丰度最高的主要细菌是 Proteobacteria, Acidobacteria, Firmicutes, Actinobacteria and Chloroflexi（图9-10a）. 宜昌楠和红豆杉中 Proteobacteria 的相对丰度在臭氧处理下显著降低，E100 和 E150 处理下 Firmicutes 相对丰度分别增加了 2 倍和 3 倍。但是在红豆杉中，只有 E150 处理提高了 Acidobacteria 的相对丰度，臭氧对其他细菌门没有显著影响。在纲水平的分类学分析表明丰度高的细菌纲包括 Alphaproteobacteria, Bacilli, Deltaproteobacteria, Betaproteobacteria, Ktedonobacteria, Thermoleophilia, Actinobacteria 和 Gammaproteobacteria(相对丰度>2%)（图9-10b）。E100 和 E150 两个臭氧处理降低了 Beta- and Delta-proteobacteria, Nitrosphia and Gemmatimonadetes 的相对丰度，但只有 E150 降低了宜昌楠的 Alphaproteobactria, Thermoleophilia, Actinobacteria and Acidimicrobiia 相对丰度。

Ascomycota 是丰度最高的真菌门，所有土壤样品中它的丰度超过 80%。Zygomycota 是丰度第二的真菌门，臭氧浓度升高后宜昌楠和红豆杉中该门真菌丰度降低。丰度第三的真菌门是 Basidiomycota，宜昌楠中该菌在臭氧处理后丰度增加（图9-11 上）。在纲水平上的比较揭示出不同臭氧处理下土壤真菌群落差异更多的信息(图9-11 下)。所有土壤样品中丰度最高的真菌纲是 Sordariomycetes，E150 处理与 CF 相比降低了宜昌楠中该菌的丰度，而红豆杉中该菌丰度在 E100 处理下是提高的。E150 臭氧处理显著增加了丰度第二的真菌纲 Eurotiomycetes。

同时本研究也发现在臭氧浓度升高后土壤中的 N₂O 产生菌相对丰度发生改变。虽然 E100 处理对这些菌没有影响，但 E150 处理显著增加了土壤中 N₂O 产生菌，真菌包括 Eurotiales、Penicillium 以及 Aremonium，细菌有 Bacillus，这些菌的相对丰度至少提高了 60%（表9-5）。

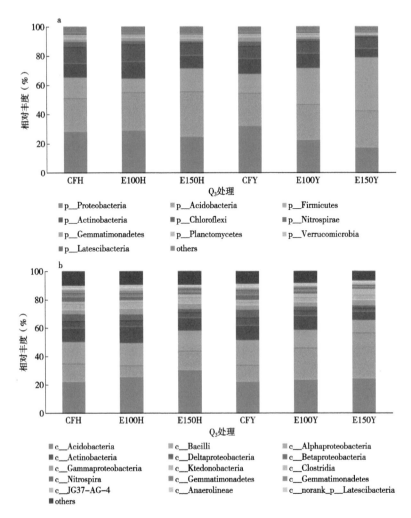

图9-10　臭氧浓度升高对土壤细菌门(上)、纲(下)水平的影响

注：Relative abundance，相对丰度；CF，过滤大气；E100，100nmol/mol；E150，150nmol/mol；Y，表示宜昌楠；H，表示红豆杉。

表9-5　臭氧处理对 N_2O 产生菌的影响

O_3 处理	真菌		细菌	
	Eurotiales	Penicillium	Acremonium	Bacillus
CHY	23.42±2.98	2.339±0.5778	1.699±0.2376	7.615±2.576
E150Y	37.6±1.982 (0.002298)	5.971±0.9408 (0.004687)	3.296±0.6685 (0.01754)	19.07±6.082 (0.03974)
提高率(%)	60.55	155.28	94.00	150.43

（续）

O₃ 处理	真菌		细菌	
	Eurotiales	Penicillium	Acremonium	Bacillus
CFH	18.56±4.686	1.607±0.1981	3.099±0.7196	4.951±1.395
E150H	30.88±3.915 （0.02507）	2.636±0.227 （0.04957）	7.139±1.589 （0.02689）	8.857±1.05 （0.0358）
提高率(%)	66.38	64.03	130.36	78.89

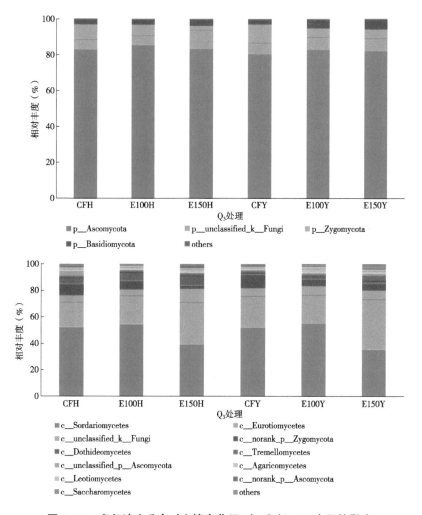

图9-11 臭氧浓度升高对土壤真菌门（上）和纲（下）水平的影响

注：Relative abundance，相对丰度；CF，过滤大气；E100，100nmol/mol；E150，150nmol/mol；Y，表示宜昌楠；H，表示红豆杉。

3.1.4 土壤微生物与环境因子的相关性分析

土壤细菌和土壤真菌群落结构的 RDA 分析表明 AOT40 和 pH 值两个箭头最长，说明 AOT40 和 pH 值对土壤细菌和真菌群落结构有显著影响(图9-12)。

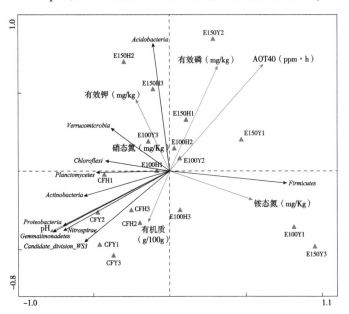

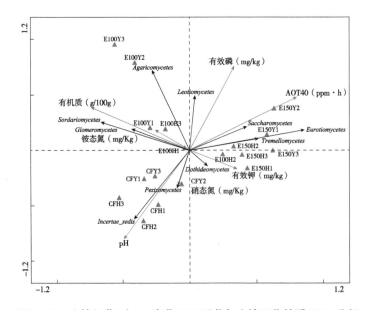

图 9-12　土壤细菌(上)、真菌(下)群落与土壤理化性质 RDA 分析

AOT40 与大部分细菌门和纲的相对丰度负相关，而与 Acidobacteria 和 Holophagae 的相对丰度正相关。最重要的土壤指标是 pH 值，pH 与 Proteobacteria，Acidobacteria，Nitrospira，Themoleophilia 和 Anaerolineae 的相对丰度正相关，而与 Bacilli 和 Holophagae 相对丰度负相关。Proteobacteria，Nitrospirae，Gemmatimonadetes 和 Anaerolineae 的相对丰度与土壤 P 负相关，而 Acidobacteria 相对丰度与土壤 P 正相关(表 9-6)。

表 9-6　环境因子与土壤细菌主要门和纲相关性分析

细菌	AOT40 (ppm/h)	有机质 (g/100g)	pH	铵态氮 (mg/Kg)	硝态氮 (mg/Kg)	有效磷 (mg/kg)
p_Proteobacteria	-0.68 **	—	0.715 **	—	—	-0.54 *
p_Firmicutes	—	—	-0.506 *	—	—	—
p_Gemmatimonadetes	-0.664 **	—	0.677 **	—	—	—
p_Candidate_division_WS3	-0.76 **	0.62 **	—	—	—	-0.49 *
p_Bacteroidetes	-0.54 *	—	0.77 **	—	—	—
c_Acidobacteria						0.562 *
c_Alphaproteobacteria	-0.51 *					
c_Nitrospira	-0.817 **		0.820 **			-0.639 **
c_Bacilli			-0.49 *			
c_Deltaproteobacteria	-0.722 **		0.744 **			-0.54 *
c_Ktedonobacteria					0.55 *	
c_Betaproteobacteria	-0.81 **		0.799 **			-0.649 **
c_Thermoleophilia			0.518 *			
c_KD4-96	-0.473 *					
c_Gammaproteobacteria	-0.664 **	-0.593 **	0.677 **			
c_Gemmatimonadetes	-0.518 *					-0.476 *
c_Anaerolineae	-0.809 **		0.793 **			-0.678 **
c_Holophagae	0.539 *		-0.644 **			

真菌群落中，Zygomycota，Sordariomycetes 的相对丰度与 AOT40 负相关，而 Rozellomycota 和 Eurotiomycetes 相对丰度与 AOT40 正相关。与细菌一样，对土壤真菌影响最大的土壤因子是 pH 值，pH 与 Zygomycota 相对丰度正相关，与 Basidiomycota，Rozellomycota 和 Eurotiomycetes 负相关(表 9-7)。

表9-7 环境因子与土壤真菌主要门和纲相关性分析

真菌	AOT40 （ppm/h）	有机质 （g/100g）	pH	铵态氮 （mg/Kg）	硝态氮 （mg/Kg）	有效磷 （mg/kg）
p_ Zygomycota	-0.813 **		0.508 *			-0.870 **
p_ Basidiomycota			-0.619 **			
p_ Chytridiomycota				-0.637 **		
p_ Glomeromycota					-0.699 **	
p_ Rozellomycota	0.576 *		-0.878 **	0.603 **		0.604 **
p_ Cercozoa				-0.483 *		
c_ Sordariomycetes	-0.510 *					
c_ Eurotiomycetes	0.734 **		-0.539 *			
c_ unidentified	-0.485 *		0.473 *			
c_ Incertae_ sedis	-0.796 **		0.562 *			-0.880 **
c_ Dothideomycetes		-0.581 *				
c_ Agaricomycetes					-0.474 *	
c_ Leotiomycetes				0.589 *		
c_ Tremellomycetes		-0.489 *				

3.2 讨论

臭氧污染不但影响植物地上部分，同时也对土壤微生物群落及过程产生影响。本研究发现 E150 处理降低宜昌楠的土壤微生物生物量和土壤有机质，但增加了可溶性氮（DN）和 NO_3-N。但臭氧浓度升高对红豆杉的微生物量和 DN 没有影响，而降低其土壤中的 NO_3-N。尽管微生物多样性在树种间存在差异，臭氧对微生物多样性的影响仅在宜昌楠中表现明显。虽然臭氧处理后红豆杉的土壤微生物多样性没有发生改变，但红豆杉和宜昌楠的土壤微生物群落组成显著变化。这些发现说明臭氧浓度升高不仅影响植物和土壤性质，还使得土壤微生物群落对其很敏感，这可能对森林生态系统的功能产生持久的影响。

臭氧浓度升高降低微生物量碳氮，降低宜昌楠的细菌和真菌多样性，表明臭氧不仅影响宜昌楠微生物多样性，同时也会限制土壤微生物的功能和活性。而臭氧只影响了红豆杉的真菌多样性，对其细菌多样性没有影响，表明宜昌楠的土壤细菌多样性比红豆杉细菌对臭氧的响应更敏感。宜昌楠单位叶面积低于红豆杉

（表9-8），也说明宜昌楠比红豆杉对臭氧更敏感，因为有研究表明单位叶面积高的物种对臭氧毒性没有那么敏感（Feng et al.，2018）。

表9-8 臭氧处理对宜昌楠和红豆杉单位叶面积（LMA）的影响

处理	叶面积
CFY	95.55±0.54b
E100Y	84.9503±1.84c
E150Y	70.6554±3.24c
CFH	103.4266±2.46a
E100H	97.1127±1.89ab
E150H	92.5967±1.34b

碳循环是一个复杂的过程，有许多细菌和真菌参与其中，本研究中臭氧浓度升高后其中一些菌群增加，一些减少。在E150处理下，宜昌楠和红豆杉土壤有机质含量降低。臭氧对土壤有机碳的直接影响是通过抑制光合作用而减少植物生物量的。此外，纤维素分解真菌与纤维二糖水解酶活性显著相关，包括Ascomycota门中的Sordariomycetes，Eurotiomycetes and Dothideomycetes，这些菌的改变可能会影响易分解碳和难分解碳的可利用性。本研究中，Ascomycota中一些参与纤维分解的纲，包括Sordariomycetes，Eurotiomycetes，对臭氧响应不一致。这些菌的丰度和活性增加会促进纤维素降解。另一个占优势的门Mucoromycotta对臭氧浓度升高比较敏感，该类菌具有共生、寄生和分解的功能，在生态系统中有着重要作用；其中的共营养真菌和腐生真菌在碳循环中发挥重要作用，可以分解土壤中的基质，如植物材料（Spatafora et al.，2016）。

臭氧暴露对另一重要的营养循环过程-硝化作用产生了影响。研究发现，宜昌楠土壤中的亚硝酸盐氧化菌（NOB）对臭氧比较敏感，经E100和E150臭氧处理后宜昌楠土壤中变形菌（Beta-Proteo bacteria，Delta-Proteobacteria）和硝化螺旋菌（Nitrospira）相对丰度降低，而红豆杉只有经E150处理后NOB减少。臭氧减少这些NOB的相对丰度，则可能抑制硝化作用从而影响氮循环。

硝化作用和反硝化作用都会产生 N_2O。虽然E100处理对主要 N_2O 产生菌（Eurotiales，Penicillium，Acremonium，Bacillus）没有影响，但E150处理后，宜昌楠和红豆杉土壤中这些菌的相对丰度分别提高了60.55%～155.25%和64.03%～130.36%。N_2O 是主要的温室气体并且能破坏臭氧层，因此臭氧浓度升高后这些 N_2O 产生菌的增加会促进 N_2O 的释放，可能会对生态系统产生更广泛的影响。

3.3 小结

(1)臭氧显著降低土壤 pH 值和微生物量。

(2)臭氧改变了宜昌楠和红豆杉的微生物群落结构，但只降低了宜昌楠土壤细菌和真菌多样性；说明相对于红豆杉而言，宜昌楠土壤微生物对臭氧胁迫更敏感。

(3)臭氧影响了宜昌楠和红豆杉土壤碳氮循环；臭氧浓度升高增加了 NOB 相对丰度，从而抑制硝化作用；同时臭氧提高了反硝化菌丰度，可以促进 N_2O 释放。

|第10章|

O_3 浓度升高对桢楠和闽楠幼苗的影响

1　材料与方法

1.1　供试材料

供试植物为 1 年生桢楠（*Phoebe zhennan*）、闽楠（*Phoebe bournei*）盆栽幼苗。

1.2　试验处理

试验设置 3 个 O_3 处理：过滤大气（CF）、100nmol/mol O_3（O_3-1）、150nmol/mol O_3（O_3-2）。每个 O_3 处理设置 3 个 OTC，每种苗木在每个 OTC 有 15 株。熏气时间从 2014 年 6 月 15 日开始至 2014 年 11 月 12 日结束，每日熏气时间为 8 小时（北京时间 09：00-17：00）。

1.3　测试指标

1.3.1　光合参数

分别在熏气开始后的第 47 天（47DAF）和第 63 天（63DAF）进行光合作用的测定，测定方法同第九章

1.3.2　生物量及碳水化合物分析

生长季结束时收获植物。每个 OTC 每个树种随机取 5 盆进行破坏性取样，分别收集根、茎、叶，70℃烘干至恒重后称重。叶片和根系干样粉碎过 2mm 筛后进行碳水化合物分析，分别测定淀粉和可溶性糖类（蔗糖、果糖、葡萄糖、多糖），并计算可溶性碳水化合物（WSC，葡萄糖、果糖和蔗糖之和）以及非结构性碳水化合物（TNCs，淀粉、多糖及 WSC 之和）。

1.3.3　化学计量

不同器官的烘干样品用粉碎机粉碎过筛（孔径：0.15mm）后供碳氮磷含量测

定。总碳含量用重铬酸钾外加热法测定。总氮含量用自动定氮仪测定（UK152 Distillation & Titration Unit，Velp Co.，Milano，Italy）。总磷含量用电感耦合等离子体－原子发射光谱法测定（IRIS Intrepid Ⅱ XSP，Thermo，Waltham，MA，USA）。不同器官的碳氮磷储量是由各器官生物量与相应的碳氮磷含量分别相乘计算得出。

2 结果

2.1 臭氧浓度

3 个处理中 8h 日均浓度如图 10-1 所示，整个实验过程中 CF，O_3-1 和 O_3-2 的 8h 平均浓度分别为 21.0，97.8 和 142.1nmol/mol；AOT40 分别为 0.71，54.5 和 96.2umol/（mol·h）。

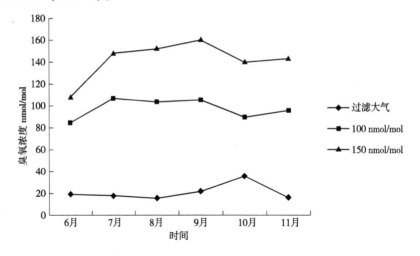

图 10-1 不同处理中各月份 8h 臭氧平均浓度

2.2 生物量

O_3 浓度升高对两树种茎生物量和根茎比无显著影响，对其他生物量指标均有显著影响。较 CF 处理，O_3-1 处理下闽楠叶、根和总生物量分别显著降低了 66.49%、51.78% 和 44.04%，O_3-2 处理下闽楠叶、根和总生物量分别显著降低了 57.78%、65.43% 和 51.69%，O_3-1 处理下桢楠叶、根和总生物量分别显著降低了 43.16%、38.95% 和 34.09%，O_3-2 处理下桢楠叶、根和总生物量分别显著降低了 58.26%、48%、45.33% 和 53.38%（表 10-1）。

表 10-1 臭氧处理对闽楠和桢楠的生物量的影响 　　　　　　　　　　（g dw）

树种	处理	叶	茎	根	总	地下/地上
闽楠	CF	16.35±1.12A	10.47±2.50AB	7.64±1.68A	35.52±4.70A	0.27±0.01BC
	O_3-1	5.48±0.06C	12.91±2.43A	3.68±0.51BC	19.88±2.37BC	0.23±0.01C
	O_3-2	6.91±1.06C	7.39±1.38B	2.64±0.13C	17.16±3.21C	0.19±0.03C
桢楠	CF	10.31±1.21B	12.88±0.88AB	7.67±0.43A	31.22±2.76AB	0.36±0.06AB
	O_3-1	5.86±1.27C	7.86±0.89AB	5.06±0.65B	17.94±3.40C	0.38±0.02A
	O_3-2	4.30±0.28C	6.70±0.27B	4.19±0.12BC	15.46±0.69C	0.38±0.01A
O_3		**	ns	**	*	ns
树种		*	ns	ns	ns	**
O_3×树种		ns	ns	ns	ns	ns

注：不同字母标在 0.05 水平上差异显著；***，**，* 表示分别在 0.001，0.01，0.05 水平下差异显著；ns，无显著差异。

2.3 光合作用

在两次测定中，臭氧浓度升高后显著降低了闽楠光合作用；桢楠在熏气 47 天时两个臭氧处理下光合作用均显著降低，但在 63 天时只有 O_3-2 显著降低了光合作用。两次测量平均值表明，闽楠光合作用经 O_3 处理后分别降低了 48.78% 和 42.89%，而桢楠光合作用分别降低了 35.90% 和 54.73%（图 10-2）。

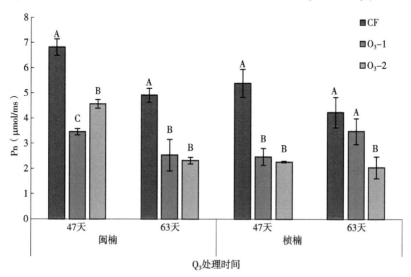

图 10-2 臭氧对闽楠和桢楠光合作用的影响

2.4 非结构性碳水化合物

O_3 浓度升高对桢楠和闽楠叶中多糖含量无显著影响，但对于两树种根中多糖含量有显著影响，O_3-1 处理下其含量增加，O_3-2 处理下其含量降低。O_3-1 处理较 CF 处理提高了两树种的 WSC 和 TNC 含量以及闽楠叶中淀粉含量，而 O_3-2 处理则降低了闽楠叶中 WSC 和 TNC 含量。两树种根中非结构碳水化合物主要由淀粉和多糖组成。较 CF 处理，O_3-1 和 O_3-2 处理下两树种根中的可溶性碳水化合物含量显著降低。随着 O_3 浓度的增加，两树种根中多糖、淀粉和非结构性碳水化合物含量均呈现先增加后降低的趋势。除品种因素对多糖无显著影响外，O_3、品种、器官因素对淀粉、多糖、WSC 和 TNC 具有显著影响（表 10-2）。O_3 和树种的交互作用对淀粉、多糖和 TNC 有显著影响。这说明不同树种的碳水化合物含量对 O_3 浓度升高呈现出不同的响应。O_3×器官因素对淀粉、多糖、WSC 和 TNC 均有极显著影响，说明根和叶中的碳水化合物含量对 O_3 浓度升高呈现出不同的响应。

表 10-2 臭氧处理后对闽楠和桢楠叶片及根系碳水化合物的影响（g/100g dw）

器官	树种	处理	多糖	淀粉	WSC	TNC
叶	闽楠	CF	5.32±0.10CD	2.20±0.15DE	6.37±0.19B	13.89±0.15C
		O_3-1	5.26±0.31CD	3.07±0.12CD	7.46±0.30A	15.79±0.26B
		O_3-2	5.90±0.28C	1.82±0.08E	4.42±0.26D	12.15±0.20DE
	桢楠	CF	5.73±0.37C	2.10±0.33DE	3.88±0.14D	11.76±0.59DE
		O_3-1	5.74±0.20C	1.83±0.13E	5.27±0.32C	12.56±0.24D
		O_3-2	5.90±0.28C	1.82±0.08E	4.42±0.26D	12.15±0.20DE
根	闽楠	CF	4.24±0.04E	3.41±0.22C	2.71±0.37E	10.44±0.15F
		O_3-1	11.43±0.31A	5.73±0.09A	0.53±0.14G	17.70±0.08A
		O_3-2	4.28±0.18E	2.64±0.48D	1.71±0.05F	8.64±0.61G
	桢楠	CF	5.93±0.18C	3.28±0.03C	1.81±0.07F	10.62±0.44EF
		O_3-1	6.87±0.02B	4.40±0.08B	0.38±0.06G	11.50±0.13E
		O_3-2	4.76±0.22DE	1.21±0.10F	0.88±0.02G	7.57±0.33H
O_3			***	***	***	***
树种			ns	***	***	***
器官			***	***	***	***
O_3×树种			***	***	ns	***
O_3×器官			***	***	***	***
树种×器官			***	ns	***	ns

（续）

器官	树种	处理	多糖	淀粉	WSC	TNC
		O$_3$×树种×器官	***	ns	ns	***

在所有测定的可溶性糖含量中，只有 O$_3$-2 处理显著降低了两树种叶中葡萄糖含量和闽楠叶中果糖含量。随着 O$_3$ 浓度升高，两树种叶中蔗糖含量先增加后降低，两树种根中葡萄糖和果糖含量先升高后降低（图 10-3）。树种、器官、O$_3$因素对葡萄糖、果糖、蔗糖具有显著性影响（表 10-3）。O$_3$×树种因素对蔗糖和葡萄糖具有显著影响，对果糖影响不显著，说明桢楠和闽楠的蔗糖、葡萄糖含量对O$_3$ 因素浓度升高呈现出不同的响应，果糖含量对 O$_3$ 浓度升高的响应无显著性差异。O$_3$×器官因素对葡萄糖、果糖、蔗糖具有显著性影响，说明根和叶的可溶性糖含量对 O$_3$ 浓度升高的响应具有显著性差异。器官×O$_3$×树种三因素交互作用对蔗糖和葡萄糖含量具有显著性影响，对果糖无显著性影响。

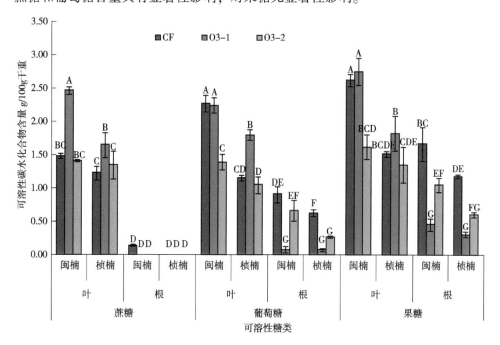

图 10-3　臭氧对闽楠和桢楠叶片和根系中可溶性糖类的影响（P<0.05）

表 10-3　臭氧，树种，器官对可溶性糖类影响的多因素分析

	蔗糖	葡萄糖	果糖
O$_3$	***	***	***
树种	***	***	***

（续）

	蔗糖	葡萄糖	果糖
器官	***	***	***
O₃×树种	*	**	ns
O₃×器官	**	***	*
树种×器官	***	***	***
O₃×树种×器官	**	*	ns

注: ***，**，*分别表示在0.001，0.01和0.05水平上有显著影响；ns，没有显著影响。

2.5 化学计量

2.5.1 碳氮磷含量及其化学计量比

两树种各器官的碳含量从468.22mg/g到558.98mg/g不等，在3种O₃熏气处理中没有显著差异（图10-4a，d）。在所有3种O₃熏气处理中，两个树种叶片碳含量均略高于茎和根的碳含量，但差异并不显著（图10-4a，d）。在O₃-2处理下，两树种各器官氮含量远高于其他两个处理的相应值（图10-4b，e）。两树种各器官氮含量大小顺序排列如下：叶>茎>根，但O₃-2处理下闽楠除外（图10-4b，e）。随着O₃浓度的升高，两树种根的磷含量都呈降低趋势（图10-4c，f）。相反，楠木茎的磷含量随O₃浓度的升高而升高，两树种其他器官的磷含量没有表现出明显的变化规律。同时除O₃-2处理下楠木外，其他熏气处理下两树种根的磷含量平均值均高于其他器官的含量平均值（图10-4c，f）。

两树种各器官的碳氮比变化范围在27.16和73.95之间（图10-5a，d），碳磷比变化范围在153.47和445.07之间（图10-5b，e）。O₃浓度升高使楠木根、闽楠根及闽楠茎的氮磷比分别从4.84、4.56和5.07上升到8.79、8.21和7.00（图10-5c，f）。这两个树种其他器官的氮磷比值相对稳定（图10-5c，f）。

O₃熏气处理对两树种各器官的氮含量、磷含量、碳氮比及氮磷比均有显著影响，而树种差异仅对磷含量和氮磷比有显著影响（表10-4）。器官和O₃熏气处理间的差异共同解释了氮含量、磷含量、碳氮比及氮磷比总变异的50%以上，解释了氮含量和碳氮比的变异超过85%（表10-4）。对楠木而言，叶生物量和碳氮比之间以及茎生物量和碳磷比之间存在明显的正相关关系（$P<0.05$）（表10-5）。闽楠的根生物量与碳磷比和氮磷比呈显著负相关（$P<0.05$）（表10-5）。然而，楠木根生物量、闽楠叶生物量、闽楠茎生物量以及楠木和闽楠的总生物量与本研究中任何一个化学计量比指标都没有表现出显著的相关性（表10-5）。

表 10-4　树种、器官和 O₃ 熏气处理对碳氮磷含量及其化学计量比的差异贡献

指标	占总和的百分比（%）							
	s	t	o	s×t	s×o	t×o	s×t×o	误差
C	1.99	15.89 *	3.79	0.06	0.03	4.14	7.25	66.85
N	0.01	77.34 ***	14.62 ***	0.66	1.06 *	1.00	1.14	4.17
P	1.90 *	47.42 ***	5.39 **	10.32 ***	0.97	20.22 ***	1.67	12.11
C : N	0.12	73.68 ***	12.16 ***	0.13	0.75	2.70	0.41	10.05
C : P	1.72	47.04 ***	2.44	17.04 ***	1.35	13.28 ***	0.62	16.51
N : P	3.17 *	32.67 ***	18.09 ***	11.88 ***	2.51	14.95 ***	0.03	16.70

注：s，t，and o 分别表示树种、器官和 O₃ 熏气处理。* 表示 $P<0.05$。** 表示 $P<0.01$。*** 表示 $P<0.001$。

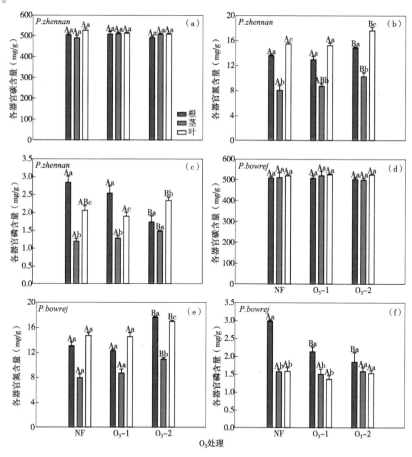

图 10-4　不同 O₃ 熏气处理条件下楠木和闽楠各器官碳、氮、磷含量

注：不同大写字母表示相同树种的同一器官在不同 O₃ 熏气处理间存在显著差异（$P<0.05$），不同小写字母表示相同 O₃ 熏气处理条件下同一树种不同器官间存在显著差异（$P<0.05$）。

表 10-5　两树种在不同 O₃ 熏气处理条件下各器官生物量积累与化学计量特征的相关分析结果

树种	器官生物量	C∶N	C∶P	N∶P
楠木	叶生物量	0.722 *	NS	NS
	茎生物量	NS	0.685 *	NS
	根生物量	NS	NS	NS
	总生物量	NS	NS	NS
闽楠	叶生物量	NS	NS	NS
	茎生物量	NS	NS	NS
	根生物量	NS	−770 *	−798 **
	总生物量	NS	NS	NS

注：结果按 log-10 转换的数据计算。* 表示 $P<0.05$，NS 表示相关性不显著（$P>0.05$）。

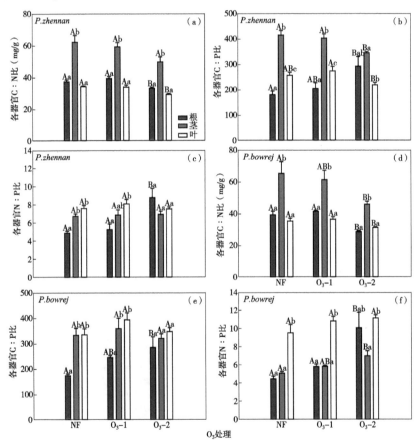

图 10-5　在不同的 O₃ 熏气处理条件下楠木和闽楠各器官的碳、氮、磷化学计量比

注：不同大写字母表示相同树种的同一器官在不同 O₃ 熏气处理间存在显著差异（$P<0.05$），不同小写字母表示相同 O₃ 熏气处理条件下同一树种不同器官间存在显著差异（$P<0.05$）。

2.5.2　碳氮磷库对 O₃ 浓度升高的响应

除茎生物量氮储量外，楠木各器官生物量碳氮磷储量均随着 O₃ 浓度的升高而持续降低（图 10-6a-c）。楠木的平均总生物量碳氮磷储量分别从 AA 处理的 15.61g/株、368.21mg/株和 58.27mg/株减少到 O₃-2 处理的 7.64g/株、206.64mg/株和 27.11mg/株（图 10-6a-c）。对于闽楠而言，总生物量和根生物量中的碳和磷储量随着 O₃ 浓度的升高而降低；但是，其他器官的碳氮磷储量没有表现出明

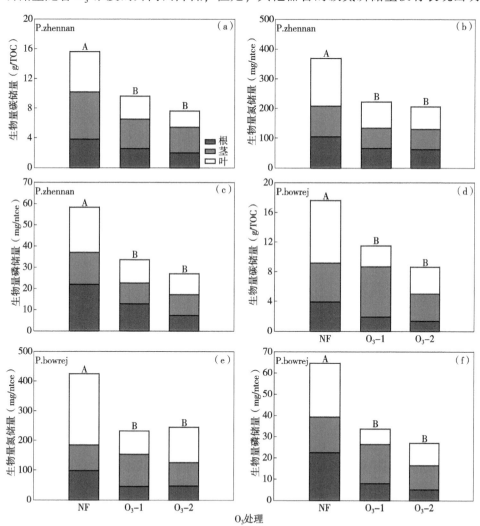

图 10-6　在不同的 O₃ 熏气处理条件下楠木和闽楠各器官的碳氮磷储量

注：不同的大写字母表示不同 O₃ 熏气处理之间差异显著（$P < 0.05$）。

显的变化趋势（图 10-6d-f）。叶碳储量对楠木总碳储量的贡献从 NF 处理的34.78%下降到 O_3-2 处理的 28.66%，而茎碳储量的贡献从 40.49% 上升到了44.54%（图 10-6a）。随着 O_3 浓度的升高，楠木根碳储量的贡献先从 24.73% 增加到26.82%，然后保持相对稳定（图 10-6a）。根和茎的氮储量对楠木总氮储量的贡献随着 O_3 浓度的升高而持续增大，而叶氮储量的贡献从 43.37% 下降到了36.60%（图 10-6b）。茎磷储量对楠木总磷储量的贡献率随着 O_3 浓度的升高从26.31% 增大到了 36.45%；然而，根和叶磷储量的贡献率没有表现出稳定的变化趋势（图 5-6c）。就闽楠而言，随着 O_3 浓度的升高根的碳氮磷储量的贡献率分别从 22.07%、23.28% 和 34.90% 降低到了 15.31%、19.05% 和 17.92%（图 10-6d-f）；随着 O_3 浓度的升高，茎的碳氮磷储量的贡献率先增大后降低，而叶的碳氮磷储量的贡献率则呈现相反的变化过程（图 10-6d-f）。

3 讨论

3.1 臭氧对非结构性碳水化合物的影响

　　光合速率下降会导致生物量降低。光合产物包括结构性和非结构性碳水化合物，前者包括形成生物量的木质素和纤维素，后者包括蔗糖、葡萄糖、果糖、淀粉是植物的能量来源。臭氧浓度升高通过限制光合作用而限制树木生长，降低生物量。本研究结果表明，臭氧浓度升高显著降低闽楠和桢楠的叶、根及总生物量，而生物量降低主要是由于光合作用降低导致的。常绿阔叶树楠木在经过 6 个月的臭氧暴露后生物量降低了 40%～50%，这比之前报道的中国常绿阔叶树种受臭氧浓度的影响要大（Feng et al.，2011）。生物量大幅下降可能是由于楠木对长期高浓度臭氧比较敏感。与过滤空气相比，自然大气中的臭氧浓度对闽楠根和叶碳水化合物代谢产生影响，说明闽楠对臭氧比较敏感（Chen et al.，2015）。

　　臭氧显著影响闽楠和桢楠的非结构性碳水化合物，且臭氧和树种、臭氧和器官之间相互作用明显，说明闽楠和桢楠的非结构性碳水化合物对臭氧的响应不同。碳水化合物的代谢是植物的主要代谢路径，在受到环境胁迫时碳水化合物会产生累积。O_3-1 处理后，闽楠和桢楠叶片中的总非结构性碳水化合物含量增加，这与臭氧浓度升高后增加 TNC 而减少生物量是一致的。尽管光合作用在胁迫后受限导致生物量降低，但能量源受到刺激后支持植物生长，因此在不超过限制碳获取水平的中等胁迫下碳储量可能会增加（Palacio et al.，2007）。如本研究中，闽楠在 O_3-1 处理下 TNC 增加，但 O_3-2 处理后 TNC 降低，说明 O_3-1 处理中臭氧胁迫不是很严重，而 O_3-2 可能已经超过阈值，限制了碳的获取。O_3-1 处理下，叶片 TNC，包括 WSC 含量增加可以为不太严重臭氧胁迫下植物的生长发育提供能量，可能是植物的一种防御机制。

O_3-1 处理下闽楠叶片淀粉含量增加，意味着在臭氧胁迫下转运出叶片的光合产物减少或被抑制，这部分碳储存起来用于呼吸。但臭氧对桢楠叶片淀粉含量没有影响。不同树种淀粉含量对臭氧浓度升高响应不一致，可能是对臭氧敏感性不同造成的。

蔗糖是植物主要的碳源和能源，且蔗糖是一种容易代谢的还原糖，当环境胁迫消失时可以作为直接的能量来源（Morsy et al.，2007）。本研究中，O_3-1 处理显著增加植物叶片的蔗糖含量，可以为修复臭氧伤害提供能量。当臭氧浓度高于某一阈值时，植物失去了通过增加蔗糖来提供能量的功能，如 O_3-2 处理对蔗糖没有影响正说明了这一点。O_3-1 处理对闽楠叶片的葡萄糖或果糖没有影响，但提高了桢楠叶片的葡萄糖含量。O_3-2 处理显著降低了闽楠叶片的葡萄糖和果糖，但对桢楠叶片葡萄糖和果糖含量没有影响，这可能是由于 O_3-2 处理中臭氧浓度过高造成的。而不同树种葡萄糖和果糖对臭氧的响应差异应该是由种间差异造成的。

O_3-1 处理显著增加了闽楠和桢楠根系的淀粉含量以及 TNC。臭氧熏蒸后根系淀粉含量积累可能是由于菌根侵染的减少，抑制淀粉水解为可溶性糖类。菌根生长素可以促进淀粉水解为可溶性糖，因此，臭氧暴露后菌根侵染减少（Pérez-Soba et al.，1995）会使得根系中淀粉积累。相反，O_3-2 处理显著降低了两种植物根系的淀粉和 TNC，这与前人的发现一致，即在 O_3 污染的环境中生长时，根系淀粉降低（Thomas et al.，2002）。O_3-2 中的臭氧浓度远高于 O_3-1，超过了闽楠和桢楠的自我调节能力，从而使得根系淀粉和 TNC 显著减少。

3.2 臭氧对化学计量的影响

以往许多研究指出，植物的氮和磷含量受到许多因素的影响，如土壤肥力、温度、降水、发育阶段和牲畜活动等。本研究发现 O_3 浓度升高改变了楠木和闽楠的氮磷含量，但对碳含量没有产生显著影响。随着 O_3 浓度升高，楠木和闽楠不同器官的氮含量增加，这可能是因为在 O_3 胁迫下，过早脱落的叶片向树木活体器官重新分配氮素营养。升高的氮含量可能是这些植物的一种适应性策略，可以提高对 O_3 胁迫的防御能力，因此，较高的氮含量可能会减轻 O_3 胁迫对闽楠和楠木幼苗造成的损害。然而，不同树种对 O_3 浓度的升高可能存在着响应差异。本研究发现，在所有 3 个 O_3 处理中，楠木根和叶的氮磷含量均高于茎的相应值。相比之下，闽楠叶与茎的磷含量相似，表明尽管楠木和闽楠是同一属的植物种，但这两个树种对 O_3 浓度升高的响应不同。以往的研究发现，植物对 O_3 胁迫的特定反应是由基因型的差异引起的（Zak et al.，2007）。因此，O_3 胁迫可能引起森林群落植物组成和生产力的变化。随着 O_3 浓度升高，楠木和闽楠根的磷含量降低，而茎和叶的磷含量升高或保持稳定。这一结果表明，当这两个树种由于环境胁迫导致磷素养分供应不足时，根部含有的磷可能会发挥缓冲作用。

在所有 3 个 O_3 熏气处理中，楠木和闽楠的各器官的氮磷比均小于 14，表明在本研究中，N 是这两个树种生长的限制因素。生长速率假说认为，较低的生物量碳磷比和氮磷比与快速生长有关，因为快速生长的生物体需要相对较多的富含磷的 RNA 来支持快速的蛋白质合成。这一假说在对浮游动物、节肢动物和细菌的研究中得到了广泛的验证；但是，对陆生植物的研究结论并不一致。以往的研究表明，当磷供应不受限制时，生长速率假说对植物而言可能不成立（Elser et al.，2010）。本研究发现，在 O_3 胁迫下仅闽楠的根生物量积累与碳磷比和氮磷比存在显著负相关关系。磷含量水平可以作为衡量植物生长潜力的简易评价指标，根部碳磷比和氮磷比的降低可能会抑制吸收养分和水分，并加速植物的衰老。在本研究中，随着 O_3 浓度的升高，碳氮比和碳磷比的变化趋势（图 10-5a，b，d，e）均与两树种的氮磷含量的变化趋势相反（图 10-4b，c，e，f）。我们观察到，O_3 浓度升高降低了楠木和闽楠各器官的碳氮比。因为凋落物中的碳氮比与凋落物质量损失率之间存在明显的负相关关系（Ågren et al.，2013），所以 O_3 浓度持续升高可能会提高凋落物的分解率，加速陆地生态系统的养分循环过程。

在本研究中，与 NF 处理相比，O_3-1 处理下楠木和闽楠的生物量碳氮磷储量急剧降低。相比之下，两个升高的 O_3 处理之间没有显著差异。这一结果表明，AOT40 值达到 50ppm/h 后会急剧降低楠木和闽楠的生物量积累，进而降低碳氮磷储量。在类似区域研究发现，两个落叶树种（鹅掌楸和枫香树）在 AOT40 值达到约 10ppm/h 时会出现明显的伤害症状（Zhang et al.，2012），这高于欧洲森林 O_3 伤害的临界水平（5ppm/h）（Paoletti et al.，2006）。因此，与欧洲森林相比，中国亚热带地区的阔叶树种对 O_3 的敏感性可能较低。以往的大多数研究发现，幼树比成年树对 O_3 胁迫更敏感，但是，成年树在长期 O_3 浓度升高水平下也会出现类似的症状（Nunn et al.，2005）。Fowler 等（1999）预测，到 2100 年，世界上一半的森林将面临被 O_3 胁迫和生产力降低的风险。对于闽楠而言，O_3 浓度升高减少了根的碳氮磷分配比例。与此相反，在 O_3 胁迫下楠木根的碳氮储量占相应总储量的比例均略有增加。这些结果表明，O_3 浓度升高导致的养分元素在各器官分配比例的变化存在着树种间的响应差异。增加地上部分的养分比例可能有利于提高 O_3 胁迫下植物的抗氧化水平。在实验过程中，楠木和闽楠的总生物量碳均随着 O_3 浓度的升高下降了 50% 以上，远远超过了中国森林的平均值 7.7%（Ren et al.，2011），说明近地表的高浓度 O_3 可能会大大降低苗木的生物量积累，使亚热带地区的森林碳汇量急剧下降。因为高浓度 O_3 环境提高了楠木和闽楠各器官的氮含量，所以楠木和闽楠的总生物量氮储量降低幅度相对较小。在气候变化背景下，CO_2 浓度升高可以增加森林生物量的积累和 CO_2 的净同化量；然而，近地表 O_3 浓度的同时升高可能会抵消这些积极的影响。

4　小结

（1）臭氧处理显著降低了闽楠和桢楠的光合作用，抑制其生物量。

（2）100nmol/mol 臭氧处理显著增加了两个树种叶片的可溶性碳水化合物含量，但只提高了闽楠叶片的非结构性碳水化合物和淀粉含量；同时显著提高了两个树种细根的多糖和淀粉含量。

（3）150nmol/mol 臭氧处理显著降低闽楠细根的淀粉和非结构性碳水化合物含量，但显著降低了桢楠细根的多糖、淀粉、可溶性碳水化合物和非结构性碳水化合物含量。

（4）150nmol/mol O_3 显著增加了楠木和闽楠不同器官中的氮含量，但对碳含量没有显著影响从而显著降低了碳氮比。

（5）在 O_3 胁迫下，闽楠和楠木的总生物量积累与化学计量特征之间的关系与生长速率假说并不一致。

参考文献

ÅGREN G I, HYVÖNEN R, BERGLUND S L, et al. , 2013. Estimating the critical N: C from litter decomposition data and its relation to soil organic matter stoichiometry. Soil Biology & Biochemistry, 67: 312-318.

ANDERSEN C P, WILSON R, PLOCHER M, et al. , 1997. Carry-over effects of ozone on root growth and carbohydrate concentrations of ponderosa pine seedlings. Tree Physiology, 17: 805-811.

BRAUN S, FLÜCKIGER W, 1995. Effects of ambient ozone on seedlings of *Fagus sylvatica* L. and *Picea abies* (L.) Karst. New Phytologist, 129: 33-44.

CHEN Z, SHANG H, CAO J, et al. , 2015. Effects of ambient ozone concentrations on contents of nonstructural carbohydrates in *Phoebe bournei* and *Pinus massoniana* seedlings in subtropical China. Water Air & Soil Pollution, 226: 310-317.

DAVIS D D, ORENDOVICI T, 2006. Incidence of ozone symptoms on vegetation within a National Wildlife Refuge in New Jersey, USA. Environmental Pollution, 143(3): 555-564.

DÍAZ-DE-QUIJANO M, SCHAUB M, BASSIN S, et al. , 2012. Ozone visible symptoms and reduced root biomass in the subalpine species *Pinus uncinata* after two years of free-air ozone fumigation. Environmental Pollution, 169: 250-157.

ELSER J J, FAGAN W F, KERKHOFF A J, et al. , 2010. Biological stoichiometry of plant production: Metabolism, scaling and ecological response to global change. New phytologist, 186: 593-608.

FENG Z, BÜKER P, PLEIJEL H, et al. , 2018. A unifying explanation for variation in ozone sensitivity among woody plants. Global Change Biology, 24: 78-84.

FENG Z Z, NIU J J, ZHANG W W, et al. , 2011. Effects of ozone exposure on sub-tropical evergreen Cinnamomum camphora seedlings grown in different nitrogen loads. Trees, 25: 617-625.

FOWLER D, CAPE J N, COYLE M, et al. , 1999. The gobal exposure of forests to air pollutants. Water, Air, and Soil Pollution. 116: 5-32.

IYER N J, TANG Y, MAHALINGAM R, 2012. Physiological, biochemical and molecular responses to a combination of drought and ozone in Medicago truncatula. Plant Cell & Environment, 36 (3): 706-720.

KARLSSON P E, UDDLING J, SKÄRBY L, et al. , 2003. Impact of ozone on the growth of birch (*Betula pendula*) saplings. Environmental Pollution, 124: 485-495.

LUEDEMANN G, MATYSSEK R, WINKLER J B, et al. , 2009. Contrasting ozone×pathogen interaction as mediated through competition between juvenile European beech (*Fagus sylvatica*) and Norway spruce (*Picea abies*). Plant and Soil, 323: 47-60.

LUX D, LEONARD S, MÜLLER J, et al. , 1997. Effects of ambient ozone concentrations on contents of non-structural carbohydrates in young *Picea abies* and *Fagus sylvatica*. New Phytologist, 137: 399-409.

MORAES R M, BULBOVAS P, FURLAN C M, et al. , 2006. Physiological responses of saplings of *Caesalpinia echinata* Lam. , a Brazilian tree species, under ozone fumigation. Ecotoxicology and Environmental Safety, 63: 306−312.

MORSY M R, JOUVE L, HAUSMAN J F, et al. , 2007. Alteration of oxidative and carbohydrate metabolism under abiotic stress in two rice (*Oryza sativa* L.) genotypes contrasting in chilling tolerance. Journal of Plant Physiology, 164: 157−167.

NIKOLOVA P S, ANDERSEN C P, BLASCHKE H, et al. , 2010. Belowground effects of enhanced tropospheric ozone and drought in a beech/spruce forest (*Fagus sylvatica* L. /*Picea abies* [L.] Karst). Environmental Pollution, 158: 1071−1078.

NUNN A J, KOZOVITS A R, REITER I M, et al. , 2005. Comparison of ozone uptake and sensitivity between a phytotron study with young beech and a field experiment with adult beech (Fagus sylvatica). Environmental Pollution, 137: 494−506.

PALACIO S, MAESTRO M, MONTSERRAT-MARTÍ G, 2007. Seasonal dynamics of non-structural carbohydrates in two species of mediterranean sub-shrubs with different leaf phenology. Environmental and Experimental Botany, 59: 34−42.

PAOLETTI E, 2006. Impact of ozone on Mediterranean forests: a review. Environmental Pollution, 144(2): 463−474.

PÉREZ-SOBA M, DUECK T A, PUPPI G, et al. , 1995. Interactions of elevated CO_2, NH_3 and O_3 on mycorrhizal infection, gas exchange and N metabolism in saplings of Scots pine. Plant and Soil, 176: 107−116.

PREGITZER K S, BURTON A J, KING J S, et al. , 2008. Soil respiration, root biomass, and root turnover following long-term exposure of northern forests to elevated atmospheric CO_2 and tropospheric O_3. New Phytologist, 180: 153−161.

REN W, TIAN H, TAO B, et al. , 2011. Impacts of tropospheric ozone and climate change on net primary productivity and net carbon exchange of China's forest ecosystems. Global Ecology and Biogeography, 20: 391−406.

SAVIRANTA N M M, JULKUNEN-TIITTO R, OKSANEN E, et al. , 2010. Leaf phenolic compounds in red clover (*Trifolium pratense* L.) induced by exposure to moderately elevated ozone. Environmental Pollution, 158(2): 440−446.

SAVIRANTA N M M, JULKUNEN-TIITTO R, OKSANEN E, et al. , 2010. Leaf phenolic compounds in red clover (*Trifolium pratense* L.) induced by exposure to moderately elevated ozone. Environmental Pollution, 158(2): 440−446.

SCAGEL C F, ANDERSEN C P, 1997. Seasonal changes in root and soil respiration of ozone-exposed ponderosa pine (*Pinus ponderosa*) grown in different substrates. New Phytologist, 136: 627−643.

SCHLOTER M, WINKLER J B, ANEJA M, et al. , 2005. Short term effects of ozone on the plant-rhizosphere-bulk soil system of young beech trees. Plant Biology, 7: 728−736.

SOCIETY R, FOWLER D, 2008. Ground-level ozone in the 21st century: future trends, impacts and policy implications. Royal Society Science Policy Report.

SOLOMON S, QIN D, MANNING M, et al. , 2007. Contribution of working group I to the fourth assessment report of the intergovernmental panel on climate change, 2007. Cambridge: Cambridge University Press.

SPATAFORA J W, CHANG Y, BENNY G L, et al. , 2016. A phylum-level phylogenetic classification of zygomycete fungi based on genome-scale data. Mycologia, 108(5): 1028-1046

THOMAS V F D, BRAUN S, FLÜCKIGER W, 2005. Effects of simultaneous ozone exposure and nitrogen loads on carbohydrate concentrations, biomass and growth of young spruce trees (*Picea abies*). Environmental Pollution, 137: 507-516.

THOMAS V F D, HILTBRUNNER E, BRAUN S, et al. , 2002. Changes in root starch contents of mature beech (*Fagus sylvatica* L.) along an ozone and nitrogen gradient in Switzerland. Phyton-Annales Rei Botanicae, 42: 223-228.

WITTIG V E, AINSWORTH E A, LONG S P, 2007. To what extent do current and projected increases in surface ozone affect photosynthesis and stomatal conductance of trees? A meta-analytic review of the last 3 decades of experiments. Plant, Cell & Environment, 30(9): 1150-1162.

XU M, JIN H, DONG J, et al. , 2011. Abscisic acid plays critical role in ozone-induced taxol production of *Taxus chinensis* suspension cell cultures. Biotechnology Progress, 27(5): 1415-1420.

YANG Y S, SKELLY J M, CHEVONE B I, et al. , 1983. Effects of short-term ozone exposure on net photosynthesis, dark respiration, and transpiration of three eastern white pine clones. Environment international, 9(4): 265-269.

ZAK D R, HOLMES W E, PREGITZER K S, et al. , 2007. Belowground competition and the response of developing forest communities to atmospheric CO_2 and O_3. Global Change Biology, 13: 2230-2238.

ZHANG J, FERDINAND J, VANDERHEYDEN D, et al. , 2001. Variation in gas exchange within native plant species of Switzerland and relationships with ozone injury: An open-top experiment. Environmental Pollution, 113(2): 177-185.

ZHANG W, FENG Z, WANG X, et al. , 2012. Responses of native broadleaved woody species to elevated ozone in subtropical China. Environmental Pollution, 163: 149-157.

第三篇

大气臭氧浓度升高对亚热带农田生态系统的影响

引　言

　　长江三角洲地区是中国经济、科技、文化最发达的地区之一，她以全国2.2%的陆地面积和10.4%的人口，创造了全国22.1%的国内生产总值、24.5%的财政收入、28.5%的进出口总额。然而由于经济的高速发展，该地区农田生态用地大量减少，环境质量严重恶化，臭氧浓度非常高。周秀骥等（2004）在长三角的监测数据表明，O_3 最高浓度高达 196nL/L，O_3 峰值主要出现在5月和9月，此时期正好是该地区典型农作物冬小麦、油菜和水稻的关键生长时期。已有研究表明，该地区臭氧浓度已经导致了冬小麦、水稻、油菜分别减产17.8%，5.92%和3.04%（姚芳芳，2007），而臭氧对于该地区稻麦轮作系统的土壤微生物影响如何还不清楚。基于此，在国家重点基础研究发展规划（973）项目（2002CB410803）"长江、珠江三角洲地区土壤和大气环境质量变化规律与调控原理"的第三子课题"地气交换及大气复合污染对地表生态系统的影响"以及国家自然科学基金（30670387）"大气 O_3"浓度升高对农田生态系统土壤碳库动态的影响两个项目的资助下，本研究运用开顶式气室和室内熏气系统，采用氯仿熏蒸提取法、磷脂脂肪酸法以及BIOLOG法从土壤微生物的量、结构和功能方面全面探讨臭氧对其产生的影响，为科学评价臭氧对植被地下部分的影响提供科学基础。

| 第 11 章 |

O₃对农作物影响的研究进展

自从1958年Richards等人(1958)第一次报道臭氧伤害植物以来，O₃对作物的有害作用受到社会的普遍关注，相关研究活跃起来，并开展了大量实验。大量研究表明，O₃对植物生理生化、微观结构、生长发育、产量、种子品质以及生态系统等方面产生有害影响。很多研究者对此进行相关综述或开展专项研究，本文就O₃伤害的可见症状、光合作用、碳分配和产量等方面进行简要概括。

1 O₃伤害的可见症状

O₃浓度升高对作物叶片的直接伤害是最主要的特征之一，受到O₃伤害后，出现的最初症状为叶片上散布细密点状斑，颜色呈现棕色或黄褐色，可分为"点斑(spoting)"和"雀斑(flecking)"。前者是当细胞崩溃时伴随产生的暗色色素，后者则无色素生成。一般认为O₃首先危害叶片栅栏组织，使细胞质壁分离，细胞内含物受到破坏；如果继续暴露则叶片表皮坏死斑点变大，互相融合，最后伤害到海绵组织，形成两面坏死斑。O₃不仅伤害叶片，对茎和穗也有伤害作用，表现出麦芒间断性干枯，穗下部茎秆变枯穿透。O₃对不同作物的伤害程度差异很大，一般当空气中O₃体积分数达到50nL/L，就可使敏感作物受害。

2 O₃对植物光合作用的影响

早在20世纪50年代Erickson等(1956)就观测到O₃对水生植物浮萍的光合强度有抑制作用。此后，许多学者对各种植物的测定表明，O₃对大多数植物的光合作用有抑制作用。这种抑制现象与植物种类相关，草本植物比木本植物敏感，蔬菜比粮食和油料作物敏感，叶菜类蔬菜尤为敏感。此外，作物不同的发育阶段敏感性差异很大，通常情况下，植物幼苗期和开花期对O₃最为敏感。

研究表明，O₃主要通过以下途径影响植物的光合作用：

(1)气孔关闭是O₃引起植物光合作用下降的原因。O₃对气孔导度的影响，必然会引起气体交换频率发生改变, 尤其是 O_3 引起气孔关闭, 限制 CO_2 进入植物叶内, 减少了光合作用对 CO_2 的吸收, 使光合速率受到影响。

(2) O_3 破坏植物光合组织, 减少光合色素。植株经 O_3 暴露后叶片中叶绿素 a、叶绿素 b 含量和 α、β 胡萝卜素含量下降且比例都有变化, 叶绿体显微结构发生变化, 基质暗色化。

(3) 在电子传递水平上, O_3 使植物光合系统 II (Photosynthetic system II, PS II) 反应中心 D-1 蛋白的合成和分解作用都有增加, 叶绿素荧光测定表明 Fv/Fm (光量子效率) 下降, 说明 PS II 电子传递受到抑制, 光合电子传递速率下降。

(4) O_3 胁迫下 RuBPCO 酶蛋白含量及活性降低, RuBP 羧化率下降, 从而抑制植物已糖磷酸还原过程。

3 O_3 对作物体内碳分配的影响

在高浓度 O_3 胁迫下, 植物叶片光合速率下降, 减少植物碳的来源, 并影响到累积的碳源在体内的分配, 导致根和果实器官生物量比例降低。臭氧直接作用于植物叶片导致叶片的损伤并破坏光合作用, 而植物本身存在一个自我修复机制, 会利用更多的碳来修补叶片的损伤和维持光合作用, 这样就会减少用于根生长的碳。研究表明, 对于大多数作物品种, O_3 胁迫对根生长的抑制幅度大于对茎的抑制幅度, 结果使根冠比下降。

O_3 能够破坏参与韧皮形成的敏感蛋白质(如蔗糖转移蛋白), 所以 O_3 对一些植物种类的韧皮部形成能够产生直接影响, 并导致蔗糖优先分配到较近的器官, 抑制碳汇(根)向远距离的输送。此外, 依据有限供应生长中心的原则, 同化物优先分配到生长快、代谢旺盛的器官, 如水稻、小麦分蘖期的蘖节和新叶、抽穗期的穗部, 因此有研究发现有些作物品种能够忍受低浓度造成的生物量的减少, 而并不降低产量, 这也就增加了研究问题的复杂性。

4 O_3 对作物产量的影响

大气 O_3 浓度升高使农作物产量减产已经得到全球的高度关注。NCLAN 研究表明, 当 O_3 季节平均浓度达到 $60 \sim 70nL/L$, 几乎所有作物产量均有不同程度的下降, 并且降幅与 O_3 浓度的增加呈线性关系。作物的减产通常由光合作用能力降低和供应繁殖器官生长发育以及种子形成所需营养物质的吸收能力降低所致。受大气 O_3 浓度迅速升高的影响, 小麦减产率从 2015 年的 15% 增加到 2018 年的 34% (Zhao et al., 2020), 不同品种大豆平均减产 33% (王春雨等, 2019)。而在我国，由 O_3 造成的农作物总量损失高于其他主要国家(王效科等，2022)。

O_3 对作物产量的影响因 O_3 浓度、暴露时间、暴露方式、暴露时期以及作物品种而异，不同的作物对 O_3 的敏感程度不一样。大量研究发现，O_3 暴露通常通过降低穗数(或荚数)和每穗、每小穗(或每荚)子粒数以及单粒重来降低作物产量的。在我国长三角地区的研究也表明，O_3 主要通过降低水稻的穗粒数、结实率、千粒重以及单穗粒重来引起水稻产量的损失(Chen et al.，2008)。水稻灌浆期 O_3 暴露的研究结果表明虽然灌浆期短期高浓度 O_3 暴露对其产量没有显著影响，但与全生育期相比，水稻产量对灌浆期的高浓度臭氧更为敏感(陈展等，2007)。

国外的一些研究还表明，高浓度 O_3 长期暴露对农作物造成的负面影响是由 O_3 累积效应引起的，在研究 O_3 暴露时如果只考虑 O_3 浓度是不合理的。根据长期的研究资料，他们提出了 O_3 剂量的概念。美国环保局认为60nL/L是农作物受到伤害的临界 O_3 浓度，并确定了一种简单的评价指标SUM06(Sums all moderately high ozone valuesduring the summer months，60nL/L 为临界浓度)(US EPA，1996)。联合国欧洲经济委员会(UNECE)确定临界浓度为40nL/L，他们认为当 O_3 浓度超过40nL/L时就会对作物产生伤害，但这种效应不是 O_3 浓度的简单加和，而是只有超过临界值的这部分 O_3 的累积效应将对作物产生伤害，并相应建立了 AOT40 指标(Accumulated exposure over athreshold ozone concentration of 40nL/L，40nL/L 为临界浓度)(Fuhrer 等，1997)。

SUM06 和 AOT40 计算方法如下：

$$SUM06(\mathrm{ppm/h}) = \Sigma(C_{O_3}) \tag{1}$$

式中：$SUM06$ 为大气中 O_3 浓度高于 60nL/L 时的小时累计效应指数；$C_{O_3} \geqslant$ 60nL/L。

$$AOT40(\mathrm{ppm/h}) = \Sigma(C_{O_3} - 40) \tag{2}$$

式中：$AOT40$ 为大气中 O_3 浓度高于 40nL/L 时的小时累计效应指数；$C_{O_3} \geqslant$ 40nL/L。

O_3 污染造成我国粮食产量损失逐年增加。据报道，在 1990 年，O_3 污染使得小麦、玉米、水稻、大豆的产量损失合计为 893 万吨(Aunan et al.，2000)；到 2000 年，四类主要粮食产量损失则达 2500 万吨(Wang et al.，2005)；而 2014 年，小麦、玉米和水稻三者总减产 7850 万吨(Lin et al.，2018)；到 2018 年，仅小麦和水稻的产量损失就高达 16580 万吨(Xu et al.，2021)。在目前大气 O_3 浓度下，已经对我国农业生产有一定影响。随着大气 O_3 浓度增加，这种不利影响将越来越大，并可能成为影响我国农业可持续发展的因素之一。

第 12 章

材料与方法

　　大气臭氧对植物慢性影响的研究方法主要有 3 种：控制环境研究法、田间暴露法和自然条件下田间小区法。其中利用开顶式气室的田间暴露法可以进行不同臭氧浓度控制，实践证明比较理想，开顶式气室(open-top chamber，OTC) 技术自 1973 年推出以来得到了广泛的应用；同时室内的控制环境盆栽法由于能很好地控制大气环境和保证处理内部实验条件的一致性，也被很多人用来研究臭氧对农作物的影响。本研究采用室内模拟与田间暴露相结合的方法，探讨臭氧对农田生态系统土壤微生物结构和群落的影响研究。

1　田间暴露实验

1.1　OTC 的结构和性能评价

1.1.1　气体发生布气系统

　　OTC 主要由过滤系统、鼓气系统、臭氧发生和加入系统、布气系统、暴露室、臭氧浓度控制系统和自动采集测量系统组成(王春乙，1993；郑启伟，2006)。开顶式气室主体为最大直径 2m、高 2.2m 的正八面体，横截面正八边形边长 0.77m，顶端为 45° 收缩口，高 0.3m，顶边长 0.51m。整个气室体积约为 6.2m³。气室框架由钢筋构成，室壁选用聚乙烯塑料膜。用功率为 750W 的离心风机鼓气，以保证气室内气体每分钟交换 2 次以上。加活性炭过滤自然大气中的臭氧。以洁净的压缩氧气作为气源，用臭氧发生器(浙江省余姚市圣莱特电器有限公司)产生臭氧。用时控钟和流量计控制气室臭氧浓度的动态变化：压缩氧气经减压阀减压后，通过四通分成 3 路，每路经过一个稳定阀，使气流稳定。然后在各气路上安装多通路定时器以控制电磁阀的开关，从电磁阀出来的气体，经过臭氧发生器产生一定浓度的 O_3，然后经过布气系统使其在 OTC 中均匀分布，具体流程如图 12-1 所示。

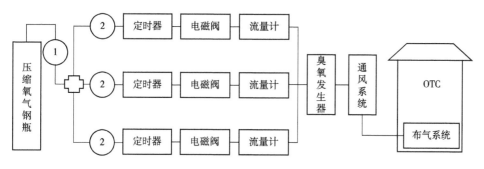

图 12-1 动态暴露装置示意图

注：1. 减压阀；2. 稳压器。

1.1.2 数据采集系统

利用可编程逻辑控制器、电磁阀系统、多通路布气控制器、热电偶传感器、数据采集器、臭氧分析仪和计算机等构成数据自动采集站，连续自动采集 O_3 浓度和 OTC 内外温度数据(图 12-2)。各气室 O_3 浓度每小时测定一次，实现 12 个气室循环检测和记录数据。

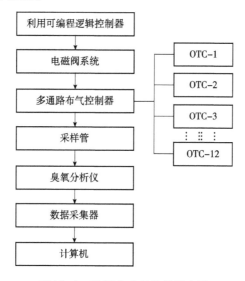

图 12-2 数据自动采集站示意图

1.1.3 开顶式气室性能评价

郑启伟(2007)运用喷气的作用力与反作用力原理，设计了一套旋转布气装置，通过旋转透明有机玻璃管携带目标气体，优于同类其他装置，能保证 O_3 在 OTC 内水平和垂直方向分布比较均匀，浓度变化波动小，且 OTC 内外温差小，无明显温室效应，同时可以满足 OTC 内换气需要。因此，运用旋转布气法的 OTC 可以进行大气特定成份变化对近地层生态系统影响的原位试验研究。

1.2 田间暴露模拟大气 O_3 浓度变化的实验方法

1.2.1 试验区概况

试验在浙江嘉兴双桥农场($31°53'$N，$121°18'$E)进行。该地地处中国东南沿海、长江三角洲中心位置，属于东亚亚热带季风区，四季分明。该地区平均海拔 4.7m，年平均温度和降水分别为 15.9℃ 和 1168.6mm，平均日照 2017.0h，具有春湿、夏热、秋燥、冬冷的特点。主要农作物为水稻、冬小麦。

1.2.2 OTC 小区分布情况

OTC 试验区共 12 个，排成 4 行 3 列，每小区 2m×2m，各小区间有 2m×3m 的保护行，田埂宽 0.5m(图 12-3)。

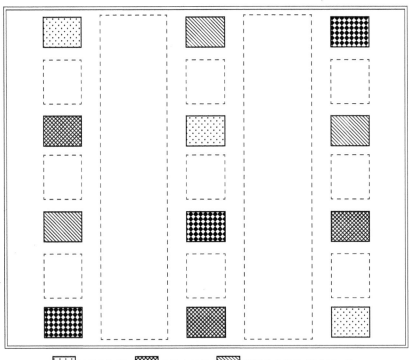

过滤空气组　　自然大气组　　臭氧动态处理1组（O3-1）

臭氧动态处理2组（O3-2）　　保护行

图 12-3　OTC 分布示意图

1.2.3 O₃ 暴露处理

1.2.3.1 小麦

2007 年小麦实验设置 4 个浓度处理：

(1)过滤空气组(CF)：背景大气经活性炭过滤后通入开顶式气室，简称 CF 组(charcoal-filter)或对照组，O_3 浓度为 2.4~23.9nL/L。

(2)自然大气组(NF)：直接将背景大气通入气室内而不经过滤，简称 NF 组(non-filter)，浓度随背景大气浓度的变化而变化，范围在 3.7~48.0nL/L。

(3)臭氧动态处理 1 组(O_3-1)：经活性炭过滤后的大气加入一定浓度的 O_3，配气方案是 9∶00~10∶00 O_3 浓度 50nL/L，10∶00~12∶00 O_3 浓度 100nL/L，12∶00~14∶00 O_3 浓度 150nL/L，14∶00~16∶00 O_3 浓度 100nL/L，16∶00~17∶00 O_3 浓度 50nL/L，气室内 O_3 平均浓度为 100nL/L，简称为 O_3-1。3 个月生长季内总的暴露天数为 30 天，其 AOT40 为 1.58ppm/h。

(4)臭氧动态处理 2 组(O_3-2)：经活性炭过滤后的大气加入一定浓度的 O_3，配气方案是 9∶00~10∶00 O_3 浓度 100nL/L，10∶00~12∶00 O_3 浓度 150nL/L，12∶00~14∶00 O_3 浓度 200nL/L，14∶00~16∶00 O_3 浓度 150nL/L，16∶00~17∶00 O_3 浓度 100nL/L，气室内 O_3 平均浓度为 150nL/L，简称为 O_3-2。3 个月生长季内总的暴露天数为 30 天，其 AOT40 为 9.17ppm/h。

各处理重复 3 次。每天暴露时间为 9∶00~17∶00，下雨天停止暴露。

1.2.3.2 水稻

2006 年水稻的臭氧暴露处理同 2007 年小麦的暴露处理，4 个处理，CF、NF、O_3-1 和 O_3-2，下雨天停止熏气，整个生长季内共暴露 40 天，4 个处理的 AOT40 分别是 0、0.91、23.24 和 39.28ppm/h。

2007 年水稻的臭氧暴露同样采用 4 个处理，CF 与 NF 处理同上所述，但臭氧浓度升高的处理采取的是恒定的熏气浓度，即 9∶00-17∶00 时间内 O_3-1 的平均浓度为 75nL/L，O_3-2 的平均浓度控制在 150nL/L 左右。整个生育期内共暴露 54 天，4 个处理 AOT40 分别为 0.40、0.51、13.83、32.08ppm/h。

1.2.4 材料处理及采样

1.2.4.1 2007 年冬小麦处理

冬小麦品种为嘉 002(嘉兴市农科院提供)，于 2006 年 11 月 15 日播种，以纯氮、P_2O_5 和 K_2O 各 60kg/hm² 施底肥，在分蘖期追施纯氮 69.3kg/hm²。当小麦返青后于 2007 年 3 月 20 日把构建好的开顶式气室安放于小区上，先进行 6 天适应性暴露，正式暴露始于 3 月 26 日，止于 5 月 19 日，5 月 28 日收获。

分别于臭氧暴露开始前的 3 月 20 日，臭氧暴露近一个月的 4 月 18 日以及臭氧停止暴露前的 5 月 13 日采取表层 0~10cm 的土壤，表层土壤利用 2cm 的土钻在每个 OTC 罩子里随机钻取 10 钻土壤进行混合装袋带回实验室；5 月 13 日采取表层土的同时也采了根际土壤，采用抖动法抖动附着在根上的土壤使之与根分离，这部分土壤则定义为根际土。土壤样品带回实验室后过 2mm 筛，去除一些植物和根残体，在一周时间内进行微生物量和功能的分析，部分样品贮存于超低温冰箱用于微生物结构的分析。

1.2.4.2 2006 年水稻处理

水稻品种为 3694 繁（嘉兴市农科院提供），于 2006 年 5 月 15 日播种，6 月 20 日将水稻秧苗移栽至 OTC 小区内，移栽前每公顷施纯氮 60kg，P_2O_5、K_2O 各 60kg，生长期内于分蘗期、孕穗期各追施纯氮 69.3kg/hm^2。待秧苗返青后，于 7 月 10 日把构建好的 OTC 开顶式气室安放于小区上，并适应性暴露 6 天，正式暴露开始于 7 月 16 日终止于 10 月 10 日，于 10 月 25 日收获水稻。

分别于 8 月 5 日，9 月 10 日以及 10 月 8 日 3 次采取表层 10cm 的土壤，且在水稻收获后于 10 月 25 日采取根际土壤样品，过 2mm 筛后进行微生物分析。样品的处理与保存方法同上面所述的小麦土壤样品。

1.2.4.3 2007 年水稻处理

水稻品种为 3694 繁（嘉兴市农科院提供），于 2007 年 5 月 25 日播种，6 月 29 日将水稻秧苗移栽至 OTC 小区内，移栽前每公顷施纯氮 60kg，P_2O_5、K_2O 各 60kg，生长期内于分蘗期、孕穗期各追施纯氮 69.3kg/hm^2。待秧苗返青后，于 7 月 29 日开始进行臭氧暴露，10 月 10 日停止臭氧暴露，并于 11 月 2 日收获水稻。

土壤采样方法和处理贮存都同上所述，分别于 9 月 1 日，9 月 21 日及 10 月 12 日采取表层土壤，10 月 12 日同时采取根际土壤。

2 室内盆栽模拟试验

2.1 室内熏气系统

室内实验所用的熏气装置采用专门定做的研究大气污染对植物影响的柜式气室（1.2m×1.2m×2.1m）。O_3 由臭氧发生器产生，以纯氧作为 O_3 发生器的气源，O_3 由箱底部进入生长箱，进入前先跟鼓风机吹进的空气混合，再经过箱子中下部起混合作用的薄钢板（孔径 1mm），使 O_3 与空气混合均匀。箱子中部为带孔钢板（孔径 1mm），供放盆钵和再次混匀气体。充分混匀后的气体进入生长室，生长室内 O_3 浓度由 O_3 分析仪监测（ML9810 型，ECOTECH 公司），O_3 浓度通过空气钢瓶供气量的大小和质量流量计控制。生长箱顶部有排气通道，用于熏蒸后废 O_3 气体的排放。

2.2 O_3 对小麦的影响实验

2.2.1 O_3 的暴露处理

小麦暴露试验共分 3 个处理，每个处理一个气室。臭氧暴露分别为：空气对照，CK（直接向气室内通空气，其臭氧浓度约 4-10nL/L）；臭氧升高 1（O_3-1）其配气方案为 9 点时臭氧浓度约 40nL/L，每过 0.5h 臭氧浓度升高 10nL/L，直到中午 12 点 30 分达到一天的最大值为 110nL/L 持续 1h，随后臭氧浓度与上午呈对称式下降，到下午 5 点回落到 40nL/L，其日平均为 75nL/L；臭氧升高 2（O_3-2）的配气方案与升高 1 大致相同，起始浓度也为 40nL/L，每 0.5h 升高 20nL/L，最大值为 170nL/L，其日平均为 110nL/L。整个臭氧暴露期两个臭氧处理 O_3-1 和 O_3-2 的实际 8h 平均浓度分别为 76nL/L 和 119nL/L，AOT40 分别为 21.4ppm/h 和 44.1ppm/h。

2.2.2 小麦的种植管理

小麦品种为嘉 002，采用的土是从浙江嘉兴野外实验基地采回的田间土（pH5.36，TN 0.2%，TC 1.9%），过 2mm 筛。移栽小麦前在土壤中添加一定的肥料，0.428g/kg 尿素、0.323g/kg $CaHPO_4 \cdot 2H_2O$、0.247g/kg K_2SO_4 以及 0.4732g/kg $Ca(H_2PO_4)_2 \cdot H_2O$，采用高 30cm 高的 PVC 罐培养小麦，每个臭氧处理中 8 盆小麦，每盆 2 株，且在每个 PVC 罐的中部埋有尼龙网以将植物根系阻隔在网内，从而区分根际土壤和非根际土壤。

小麦萌发 3 周后将其转移至臭氧暴露气室内，该气室内白天温度为 20～25℃，夜间为 15～20℃；相对湿度为 50%～85%，400～700nm 波长的光强为 220μmol/m²s。生育期间每天用蒸馏水进行浇灌，同时每天转换 PVC 盆的方向以保证小麦光照均匀。

2005 年 12 月 8 日小麦种子于珍珠岩苗床上萌芽，12 日移入 PVC 盆内，2006 年 1 月 4 日移入气室内开始熏气，3 月 21 日停止熏气，共熏气 75 天。收获时将植物根系小心从盆内取出，将尼龙网附近 5mm 的土壤取出作为根际土壤，5mm 以外的 5cm 内的土壤作为非根际土壤，土壤样品分别进行微生物量、结构和功能的分析；同时植物样品分别按根、茎、叶进行收获，烘干，称重。

2.3 O₃ 对水稻的影响实验

2.3.1 O₃ 的暴露处理

水稻暴露试验只采用了两个处理，即对照（CK）和臭氧浓度升高的处理（O₃）。CK 为空气对照（直接向气室内通空气，其臭氧浓度约 4~10nL/L），臭氧浓度升高处理的配气方案为 9 点时臭氧浓度约 40nL/L，每过 0.5h 臭氧浓度升高 20nL/L，直到中午 12：30 分达到一天的最大值为 170nL/L 持续 1h，随后臭氧浓度与上午呈对称式下降，到下午 5：00 回落到 40nL/L，最大值为 170nL/L，其日平均为 110nL/L。

2.3.2 水稻的种植管理

水稻品种为 3694 繁，采用的土壤是从浙江嘉兴野外实验基地采回的田间土，过 2mm 筛。移栽水稻前在土壤中添加一定的肥料，0.428g/kg 尿素、0.323g/kg CaHPO₄·2H₂O、0.247g/kg K₂SO₄ 以及 0.4732g/kg Ca(H₂PO₄)₂·H₂O。水稻种子于 6 月 5 日用 5% H₂O₂ 消毒后置于培养皿中于 25℃ 培养箱中催芽 3 天，然后在珍珠岩苗床上培养，培养期间用 Hoagland 营养液浇灌（潘瑞炽，董愚得，1979），7 月 2 日将水稻苗从珍珠岩上移植到高 30cmPVC 筒中每个臭氧处理下 15 盆，每盆 2 株，于室外自然光照下生长。7 月 20 日将栽有水稻苗的 PVC 筒移入气室内，开始熏气。

2.3.3 ¹³C 同位素示踪

分别于 8 月 21 日和 9 月 19 日进行两次 ¹³CO₂ 标记，标记实验在自制的标记室内进行。标记装置如图所示，由一个水封槽底座有机玻璃罩子组成，底座上装有一个空气压缩机和温度控制器。由于标记时日照很强，会使有机玻璃标记室内温度过高产生雾气，因此，利用空气压缩机进行冷却，同时利用温度控制器将标记室内温度稳定在一个温度范围内从而避免雾气产生影响植物的光合作用。将栽有水稻植株的 PVC 筒放在水封槽内的底座上，每盆水稻表面用黑色塑料布遮住以避免盆内水体中的藻类等进行光合作用吸收 ¹³CO₂。每次标记时两个处理各标记 3 盆，共在标记室内放 6 盆水稻。水稻放好后将有机玻璃罩子罩在水封槽上，保证其密封性，¹³CO₂ 气体由箱体上方的孔注入。同时用 CO₂ 红外分析仪监测标记室内的 CO₂ 浓度。

植株放入后，先将室内气体通过一个过滤器进行循环以吸收掉背景的 CO₂，使背景 CO₂ 浓度降至 100ppm 左右，将此通路关闭，再开始注入 ¹³CO₂。¹³CO₂ 由

Ba^{13}CO$_3$(98% atom%)与磷酸反应产生,产生的气体用气袋收集,然后用注射器分次向气室内注入该气体。标记从早晨9∶00开始向气室内注入^{13}CO$_2$气体,使气室内的^{13}CO$_2$浓度维持在250ppm左右,共标记6h,之后再注入普通CO$_2$气体使室内残留的^{13}CO$_2$能完全吸收。两次标记分别消耗Ba^{13}CO$_3$约10g左右。

标记完成后的植株从标记室内取出后继续放回到相应处理的气室内继续进行臭氧暴露处理,标记72h后分别取植物样和根际土壤样,植物样品烘干称重后粉碎测定其^{13}C组成,土壤样品分别进行微生物量测定(包括^{13}C-Mic)和磷脂脂肪酸(^{13}C-PLFA)分析。

3 测定指标

3.1 土壤微生物量的测定

土壤微生物量的测定采用氯仿熏蒸浸提法。称取相当于25g干土的新鲜土样3份,分别置于100ml的小烧杯中。将小烧杯放入真空干燥器内,真空干燥器底部放置几张用蒸馏水润湿的滤纸,同时分别放入一个装有50ml NaOH(1mol/L)溶液和一个装有约50ml无乙醇的氯仿的小烧杯(内加少量抗暴沸物质),用少量凡士林密封干燥器,用真空泵抽真空至氯仿沸腾并至少保持2min。关闭干燥器的阀门,在25℃的黑暗条件下放置24h。打开阀门,如果没有空气流动声音,则表示干燥器漏气,应重新称样进行熏蒸处理。当干燥器不漏气时,取出装有NaOH溶液和氯仿的小烧杯,清洁干燥器,反复抽真空直到土壤无氯仿味为止。熏蒸的同时,另称取等量的土样3份,置于另一干燥器中但不进行熏蒸,作为对照。转移熏蒸及未熏蒸的土壤至250ml的三角瓶中,加入100ml 0.5mol/L的K$_2$SO$_4$溶液,封口后在摇床上震荡浸提(200rpm)30min,用Whatman滤纸过滤,滤液转入带盖的塑料瓶中,及时上机测定。浸提液中的有机碳用TOC总有机碳(总氮)分析仪测定。

土壤微生物量 $C = C_F - C_{UF}/K_{EC}$

式中:C_F为熏蒸土壤浸提液的总有机碳量,C_{UF}为未熏蒸土壤浸提液中的总有机碳,K_{EC}为熏蒸提取法的转换系数,本方法取0.45。

3.2 微生物功能的测定

微生物代谢功能采用BIOLOG的方法进行分析。本研究中室内的小麦试验和田间暴露2006年的水稻试验中土壤样品采用的是BIOLOG©-GN$_2$培养板,而田间暴露试验2007年的小麦和水稻则采用BIOLOG©-ECO培养板。BIOLOG©-GN$_2$和BIOLOG©-ECO板的具体培养基见表12-1和表12-2。

表 12-1　BIOLOG-GN₂ 微孔板上 95 种碳源的分布

	1	2	3	4	5	6	7	8	9	10	11	12
A	水	α-环式糊精	糊精	肝糖	吐温40	吐温80	N-乙酰-D-半乳糖胺	N-乙酰-D-葡萄糖胺	戊五醇/核糖醇	L-阿拉伯糖	D-阿拉伯糖醇	D-纤维二糖
B	i-赤藓糖醇	D-果糖	L-海藻糖	D-半乳糖	龙胆二糖	α-D-葡萄糖	m-肌醇	α-D-乳糖	乳果糖	麦芽糖	D-甘露糖	D-甘露醇
C	D-蜜二糖	β-甲基-D-葡萄糖苷	D-阿洛酮糖	D-蜜三糖/棉子糖	L-鼠李糖	D-山梨糖	蔗糖	D-海藻糖	松二糖	木二糖	丙酮酸甲酯	琥珀酸单甲酯
D	乙酸	顺式乌头酸	柠檬酸	蚁酸	D-半乳糖醛内脂	D-半乳糖醛酸	葡萄糖酸	D-葡萄糖胺酸	D-葡萄糖醛酸	α-羟丁酸	β-羟丁酸	γ-羟丁酸
E	p-羟基苯乙酸	衣康酸	α-丁酮酸	α-酮戊二酸	α-戊酮酸	D,L-乳酸	丙二酸	丙酸	奎宁酸/金鸡纳酸	D-葡萄糖二酸	癸二酸	琥珀酸
F	溴代丁二酸	琥珀酰胺酸	葡糖醛酰胺	L-丙氨酰胺	D-丙氨酸	L-丙氨酸	L-丙氨酰甘氨酸	L-天门冬酰胺	L-天门冬氨酸	L-谷氨酸	甘氨酰-L-天门冬氨酸	甘氨酰-L-谷氨酸
G	L-组氨酸	羟基-L-脯氨酸	L-亮氨酸	L-鸟氨酸	L-苯基丙氨酸	L-脯氨酸	L-焦谷氨酸	D-丝氨酸	L-丝氨酸	L-苏氨酸	D,L-肉(毒)碱	γ-氨基丁酸
H	尿苷酸	次黄苷/肌苷	尿苷	胸苷	苯乙胺	腐胺	2-氨基乙醇	2,3-丁二醇	甘油/丙三醇	D,L-α-磷酸甘油	α-D-葡萄糖-1-磷酸	D-葡萄糖-6-磷酸

表 12-2　BIOLOG-ECO 微孔板上 31 种碳源的分布

A1 水	A2 β-甲基-D-葡萄糖苷	A3 D-半乳糖酸 γ-内酯	A4 L-精氨酸
B1 丙酮酸甲酯	B2 D-木糖/戊醛糖	B3 D-半乳糖醛酸	B4 L-天门冬酰胺
C1 吐温 40	C2 i-赤藓糖醇	C3 2-羟基苯甲酸	C4 L-苯丙氨酸
D1 吐温 80	D2 D-甘露醇	D3 4-羟基苯甲酸	D4 L-丝氨酸
E1 α-环式糊精	E2 N-乙酰-D 葡萄糖氨	E3 γ-羟丁酸	E4 L-苏氨酸
F1 肝糖	F2 D-葡糖胺酸	F3 衣康酸	F4 甘氨酰-L-谷氨酸
G1 D-纤维二糖	G2 1-磷酸葡萄糖	G3 α-丁酮酸	G4 苯乙胺
H1 α-D-乳糖	H2 D, L-α-磷酸甘油	H3 D-苹果酸	H4 腐胺

（1）首先确定土壤样品的含水量，以保证相同质量的土样用于分析。

（2）土壤微生物悬液的制备和接种：称取相当于 10g 干土重量的新鲜土样于灭过菌的 250ml 三角瓶中，加入 90ml 无菌 NaCl 溶液（0.85%），封口后，在摇床上震荡 15min（200~250rpm），然后静置 15min，取上清液，在超净工作台中用无菌 NaCl 溶液（0.85%）稀释到 10^{-3}，用 8 通道加样器将稀释液接种到 BIOLOG 微孔板上，每孔分别接种 125L 稀释后的悬液。将接种好的培养板放在生化培养箱中，25℃培养一周。每 24h 用 BIOLOG 微平板读数器读取培养板在 590nm 波长的吸光值。

（3）数据分析方法。土壤微生物的代谢活性用每孔颜色平均变化率（Average well Color Development，AWCD）来描述，计算公式为

$$AWCD = \sum (C-R)/n$$

式中：C 为每个有培养基孔的光密度值；R 为对照孔的光密度值；n 为培养基孔数；GN 板 n 值为 95；ECO 板 n 值为 31。培养基的丰富度（richness）指数指吸光度值大于 0.1 的碳源的总数目，多样性（diversity）指数采用 Shannon-Weinner 指数（H'）：

$$H' = \sum (P_i \times \log P_i)$$

式中：$P_i = (C-R)/\sum (C-R)$。

同时根据碳源的种类，可以将微孔板碳源分成 6 大类：糖类、氨基酸、羧酸、胺类、聚合物和其他混合类，具体碳源的划分见表 12-3。这些碳源中主要

为糖类、氨基酸和羧酸类物质，且这3类物质是根系分泌物的主要成分，而根系分泌物又是土壤微生物尤其是根际土壤微生物的主要碳源，因此土壤微生物对这3类物质的利用就能反映出微生物总的代谢多样性类型的变化，该研究中分别计算这3类物质的 AWCD 来比较臭氧对3类主要碳源利用的影响。

本研究运用96h 的数据来比较 BIOLOG 板中微生物代谢多样性。

表 12-3　BIOLOG©-GN$_2$ 和 BIOLOG©-ECO 板碳源分类

培养基类别	BIOLOG©-GN$_2$ 板	BIOLOG©-ECO 板
糖类	A7-C10	A2，A3，B2，C2，D2，E2，G2，H2，G1，H1
羧酸类	D1-F1	B1，B3，E3，F2，F3，G3，H3
氨基酸类	F5-H1	A4，B4，C4，D4，E4，F4
胺类	F2-F4，H5-H6	G4，H4
聚合物	A2-A6	C1，D1，E1，F1
其他混合物	C11-C12，H2-H4，H7-H12	C3，D3

3.3 微生物结构的测定

微生物结构采用磷脂脂肪酸（PLFA）的方法来进行分析。试验开始前所有的器皿都用正己烷润洗几次，同时将土壤样品用冷冻干燥机进行干燥。称取 4.00g 干土样装入 30ml 的玻璃离心管中，在通风橱内依次加入 3.6ml 磷酸缓冲液，4ml 氯仿，8ml 甲醇，室温下平放振荡 1h，振荡时尽可能地大幅度摇晃，然后 2500rpm 离心 10min。取上清液转移至 30ml 的分液漏斗中，再加 3.6ml 磷酸缓冲液，4ml 氯仿到分液漏斗中，摇匀过夜分离。转移氯仿相至新试管中，N$_2$ 吹干氯仿（温度不超过 30℃），过硅胶柱（100～200 目，100℃活化 1h）。过柱前先用 5ml 氯仿润湿柱子，然后用 1ml 氯仿分几次洗涤转移试管内的样品至柱子内，再依次加 10ml 氯仿，15ml 丙酮，完全滴干后用甲醇将柱子底部洗干净，再加 10ml 甲醇过柱，收集甲醇相，N$_2$ 吹干。用 1ml 甲醇-甲苯溶液（1∶1，V/V）溶解吹干的脂类物质，加入 1ml 0.2M KOH（用甲醇做溶剂），35℃培养 15min。冷却至室温后，依次加入 2ml 氯仿∶正己烷（1∶4）的混合液，1ml 1M 的醋酸用以中和样品，加 2ml 超纯水，2000rpm 离心 5min。取上层正己烷溶液，再加 2ml 氯仿∶正己烷（1∶4）于试管中，2000rpm 离心 5min，移取上层正己烷，合并两次的正己烷溶液，N$_2$ 吹干，N$_2$ 吹干，-20℃暗处保存，准备上机检测。

上机前用 1ml 含内标物 19∶0 的正己烷溶液溶解吹干的脂肪酸甲酯，进行 GC-MS 测试。GC-MS 条件：HP6890/MSD5973，HP-5 毛细管柱（60m×0.32mm× 0.25um），不分流进样。进样口温度 230℃；检测器温度 270℃。升温程序：

50℃，持续 1min，以 30℃/min 增加至 180℃，保持 2min，再以 6℃/min 增加至 220℃，持续 2min，以 15℃/min 增加至 240℃，保持 1min，再以 15℃/min 增加至 260℃，保持 12min。He 作载气，流量为 0.8ml/min。

PLFA 的命名一般采用以下原则：总碳原子数：双键数，ω 表示甲基末端随后是从分子甲基末端数的双键位置，c 表示顺式，t 表示反式，a 和 i 分别表示支链的反异构和异构，br 表示不知道甲基的位置，10Me 表示一个甲基团在距分子末端第 10 个碳原子上，环丙烷脂肪酸用 cy 表示。

PLFA 的总量和单个 PLFA 的量可以用内标 19：0 来进行计算。真菌的量用 18：2ω6 的百分比表示；放线菌的量用 18：0(10Me) 和 19：0(10Me) 占总脂肪酸的百分比表示；细菌的量用下列脂肪酸总和的百分比表示：i14：0，i15：0；a15：0，15：0，i16：0，16：1ω9，16：1ω7t，i17：0，a17：0，17：0，cy17，18：1ω7，cy19。

3.4　同位素 ^{13}C 的分析测定

3.4.1　植物样品中 ^{13}C

植物根、茎、叶于 80℃烘 72h 后磨成粉末，然后用同位素比率质谱仪（型号）测定其 $\delta^{13}C$，根、茎、叶中总的 ^{13}C 的吸收量可以根据标记与未标记植物样品中 ^{13}C 含量的差异计算得出。

$$mg\,^{13}C = (AT\%_{标记} - AT\%_{未标记}) \times Amt\% \times 质量（样品干重） \tag{1}$$

$$\%\,^{13}C = \frac{器官的\,mg\,^{13}C}{整株的\,mg\,^{13}C} \times 100 \tag{2}$$

3.4.2　土壤样品中 ^{13}C-微生物量的分

土壤样品采样后按照微生物碳的测定方法进行熏蒸，用 TOC 分析仪测定出熏蒸和未熏蒸土壤样品的有机碳，计算其微生物量碳。然后分别取 20ml 熏蒸和未熏蒸样品提取液在 80℃烘干并磨成粉末，用同位素比率质谱仪测定 ^{13}C。^{13}C 的原子百分比计算公式为：

$$Atom\,^{13}C\% = \{(\delta^{13}C+1000) \times R_{PDB}\} / \{(\delta^{13}C+1000) \times R_{PDB}+1000\} \times 100 \tag{3}$$

式中：R_{PDB} 是标准 PDB 的 $^{13}C/^{12}C$ 比值（=0.012372），$\delta^{13}C$ 是每个土壤提取液的丰度。微生物碳中的 ^{13}C 是在熏蒸和未熏蒸土壤提取液扣除掉未标记土壤样品中的 ^{13}C 自然丰度以后的差值来计算的，计算公式为：

$$^{13}C\text{-}MBC = [\{(Atom\,^{13}C\%)_{FM,标记} - (Atom\,^{13}C\%)_{FM,未标记}\} \times C_{FM} -$$
$$\{(Atom\,^{13}C\%)u_{FM,标记} - (Atom\,^{13}C\%)_{UFM,未标记}\} \times C_{UFM}] + 0.45 \tag{4}$$

这里 FM 表示熏蒸土壤提取液，UFM 表示未熏蒸土壤提取液；C_{FM} 和 C_{UFM} 分别表示熏蒸土壤和未熏蒸土壤的总有机碳(Lu 等，2002)。

3.4.3 土壤样品中 13C-PLFA 的分析

13C-PLFA 按照上述 PLFA 同样的方法提取后，用 GC-c-IRMS 进行 PLFA 分析及每个单峰 PLFA 的 $\delta^{13}C$ 的确定。

PLFA 单体的量按照公式(5)进行计算：

$$Fatty\ acid\ ng/g\ dm = dilution \times (P_{FAME} \times ng\ Std)/(P_{ISTD} \times W) \tag{5}$$

式中：P_{FAME}，样品峰面积；P_{ISTD}，内标(methyl ester C19：0，5ng/1)峰面积；$ng\ Std$，内标的浓度(ng/1)；$dilution$，稀释倍数，即最后加入的正己烷体积 1000l；W，烘干土干重(4g dm)。

每个单体 PLFA 中的 ^{13}C 的量按照标记样品和未标记样品的差值进行计算

$$^{13}C - PLFA = \left[(atom^{13}C\%)_{PLFA,\ 标记} - (atom^{13}C\%)_{PLFA,\ 未标记} \right] \times PLFA \tag{6}$$

式中：$^{13}C\text{-}PLFA$ 是进入单体 $PLFA$ 的 ^{13}C 的量($g^{13}C/kg$ 土壤)；$(atom^{13}C\%)_{PLFA,标记}$ 和 $(atom^{13}C\%)_{PLFA,未标记}$ 分别指标记和未标记样品单体 $PLFA$ 的 $atom^{13}C\%$；$PLFA$ 指标记样品中单体 $PLFA$ 的含量($g\ C/kg$ 土壤)。

单体 PLFA 中 ^{13}C 的相对丰度按公式(7)进行计算：

$$^{13}C\% = {}^{13}C\text{-}PLFA_{单体}/\sum{}^{13}C\text{-}PLFA_{单体} \times 100 \tag{7}$$

4 数据分析

运用 SPSS11.5 进行数据的统计分析。各处理间微生物碳量之间的差异采用 One-Way ANOVA 进行显著性分析。Biolog 实验采用96h 的读数进行功能多样性的分析。One-Way ANOVA 分析臭氧对土壤微生物多样性指数、丰富度指数、碳源利用率的显著影响；同时对 96h 时土壤微生物的吸光度值运用 PCA 进行碳源利用类型差异的分析。PLFA 单体的百分比用来进行 PCA 分析，揭示臭氧对土壤微生物群落结构的影响。

｜第 13 章｜

室内模拟空气臭氧浓度升高对
小麦土壤微生物的影响

1 臭氧对小麦生物量等的影响

臭氧熏蒸过的小麦无论是株高还是生物量与对照处理相比都呈下降趋势，且臭氧对株高和生物量的影响是显著的。两个臭氧处理下小麦的生物量差不多，地上部分总生物量比对照处理降低 18% 而根系生物量则比对照处理下降了 25%，并且都达到显著差异。而根冠比虽有所降低但不显著。且臭氧处理显著降低了小麦的根系活力，分别比对照处理降低了 58% 和 90，8%，且两个臭氧处理之间根系活力差异明显（表 13-1）。

表 13-1 臭氧对小麦株高以及生物量的影响

处理	株高 （cm）	根系生物量 （g/plant）	地上总生物量 （g/plant）	根冠比	根系活力 （mg/g·h）
CK	55.6±1.82a	0.078±0.0015a	0.61±0.025a	0.13±0.005a	168±1.52a
O₃-1	51.3±0.62b	0.058±0.0035b	0.50±0.031b	0.12±0.020a	69±0.35b
O₃-2	51.8±1.60b	0.059±0.0035b	0.50±0.031b	0.12±0.020a	15±0.35c

注：同一列中不同字母表示在 5% 水平上差异显著。

2 臭氧对小麦土壤微生物量碳的影响

对于小麦根际土壤而言，在低浓度臭氧处理下微生物量碳略有增加，提高了 2.5%，但没有达到显著水平，而高浓度臭氧处理则明显地降低了根际土壤微生物量碳，相对于对照处理和低浓度而言下降了 8.7% ~ 11%，且达到了统计学上的显著水平。而对于非根际土壤而言，其微生物量碳没有受到臭氧的影响，3 个处理下非根际土壤微生物量碳没有差异（表 13-2）。

表 13-2　臭氧对小麦根际土壤和非根际土壤微生物量碳的影响

微生物碳 mg/kg dry soi	根际土	非根际土
CK	263.32±1.39a	264.77±9.15a
O_3-1	270.24±4.91a	269.50±6.44a
O_3-2	240.31±0.45b	263.74±2.16a

注：表中数字为平均值±标准差，字母代表在 5%水平上 LSD 多重比较结果，不同字母表示彼此差异显著。

3　臭氧对小麦土壤微生物群落功能多样性的影响

3.1　碳源利用的主成分分析

主成分分析结果表明，小麦根际土壤微生物碳源利用的两个主成分分别解释了变异量的 31.0%和 28.6%，两个主成分均明显地区分开了 3 个处理(主成分 1，$F=52$，$P<0.001$；主成分 2，$F=137$，$P<0.001$)，且主成分得分系数的方差结果表明 3 个处理之间是存在显著差异的，这说明臭氧浓度升高后小麦根际土壤微生物对碳源的利用方式发生了明显的改变，也就是说小麦根际土壤微生物群落功能受到臭氧的显著影响(图 13-1)。而非根际土壤微生物碳源利用方式的两个主成分则没能将 3 个处理分开，说明臭氧升高后非根际土壤微生物对碳源的利用方式也即群落功能没有影响。

根际土壤中与主成分显著相关的培养基比较多，主要是糖类、羧酸类和氨基酸 3 大类。其中与主成分 1 显著正相关的糖类物质包括：D-阿拉伯醇、N-乙酰-D-葡萄糖胺、D-海藻糖、L-海藻糖以及 N-乙酰-D-半乳糖胺，而 m-肌醇与 α-D-葡萄糖则与主成分 1 显著负相关；羧酸中的顺式乌头酸、α-酮戊二酸、D-葡萄糖胺酸、琥珀酸、D-葡萄糖二酸、奎宁酸以及 D-半乳糖酸内脂与主成分 1 显著正相关，与主成分 1 显著负相关的羧酸有 D-葡萄糖醛酸、D-半乳糖醛酸以及柠檬酸；氨基酸中的 D,L-肉(毒)碱、L-丙氨酰甘氨酸、L-苏氨酸、甘氨酰-L-谷氨酸、L-亮氨酸以及甘氨酰-L-天门冬氨酸与主成分 1 显著正相关，而 L-脯氨酸则与主成分 1 显著负相关(表 13-3)。

臭氧浓度升高对根际土壤某些单一碳源的利用产生了明显的影响，有的碳源在臭氧升高后其利用受到抑制，也有碳源在臭氧升高后其利用率增加，这些碳源主要是糖类、羧酸和氨基酸 3 大类物质。臭氧浓度升高后显著降低了糖类物质的利用率，包括 D-果糖、D-半乳糖、麦芽糖、D-甘露糖、L-鼠李糖、D-D-山梨醇以及蔗糖；羧酸中的丙酸、葡萄糖酸两种碳源利用率随臭氧浓度升高而

表 13-3　小麦根际土壤微生物中与主成分显著相关的培养基

主成分	类别	培养基	相关系数
主成分 1	糖类	D-阿拉伯醇	0.922 **
		N-乙酰-D-葡萄糖胺	0.758 *
		D-海藻糖	0.751 *
		L-海藻糖	0.706 *
		N-乙酰-D-半乳糖胺	0.700 *
		m-肌醇	-0.943 **
		α-D-葡萄糖	-0.668 *
	氨基酸	D,L-肉(毒)碱	0.959 **
		L-丙氨酰甘氨酸	0.932 **
		L-苏氨酸	0.916 **
		甘氨酰-L-谷氨酸	0.868 **
		L-亮氨酸	0.828 **
		甘氨酰-L-天门冬氨酸	0.749 *
		L-脯氨酸	-0.917 **
	羧酸	顺式乌头酸	0.965 **
		α-酮戊二酸	0.903 **
		D-葡萄糖胺酸	0.872 **
		琥珀酸	0.798 **
		D-葡萄糖二酸	0.726 *
		奎宁酸/金鸡纳酸	0.716 *
		D-半乳糖酸内脂	0.712 *
		D-葡萄糖醛酸	-0.951 **
		D-半乳糖醛酸	-0.890 **
		柠檬酸	-0.738 *
	胺类	琥珀酰胺酸	0.846 **
		腐胺	0.888 **
	聚合物	吐温 40	-0.682 *
	其他	D,L-α-磷酸甘油	0.906 **
		胸苷	0.691 *
		D-葡萄糖-6-磷酸	0.683 *
主成分 2	糖类	D-果糖	0.937 **
		D-半乳糖胺	0.895 **
		麦芽糖	0.909 **
		D-甘露糖	0.933 **
		L-鼠李糖	0.893 **
		D-山梨醇	0.946 **
	氨基酸	L-丝氨酸	0.938 **
		L-天门冬酰胺	0.933 **
		L-焦谷氨酸	0.917 **
		L-天门冬氨酸	0.893 **
		尿苷酸	0.884 **
		L-谷氨酸	-0.849 **
	羧酸	葡萄糖酸	0.752 *
		奎宁酸	0.680 *
		D-葡萄糖二酸	0.673 *
		癸二酸	-0.835 **
	聚合物	吐温 80	0.902 **
	其他	尿苷	0.972 **
		D,L-α-磷酸甘油	0.910 **
		琥珀酸单甲酯	0.793 *
		次黄苷/肌苷	-0.912 **
		丙酮酸甲酯	-0.897 **

273

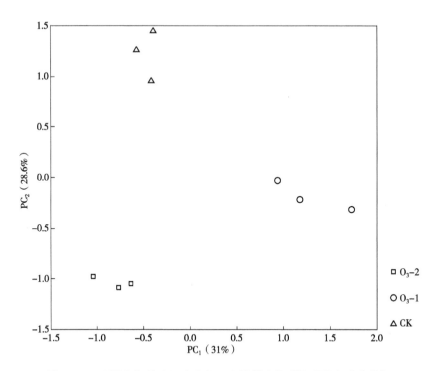

图 13-1 不同臭氧处理下小麦根际土壤微生物碳源利用主成分分析

降低，而顺式乌头酸、D-半乳糖酸内脂、D，L-乳酸、奎宁酸和 D-葡萄糖二酸的利用率在低臭氧浓度下升高而在高臭氧浓度下其利用率又显著降低，臭氧浓度升高显著增加了微生物对癸二酸和琥珀酸的利用；氨基酸中的 L-天门冬酰胺、L-天门冬氨酸、L-焦谷氨酸、L-丝氨酸以及尿苷酸的利用率都受到臭氧的明星抑制，而 L-谷氨酸、L-鸟氨酸以及 L-苯基丙氨酸的利用则受到了臭氧明显的刺激作用，其利用率在高臭氧浓度下显著提高(表 13-4)。

表 13-4 小麦根际土壤中臭氧显著影响的单一碳源

	碳源名称	CF	O_3-1	O_3-2
糖类	D-果糖	2.19±0.29a	0.89±0.31b	0.03±0.02c
	D-半乳糖	2.13±0.30a	0.72±0.42b	0.02±0.01b
	麦芽糖	2.26±0.33a	0.18±0.02b	0.08±0.04b
	D-甘露糖	2.66±0.33a	0.47±0.20b	0.26±0.03b
	L-鼠李糖	0.64±0.17a	0.04±0.02b	0.01±0.01b
	D-山梨醇	3.93±0.80a	1.98±0.14b	0.02±0.01c
	蔗糖	2.56±0.12a	2.99±0.49a	0.01±0.01b

（续）

	碳源名称	CF	O_3-1	O_3-2
羧酸	丙酸	0.41±0.05a	0.41±0.14a	0.03±0.03b
	葡萄糖酸	1.98±0.38a	0.31±0.01b	0.53±0.05b
	顺式乌头酸	1.83±0.05b	5.98±0.03a	0.29±0.03c
	D-半乳糖酸内脂	2.41±0.38c	4.66±0.31a	3.52±0.09b
	D，L-乳酸	2.53±0.17a	2.63±0.47a	1.13±0.20b
	奎宁酸/金鸡纳酸	4.22±0.06a	4.76±0.56a	0.00±0.00b
	D-葡萄糖二酸	4.87±0.54a	5.93±0.04a	0.04±0.03b
	癸二酸	0.07±0.03b	0.33±0.27b	1.71±0.06a
	琥珀酸	0.50±0.27c	4.23±0.37a	2.21±0.11b
氨基酸	L-天门冬酰胺	3.49±0.47a	0.30±0.09b	0.00±0.00b
	L-天门冬氨酸	1.98±0.28a	0.15±0.04b	0.26±0.17b
	L-焦谷氨酸	2.45±0.38a	0.13±0.01b	0.04±0.02b
	L-丝氨酸	1.60±0.00a	0.11±0.06b	0.00±0.00b
	尿苷酸	2.19±0.53a	0.16±0.07b	0.07±0.00b
	L-谷氨酸	2.77±0.75b	6.28±0.95ab	9.51±1.98a
	L-鸟氨酸	0.03±0.01b	0.09±0.02ab	0.34±0.15a
	L-苯基丙氨酸	0.26±0.16b	0.36±0.15ab	0.79±0.11a
其他	尿苷	1.18±0.15a	0.23±0.04b	0.02±0.01b
	2-氨基乙醇	1.38±0.22a	0.02±0.01b	0.00±0.00b
	琥珀酸单甲酯	0.91±0.09a	0.02±0.01b	0.25±0.11b
	次黄苷/肌苷	0.07±0.04b	2.72±0.28a	2.99±0.45a
	丙酮酸甲酯	1.31±0.10b	2.70±0.62a	3.58±0.13a
聚合物	吐温40	4.24±0.23a	0.23±0.11b	1.99±0.91b
	吐温80	3.87±0.55a	0.27±0.13b	0.29±0.11b

注：表中数字为平均值±标准差，字母代表在5%水平上最小显著差异法（LSD）多重比较结果，不同字母表示彼此差异性。

3.2　臭氧对多样性指数和丰富度指数的影响

对于非根际土壤而言，无论是低浓度还是高浓度臭氧对多样性指数和丰富度指数都没有明显的作用；而对于根际土壤而言微生物多样性指数在低臭氧浓度下没有受到影响，但高臭氧浓度显著地降低了根际土壤微生物的多样性指数，且臭氧浓度升高也明显抑制了根际土壤微生物的丰富度，其丰富度指数相对于对照处理而言显著降低（表13-5）。

表13-5 臭氧对小麦根际土壤和非根际土壤微生物多样性的影响

O_3 处理	香农多样性指数		O_3 处理	丰富度指数	
	根际土	非根际土		根际土	非根际土
CK	1.56±0.07a	1.21±0.13a	CK	41.7±0.88a	13.3±0.3a
O_3-1	1.56±0.06a	1.3±0.08a	O_3-1	30.3±2.33b	12.3±1.3a
O_3-2	1.37±0.03b	1.13±0.17a	O_3-2	25.0±1.53b	11.7±2.6a

注：表中数字为平均值±标准差，字母代表在5%水平上LSD多重比较结果，不同字母表示彼此差异性。

3.3 臭氧对小麦土壤微生物利用3类主要碳源的影响

非根际土壤微生物对3类碳源的利用率均明显的低于根际土壤微生物，且CK和O_3-2处理下非根际土壤微生物利用最多的是羧酸类，O_3-1处理下非根际土壤微生物利用的最多的则是糖类物质，但臭氧对非根际土壤3类物质的利用没有明显的抑制作用；而根际土壤中微生物利用得最多的是羧酸类物质，其次是氨基酸类和糖类，臭氧浓度升高明显地降低了这3类物质的利用率。由此可见非根际土壤微生物的代谢活性要低于根际土壤微生物，且臭氧对根际土壤微生物的活性有很强的抑制作用，而非根际土壤微生物活性没有受到臭氧的抑制（图13-2）。

4 臭氧对小麦土壤微生物结构的影响

小麦土壤中共检测到C9-18的16种PLFA，包括直链饱和脂肪酸、支链饱和脂肪酸、环丙基脂肪酸、单不饱和脂肪酸以及多不饱和脂肪酸，其中多不饱和脂肪酸只在根际土壤中出现了。无论是根际土壤还是非根际土壤均以15：0、i16：0、a17：0这3种脂肪酸含量最丰富。臭氧浓度升高后无论是根际土壤还是非根际土壤中9：0、cy19：0、18：1ω7t这3种脂肪酸含量是增加的；而15：0、16：0、18：0(10Me)、19：0(10Me)这4种脂肪酸无论是根际土壤还是非根际土壤中都是随臭氧浓度升高其含量显著降低的；根际土壤中i14：0和a17：0两种脂肪酸含量在臭氧升高的情况下显著降低，而非根际土壤中这两种脂肪酸则是臭氧浓度升高含量增加的；根际土壤中双不饱和脂肪酸18：2ω6,9的含量随臭氧浓度升高显著降低，而非根际土壤中没有检测到该脂肪酸。

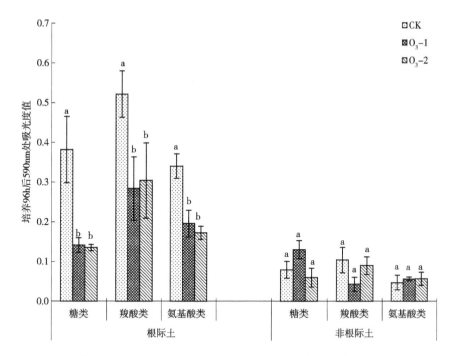

图 13-2　臭氧对小麦根际土壤与非根际土壤微生物 3 类主要碳源利用率的影响

无论是根际土壤还是非根际土壤，各个处理中的 PLFA 组成都明显地区分开来，说明臭氧显著地影响了小麦土壤微生物的群落结构（图 13-3 和图 13-4）。根际土壤中与主成分 1 显著正相关的 PLFA 单体有 9：0、cy19、18：1ω7t 以及双不饱和脂肪酸 18：2ω6，9；与主成分 1 显著负相关的脂肪酸单体有 i14：0、15：0和 16：0；与主成分 2 显著相关的脂肪酸单体有 a15：0、a17：0、cy17、18：0（10Me）和 19：0（10Me），且均为正相关。非根际土壤中与主成分 1 显著正相关的 PLFA 单体是 15：0、a15：0、16：0 以及 19：0（10Me），与其显著负相关的有 9：0、a17：0、i17：1ω5t 以及 cy17；与主成分 2 显著正相关的脂肪酸单体包括 i14：0 和 cy19，而 18：1ω7t 以及 18：0（10Me）则与主成分 2 显著负相关（表13-6）。

表 13-6　小麦土壤微生物中与主成分显著相关的 PLFA 单体

根际土				非根际土			
主成分 1		主成分 2		主成分 1		主成分 2	
9：00	0.965 **	a17：0	0.918 **	16：00	0.949 **	18：1w12t	0.900 **
cy19	0.822 **	18：0（10Me）	0.890 **	a15：0	0.811 **	cy19：0	0.899 **
18：1ω7t	0.819 **	19：0（10Me）	0.813 **	15：00	0.703 *	i14：0	0.821 **

（续）

根际土			非根际土			
18：2ω6，9	0.697 *	a15：0	0.799 **	19：0(10Me)	0.671 *	18：0(10Me)	-0.926 **
15：00	-0.949 **	cy17	0.747 *	i17：1ω5t	-0.966 **	18：1ω7t	-0.793
16：00	-0.937 **			cy17	-0.944 **		
i14：0	-0.919 **			9：00	-0.902 **		
				a17：0	-0.769 *		

注： **，*分别在0.01和0.05水平显著。

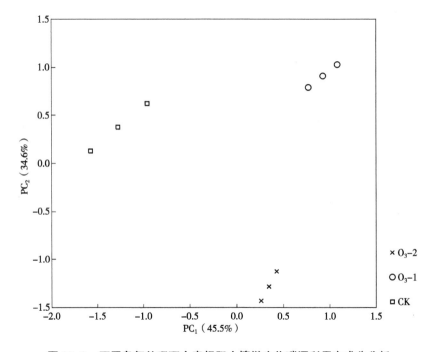

图13-3　不同臭氧处理下小麦根际土壤微生物碳源利用主成分分析

　　臭氧对小麦土壤微生物群落结构也产生了明显的影响。真菌脂肪酸在非根际土中没有检测到，而根际土壤中检测到了一种真菌脂肪酸，且臭氧浓度升高后真菌的相对含量是随臭氧浓度升高而显著降低的（表13-7）；无论是根际土壤还是非根际土壤低臭氧浓度处理对放线菌没有影响，但高浓度臭氧处理则显著降低了放线菌的含量；根际土壤中细菌的含量随臭氧浓度升高而增加，且两个臭氧浓度均显著提高了细菌的含量，而非根际土壤低臭氧浓度处理对细菌的量没有明显影响，只有高臭氧浓度处理显著提高了细菌的量；细菌量在臭氧升高下增加，但G^+/G^-比值则随臭氧浓度升高而降低，无论是根际土壤中还是非根际土壤中臭氧

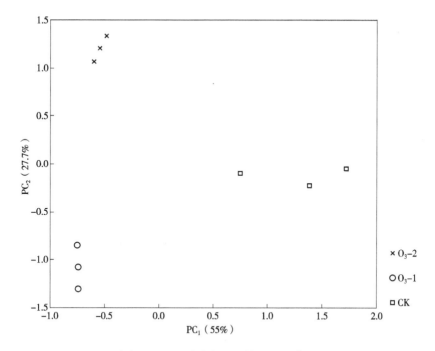

图 13-4　不同臭氧处理下小麦非根际土壤微生物碳源利用主成分分析

都显著降低了 G^+/G^- 的比例(表 13-8)。

表 13-7　不同处理下小麦根际土壤和非根际土壤 PLFA 组成

PLFA	根际土			非根际土		
	CK	O_3-1	O_3-2	CK	O_3-1	O_3-2
9：0	3.03c	10.97a	7.49b	3.71b	9.98a	8.28a
15：0	12.78a	11.01b	11.37b	14.16a	10.34a	5.79b
16：0	6.21a	0.00b	0.00b	6.78a	0.00b	0.00b
17：0	0.00b	0.00b	24.96a	0.00	0.00	0.00
18：0	1.80	2.18	2.78	2.44	2.70	2.16
i14：0	5.92a	4.13b	4.69b	4.05b	4.37b	8.53a
a15：0	4.93b	5.45a	4.73b	5.96	5.06	5.02
i16：0	19.09	19.67	18.63	21.84	19.39	21.68
a17：0	24.03a	19.28b	3.71c	16.97b	23.23ab	26.48a
cy17：0	4.13	4.09	3.71	0.00c	3.70b	4.32a
cy19：0	5.05b	6.28a	6.64a	5.86b	5.37b	8.07a

（续）

PLFA	根际土			非根际土		
	CK	O₃-1	O₃-2	CK	O₃-1	O₃-2
i17：1ω5t	0.00	0.00	0.00	4.19a	0.00b	0.00b
18：1ω7t	0.00c	2.33b	3.81a	0.00b	3.39a	1.33b
18：0(10Me)	7.35a	8.38a	5.63b	8.19a	7.77a	4.81b
19：0(10Me)	4.80b	5.21a	4.61b	5.35a	4.70ab	3.52b
18：2ω6，9	1.54a	0.94b	0.87b	0.00	0.00	0.00

表 13-8　臭氧对小麦土壤微生物群落结构的影响

O_3 处理	根际土				非根际土		
	真菌	放线菌	细菌(总)	G^+/G^-	放线菌	细菌	G^+/G^-
CK	1.54±0.03a	13.15±0.21a	85.15±0.05c	7.24±0.44a	12.82±0.46a	87.18±0.46b	6.67±0.24a
O₃-1	0.94±0.02b	13.30±0.17a	86.98±0.23b	4.87±0.05b	12.47±0.37a	87.53±0.37b	5.18±0.04b
O₃-2	0.87±0.20b	10.24±0.02b	88.81±0.04a	2.70±0.02c	8.33±0.30b	91.67±0.30a	5.11±0.14b

5　小结与讨论

臭氧对盆栽小麦植株各部分生物量及根系活力的影响是明显降低的。且臭氧对地下部分生物量的影响要大于地上部分，而根冠比虽然有所降低但并没有达到显著水平，这可能与室内熏气室内光照比较弱(低于200umol/s)小麦生长不好有关。关于根冠比对臭氧的响应，不同的研究有不同的结果，这与生长条件和物种有关。关于臭氧对根系活力影响的研究暂未见报道，研究结果说明臭氧明显地抑制了植物根系的活力，影响它们吸收营养和水分的能力有可能改变植物-土壤系统的营养动态和循环。

臭氧浓度升高显著降低了根际土壤微生物生物量碳，明显改变了根际土壤微生物的碳源利用方式，显著降低微生物多样性指数和丰富度指数且明显抑制了微生物对主要碳源的利用率，由此可见臭氧对小麦根际土壤微生物的代谢活性是存在显著抑制作用的；同时臭氧对小麦根际土壤微生物的磷脂脂肪酸结构也产生了明显的影响，改变了 PLFA 的组成，且臭氧浓度升高后小麦根际土壤中真菌、放线菌减少，细菌增加，G^+/G^- 降低。而对于非根际土壤而言，无论是土壤微生物生物量碳还是微生物功能多样性都没有受到臭氧的影响，但臭氧改变了小麦非根际土壤微生物磷脂脂肪酸的结构，非根际土壤中没有检测到真菌，但臭氧浓度升高后放线菌减少，细菌增加，G^+/G^-降低。

　　可见，臭氧对小麦根际土壤微生物的影响要比非根际土壤微生物强烈得多，无论是微生物量、微生物结构和功能，臭氧处理后根际土壤微生物都表现出了明显的响应，而非根际土壤微生物只有结构稍微发生了一些变化，但并没有功能上的变化。

| 第 14 章 |

室内模拟空气臭氧浓度升高对水稻
光合产物分配及土壤微生物的影响

1 臭氧对水稻生物量及光合产物分配的影响

　　8月24日和9月22日取样结果均表明水稻经过短时间的臭氧熏蒸后各部分生物量与对照处理相比没有差异，但收获时的样品则表明臭氧熏蒸一定时间后水稻的根、茎、叶各部分生物量均有明显降低。3次样品中，无论是对照处理还是臭氧处理中茎的生物量是最高的，其次是叶，根的生物量相对最少。且最后一次取样中，臭氧处理下叶、茎、根的生物量分别比对照处理降低39.4%，43.3%和43.2%，茎和根的降低幅度要大于叶(图14-1)。

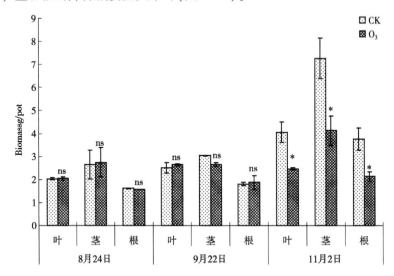

图14-1　不同时期臭氧对水稻各部分生物量的影响

　　两次标记结果表明，无论是空气对照处理还是O_3处理中未进行$^{13}CO_2$标记的植物样品各个部分的$\delta^{13}C(‰)$都比较低，除根的$\delta^{13}C(‰)$出现正值外其他均为负值，未标记的样品反映的是^{13}C的自然丰度。而$^{13}CO_2$标记的植物样品中各部分

的 $\delta^{13}C(‰)$ 都很高，两次标记后无论是空气对照处理还是臭氧处理下的叶、茎、根的 $\delta^{13}C(‰)$ 均高于500，且第一次标记后样品的 $\delta^{13}C(‰)$ 要高于第二次标记后植物各个部分的 $\delta^{13}C(‰)$ 值，这说明第一次标记时植物具有更强的光合能力。同时，$^{13}CO_2$ 标记后，植物茎中的 $\delta^{13}C(‰)$ 最高，其次是叶，根中的 $\delta^{13}C(‰)$ 最低，这与各部分生物量的分配趋势茎的生物量大于叶大于根是一致的。且相对于对照处理而言 O_3 明显降低了茎中的 $\delta^{13}C(‰)$ 值(图14-2)

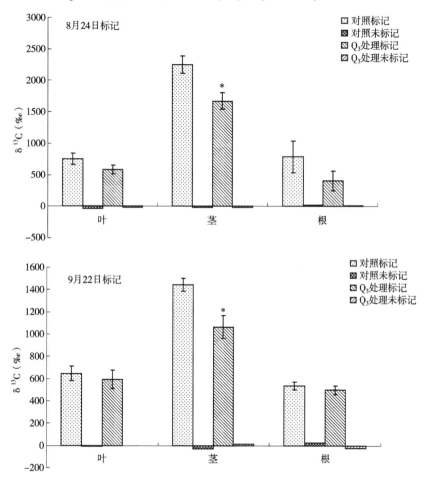

图14-2 $^{13}CO_2$ 标记与未标记后植物各部分中 $\delta^{13}C(‰)$ 值

通过分析 ^{13}C 分配到植物各部分的量可以考察臭氧对即时光合产物分配的影响情况。从图14-3可以看出，两次标记后相对于空气对照处理臭氧熏蒸增加了水稻叶片中的 ^{13}C 的相对含量，而显著降低了茎和根中间的 ^{13}C 的相对含量，也就是说臭氧熏蒸后增加了即时光合产物对水稻叶片的分配，而显著降低了即时光合产物对茎和根的分配。

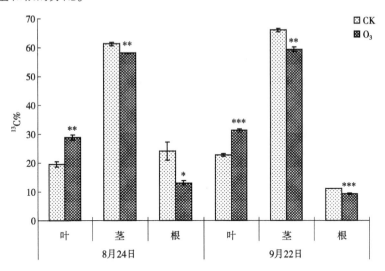

图 14-3　臭氧对水稻即时光合产物分配的影响

2　臭氧对水稻土壤微生物量碳的影响

　　第一次取样时臭氧对土壤微生物量碳没有影响，但后两次取样臭氧则显著降低了水稻土壤的微生物量碳，相对于空气对照处理臭氧处理后水稻土壤微生物量碳分别降低 26.1% 和 14.6%。但第一二次标记后的臭氧处理的土壤样品中微生物量的 ^{13}C 均是显著降低的，分别比空气对照降低了 68.6% 和 59.1%（表 14-1）。

表 14-1　臭氧对水稻土壤微生物量碳及 ^{13}C 的影响

O_3 处理	微生物量碳（MBC）		
	8 月 24 日	9 月 22 日	11 月 2 日
CK	487.93	745.47	512.46
O_3	443.72	550.89	437.44
	ns	*	*
	^{13}C-MBC		
	8 月 24 日	9 月 22 日	
CK	2.39	3.50	
O_3	0.75	1.43	
	**	**	

没有$^{13}CO_2$标记的样品中无论是熏蒸还是未熏蒸的土壤提取液中的$\delta^{13}C$(‰)值很接近，随时间延长也没有发生变化，未熏蒸土壤提取液的$\delta^{13}C$(‰)为-24.06 ± 0.17‰，熏蒸土壤提取液中$\delta^{13}C$(‰)为-25.36 ± 0.03‰。$^{13}CO_2$标记的样品中，熏蒸土壤提取液的$\delta^{13}C$(‰)明显地高于未熏蒸土壤提取液，且9月22日样品中熏蒸土壤提取液的$\delta^{13}C$(‰)比未熏蒸土壤提取液增加的要比8月24日多。随时间的延长在9月22日样品中无论是熏蒸还是未熏蒸土壤提取液中的$\delta^{13}C$(‰)都要相应地高于8月24日的样品(图14-4)。

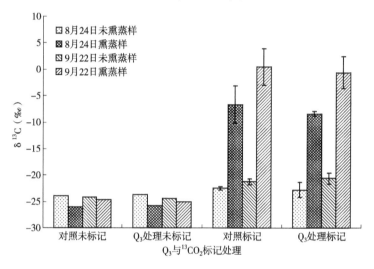

图14-4　$^{13}CO_2$标记与未标记两个处理中熏蒸土壤样品和未熏蒸土壤样品的$\delta^{13}C$(‰)

对于未熏蒸样品而言，CK和O_3处理之间$\delta^{13}C$(‰)没有差别；而对于熏蒸样品而言，8月24日对照处理下$\delta^{13}C$(‰)为-6.69‰，O_3处理下$\delta^{13}C$(‰)为-8.44‰，9月22日对照处理和O_3处理下$\delta^{13}C$(‰)分别为0.49‰和-0.60‰，O_3处理明显降低了熏蒸土壤提取液的$\delta^{13}C$(‰)。

3　臭氧对水稻土壤微生物PLFA结构的影响

室内水稻土壤中一共检测到11种C14-18的脂肪酸，包括直链饱和脂肪酸、支链饱和脂肪酸、环丙基脂肪酸以及多不饱和脂肪酸，其中含量最丰富的脂肪酸是16：0、15：0、a15：0、i16：0以及cy17：0，均占总量的10%左右。

第一次标记时水稻土壤PLFA主成分分析表明，主成分1和2分别解释了变异量的69.1%和23.3%，但并没有区分开臭氧处理和对照处理，说明第一次标记时两个处理间PLFA结构没有差异(图14-5a)。

　　第二次标记时水稻土壤 PLFA 主成分分析表明，主成分 1 和 2 分别解释了变异量的 57.1% 和 28.8%，且得分系数方差分析表明主成分 1 明显将 CK 和 O_3 处理区分开来（主成分 1，$F=22.1$，$P=0.009$），说明第二次标记时臭氧已经明显地改变了水稻土壤 PLFA 的结构。造成主成分 1 显著分异的脂肪酸是与其正相关的 14:0 和 cy17，以及与主成分 1 负相关的 i16:0 和 18:2ω6 4 种脂肪酸，且臭氧处理后前两种脂肪酸的含量是降低的，而后两种脂肪酸则是增加的（图 14-5b）。

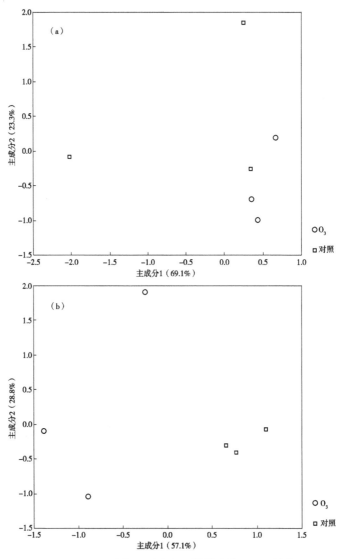

图 14-5　两次标记时水稻土壤微生物 PLFA 结构

注：(a)表示 8 月 24 日标记；(b)表示 9 月 22 日标记。

水稻植株进行$^{13}CO_2$标记后，部分^{13}C迅速转移到土壤中，进入微生物的 PLFA 中，但^{13}C并不是均匀分布于 PLFAs 中的。两次标记前后$\delta^{13}C$值增加最多的均是 14：0，cy17 以及 15：0，其余脂肪酸的$\delta^{13}C$值增加幅度差不多。第一此标记结果表明，臭氧熏蒸显著地改变了除 17：0 以外其他 PLFA 单体的$\delta^{13}C$值，i16：0 和 i17：0 两种脂肪酸在臭氧处理后$\delta^{13}C$值显著提高，而其他 8 种脂肪酸包括放线菌指示脂肪酸 18：0(10Me)以及真菌脂肪酸 18：2ω6 的$\delta^{13}C$值均显著降低，但也刺激了 C 对某些脂肪酸的分配(图 14-6a)。而第二次标记后，则臭氧对 PLFA 单体$\delta^{13}C$值的影响没有第一次明显，i16：0 经臭氧处理后$\delta^{13}C$值仍显著增加，同时臭氧显著降低了 14：0、15：0、16：0、a15：0、i17：0、cy17 6种脂肪酸的$\delta^{13}C$值，而对放线菌的指示脂肪酸 18：0(10Me)以及真菌脂肪酸 18：2ω6 的$\delta^{13}C$值都没有产生影响(图 14-6b)。

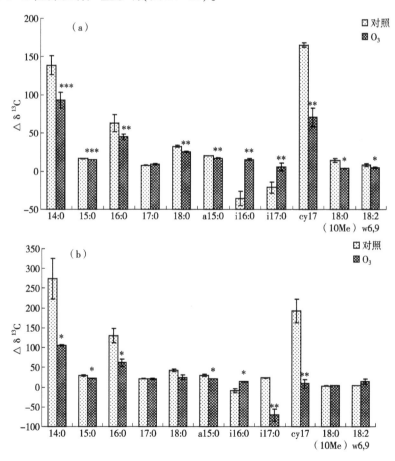

图 14-6　两次标记后土壤样品^{13}C-PLFA 单体的$\Delta\delta^{13}C$‰值

^{13}C 的分配百分比(^{13}C% 相对含量)表明，16：0 和 cy17 两种脂肪酸占有 PLFA 中总的 ^{13}C 的一大半，两者总的 ^{13}C% 超过了 60%，其次 ^{13}C% 含量高的脂肪酸包括 14：0、15：0、a15：0 和 i16：0。PLFAs 单体中 ^{13}C% 的差别表明微生物群落对输入的光合产物存在不同的反应，臭氧作用后会影响不同 PLFAs 单体中的 ^{13}C%。第一次标记样品中，相对于空气对照处理土壤而言，臭氧显著提高了 4 种饱和脂肪酸的 ^{13}C%，包括 15：0、16：0、17：0 以及 a15：0；同时显著降低了 i16：0 和 i17：0 两种脂肪酸的 ^{13}C 相对含量，而对放线菌脂肪酸和真菌脂肪酸中 ^{13}C 相对含量没有影响(图 14-7a)。第二次标记样品中，臭氧显著提高了两种细菌脂肪酸 16：0、17：0，放线菌脂肪酸 18：0(10Me)以及真菌脂肪酸 18：2ω6 的 ^{13}C 的分配量(^{13}C%)；同时显著抑制了 ^{13}C 对 14：0 和 cy17 两种脂肪酸的分配(图 14-7b)。

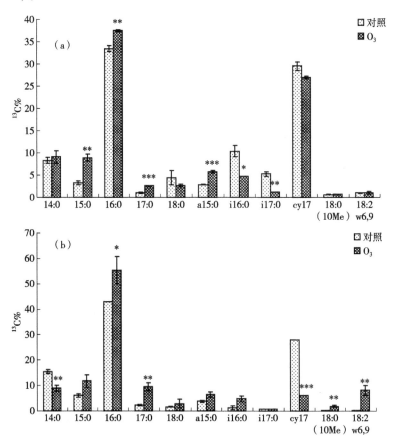

图 14-7　两次标记后土壤样品中 PLFA 单体的 ^{13}C 含量

注：(a)表示 8 月 24 日标记；(b)表示 9 月 22 日标记。

4 小结与讨论

水稻经过一段时间的臭氧熏蒸后，在两次标记时虽然植株各部分生物量没有受到臭氧的影响，但臭氧降低了植株各部分的 ^{13}C 丰度，且臭氧浓度升高显著提高了即时光合产物对叶的分配，而降低了光合产物对茎和根的分配。这与我们在田间实验得到的结果是一致的，田间的结果表明臭氧浓度升高增加了 C 对叶片的分配而降低了茎、根和穗部的分配。由于臭氧作用于植物叶片导致光合作用降低，总的光合产物降低，但植物本身存在一个自我修护机制，会用更多的碳来修补叶片的损伤，从而导致输入到茎和根部的碳减少。本研究利用 $^{13}CO_2$ 标记臭氧处理后的水稻，也证明了这一机制的存在，臭氧胁迫后植物叶片碳分配增加而茎和根等其他部位碳分配减少。

臭氧胁迫对根部碳分配的降低会减少根系分泌物的量，从而导致土壤微生物可利用的碳源减少，势必会影响到土壤微生物的量。我们的研究表明，虽然第一次标记时臭氧胁迫下的土壤微生物总的生物量碳没有发生变化，但 ^{13}C-MBC 已经明显降低，第二次标记时则总的生物量碳和 ^{13}C-MBC 均受到臭氧的明显抑制，这说明臭氧明显地降低了即时光合产物进入到土壤微生物中的输入量。

水稻植株进行 $^{13}CO_2$ 标记后，少部分光合产物迅速转移到土壤中，成为微生物 PLFA 组成部分，14：0、16：0 和 cy17 3 种脂肪酸是 ^{13}C 丰度最高，也是 ^{13}C 分配最多的脂肪酸。第一次标记后，臭氧显著影响 ^{13}C 分配的脂肪酸主要是细菌的脂肪酸，而对放线菌和真菌脂肪酸的 ^{13}C 分配没有影响；而到了第二次标记的时候则臭氧影响 ^{13}C 分配的细菌脂肪酸减少，但显著提高了放线菌和真菌脂肪酸中的 ^{13}C 的分配。在前期细菌生长迅速且能分解水稻分泌的一些简单化合物，从而对臭氧胁迫产生的碳源改变的反应比较敏感；而相对于细菌而言，放线菌和真菌是分解一些较难分解的大分子化合物，由于它们生长相对缓慢，前期标记时生物量还相对少，因此对由于臭氧胁迫引起的碳源变化反应不敏感。但到了后期，随着简单化合物的分解其量在减少，可供细菌利用的碳源减少，从而受到碳源影响的 PLFA 种类也减少，即臭氧影响碳分配的 PLFA 种类减少；而随着生长繁殖的进行放线菌和真菌的生物量增加，同时难分解化合物的累积为放线菌和真菌提供了丰富的碳源，此时臭氧胁迫引起的碳源变化就会对放线菌和真菌产生明显的影响，表现为臭氧胁迫下放线菌和真菌 ^{13}C 分配增加。

第 15 章

田间原位空气臭氧浓度升高
对小麦土壤微生物的影响

1 小麦土壤微生物量碳的变化

无论哪个取样时期也无论是表层土还是根际土，4 个处理中 NF 处理下小麦土壤微生物量碳最高。对于表层土而言，在臭氧暴露早期各处理间土壤微生物量碳没有显著差异；随着臭氧暴露时间的延长微生物量碳随之降低，且与 NF 相比，臭氧浓度升高可显著降低微生物量碳。4 月 18 日，相对于 NF 而言两个臭氧浓度处理下表层土壤微生物生物量碳分别降低 12.8% 和 15.2%；5 月 13 日样品中，相对于 NF 而言两个臭氧浓度下表层土壤微生物碳分别降低 10.4% 和 12.7%，而根际土壤则分别降低 16.6% 和 51%（表 15-1）。

表 15-1　小麦土壤微生物量碳的变化（mg/kg 干土）

O₃ 处理	0～10cm 表层土			根际土
	3 月 20 日	4 月 18 日	5 月 13 日	5 月 13 日
CF	597±16.5a	587±25.8a	459±8.4b	594±13.8a
NF	615±31.3a	618±10.0a	536±5.8a	598±22.2a
O₃-1	624±20.7a	539±3.2b	480±12.7b	499±28.6b
O₃-2	591±19.9a	524±2.7b	468±12.5b	293±6.3c

注：表中数字为平均值±标准差，字母代表在 5% 水平上 LSD 多重比较结果，不同字母表示彼此差异性。

2 小麦土壤微生物功能多样性变化

2.1 碳源利用的主成分分析

3 月 20 日表层土壤样品中，主成分 1 和主成分 2 分别解释了变异量的 20.8% 和 14.8%，但两个成分均不能将不同臭氧处理区分开来。且各个处理之间两个主成分的得分系数没有差异，说明在臭氧熏气开始前各处理下土壤微生物的碳源利用形式没有差异(图 15-1)。

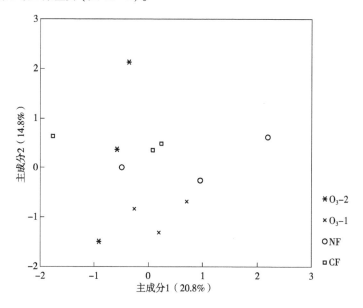

图 15-1　3月20日不同臭氧处理下小麦表层土壤微生物碳源利用主成分分析

主成分分析结果表明，4月18日土壤样品中，主成分1和主成分2分别解释了变异量的 23.28% 和 15.03%，且主成分分析明显将高浓度臭氧处理 O_3-2 与其它 3 个处理分开(图 15-2)，且主成分1与2的得分系数方差分析结果表明 CF 和 O_3-2 差异显著。显著影响主成分1的碳源利用可以说几类物质平分秋色，但羧酸类和糖类物质则是使主成分2分异的主要碳源(表 15-2)。该时期土壤对 Biolog 碳源的利用表明，臭氧浓度升高显著地降低了一些培养基的利用率，主要为羧酸类，糖类和氨基酸类物质，包括 3 种羧酸(丙酮酸甲酯，D-半乳糖醛酸，γ-羟丁酸)，5 种糖类(D-甘露醇，N-乙酰-D 葡萄糖氨，D-纤维二糖，1-磷酸葡萄糖，α-D-乳糖)，4 种氨基酸(L-精氨酸，L-苯丙氨酸，L-苏氨酸，甘氨酰-L-谷氨酸(表 15-3)。

表 15-2　4月18日表层土壤中与主成分1和主成分2显著相关的培养基

主成分1	r	主成分2	r
羧酸类		羧酸类	
D-葡糖胺酸	0.666 **	丙酮酸甲酯	0.591 *
D-苹果酸	−0.663 **	D-半乳糖醛酸	0.692 **
糖类		衣康酸	−0.501 *

（续）

主成分1	r	主成分2	r
α-D-乳糖	0.561 *	糖类	
氨基酸		D-纤维二糖	0.719 **
L-精氨酸	0.646 **	N-乙酰-D 葡萄糖氨	0.726 **
L-丝氨酸	0.672 **	1-磷酸葡萄糖	0.544 *
L-苏氨酸	0.631 **	D, L-α-磷酸甘油	0.526 *
聚合物		i-赤藓糖醇	0.580 *
吐温 40	0.686 **	D-半乳糖酸 γ-内酯	0.726 **
吐温 80	0.540 *	D-甘露醇	0.602 *
α-环式糊精	0.661 **	氨基酸类	
胺类		L-苯丙氨酸	0.748 **
苯乙胺	0.650 **		
酚类			
2-羟基苯甲酸	0.714 **		
4-羟基苯甲酸	0.739 **		

注：**，*分别在 0.01 和 0.05 水平显著。

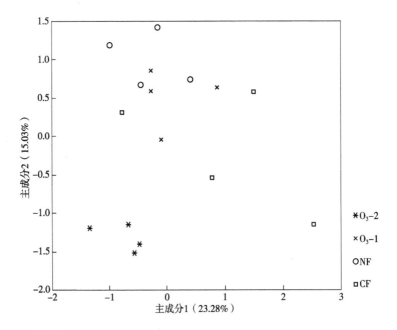

图 15-2　4 月 18 日不同臭氧处理下小麦表层土壤微生物碳源利用主成分分析

表 15-3 不同时期臭氧对 BIOLOG 单一碳源的影响

类别	4.18表层土	CF	NF	O_3-1	O_3-2	类别	5.13根际土	CF	NF	O_3-1	O_3-2
羧酸类	丙酮酸甲酯	1.07±0.16ab	1.32±0.19a	0.87±0.17ab	0.68±0.11b	羧酸类	丙酮酸甲酯	1.09±0.29ab	1.22±0.22a	0.58±0.13b	0.52±0.03b
	D-半乳糖醛酸	1.69±0.08ab	1.87±0.01a	1.66±0.11ab	1.54±0.07b		D-木糖/戊醛糖	1.15±0.44a	1.33±0.42a	0.68±0.05ab	0.05±0.03b
	γ-羟丁酸	1.01±0.17ab	1.10±0.07ab	1.46±0.08a	0.78±0.28b		D-葡糖胺酸	1.81±0.10a	1.30±0.02b	1.07±0.15bc	0.86±0.12c
糖类	D-甘露醇	2.20±0.06a	2.19±0.07a	2.36±0.03a	2.01±0.06b	糖类	β-甲基-D-葡萄糖苷	1.03±0.10a	0.22±0.19b	0.82±0.20a	0.04±0.03b
	N-乙酰-D葡萄糖氨	1.16±0.06ab	1.61±0.26a	1.42±0.16a	0.85±0.05b		D-半乳糖酸γ-内酯	1.02±0.11a	0.92±0.04ab	0.96±0.10ab	0.73±0.07b
	D-纤维二糖	1.08±0.04a	1.22±0.13a	1.28±0.09a	0.65±0.05b		D-甘露醇	2.44±0.07a	2.11±0.03b	1.96±0.06b	1.74±0.09c
	1-磷酸葡萄糖	0.77±0.11a	0.76±0.14a	0.69±0.07a	0.22±0.17b		N-乙酰-D葡萄糖氨	1.35±0.14a	1.22±0.27a	1.05±0.03ab	0.68±0.07b
	α-D-乳糖	0.73±0.05a	0.51±0.05ab	0.40±0.10b	0.35±0.10b	聚合物	吐温40	1.42±0.12a	1.11±0.12ab	1.31±0.06a	0.70±0.29b
氨基酸类	L-精氨酸	2.10±0.14a	1.83±0.09ab	1.91±0.13ab	1.74±0.09b		α-环式糊精	0.26±0.14a	0.06±0.03ab	0.08±0.04ab	0.00±0.00b
	L-苯丙氨酸	0.22±0.08ab	0.26±0.04a	0.17±0.05ab	0.08±0.04b	胺类	苯乙胺	1.78±0.05a	1.16±0.22b	1.46±0.13ab	0.20±0.19c
	L-苏氨酸	0.27±0.10a	0.16±0.03ab	0.17±0.05ab	0.00±0.00b	酚类	4-羟基苯甲酸	1.50±0.03a	1.17±0.06b	1.20±0.07b	0.82±0.11c
	甘氨酰-L-谷氨酸	0.30±0.07b	0.67±0.09a	0.38±0.15ab	0.30±0.08b						
聚合物	α-环式糊精	0.92±0.21a	0.78±0.11ab	0.53±0.05b	0.51±0.08b						
胺类	苯乙胺	1.94±0.16a	1.69±0.07ab	1.79±0.19a	1.25±0.20b						

注：表中数字为平均值±标准差，字母代表在5%水平上LSD多重比较结果，不同字母表示彼此差异性。

5月13日所取土壤样品包括表层土和根际土，主成分分析表明该时期几个处理下表层土壤微生物对碳源的利用方式没有明显差异（图15-3），但该时期不同处理下根际土壤微生物对碳源的利用方式表现出了明显的分异，主要表现在主成分1上（$F=30.154$，$P<0.001$），主成分2并没有将不同臭氧处理区分开来（图15-4）。表层土中与主成分显著相关的培养基不多，与主成分1显著相关的主要有两种羧酸，4种糖类物质和一种氨基酸物质，而与主成分2显著相关的培养基为一种羧酸，3种糖类和一种氨基酸1种聚合物（表15-4）；且臭氧对单一碳源的利用没有产生明显的抑制作用。根际土中与主成分1显著相关的培养基有两种羧酸，6种糖类物质，以及氨基酸、聚合物和胺类物质各一种，而与主成分2显著相关的培养基只有3种氨基酸，1种聚合物和1种混合物（表15-4）。同时，在根际土中，高臭氧浓度显著地降低了一些物质的利用率，包括3种羧酸类物质（丙酮酸甲酯，D-木糖/戊醛糖，D-葡萄胺酸），4种糖类物质（β-甲基-D-葡萄糖苷，D-半乳糖酸γ-内酯，D-甘露醇，N-乙酰-D葡萄糖氨），以及两种聚合物（吐温40，α-环式糊精），苯乙胺和4-羟基苯甲酸（表15-3）。

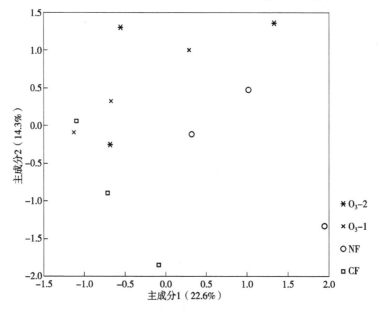

图15-3　5月13日不同臭氧处理下小麦表层土壤微生物碳源利用主成分分析

从这些结果可以看出不同时期臭氧对土壤微生物的影响是不同的，在臭氧暴露早期（3月20日）以及小麦成熟期（5月13日）臭氧对表层土壤微生物的碳源利用方式没有明显的影响，但臭氧暴露一段时间后小麦处于开花后期时臭氧的作用是明显的（4月18日）；且同一时期臭氧对根际土的影响要比表层土明显。臭氧主要是抑制土壤微生物对羧酸类、糖类和氨基酸类物质的利用。

表15-4 5月13日表层土壤和根际土壤中与主成分1和主成分2显著相关的培养基

5月13日表层土			
主成分1	r	主成分2	r
羧酸类		羧酸类	
丙酮酸甲酯	−0.795 **	α-丁酮酸	−0.590 *
D-苹果酸	−0.760 **	糖类	
糖类		D-半乳糖酸 γ-内酯	0.699 *
D-纤维二糖	0.723 **	i-赤藓糖醇	0.674 *
β-甲基-D-葡萄糖苷	0.637 *	D-木糖/戊醛糖	−0.586 *
D-甘露醇	0.649 *	氨基酸类	
N-乙酰-D 葡萄糖氨	0.695 *	L-精氨酸	0.845 **
氨基酸类		聚合物	
L-丝氨酸	0.629 *	吐温40	−0.658 *

5月13日根际土			
主成分1	r	主成分2	r
羧酸类		氨基酸	
衣康酸	0.590 *	L-苯丙氨酸	0.787 **
D-葡糖胺酸	0.787 **	L-苏氨酸	0.880 **
糖类		甘氨酰-L-谷氨酸	0.934 **
β-甲基-D-葡萄糖苷	0.814 **	聚合物	
D-木糖/戊醛糖	0.728 **	吐温80	−0.624 *
D-半乳糖酸 γ-内酯	0.721 **	酚类	
D-甘露醇	0.795 **	2-羟基苯甲酸	0.886 **
N-乙酰-D 葡萄糖氨	0.719 **		
1-磷酸葡萄糖	0.733 **		
氨基酸类			
L-丝氨酸	0.638 *		
聚合物			
吐温40	0.769 **		
胺类			
苯乙胺	0.892 **		
酚类			
4-羟基苯甲酸	0.919 **		

注：**，*分别在0.01和0.05水平显著。

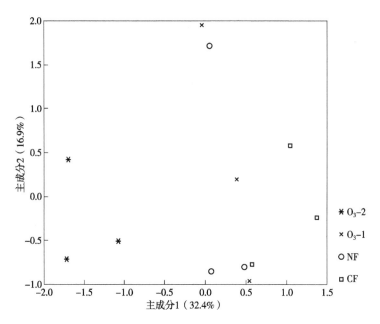

图 15-4 5 月 13 日不同臭氧处理下小麦根际土壤微生物碳源利用主成分分析

2.2 Shannon-Weinner 多样性指数

臭氧暴露前(3 月 20 日)多样性指数偏低，随着小麦的生长，到了 4 月 18 日多样性指数比前期增加，但到生育后期即 5 月 13 日各处理的多样性指数则又较 4 月 18 日要低(表 15-5)。

表 15-5 小麦土壤微生物多样性指数的变化

O₃ 处理	0~10cm 表层土			根际土
	3 月 20 日	4 月 18 日	5 月 13 日	5 月 13 日
CF	1.22±0.015b	1.41±0.005a	1.34±0.008a	1.32±0.013a
NF	1.31±0.011a	1.41±0.006a	1.30±0.009b	1.32±0.011a
O₃-1	1.25±0.008b	1.39±0.014a	1.31±0.018ab	1.32±0.013a
O₃-2	1.22±0.018b	1.35±0.007b	1.28±0.009b	1.19±0.032b

注：表中数字为平均值±标准差，字母代表在 5% 水平上 LSD 多重比较结果，不同字母表示彼此差异性。

在臭氧暴露开始前小麦土壤微生物多样性指数最高值出现在 NF 处理中，且显著高于其他 3 个处理包括臭氧浓度很低的 CF 和臭氧浓度偏高的 O₃-1 和 O₃-2。臭氧暴露一段时间后的 4 月 18 日表层土壤微生物多样性指数在高臭氧浓度处理中显著低于其他 3 个处理，可见高浓度臭氧处理一段时间后微生物多样性受到的影响是很大的。随着臭氧暴露时间的延长，土壤微生物多样性逐渐降低，在臭氧暴露末期即5月13日的表层土样品中CF处理下微生物多样性最高，高臭氧浓度显著降低了土壤微生物的多样性指数；而同期根际土中臭氧浓度低的3个处理中多样性指数没有差异，只有高浓度臭氧处理显著降低了多样性指数。对于同时期所采取的表层土和根际土样，我们可以看出高浓度臭氧对表层土和根际土多样性都有显著影响，但臭氧对根际土多样性指数的影响程度要高于表层土，说明臭氧对根际土多样性的影响要大于表层土。

在不同的采样时期臭氧对土壤微生物多样性的影响是不同的，对于表层土而言臭氧对多样性的最大影响出现在4月18日的样品中。

2.3　丰富度指数

整个生育期中小麦土壤微生物丰富度指数和多样性指数的变化趋势是一样的，丰富度指数在生育前期偏低随后增加然后再降低。臭氧开始暴露前的样品中NF中丰富度指数最高，且显著高于其他3个处理；在4月18日表层土样品中则与其他3个低浓度臭氧处理相比高浓度臭氧显著降低了微生物丰富度指数；在臭氧暴露末期高浓度臭氧只与CF相比显著降低了表层土的微生物丰富度指数，而根际土中则高浓度臭氧与其他3个处理相比都显著降低了微生物的丰富度指数，由此可见高浓度臭氧对根际土壤微生物丰富度的影响要大于表层土（表15-6）。

表15-6　小麦土壤微生物丰富度指数的变化

O₃ 处理	0~10cm 表层土			根际土
	3月20日	4月18日	5月13日	5月13日
CF	18.0±0.58b	29.8±0.62a	24.7±0.33a	24.0±1.15a
NF	23.7±0.88a	29.8±0.25a	22.8±0.33ab	24.0±1.15a
O₃-1	18.0±0.58b	29.5±0.29a	23.0±1.53ab	24.7±1.20a
O₃-2	18.0±0.58b	26.0±0.71b	22.0±0.00b	18.3±0.67b

注：表中数字为平均值±标准差，字母代表在5%水平上LSD多重比较结果，不同字母表示彼此差异性。

臭氧对丰富度的影响也并非随着臭氧暴露时间的延长而加大，臭氧对小麦土壤微生物最大影响出现在小麦生育中期即4月18日的样品中。

2.4　3类主要碳源利用的影响

根据Biolog微孔板的碳源组成我们可以按其类型分成6大类：糖类、羧酸类、氨基酸类、胺类、聚合物和其他混合物类。这几大类碳水化合物中糖类、羧酸类和氨基酸类是主要的3大类，在BIOLOG-ECO板中这3大类占总的碳源总数的70%，且这3类化合物是根系分泌物的主要成分，而根系分泌物又是土壤微生物特别是根际土壤微生物的主要碳源，因此我们主要关注的是臭氧暴露后小麦土壤微生物对这 3 类主要碳源利用的影响。

总体来说，各处理下小麦表层土壤微生物对这 3 类碳源的利用从初期到后期有一个先升高后降低的趋势。表层土壤微生物对碳源利用最高即活性最高是出现在小麦开花后期的 4 月 18 日样品中。

在臭氧暴露开始前的 3 月 20 日样品中 NF 处理下土壤微生物对 3 类碳源的利用最高，而 O$_3$-1 处理却最低（图 15-5）。在 4 月 18 日样品中高浓度臭氧暴露显

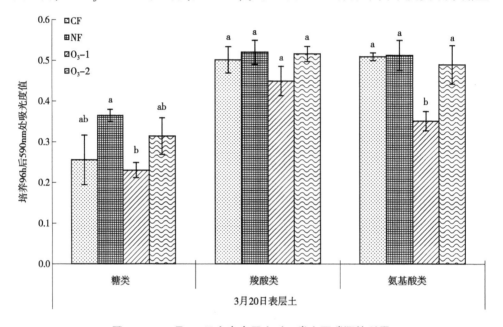

图 15-5　3 月 20 日小麦表层土对三类主要碳源的利用

著降低了表层土壤微生物对 3 类主要碳源的利用，对糖类和羧酸类的利用显著低于对照 CF、NF 和低臭氧浓度处理，而对氨基酸类的利用只显著低于 CF 和 NF，和低浓度臭氧处理没有显著差异（图 15-6）。5 月 13 日土壤样品中，臭氧浓度相对低的 3 个处理 CF、NF 和 O$_3$-1 中根际土对碳源的利用要高于表层土，而高浓度臭氧处理 O$_3$-2 中则根际土对碳源的利用低于表层土，这主要是由于臭氧降低了根际土壤微生物对碳源的利用能力（图 15-7）。从图 15-7 我们可以知道臭氧暴露对成熟期小麦表层土壤微生物 3 类碳源的利用能力没有显著影响，而对于根际土而言则随着臭氧浓度的升高根际土壤微生物对 3 类碳源的利用能力逐渐降低，且 O$_3$-2 处理下糖类、羧酸类和氨基酸类的利用都显著低于其他 3 个处理。由此可以说明在同一个时期，臭氧对小麦根际土壤微生物 3 类主要碳源利用能力的影响要高于表层土。

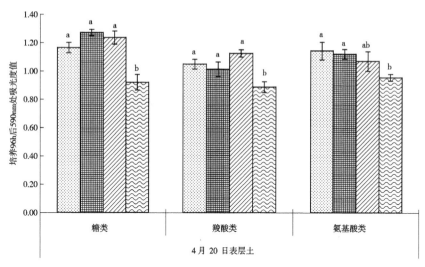

图 15-6　4 月 18 日小麦表层土对 3 类主要碳源的利用

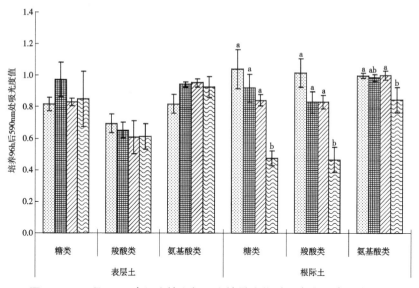

图 15-7　5 月 13 日表层土壤和根际土壤微生物对 3 类主要碳源的利用

3　微生物结构

在小麦土壤中共检测出 18 种 14～19 个 C 的磷脂脂肪酸，包括直链饱和脂肪酸、支链饱和脂肪酸、环丙基脂肪酸、单不饱和脂肪酸以及双不饱和脂肪酸。土壤脂肪酸中主要以细菌的脂肪酸为主，其中 15：0，16：0，a17：0，16：1ω7c，18：1ω9c 5 种脂肪酸单体都占总脂肪酸含量的 10% 以上，是主要的脂肪酸(表 15-7)。

表 15-7　臭氧处理后小麦土壤微生物 PLFA 组成

PLFA	0~10cm 表层土												根际土			
	3月20日				4月18日				5月13日				5月13日			
	CF	NF	O_3-1	O_3-2	CF	NF	O_3-1	O_3-2	CF	NF	O_3-1	O_3-2	CF	NF	O_3-1	O_3-2
14:0	2.46	2.60	2.69	2.60	2.35	2.32	3.35	2.38	3.36	2.60	0.00	2.45	3.73a	2.87b	2.27c	2.75c
15:0	10.8ac	11.1bc	12.0ab	12.0a	11.4b	11.9ab	12.2a	12.6a	11.5b	11.7b	8.88b	12.1a	10.8c	11.2b	11.3ab	11.4a
16:0	16.25	16.23	16.67	15.85	16.7a	15.9b	15.3c	15.3c	13.9ab	14.2ab	11.3b	15.4a	14.1b	14.2b	16.0a	16.0a
17:0	2.89ab	2.78b	2.78b	4.19a	2.62	2.65	2.57	2.75	3.30	2.87	3.27	2.61	3.12	3.23	2.67	3.21
18:0	2.69	2.75	1.28	3.81	2.95	2.84	1.22	3.59	1.73b	1.97b	2.59ab	3.07a	2.76b	1.98c	1.86c	3.61a
i14:0	0.00	0.00	0.00	0.00	0.00	0.00	0.00	0.00	0.00	0.00	2.35	0.00	0.00	0.00	0.00	0.00
a15:0	7.20	6.04	6.54	6.74	6.47b	6.77b	6.81b	7.59a	6.53b	6.98b	4.52b	7.05a	6.65b	7.53a	7.01b	7.09b
i16:0	8.41a	7.51ab	6.75bc	6.24c	5.38c	5.59a	5.33a	4.56b	5.68a	4.37b	3.86b	5.67a	6.40a	4.94b	5.68b	5.02b
a17:0	11.3a	9.97b	11.0a	10.2b	9.98bc	10.5b	9.67c	11.2a	12.72	11.83	26.07	10.71	11.0a	10.3ab	10.0b	10.1b
18:0(10Me)	1.50	1.73	3.01	0.00	1.22	1.27	3.27	1.36	3.45a	3.06a	4.07a	2.03b	2.91a	3.06a	3.13a	1.54b
19:0(10Me)	2.13	2.20	2.14	2.28	2.41b	2.20c	2.14c	2.61a	2.31	2.49	1.82	2.71	2.39c	2.84a	2.60b	2.81a
cy17:0	2.72	4.41	2.53	2.13	4.44b	2.78b	2.68b	2.84b	7.03a	2.89b	2.97b	2.68b	5.04a	3.03c	4.52b	2.72d
cy19:0	1.84	2.10	1.99	1.95	2.22b	2.17b	2.04b	2.71a	2.99	2.96	2.81	2.85	2.52	2.76	2.47	2.72
16:1ω7c	13.99	13.71	14.81	13.16	13.6a	14.3a	13.8a	11.6b	4.99	10.97	10.16	11.70	14.0a	11.5bc	12.6b	11.2c
18:1ω9c	10.5c	11.9b	10.9bc	14.0a	12.70	13.00	14.04	13.78	13.3b	14.5a	10.5b	13.7ab	11.0d	17.1a	12.6c	14.5b
18:1ω7t	0.00	0.00	0.00	0.00	0.00	0.00	0.00	0.00	0.41	0.86	0.00	0.00	1.28c	0.82a	0.00b	0.00b
i17:1ω5t	3.86a	3.08b	3.42ab	3.37b	3.29ab	3.77a	3.78a	3.06b	3.62	3.14	0.00	2.92	0.00b	0.00b	3.13a	2.86a
18:2ω6,9	1.47	1.95	1.50	1.53	2.34	2.10	1.90	2.12	3.26	2.69	4.90	2.56	2.36	2.64	2.16	2.54

注：表中数字为三个重复的平均值，字母代表在5%水平上LSD多重比较结果，不同字母表示彼此差异显著。

在 3 月 20 日表层土壤微生物 PLFA 中，通过主成分分析表明，主成分 1 解释了变异量的 33.3%，主成分 2 则解释了总变异量的 26.0%，且主成分 1 明显地将各处理的脂肪酸组成区分开来（$F=22.6$，$P=0.001$），但主成分 2 并没有将各处理的脂肪酸区分开（图 15-8）。与主成分 1 显著正相关的 PLFA 单体是 16：1 $\omega 7c$，18：1（10Me）和 16：0，而另 3 种脂肪酸 17：0，18：0 以及 18：1$\omega 9c$ 均与

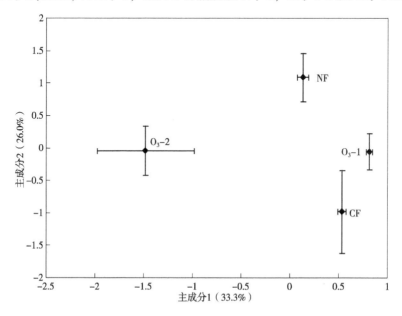

图 15-8　3 月 20 日小麦表层土壤微生物 PLFA 主成分分析图

主成分 1 呈显著负相关；多不饱和脂肪酸和环丙基脂肪酸则与主成分 2 呈显著正相关（18：2$\omega 6$，9，cy17：0，cy19：0），与主成分 2 显著负相关的是两种支链脂肪酸（a15：0 和 a17：0）（表 15-10）。根据各处理在主成分 1 和 2 上的得分系数可以看出，高浓度臭氧处理在主成分 1 的得分系数与其他 3 个处理的得分系数差异显著，而主成分 2 的得分系数只有在 CF 和 NF 存在差异（表 15-8）。在高浓度臭氧处理后有 3 种脂肪酸相对于 CF 而言是显著增加的，即 15：0，17：0 和 18：1$\omega 9c$；而高浓度臭氧处理下另 3 种脂肪酸，即 i16：0，a17：0 和 i17：1$\omega 5t$ 则显著降低（表 15-9）。根据不同微生物的指示脂肪酸我们可以将检测到的 PLFA 分成真菌、放线菌、细菌等不同组分，从而可以考察臭氧对微生物群落组成的影响。3 月 20 日表层土 4 个处理中真菌占总脂肪酸的 1.47% ~ 1.95%，其中以 NF 中的真菌含量最高，之后随着臭氧浓度升高真菌含量降低，但各处理之间并没有显著差异；4 个处理中的放线菌则随臭氧浓度的升高而降低，且两个臭氧处理显著地降低了放线菌的含量；4 个处理中都以细菌为主要的微生物组分，占 93% ~

96%，且臭氧浓度升高也提高了细菌的含量，且细菌组成中的 G^+/G^- 比例也是随着臭氧浓度升高而升高的，高浓度臭氧显著提高该比例（表15-10）。

表15-8　小麦土壤微生物 PLFA 主成分1和2得分系数方差分析结果

O_3 处理	3月20日表层土		4月18日表层土	
	主成分1	主成分2	主成分1	主成分2
CF	0.53±0.04a	−0.98±0.63a	0.12±0.15a	−1.15±0.46a
NF	0.13±0.06a	1.09±0.37b	−0.24±0.40a	−0.34±0.36ac
O_3-1	0.81±0.03a	−0.06±0.27ab	−1.18±0.04b	0.94±0.43b
O_3-2	−1.45±0.50b	−0.05±0.38ab	1.32±0.22c	0.54±0.01bc
O_3 处理	5月13日表层土		5月13日根际土	
	主成分1	主成分2	主成分1	主成分2
CF	0.33±0.08a	0.02±0.14a	−1.11±0.35a	1.05±0.67a
NF	0.57±0.01ab	−0.05±0.15a	0.93±0.18b	0.52±0.19a
O_3-1	−1.63±0.15c	0.17±1.33a	−0.56±0.44a	−0.88±0.19b
O_3-2	0.72±0.01b	−0.13±0.02a	0.74±0.02b	−0.69±0.04b

注：表中数字为平均值±标准差，字母代表在5%水平上LSD多重比较结果，不同字母表示彼此差异性。

表15-9　不同时期与主成分显著相关的小麦土壤微生物 PLFA 单体

3月20日表层土				4月18日表层			
主成分1		主成分2		主成分1		主成分2	
16：1w7c	0.858**	18：2ω6, 9	0.904**	cy19：0	0.957**	18：1ω9c	0.917**
18：0(10Me)	0.841**	cy19：0	0.716**	18：00	0.911**	15：0	0.776**
16：0	0.629*	cy17：0	0.658*	19：0(10Me)	0.884**	a15：0	0.727**
17：0	−0.897**	a15：0	−0.963**	a17：0	0.839**	14：0	0.719**
18：1w9c	−0.847**	a17：0	−0.723**	a15：0	0.675*	18：0(10Me)	0.589*
18：0	−0.755**			i17：1ω5t	−0.815**	16：0	−0.950**
				16：1ω7c	−0.752**	cy17：0	−0.760**
				18：0(10Me)	−0.679*	i16：0	−0.644*
				i16：0	−0.584*		
5月13日表层土				5月13日根际土			
主成分1		主成分2		主成分1		主成分2	
19：0(10Me)	0.992**	cy19	0.951**	19：0(10Me)	0.959**	i18：1ω7t	0.949**

（续）

3 月 20 日表层土				4 月 18 日表层			
主成分1		主成分2		主成分1		主成分2	
i17：1ω5t	0.934 **	17：00	0.918 **	18：1ω9c	0.916 **	a17：0	0.919 **
15：0	0.934 **	18：2ω6	0.828 **	a15：0	0.843 **	14：0	0.846 **
a15：0	0.902 **	18：0(10Me)	0.707 *	18：2ω6, 9	0.798 **	17：0	0.580 *
14：0	0.889 **	16：1ω7c	0.606 *	cy19	0.719 **	16：0	-0.977 **
18：1ω9c	0.859 **	16：0	-0.776 **	15：0	0.635 *	i17：1ω5t	-0.834 **
i16：0	0.753 **			i16：0	-0.942 **	15：0	-0.739 **
16：0	0.577 *			16：1ω7c	-0.916 **		
a17：0	-0.927 **			cy17	-0.917 **		
i19：0	-0.982 **						

注：**，* 分别在 0.01 和 0.05 水平显著。

在 4 月 18 日表层土壤微生物 PLFA 组成中，主成分 1 解释了变异量的 40%，主成分 2 则解释了总变异量的 31.9%，且主成分 1 和主成分 2 都明显地将各处理的脂肪酸组成区分开来（主成分 1，$F = 18.6$，$P = 0.001$；主成分 2，$F = 6.62$，$P = 0.015$）（图 15-9）。根据各处理在主成分 1 和 2 上的得分系数可以看出，两个臭氧处理的得分系数与 CF 和 NF 差异显著（表 15-8）。该土壤样品中有四种细菌

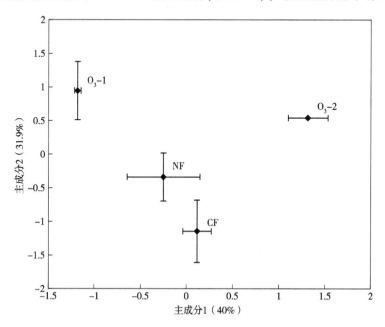

图 15-9　4 月 18 日小麦表层土壤微生物 PLFA 主成分分析图

脂肪酸和一种放线菌脂肪酸与主成分 1 极显著正相关，即 cy19：0，18：0，a17：0，a15：0 以及 19：0(10Me)，同时与主成分 1 呈显著负相关的 PLFA 有 i17：1ω5t，16：1ω7c，i16：0 以及 18：0(10Me)；与主成分 2 显著正相关的 PLFA 有 18：1ω9c，15：0，a15：0，14：0 和 18：0(10Me)，而 16：0，cy17：0 以及 i16：0 则与主成分 2 显著负相关(表 15-9)。其中 a15：0 与两个主成分均成正相关，而 i16：0 则与两个主成分均呈负相关，且高浓度臭氧显著提高了 a15：0 的含量，同时降低了 i16：0 的含量。此外，高浓度臭氧处理后小麦土壤微生物中另有 3 种细菌脂肪酸单体和一种放线菌脂肪酸单体，即 15：0，a17：0，cy19：0 和 19：0(10Me)是显著提高的，这几种脂肪酸都与主成分 1 呈正相关；而高浓度臭氧处理后与主成分 1 或 2 呈负相关的几种脂肪酸单体 i16：0，i17：1ω5t，16：1ω7c，cy17：0 和 16：0 的含量都是显著降低的(表 15-9)。从微生物群落组成来看，臭氧升高后真菌含量虽有所降低但并没有达到显著水平，而臭氧显著提高了放线菌的含量，对细菌含量也没有明显影响，但 G⁺/G⁻ 比例随臭氧浓度升高而显著增加(表 15-10)。

5 月 13 日表层土壤微生物 PLFA 组成中，主成分 1 解释变异量的 54%，主成分 2 则解释了变异量的 21.1%。且主成分 1 明显地将 O_3-1 与其他 3 个处理分开(P=1.75E-07)，但主成分 2 没能将各处理区分开来(图 15-10)。根据各处理在主成分 1 和 2 上的得分系数可以看出，两个臭氧处理在主成分 1 的得分系数与 CF

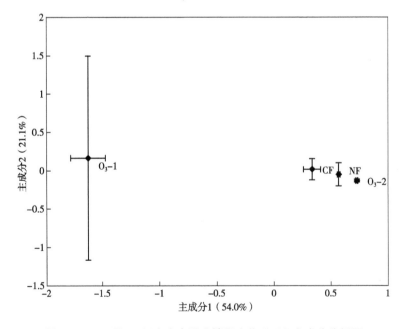

图 15-10　5 月 13 日小麦表层土壤微生物 PLFA 主成分分析图

表 15-10 不同时期臭氧对小麦土壤微生物群落组成的影响（占总 PLFA 的百分比）

3 月 20 日表层土

O₃ 处理	真菌	放线菌	细菌	G⁺/G⁻
CF	1.50±0.17a	5.15±0.04a	93.4±0.21d	0.93±0.06a
NF	1.95±0.14a	3.93±0.16a	94.1±0.02c	0.78±0.04bc
O₃-1	1.47±0.11a	3.64±0.11b	94.9±0.22b	0.88±0.00ab
O₃-2	1.53±0.23a	2.28±0.05c	96.2±0.28a	0.74±0.02c

5 月 13 日表层

O₃ 处理	真菌	放线菌	细菌	G⁺/G⁻
CF	2.86±0.07a	5.63±0.23a	91.8±0.50b	0.87±0.01a
NF	2.64±0.09ab	5.90±0.17a	91.5±0.26b	0.82±0.01b
O₃-1	2.66±0.14ab	5.73±0.09a	91.6±0.22b	0.80±0.00bc
O₃-2	2.54±0.01b	4.36±0.05b	93.1±0.04a	0.78±0.01c

4 月 18 日表层土

O₃ 处理	真菌	放线菌	细菌	G⁺/G⁻
CF	2.34±0.15a	3.63±0.06c	94.0±0.10a	0.70±0.01b
NF	2.10±0.23a	3.47±0.06c	94.4±0.29a	0.73±0.01b
O₃-1	1.90±0.01a	5.41±0.09a	92.69±0.08b	0.75±0.02ab
O₃-2	2.12±0.02a	3.96±0.08b	93.92±0.06a	0.81±0.04a

5 月 13 日根际土

O₃ 处理	真菌	放线菌	细菌	G⁺/G⁻
CF	3.09±0.02a	5.47±0.04a	88.5±1.16b	0.89±0.00a
NF	2.69±0.12ab	5.55±0.06a	91.8±0.18a	0.86±0.01ab
O₃-1	2.40±0.21b	5.29±0.06a	91.72±1.01a	0.85±0.02ab
O₃-2	2.22±0.17b	4.74±0.01b	93.0±0.17a	0.83±0.02b

注：表中数字为平均值±标准差，字母代表在 5% 水平上 LSD 多重比较结果，不同字母表示彼此差异性。G⁺，革兰氏阳性菌；G⁻，革兰氏阴性菌。

差异显著，而 4 个处理在主成分 2 的得分系数没有差异（表 15-8）。该时期表层土 PLFA 中与主成分 1 显著正相关的 PLFA 单体比较多，有 8 种，即 19：0（10Me），i17：1ω5t，15：0，a15：0，14：0，i16：0，16：0 和 18：1ω9c，而 a17：0 和 i19：0 则与主成分 1 显著负相关；同时 3 种细菌脂肪酸（cy19：0，17：0，16：1ω7c），1 种放线菌脂肪酸（18：0（10Me））和 1 种多不饱和脂肪酸即真菌脂肪酸（18：2ω6）与主成分 2 显著正相关，16：0 与主成分 2 显著负相关（表 15-9）。随臭氧浓度升高含量增加的脂肪酸只有 1 种即 18：0，高浓度臭氧处理后该脂肪酸含量显著提高；而五种脂肪酸则是在低臭氧浓度处理下含量降低，高臭氧浓度处理下则含量升高，这 5 种脂肪酸是 15：0，a15：0，16：0，i16：0 以及 18：1ω9c；臭氧浓度升高显著降低了 cy17：0 的含量，18：0（10Me）则是随臭氧浓度升高其含量先增加后减少（表 15-7）。臭氧对该时期的表层土壤微生物群落结构影响明显，高浓度臭氧处理后真菌、放线菌显著减少，细菌显著增加，且 G^+/G^- 比值显著降低。

与 5 月 13 日表层土壤微生物 PLFA 组成相比，同时期各处理间根际土壤微生物 PLFA 组成差异比表层土要明显（图 15-11）。主成分 1 解释了变异量的

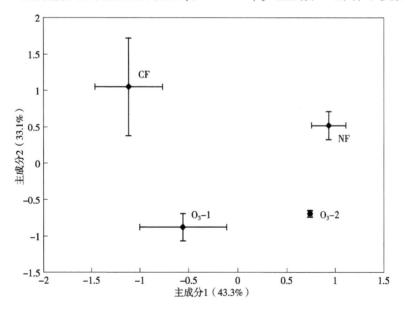

图 15-11 5 月 13 日小麦根际土壤微生物 PLFA 主成分分析图

43.3%，主成分 2 则解释了变异量的 33.1%，且两个主成分均可以将 4 个处理明显分开（主成分 1，$P=0.003$；主成分 2，$P=0.014$）。根据各处理在主成分上的得分系数可以知道，CF 和 O_3-1 在主成分 1 的得分系数与 NF 和 O_3-2 的得分系数差异显著，而在主成分 2 的得分系数则是两个臭氧处理 O_3-1 和 O_3-2 显著不

同于 CF 和 NF(表 15-8)。与主成分 1 显著正相关的 PLFA 有 4 种细菌脂肪酸包括 cy19：0，18：1ω9c，a15：0，15：0，和一种放线菌脂肪酸 19：0(10Me)、一种真菌多不饱和脂肪酸 18：2ω6，而 i16：0，16：1ω7c 和 cy17 则与主成分 1 呈极显著负相关；与主成分 2 显著正相关的脂肪酸有 i18：1ω7t，a17：0，17：0 和 14：0，另 3 种细菌脂肪酸 15：0，16：0 和 i17：1ω5t 与主成分 2 显著负相关(表 15-9)。随着臭氧浓度升高，有 6 种细菌脂肪酸含量显著提高，即 15：0，a15：0，16：0，18：0，18：1ω9c 以及 i17：1ω5t，且有一种放线菌脂肪酸 19：0 (10Me)在臭氧浓度升高处理下其含量显著提高；另有六种细菌脂肪酸随臭氧浓度升高而显著降低，包括 14：0，i16：0，16：1ω7c，a17：0，cy17 以及 18：1ω7t，且有一种放线菌脂肪酸 18：0(10Me)在高臭氧浓度处理后其含量显著降低(表 15-11)。臭氧对根际土壤微生物群落组成的影响与其对表层土壤微生物群落组成的影响是一致的，臭氧浓度升高后真菌、放线菌减少，细菌增加，G^+/G^- 比值降低(表 15-10)。

表 15-11　臭氧对 4 月 18 日表层土壤微生物 PLFA 单体的影响

O_3 处理	15：0	a15：0	a17：0	cy19：0	19：0(10Me)
CF	11.38±0.07b	6.47±0.41b	9.98±0.17bc	2.22±0.08b	2.41±0.13b
NF	11.90±0.04ab	6.77±0.45b	10.46±0.05b	2.17±0.23b	2.20±0.09c
O_3-1	12.15±0.45a	6.81±0.39b	9.67±0.31c	2.04±0.07b	2.14±0.03c
O_3-2	12.59±0.11a	7.59±0.10a	11.21±0.50a	2.71±0.09a	2.61±0.02a
O_3 处理	i16：0	16：1ω7c	cy17：0	16：0	i17：1ω5t
CF	5.38±0.07a	13.59±0.04a	4.44±0.30a	16.66±0.37a	3.29±0.30ab
NF	5.59±0.09a	14.31±0.24a	2.78±0.01b	15.88±0.20b	3.77±0.64a
O_3-1	5.33±0.09a	13.76±0.14a	2.68±0.05b	15.29±0.26c	3.78±0.03a
O_3-2	4.56±0.02b	11.61±1.54b	2.84±0.07b	15.26±0.03c	3.06±0.09b

注：表中数字为平均值±标准差，字母代表在 5% 水平上 LSD 多重比较结果，不同字母表示彼此差异性。

4　小结与讨论

臭氧暴露早期对土壤微生物碳没有影响，但随着臭氧暴露时间的延长，相对于 NF 而言臭氧明显降低了土壤微生物生物量碳，臭氧对表层土壤微生物量碳的影响最大时是小麦处于抽穗前期的第二次采样时期，最后采样时期根际和非根际土壤微生物碳都受到臭氧的抑制作用，且根际土壤的降低幅度要大于非根际土壤,尤其是高浓度臭氧下这种根际效应更明显。由此可以看出同一个时期臭氧对根际土壤微生物量碳的影响要大于表层土壤。

臭氧暴露初期对小麦表层土壤微生物的碳源利用方式没有影响;随臭氧暴露时间延长当小麦处于开花抽穗前期时高浓度臭氧处理(O_3-2)下小麦表层土壤微生物的碳源利用方式明显区别于其他3个处理;当小麦处于成熟期时虽然臭氧暴露时间比抽穗期时要长,但臭氧处理并没有明显改变表层土壤微生物碳源的利用方式,然而臭氧处理下根际土壤微生物碳源利用方式则发生了明显的变化。各个采样时期包括表层土和根际土壤,高浓度臭氧明显降低了土壤微生物的多样性指数和丰富度指数。各个时期使碳源利用方式产生分异的主要培养基基本都是糖类、羧酸和氨基酸中的某些物质,这与这3类物质在Biolog板中占有很大比例有关,而且这3类物质是根系分泌物的主要成分也是土壤微生物的主要碳源。关于臭氧对这3类主要碳源利用率的影响也跟总的碳源利用影响一致,对于表层土而言前期没有影响,中期影响显著,后期又没有影响,但成熟期时臭氧显著降低了根际土壤对这3类碳源的利用率。

小麦土壤微生物中检测到的磷脂脂肪酸主要都是细菌,真菌和放线菌占有率比较低;根据PCA结果可以看出各个采样时期包括臭氧暴露初期、小麦开花期以及成熟期,不论是表层土壤还是根际土壤在臭氧浓度升高后都显著改变了磷脂脂肪酸的组成,也就是说臭氧改变了小麦土壤微生物的结构。从土壤微生物的结构组成来看,除第二次取样以外,其他两次取样包括表层土壤和根际土壤都是臭氧处理后真菌和放线菌脂肪酸减少,细菌脂肪酸增加,且G^+/G^-是降低的,而第二次采样表层土壤则是放线菌增加,真菌和细菌没有变化,但G^+/G^-也是增加的。

从臭氧对小麦土壤微生物功能的影响可以看出,臭氧对土壤微生物功能的影响不仅仅决定于臭氧熏蒸时间的长短和剂量的多少,还与小麦所处的生育期有很大的关系,当小麦处于开花抽穗前期时其表层土壤微生物活性受到臭氧的显著抑制,成熟期时表层土壤微生物活性和功能虽然没有受到臭氧的影响,但臭氧浓度升高显著降低了根际土壤微生物活性改变微生物的碳源利用方式,这说明臭氧对根际土壤微生物的影响要比表层土壤强烈。而臭氧对小麦土壤微生物结构的影响在各个时期都是存在的,对开花期微生物组成的影响有别于其他时期,且成熟期表层土壤和根际土壤没有表现出对臭氧响应的差异。由此可以判断,臭氧对小麦土壤微生物结构和功能的影响不是同步的,结构的改变不一定带来功能的变化。

|第16章|

田间原位空气臭氧浓度升高
对水稻土壤微生物的影响

1 水稻土壤微生物量碳的变化

2006年的实验结果表明（表16-1），臭氧暴露前期两次取样的土壤微生物量碳各处理之间没有差异，暴露一段时间后水稻成熟期即收获前的表层土壤微生物碳在高浓度处理下显著降低，该次取样中NF处理下的微生物量碳也异常低，这没有找到很好的解释，有可能是由于取样本身带来的差异；而收获后的根际土壤微生物碳虽然都低于收获前几次取样的微生物量碳，但根际土壤微生物量碳在臭氧浓度升高后表现出明显的下降趋势，由此可以判断臭氧对根际土壤微生物量碳的影响要大于表层的。

表16-1 臭氧对不同时期水稻土壤微生物量碳的影响(mg/kg 干土)

O_3 处理	0~10cm 表层土			根际土
2006 年	8月5日	9月10日	10月8日	10月25日
CF	428±4.67a	320±9.04a	587±59.4a	223±8.59a
NF	410±13.6a	321±3.27a	98±5.89b	220±27.8a
O_3-1	439±1.95a	320±6.19a	506±52.6a	189±18.0b
O_3-2	360±50.5a	311±15.9a	123±49.2b	140±14.9b
2007 年	0~10cm 表层土			根际土
	9月1日	9月21日	10月12日	10月12日
CF	362±8.59a	339±4.97a	441±1.27a	448±1.43a
NF	355±1.98a	338±4.58a	342±10.9b	395±11.8b
O_3-1	337±7.42a	290±4.89b	458±6.19a	398±12.5b
O_3-2	304±8.04b	300±0.80b	418±8.62a	402±15.5b

注：表中数字为平均值±标准差，字母代表在5%水平上LSD多重比较结果，不同字母表示彼此差异性。

2007 年实验结果表明(表 16-1),臭氧对 2007 年水稻土壤微生物量碳的影响比 2006 年出现的要早,在臭氧暴露早期已经表现出明显的抑制作用,不同时期臭氧对微生物量碳的作用是不同的。9 月 1 日只有高浓度臭氧显著降低了表层土壤微生物量碳,而 9 月 21 日两个臭氧浓度处理都显著降低了表层土壤的微生物量碳,到水稻成熟期 10 月 12 日则臭氧对表层土壤微生物量碳又没有影响了,但该次取样中 NF 处理中表层土壤微生物量碳显著低于其他 3 个处理,这与 2006 年成熟期即 10 月 8 日样品出现的情况一致,对于成熟期根际土壤而言,臭氧对微生物碳的影响是显著的,均显著低于 CF 处理。同一时期的表层土壤和根际土壤相比较而言,臭氧对根际土壤微生物量碳的影响要大于表层的。

2 臭氧对不同时期水稻土壤微生物功能多样性的影响

2.1 2006 年臭氧对水稻土壤微生物功能多样性的影响

2.1.1 碳源利用的主成分分析

8 月 5 日表层土壤样品中,主成分 1 和 2 分别解释了变异量的 22.3% 和 17.4%,如图 16-1 所示,CF 明显分异于其他 3 个处理,主成分 1 的方差分析结

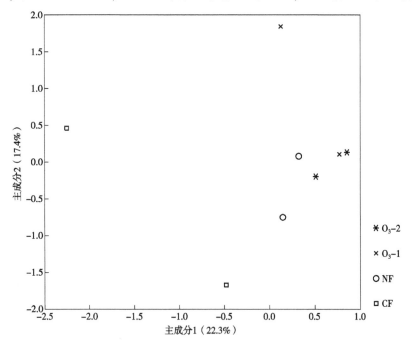

图 16-1 8 月 5 日不同臭氧处理下水稻表层土壤微生物碳源利用主成分分析

果也表明 CF 和 O_3-2 差异显著。与主成分 1 显著相关的培养基都是糖类、羧酸类和氨基酸类物质，糖类中的 α-D-葡萄糖，羧酸中的柠檬酸、溴代丁二酸、D-葡萄糖二酸、乙酸，以及氨基酸中的尿苷酸、γ-氨基丁酸和 L-亮氨酸与主成分 1 显著正相关，与主成分 1 显著负相关的培养基有糖类中的 D-阿拉伯醇、L-鼠李糖、核糖醇以及氨基酸类物质中的 L-苯基丙氨酸、甘氨酰-L-谷氨酸和 L-丝氨酸。与主成分 2 显著相关的培养基要比主成分 1 的要少，主要是糖类、羧酸类和氨基酸类物质，糖类中 D-甘露糖，羧酸中的丙二酸和蚁酸以及氨基酸中的 L-天门冬氨酸和 D，L-肉(毒)碱与主成分 2 呈显著正相关，而 L-焦谷氨酸和苯乙胺则与其显著负相关(表 16-2)。该时期各个处理之间一些碳源的利用率存在明显差异，高浓度臭氧显著地提高了一些糖类、羧酸类和氨基酸类物质的利用率，如 L-阿拉伯糖、α-D-葡萄糖、α-D-乳糖、乙酸、α-丁酮酸、溴代丁二酸、L-谷氨酸、L-鸟氨酸、L-苏氨酸以及腐胺，而甘氨酰-L-谷氨酸的利用率受到了臭氧的明星抑制(表 16-3)。这些被臭氧明显影响的培养基只占到总碳源的一小部分，因此，臭氧对总的碳源利用率没有明显的影响(AWCD)。

表16-2　8 月 5 日表层土壤中与主成分 1 和主成分 2 显著相关的培养基

主成分 1	R	主成分 2	R
糖类		糖类	
α-D-葡萄糖	0.799 *	D-甘露糖	0.776 *
D-阿拉伯醇	-0.892 **	羧酸类	
L-鼠李糖	-0.815 *	丙二酸	0.883 **
戊五醇/核糖醇	-0.769 *	蚁酸	0.779 *
羧酸类		氨基酸类	
柠檬酸	0.832 *	L-天门冬氨酸	0.748 *
溴代丁二酸	0.768 *	D，L-肉(毒)碱	0.775 *
D-葡萄糖二酸	0.714 *	L-焦谷氨酸	-0.803 *
乙酸	0.723 *	胺类	
氨基酸类		苯乙胺	-0.713 *
尿苷酸	0.940 **	其他	
γ-氨基丁酸	0.738 *	胸苷	0.797 *
L-亮氨酸	0.717 *		
L-苯基丙氨酸	-0.905 **		
甘氨酰-L-谷氨酸	-0.802 *		
L-丝氨酸	-0.799 *		

注：**，* 分别在 0.01 和 0.05 水平显著。

表 16-3　9 月 10 日表层土壤中与主成分 1 和主成分 2 显著相关的培养基

主成分 1	R	主成分 2	R
糖类		糖类	
D-纤维二糖	0.936 **	L-鼠李糖	0.896 **
蔗糖	0.846 **	龙胆二糖	0.734 *
N-乙酰-D-半乳糖胺	0.808 *	羧酸类	
L-阿拉伯糖	0.791 *	丙酸	0.889 **
羧酸类		D-葡萄糖醛酸	0.821 *
D-葡萄糖二酸	0.897 **	γ-羟丁酸	0.797 *
顺式乌头酸	0.824 *	α-酮戊二酸	0.758 *
氨基酸类		α-戊酮酸	0.748 *
D-丙氨酸	0.914 **	丙二酸	0.719 *
L-谷氨酸	0.941 **	胺类	
L-天门冬酰胺	0.851 **	L-苏氨酸	0.887 **
L-焦谷氨酸	0.761 *	琥珀酰胺酸	0.852 **
L-苯基丙氨酸	0.752 *	D-丝氨酸	0.863 **
甘氨酰-L-天门冬氨酸	0.718 *	L-组氨酸	0.829 *
		其他	
		D，L-α-磷酸甘油	0.900 **
		甘油/丙三醇 0.854 **	
		胸苷	0.834 *
		琥珀酸单甲酯	0.831 *

注：**，*分别在 0.01 和 0.05 水平显著。

　　9 月 10 日表层土壤微生物对碳源的利用方式表明，主成分 1 和 2 分别解释了变异量的 30.5% 和 18.1%，两个臭氧处理与 CF 和 NF 明显分开，且主成分 1 方差分析结果表明 CF 和 NF 均与 O_3-2 差异显著(图 16-2)。与主成分 1 显著相关的培养基有 4 种糖类物质：D-纤维二糖、蔗糖、N-乙酰-D-半乳糖胺、L-阿拉伯糖，两种羧酸：D-葡萄糖二酸、顺式乌头酸，6 种氨基酸：D-丙氨酸、L-谷氨酸、L-天门冬酰胺、L-焦谷氨酸、L-苯基丙氨酸以及甘氨酰-L-天门冬氨酸；与主成分 2 显著相关的培养基主要有 2 种糖类物质，6 种羧酸，3 种胺类物质，一种聚合物以及 4 种其他混合物，这些物质均与主成分 1 和 2 正相关，没有与主成分呈负相关的培养基(表 16-3)。该时期受到臭氧显著影响的培养基主要有 9 种糖类和 5 种羧酸类物质，其中臭氧对 i-赤藓糖醇表现出刺激作用，其他糖类物质包括 D-半乳糖、α-D-葡萄糖、α-D-乳糖、D-蜜二糖、D-阿洛酮糖、L-鼠李

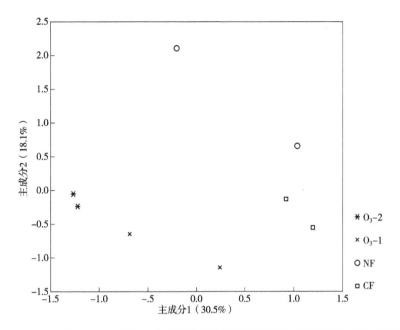

图16-2 9月10日不同臭氧处理下水稻表层土壤微生物碳源利用主成分分析

糖、蔗糖和D-海藻糖以及羧酸中的柠檬酸、衣康酸、α-酮戊二酸、α-戊酮酸和丙酸则在高臭氧浓度下的利用率显著降低甚至没有，4个处理中尤以NF处理中各种物质的利用率最高（表16-4）。

10月8日各个处理的水稻表层土壤微生物群落代谢多样性没有明显差异，其中CF处理中表层土壤微生物代谢类型具有较大的变异（分散的数据点），主成分1和2都没能区分开几个处理，且方差分析结果也没有差异（图16-3）。该次样品中臭氧对单一碳源也没有显著影响。

10月25日根际土壤中CF处理下的微生物群落代谢多样性明显不同于其他3个处理，主成分1解释了变异量的49%，它明显地将CF与其他3个处理区分开来（$F=35$，$P=0.002$），且主成分1方差分析表明CF和其他3个处理差异显著，而主成分2只解释了变异量的14.9%且其得分系数和方差分析各处理间都没有显著差异（图16-4）。该根际土壤样品中与主成分1显著正相关的培养基很多达48种，占总碳源的50%，主要包括12种糖类物质，13种羧酸类物质以及12种氨基酸类物质，该3类物质是主要造成主成分1差异显著的培养基；与主成分2显著相关的培养基则较主成分1而言要少得多，只有12种物质，主要是糖类物质（表16-5）。同样的臭氧对根际土中单一碳源利用率的影响是明显的，共有38种物质的利用率受到了臭氧的明显抑制，主要包括14种糖类物质，8种羧酸和7种氨基酸（表16-6）。

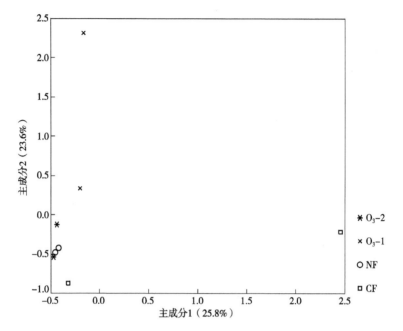

图 16-3　10 月 8 日不同臭氧处理下水稻表层土壤微生物碳源利用主成分分析

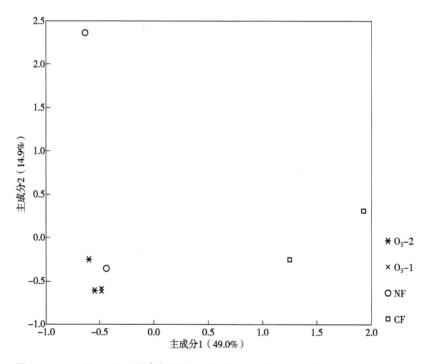

图 16-4　10 月 25 日不同臭氧处理下水稻根际土壤微生物碳源利用主成分分析

表16-4　8月5日和9月10日两次土壤样品中臭氧对单一碳源的影响

8月5日表层土	CF	NF	O_3-1	O_3-2	9月10日表层土	CF	NF	O_3-1	O_3-2
糖类					糖类				
L-阿拉伯糖	0.00±0.00b	0.04±0.02b	0.07±0.03b	1.83±0.47a	i-赤藓糖醇	0.67±0.665b	0.01±0.01b	0.00±0.00b	2.15±0.20a
α-D-葡萄糖	0.42±0.09b	2.52±0.01a	1.94±0.30a	2.57±0.09a	D-半乳糖	0.84±0.815ab	1.84±0.385a	0.00±0.00b	0.00±0.00b
α-D-乳糖	0.09±0.09b	0.29±0.06b	0.73±0.27ab	1.31±0.42a	α-D-葡萄糖	1.13±0.085a	1.30±0.01a	0.00±0.00b	0.33±0.31b
羧酸					α-D-乳糖	0.19±0.04b	0.85±0.20a	0.02±0.02b	0.00±0.00b
乙酸	0.00±0.00b	0.20±0.03a	0.13±0.03a	0.18±0.02a	D-蜜二糖	0.37±0.25ab	0.77±0.23a	0.01±0.01b	0.00±0.00b
α-丁酮酸	0.00±0.00b	0.36±0.20ab	0.15±0.15ab	0.54±0.09a	D-阿洛酮糖	0.65±0.02a	0.27±0.27ab	0.00±0.00b	0.00±0.00b
溴代丁二酸	0.18±0.02b	0.26±0.02b	0.42±0.03a	0.35±0.01a	L-鼠李糖	0.04±0.04b	1.09±0.12a	0.02±0.02b	0.00±0.00b
氨基酸					蔗糖	2.27±0.16a	1.57±0.19ab	1.20±0.37b	0.00±0.00c
L-谷氨酸	2.18±0.09b	2.15±0.13b	2.41±0.14ab	2.66±0.11a	羧酸				
甘氨酰-L-谷氨酸	0.85±0.02a	0.31±0.22b	0.08±0.04b	0.08±0.01b	柠檬酸	1.33±0.02a	1.22±0.03a	0.01±0.01b	0.33±0.33b
L-鸟氨酸	0.83±0.08a	0.96±0.13a	0.43±0.03b	1.04±0.03a	衣康酸	0.86±0.10a	0.00±0.00b	0.00±0.00b	0.00±0.00b
L-苏氨酸	0.33±0.25b	0.31±0.05b	0.37±0.06b	1.05±0.03a	α-酮戊二酸	0.54±0.02b	1.04±0.04a	0.00±0.00c	0.00±0.00c
胺类					α-戊酮酸	0.63±0.01b	1.49±0.04a	0.28±0.28b	0.27±0.27b
腐胺	0.00±0.00b	0.73±0.44ab	1.00±0.32b	1.25±0.10a	丙酸	0.19±0.19ab	0.53±0.19a	0.00±0.00b	0.00±0.00b

注：表中数字为平均值±标准差，字母代表在5%水平上LSD多重比较结果，不同字母表示彼此差异性。

表16-5 10月25日根际土壤中与主成分1和主成分2显著相关的培养基

主成分1		主成分1		主成分2	
糖类		**氨基酸类**		**糖类**	
L-鼠李糖	0.997**	羟基-L-脯氨酸	0.998**	N-乙酰-D-葡萄糖胺	0.865*
D-山梨醇	0.997**	L-脯氨酸	0.994**	龙胆二糖	0.973**
D-蜜二糖	0.987**	L-组氨酸	0.992**	β-甲基-D-葡萄糖苷	0.952**
D-半乳糖	0.988**	LL-天门冬氨酸	0.970**	蔗糖	0.906**
D-纤维二糖	0.985**	甘氨酰-L-天门冬氨酸	0.952**	木糖醇	0.919**
α-D-葡萄糖	0.985**	L-焦谷氨酸	0.887**	**羧酸类**	
麦芽糖	0.985**	L-谷氨酸	0.870**	D-半乳糖酸内脂	0.981**
N-乙酰-D-半乳糖胺	0.985**	尿苷酸	0.841**	衣康酸	0.920**
戊五醇/核糖醇	0.961**	L-丙氨酰甘氨酸	0.780*	α-酮戊二酸	0.929**
L-阿拉伯糖	0.996**	L-苏氨酸	0.780*	**氨基酸类**	
D-甘露醇	0.968**	D,L-肉(毒)碱	0.780*	L-天门冬酰胺	0.947**
D-阿拉伯醇	0.795*	D-丙氨酸	0.727*	**聚合物**	
羧酸类		**胺类**		吐温40	0.980**
D-葡萄糖醛酸	0.998**	L-丙胺酰胺	0.761*	**其他**	
顺式乌头酸	0.997**	苯乙胺	0.777*	尿苷	0.992**
柠檬酸	0.967**	**聚合物**			
γ-羟丁酸	0.962**	糊精	0.991**		

（续）

	主成分1	主成分2
D-半乳糖醛酸	0.935**	
D-葡萄糖二酸	0.925**	
D,L-乳酸	0.895**	
溴代丁二酸	0.848**	
奎宁酸/金鸡纳酸	0.790*	
癸二酸	0.780*	
α-羟丁酸	0.780*	
α-戊酮酸	0.780*	
丙酸	0.776*	
其他		
吐温80		0.990**
肝糖		0.840**
2-氨基乙醇		0.997**
α-D-葡萄糖-1-磷酸		0.989**
胸苷		0.969**
甘油丙三醇		0.919**
丙酮酸甲酯		0.889**
次黄苷/肌苷		0.796*

注：**、* 分别在0.01和0.05水平显著。

表16-6 10月25日根际土中臭氧对单一碳源的影响

	CF	NF	O₃-1	O₃-2
糖类				
N-乙酰-D-半乳糖胺	1.70±0.14a	0.02±0.00b	0.19±0.16b	0.02±0.02b
N-乙酰-D-葡萄糖胺	0.34±0.21ab	0.62±0.20a	0.00±0.00b	0.00±0.00b
戊五醇/核糖醇	1.11±0.01a	0.19±0.16b	0.03±0.02b	0.00±0.00b
L-阿拉伯糖	2.16±0.27a	0.09±0.02b	0.04±0.01b	0.03±0.01b
D-纤维二糖	1.39±0.23a	0.07±0.03b	0.21±0.15b	0.07±0.00b
氨基酸类				
LL-天门冬氨酸	1.29±0.06a	0.00±0.00b	0.00±0.00b	0.00±0.00b
L-谷氨酸	1.28±0.13a	0.00±0.00b	0.45±0.45ab	0.00±0.00b
甘氨酰-L-天门冬氨酸	0.77±0.08a	0.00±0.00b	0.00±0.00b	0.00±0.00b
L-组氨酸	0.67±0.05a	0.00±0.00b	0.02±0.00b	0.02±0.01b
羟基-L-脯氨酸	1.15±0.17a	0.00±0.00b	0.00±0.00b	0.01±0.00b

（续）

糖类 / 羧酸类

	CF	NF	O_3-1	O_3-2
D-半乳糖	1.44±0.42a	0.00±0.00b	0.00±0.00b	0.00±0.00b
α-D-葡萄糖	1.20±0.04a	0.00±0.00b	0.08±0.08b	0.01±0.01b
麦芽糖	2.36±0.05a	0.00±0.00b	0.00±0.00b	0.00±0.00b
D-甘露醇	2.32±0.12a	0.00±0.00b	0.00±0.00b	0.00±0.00b
D-蜜二糖	0.94±0.03a	0.00±0.00b	0.01±0.01b	0.01±0.01b
D-蜜三糖/棉子糖	0.86±0.10a	0.75±0.07a	0.00±0.00b	0.04±0.04b
D-山梨醇	1.89±0.25a	0.00±0.00b	0.00±0.00b	0.03±0.03b
木糖醇	0.18±0.18ab	0.85±0.35a	0.00±0.00b	0.00±0.00b
顺式乌头酸	1.45±0.27a	0.00±0.00b	0.00±0.00b	0.00±0.00b
柠檬酸	0.96±0.06a	0.05±0.05b	0.00±0.00b	0.00±0.00b
D-半乳糖醛酸	2.30±0.06a	0.04±0.04b	0.52±0.52b	0.02±0.02b
D-葡萄糖醛酸	1.13±0.19a	0.00±0.00b	0.00±0.00b	0.00±0.00b
γ-羟丁酸	1.13±0.06a	0.20±0.01b	0.27±0.02b	0.26±0.02b
D,L-乳酸	0.69±0.13a	0.14±0.14b	0.16±0.16b	0.04±0.04b
D-葡萄糖二酸	1.73±0.31a	0.00±0.00b	0.00±0.00b	0.00±0.00b
溴代丁二酸	0.25±0.04a	0.05±0.01b	0.03±0.01b	0.08±0.03b

氨基酸类 / 其他

	CF	NF	O_3-1	O_3-2
L-脯氨酸	0.73±0.17a	0.00±0.00b	0.00±0.00b	0.00±0.00b
L-焦谷氨酸	1.78±0.22a	0.36±0.36b	0.44±0.44b	0.00±0.00b
葡糖醛酰胺	0.00±0.00b	0.00±0.00b	0.00±0.00b	0.03±0.01a
糊精	1.17±0.07a	0.02±0.01b	0.01±0.01b	0.00±0.00b
肝糖	0.06±0.02a	0.00±0.00b	0.01±0.01b	0.00±0.00b
吐温80	0.97±0.08a	0.02±0.00b	0.07±0.03b	0.09±0.06b
次黄苷/肌苷	1.48±0.05a	0.55±0.05a	0.00±0.00b	0.01±0.00b
胸苷	0.51±0.20a	0.00±0.00b	0.01±0.01b	0.00±0.00b
2-氨基乙醇	0.87±0.17a	0.00±0.00b	0.00±0.00b	0.00±0.00b
甘油/丙三醇	0.71±0.10a	0.22±0.22b	0.03±0.03b	0.11±0.07b
α-D-葡萄糖-1-磷酸	0.78±0.04a	0.03±0.01b	0.01±0.01b	0.03±0.01b
丙酮酸甲酯	1.99±0.17a	0.74±0.16b	0.00±0.00c	0.12±0.12c

注：表中数字为平均值±标准差，字母代表在5%水平上LSD多重比较结果，不同字母表示彼此差异性。

2.1.2 香农多样性指数和丰富度指数

随着水稻的生长，表层土壤微生物的多样性指数和丰富度指数都是逐渐降低的，但收获后的根际土壤与收获前的表层土壤相比较而言，尽管植株已经收获了但根际土壤微生物的多样性指数和丰富度指数要高于收获前的表层土壤，说明根际土壤微生物要比表层土壤中的微生物要丰富。臭氧开始熏气前的8月5日表层土壤中无论是微生物多样性指数还是丰富度指数各个处理间都没有差异，臭氧暴露一段时间后当水稻处于灌浆前期时即9月10日样品中高臭氧浓度处理下的土壤微生物多样性指数和丰富度指数都显著低于CF和NF处理下的。到水稻成熟期，臭氧对表层土壤微生物多样性和丰富度指数都没有表现出明显的抑制作用，但该时期即10月8表层土中NF处理下的土壤微生物多样性和丰富度指数都表现出异常的低，与该时期微生物碳显著低于其他处理是一致的。根际土壤虽然是在水稻收获后一段时间才取的样品，但从根际土壤分析结果可以看出臭氧对根际土壤微生物多样性和丰富度指数的影响是显著的，O_3-2 处理下多样性指数明显低于CF，两个臭氧处理下的丰富度指数都显著低于CF处理下的。由此可见臭氧对根际土壤微生物的多样性和丰富度影响是要强于表层土壤处理下的，并且不同时期臭氧的影响也是不同的，主要抑制作用表现在臭氧暴露一段时间后水稻处于扬花后开始灌浆的时期，臭氧暴露开始前以及暴露一段时间后当水稻处于成熟期时臭氧的作用都不明显(表16-7，表16-8)。

表16-7 臭氧对2006年水稻各个时期土壤微生物多样性指数的影响

O_3 处理	表层土			根际土
	8月5日	9月10	10月8日	10月25日
CF	1.81±0.03a	1.56±0.09a	1.30±0.21a	1.55±0.14a
NF	1.79±0.02a	1.65±0.11a	0.65±0.10b	1.32±0.03ab
O_3-1	1.82±0.01a	1.37±0.10ab	1.33±0.03a	1.32±0.13ab
O_3-2	1.85±0.01a	1.21±0.03b	1.21±0.08a	1.10±0.03b

注：表中数字为平均值±标准差，字母代表在5%水平上LSD多重比较结果，不同字母表示彼此差异性。

表16-8 臭氧对2006年水稻各时期土壤微生物丰富度指数的影响

O_3 处理	表层土			根际土
	8月5日	9月10	10月8日	10月25日
NF	75.0±5.29a	54.0±12.0a	3.0±0.58b	23.0±2.00ab

（续）

O₃ 处理	表层土			根际土
	8 月 5 日	9 月 10	10 月 8 日	10 月 25 日
O₃-1	80.0±1.45a	36.3±10.6ab	24.0±4.00a	14.0±7.00b
O₃-2	84.0±1.00a	17.0±1.53b	12.5±0.50ab	9.5±0.50b

注：表中数字为平均值±标准差，字母代表在5%水平上 LSD 多重比较结果，不同字母表示彼此差异性。

2.1.3 3 类主要碳源的利用

总体来说，各处理下水稻表层土壤微生物对 3 类碳源的利用随着臭氧暴露时间的延长以及水稻的生育期延长而降低，到收获前后无论是表层土壤还是根际土壤对 3 类主要碳源的利用都是比较低的。臭氧暴露开始前 8 月 5 日表层土壤对糖类、羧酸类、氨基酸类物质的利用率最低出现在 NF 处理中，NF 处理下土壤微生物对糖类和氨基酸类物质的利用显著低于 O₃-2（图 16-5）。

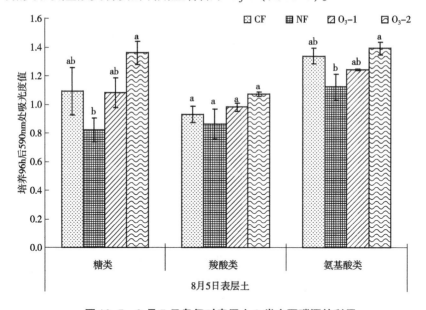

图 16-5　8 月 5 日臭氧对表层土 3 类主要碳源的利用

注：柱中字母代表在5%水平上 LSD 多重比较结果，不同字母表示彼此差异性。

在 9 月 10 日表层土壤中，4 个处理中 NF 处理下表层土壤微生物对 3 类碳源的利用率最高，之后随着臭氧浓度升高各类物质的利用率递减，且相对于 NF 处理而言高浓度臭氧显著降低了这 3 类物质的利用率，CF 处理中糖类物质和氨基酸类物质的利用率也是显著低于 NF 处理的（图 16-6）。10 月 8 日表层土壤中同样表现出 NF 处理下 3 类碳源利用率异常低的现象，这与微生物碳、多样性和丰富度指数的表现是一致的（图 16-7）。臭氧提高了该时期水稻表层土壤对糖类物质的利用，同时臭氧降低了微生物对羧酸类和氨基酸类物质的利用。10 月 25 日根际土壤中微生物对 3 类碳源的利用表现出明显的随臭氧浓度升高而降低的规律，

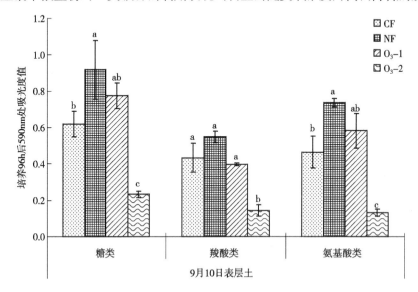

图 16-6　9 月 10 日臭氧对表层土 3 类主要碳源的利用

注：柱中字母代表在 5% 水平上 LSD 多重比较结果，不同字母表示彼此差异性。

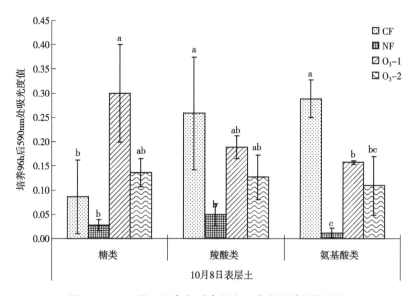

图 16-7　10 月 8 日臭氧对表层土 3 类主要碳源的利用

且相对于 CF 处理而言两个臭氧处理显著抑制了根际土壤微生物对糖类、羧酸类和氨基酸类物质的利用(图 16-8)。

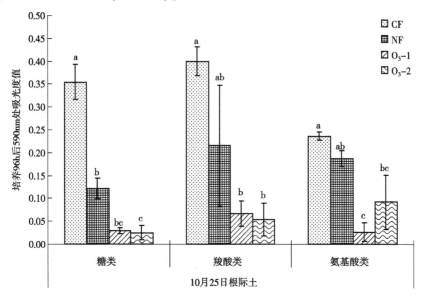

图 16-8　10 月 25 日臭氧对根际土 3 类主要碳源的利用

2.2　2007 年臭氧对水稻土壤微生物功能多样性的影响

2.2.1　碳源利用的主成分分析

9 月 1 日水稻表层土壤中，主成分 1 和 2 分别解释了变异量的 28.8% 和 17.5%，且两个主成分都将 4 个不同臭氧浓度处理下的土壤微生物的碳源利用方式区分开来了(主成分 1：$F = 9.923$，$P = 0.005$；主成分 2：$F = 16.035$，$P = 0.001$)(图 16-9)。主成分方差分析结果表明，主成分 1 得分系数 CF 和 O_3-1 与 NF 和 O_3-2 处理差异显著，主成分 2 的得分系数则 NF 与其它 3 个处理差异显著。造成主成分产生分异的碳源主要是糖类、羧酸类以及氨基酸类物质，其中与主成分 1 显著正相关的糖类有 D-半乳糖酸 γ-内酯、D-纤维二糖、1-磷酸葡萄糖、D-甘露醇，3 种羧酸即 D-葡糖胺酸、γ-羟丁酸、丙酮酸甲酯以及一种氨基酸即甘氨酰-L-谷氨酸；与主成分 2 显著正相关的糖类有 D,L-α-磷酸甘油、β-甲基-D-葡萄糖苷，一种羧酸即 D-半乳糖醛酸，而与其显著负相关的培养基有 D-木糖/戊醛糖、L-苯丙氨酸、L-苏氨酸和 2-羟基苯甲酸(表 16-9)。受到臭氧显著影响的也主要是糖类、羧酸类以及氨基酸类的物质，高浓度臭氧显著降低了微生物对 D-木糖/戊醛糖、D-纤维二糖、γ-羟丁酸、D-葡糖胺酸、D-苹果酸、L-

苯丙氨酸、L-苏氨酸的利用率，而 D，L-α-磷酸甘油、D-半乳糖醛酸以及 L-丝氨酸则表现出臭氧浓度升高显著提高微生物对其的利用率(表 16-10)。

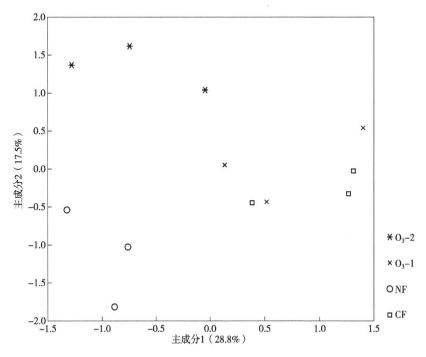

图 16-9　9 月 1 日不同臭氧处理下水稻表层土壤微生物碳源利用主成分分析

表 16-9　9 月 1 日表层土壤中与主成分 1 和主成分 2 显著相关的培养基

主成分 1	r	主成分 2	r
糖类		糖类	
D-半乳糖酸 γ-内酯	0.822 **	D，L-α-磷酸甘油	0.734 **
D-纤维二糖	0.746 **	β-甲基-D-葡萄糖苷	0.720 *
1-磷酸葡萄糖	0.736 **	D-木糖/戊醛糖	-0.674 *
D-甘露醇	0.656 *	羧酸类	
羧酸类		D-半乳糖醛酸	0.861 **
D-葡糖胺酸	0.797 **	氨基酸类	
γ-羟丁酸	0.711 **	L-苯丙氨酸	-0.805 **
丙酮酸甲酯	0.686 *	L-苏氨酸	-0.613 *
氨基酸类		聚合物	

（续）

主成分 1	r	主成分 2	r
甘氨酰-L-谷氨酸	0.622 *	肝糖	0.756 **
聚合物		胺类	
吐温 40	0.640 *	腐胺	0.643 *
α-环式糊精	0.596 *	酚类	
酚类		2-羟基苯甲酸	−0.599 *
4-羟基苯甲酸	0.686 *		

注：**，*分别在 0.01 和 0.05 水平显著。

表 16-10　9 月 1 日表层土壤中受臭氧显著影响的单一碳源

	CF	NF	O_3-1	O_3-2
糖类				
D-木糖/戊醛糖	1.93±0.17a	1.90±0.06a	1.72±0.02ab	1.31±0.28b
D-纤维二糖	2.20±0.05a	1.43±0.18b	2.07±0.11a	1.40±0.18b
D, L-α-磷酸甘油	0.50±0.07b	0.52±0.08b	0.61±0.09a	0.91±0.06a
羧酸类				
γ-羟丁酸	1.43±0.13a	0.69±0.23bc	1.25±0.19ab	0.49±0.26c
D-葡糖胺酸	1.94±0.10a	0.94±0.12b	1.48±0.26ab	1.19±0.29b
D-苹果酸	1.12±0.07b	1.19±0.41ab	1.87±0.03a	0.74±0.20b
D-半乳糖醛酸	1.75±0.11ab	1.51±0.08b	1.95±0.12a	2.02±0.04a
氨基酸类				
L-苯丙氨酸	2.41±0.05a	2.31±0.08a	1.51±0.16b	0.99±0.26c
L-苏氨酸	0.24±0.08b	0.66±0.22a	0.84±0.10a	0.02±0.01bc
L-丝氨酸	1.91±0.07b	1.95±0.09b	2.20±0.02a	2.16±0.03a

注：表中数字为平均值±标准差，字母代表在 5% 水平上 LSD 多重比较结果，不同字母表示彼此差异性。

9 月 21 日表层土壤中，主成分 1 和 2 分别解释了变异量的 27.7% 和 12.4%，主成分 1 明显地将 O_3-2 与其他 3 个处理分开（$F=5.6$，$P=0.012$），且方差分析表明 O3-2 处理在主成分 1 的得分系数与其它 3 个处理有着显著差异；而主成分 2 则没能起到分异作用（图 16-10）。造成主成分 1 产生分异的碳源主要是糖类和氨基酸类物质，与主成分 1 显著正相关的培养基有 5 种糖类：D-半乳糖酸 γ-内酯、N-乙酰-D 葡萄糖氨、D-纤维二糖、1-磷酸葡萄糖、D-甘露醇，和四种氨基酸：L-苏氨酸、L-丝氨酸、L-精氨酸和甘氨酰-L-谷氨酸。与主成分2显著相关的培养基主要是羧酸类和氨基酸类物质(表16-11)。被臭氧显著影响的单一碳源也主要是糖类和氨基酸类物质，D-半乳糖酸γ-内酯、D-木糖/戊醛糖、1-磷酸葡萄糖、D-苹果酸、L-精氨酸、L-天门冬酰胺、L-丝氨酸、吐温80和4-羟基苯甲酸这些物质在臭氧浓度升高后其利用率显著降低，而α-D-乳糖则受到臭氧的刺激随臭氧浓度升高其利用率提高(表16-12)。

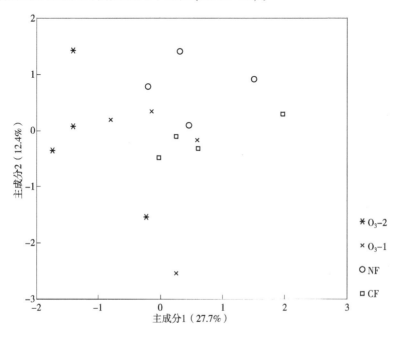

图 16-10　9 月 21 日不同臭氧处理下水稻表层土壤微生物碳源利用主成分分析

表 6-11　9 月 21 日表层土壤中与主成分 1 和主成分 2 显著相关的培养基

主成分 1	r	主成分 2	r
糖类		糖类	
D-半乳糖酸 γ-内酯	0.878 **	D-甘露醇	0.695 **
N-乙酰-D 葡萄糖氨	0.677 **	i-赤藓糖醇	0.538 *
D-纤维二糖	0.591 *	羧酸类	
1-磷酸葡萄糖	0.560 *	α-丁酮酸	0.689 **
D-甘露醇	0.499 *	丙酮酸甲酯	0.639 **
羧酸类		衣康酸	0.602 *
D-苹果酸	0.616 *	氨基酸类	

（续）

主成分1	r	主成分2	r
γ-羟丁酸	0.576 *	L-精氨酸	0.730 **
氨基酸类		L-天门冬酰胺	0.726 **
L-苏氨酸	0.678 **	L-苯丙氨酸	0.547 *
L-丝氨酸	0.657 **	D-纤维二糖	0.532 *
甘氨酰-L-谷氨酸	0.576 *	酚类	
L-精氨酸	0.540 *	4-羟基苯甲酸	0.876 **
聚合物			
肝糖	0.638 **		

注：**，* 分别在 0.01 和 0.05 水平显著。

表6-12　9月21日表层土壤中受臭氧显著影响的单一碳源

	CF	NF	O₃-1	O₃-2
糖类				
D-半乳糖酸 γ-内酯	1.65±0.22a	1.77±0.14a	1.47±0.06ab	1.14±0.04b
D-木糖/戊醛糖	1.81±0.04a	1.94±0.05a	1.89±0.12a	1.56±0.05b
1-磷酸葡萄糖	1.15±0.06ab	1.35±0.10a	1.22±0.14a	0.88±0.09b
α-D-乳糖	1.38±0.02b	1.78±0.11a	1.90±0.13a	1.87±0.13a
羧酸类				
D-苹果酸	1.62±0.08a	1.63±0.12a	1.39±0.12a	0.93±0.21b
氨基酸类				
L-精氨酸	2.06±0.10ab	2.30±0.07a	1.94±0.10b	1.86±0.11b
L-天门冬酰胺	2.05±0.06b	2.25±0.03b	1.99±0.09b	1.97±0.05b
L-丝氨酸	1.96±0.09ab	1.99±0.10a	1.73±0.18ab	1.64±0.02b
聚合物				
吐温80	1.91±0.03a	1.70±0.12b	1.66±0.04b	1.69±0.03b
酚类				
4-羟基苯甲酸	2.09±0.06ab	2.24±0.05a	2.01±0.11ab	1.99±0.09b

10月12日各个处理间水稻表层土壤微生物群落多样性没有显著差异(图16-11)，主成分1和2均没能将几个处理的碳源利用方式区分开来，方差分析结果

也没有显著差异。同时期的根际土壤各个处理下微生物对碳源的利用方式则表现出了明显的分异(图16-12),主成分1和2分别解释了变异量的20%和18%,且两个主成分均明显地将4个处理分离开来(主成分1,$F=14$,$P=0.002$;主成分2,$F=9.7$,$P=0.005$)。主成分1和2的得分系数方差分析结果一致,表明CF、NF均与O_3-1和O_3-2处理差异显著。使主成分1产生分异的碳源主要是糖类和羧酸类物质,使主成分2产生分异的则主要是糖类、氨基酸类和聚合物类物质。与主成分1显著正相关的培养基有D-甘露醇、衣康酸、D-半乳糖醛酸、γ-羟丁酸与苯乙胺;而D-半乳糖酸γ-内酯、D-葡糖胺酸和L-天门冬酰胺3种物质则与主成分1显著负相关。与主成分2显著正相关的培养基有D-甘露醇、D-木糖/戊醛糖、α-丁酮酸、L-苯丙氨酸、α-环式糊精和吐温80,而α-D-乳糖和甘氨酰-L-谷氨酸则与主成分2显著负相关(表16-13)。根际土壤中受到臭氧显著影响的单一碳源主要是糖类和羧酸类物质,i-赤藓糖醇、D-甘露醇、D-半乳糖醛酸和苯乙胺四种物质在CF处理中利用率最高且臭氧显著地抑制了微生物对这些物质的利用;γ-羟丁酸、衣康酸这两种物质的利用率随着臭氧浓度升高先升高然后降低,最高值出现在NF处理中,相对于NF处理而言两个臭氧处理均显著抑制了它们的利用;而D-葡糖胺酸则随着臭氧浓度升高其利用率提高,且提高率达到显著水平(表16-14)。

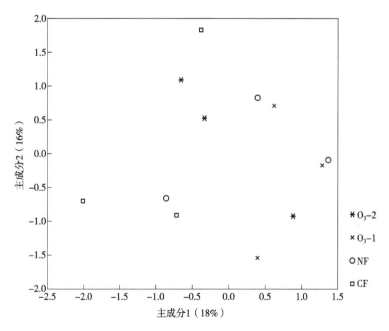

图16-11 10月12日不同臭氧处理下水稻表层土壤微生物碳源利用主成分分析

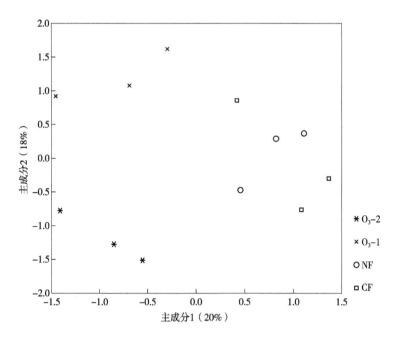

图 16-12　10 月 12 日不同臭氧处理下水稻根际土壤微生物碳源利用主成分分析

表 16-13　10 月 12 日根际土壤中与主成分 1 和主成分 2 显著相关的培养基

主成分 1	r	主成分 2	r
糖类		糖类	
D-甘露醇	0.580 *	D-甘露醇	0.697 *
D-半乳糖酸 γ-内酯	−0.585 *	D-木糖/戊醛糖	0.632 *
羧酸类		α-D-乳糖	−0.895 **
衣康酸	0.878 **	羧酸类	
D-半乳糖醛酸	0.707 *	α-丁酮酸	0.679 *
γ-羟丁酸	0.627 *	氨基酸类	
D-葡糖胺酸	−0.915 **	L-苯丙氨酸	0.611 *
氨基酸类		甘氨酰-L-谷氨酸	−0.665 *
L-天门冬酰胺	−0.673 *	聚合物	
胺类		α-环式糊精	0.590 *
苯乙胺	0.643 *	吐温 80	0.580 *

表 16-14　10 月 12 日根际土壤中受臭氧显著影响的单一碳源

	CF	NF	O_3-1	O_3-2
糖类				
i-赤藓糖醇	1.07±0.10a	0.28±0.07b	0.17±0.05b	0.37±0.26b
D-甘露醇	2.15±0.05a	2.14±0.06a	2.13±0.13a	0.83±0.08b
羧酸类				
D-半乳糖醛酸	1.81±0.05a	1.35±0.00ab	0.80±0.35b	0.26±0.04c
γ-羟丁酸	0.23±0.11ab	0.82±0.29a	0.21±0.20b	0.02±0.01b
衣康酸	1.74±0.19a	1.97±0.11a	0.26±0.18b	0.01±0.01b
D-葡糖胺酸	0.00±0.00b	0.02±0.01b	1.02±0.42a	1.28±0.16a
聚合物				
α-环式糊精	1.13±0.19a	1.29±0.02a	1.38±0.35a	0.38±0.19b
胺类				
苯乙胺	2.20±0.08a	2.02±0.17ab	1.50±0.04c	1.68±0.24bc

注：表中数字为平均值±标准差，字母代表在 5% 水平上 LSD 多重比较结果，不同字母表示彼此差异性。

2.2.2　Shannon-Weinner 多样性指数和丰富度指数

臭氧对水稻土壤微生物多样性的影响从暴露开始一段时间后的第一次取样就已经表现出来了，第一次取样时水稻处于抽穗时期，第二次取样时水稻处于灌浆期，这两次取样结果都表明高浓度臭氧显著地降低了微生物的多样性，但到第三次取样即水稻成熟期时臭氧对水稻表层土壤微生物多样性又没有影响了，但同时期水稻根际土壤的结果则表现出臭氧对微生物多样性显著的负作用（表 16-15）。对于水稻土壤微生物丰富度指数而言，臭氧的负作用只出现在水稻灌浆期的表层土壤中（表 16-16）。从这个结果可以看出臭氧对水稻土壤微生物多样性指数影响要比丰富度指数要大，且臭氧对不同时期水稻土壤微生物的群落多样性影响不一样，同时臭氧对水稻根际土壤微生物的影响要比表层的强烈。

表 16-15　臭氧对 2007 年水稻各个时期土壤微生物多样性指数的影响

O_3 处理	0~10cm 表层土		根际土	
	9 月 1 日	9 月 21 日	10 月 12 日	10 月 12 日
CF	1.45±0.01a	1.45±0.01a	1.39±0.01a	1.39±0.00a

（续）

O₃ 处理	0～10cm 表层土		根际土	
	9 月 1 日	9 月 21 日	10 月 12 日	10 月 12 日
NF	1.42±0.01ab	1.45±0.00a	1.41±0.00a	1.39±0.01a
O₃-1	1.45±0.01a	1.45±0.01a	1.37±0.02a	1.37±0.00a
O₃-2	1.42±0.00b	1.43±0.00b	1.40±0.00a	1.35±0.01b

注：表中数字为平均值±标准差，字母代表在 5% 水平上 LSD 多重比较结果，不同字母表示彼此差异性。

表 16-16　臭氧对 2007 年水稻各时期土壤微生物丰富度指数的影响

O₃ 处理	0～10cm 表层土		根际土	
	9 月 1 日	9 月 21 日	10 月 12 日	10 月 12 日
CF	29.67±0.88a	30.00±0.41a	27.33±1.20a	28.00±0.58a
NF	29.67±0.88a	30.00±0.41a	29.33±0.33a	26.67±0.67a
O₃-1	29.67±0.33a	30.00±0.41a	27.67±0.88a	26.33±0.67a
O₃-2	28.33±0.33a	28.33±0.33b	28.33±0.33a	26.00±0.58a

注：表中数字为平均值±标准差，字母代表在 5% 水平上 LSD 多重比较结果，不同字母表示彼此差异性。

2.2.3　3 类主要碳源的利用

4 次样品都表现出微生物对糖类物质的利用是最高的，其次是对氨基酸类物质，而对羧酸类物质的利用是最低的，且随时间的延长，3 类碳源的利用率都有所降低。9 月 1 日表层土壤中相对于 CF 处理而言臭氧对糖类没有表现出明显的影响，但是 NF 处理中糖类的利用率显著低于其他 3 个处理；高臭氧浓度显著抑制了微生物对羧酸类物质的利用，且羧酸类物质在 NF 处理中的利用率也是相当低的；对于氨基酸类物质而言只有高臭氧浓度明显地抑制了微生物对它的利用（图 16-13）。在 9 月 21 日表层土壤的四个处理中 NF 处理下微生物对糖类、羧酸和氨基酸的利用是最大的，然后随着臭氧浓度递增微生物对这 3 类碳源的利用率递减，且高臭氧浓度显著地降低了它们的利用率（图 16-14）。水稻成熟期的表层土壤中各个处理下微生物对碳源的利用没有差异（图 16-15），而根际土壤中微生物对糖类的利用也没有变化，但臭氧浓度提高后显著降低了微生物对羧酸类物质的利用，而对于氨基酸类物质而言则其利用率随臭氧浓度升高先是增加的然后在高浓度臭氧下又是降低的，对氨基酸利用最大的是低臭氧浓度处理下的根际土壤微生物（图 16-16）。

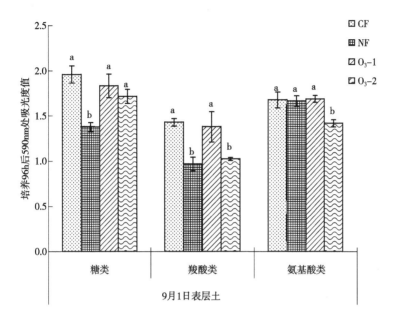

图 16-13 9 月 1 日臭氧对表层土 3 类主要碳源的利用

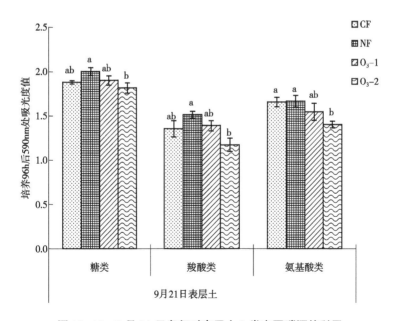

图 16-14 9 月 21 日臭氧对表层土 3 类主要碳源的利用

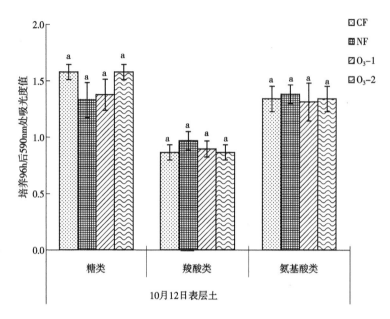

图 16-15　10 月 12 日臭氧对表层土 3 类主要碳源的利用

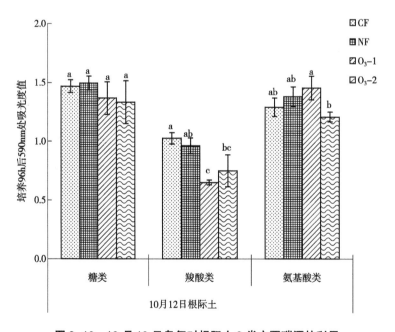

图 6-16　10 月 12 日臭氧对根际土 3 类主要碳源的利用

3　臭氧对水稻土壤微生物结构的影响

3.1　臭氧对 2006 年水稻土壤微生物结构的影响

2006 年水稻土壤中共检测到 20 种 C11-20 的脂肪酸，包括直链饱和脂肪酸、支链饱和脂肪酸、环丙基脂肪酸以及单不饱和脂肪酸，而没有检测到多不饱和脂肪酸，可能与初次进行 PLFA 提取及分析试验对于方法等条件掌握不是很好从而导致没有完全提取检测出所有脂肪酸有关。土壤脂肪酸中以细菌的脂肪酸为主，其中 3 种脂肪酸单体占有较大的比重，即 15：0，i16：0 和 a17：0，他们分别占总脂肪酸的 10% 以上，这 3 种脂肪酸总量达总脂肪酸的一半左右。

8 月 5 日表层土壤 PLFA 主成分分析表明，主成分 1 和 2 分别解释了变异量的 35.6% 和 20.9%，且主成分 1 和 2 明显地区分了 4 个不同处理下的土壤微生物 PLFA 组成（主成分 1，$F = 50.5$，$P < 0.001$；主成分 2，$F = 67.3$，$P < 0.001$），这说明不同臭氧处理下该时期水稻土壤微生物结构发生了明显的变异（图 16-17）。

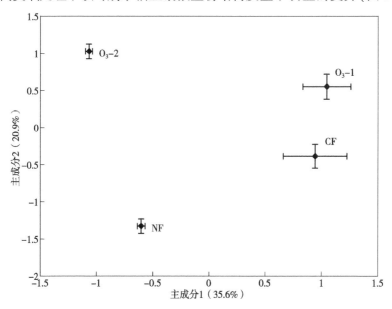

图 16-17　8 月 5 日水稻表层土壤微生物 PLFA 主成分分析图

与主成分 1 极显著正相关的 PLFA 单体有饱和脂肪酸 14：0、18：0、i16：0、a15：0 以及 18：0（10Me），单不饱和脂肪酸 18：1ω9c；显著正相关的有 11：0 以及 19 碳的环丙基脂肪酸 cy19：0；而 17 碳饱和脂肪酸 17：0 则与主成分 1 呈极显著负相关（表 16-18）。而与主成分 2 极显著正负相关的脂肪酸单体分别是

16：1ω7c 和 i14：0。该时期臭氧对脂肪酸单体的影响是比较复杂的，没有很好的规律性，臭氧显著提高了 16：1ω7c 和 17：0 的含量，显著降低了 18：1ω7t 的含量，a15：0、i16：0、18：0 以及 18：0(10Me) 这几种单体在 CF 和低浓度臭氧处理 O₃-1 中含量较高（表 16-17），而在 NF 和 O₃-2 处理中含量较低且都显著低于前者。该时期水稻表层土壤中 NF 处理下的细菌含量最高，同时该处理中 G⁺／G⁻ 比值也是最高的显著高于其他 3 个处理，而放线菌的含量则是 CF 和 O₃-1 显著地高于 NF 和 O₃-2（表 16-19）。

表 16-17　不同时期水稻土壤微生物中与主成分显著相关的 PLFA 单体

8 月 5 日表层土				9 月 10 日表层土			
主成分 1	*r*	主成分 2	*r*	主成分 1	*r*	主成分 2	*r*
14：0	0.917 **	16：1w7c	0.800 **	i14：0	0.916 **	16：0	0.884 **
i16：0	0.907 **	i14：0	−0.836 **	a17：0	0.897 **	18：1w12t	0.880 **
18：0	0.898 **			14：0	0.885 **	19：0(10Me)	0.872 **
18：1w9c	0.882 **			a15：0	0.773 **	15：0	0.774 **
a15：0	0.855 **			i16：0	0.764 *	18：1w9c	−0.839 **
18：0(10Me)	0.784 **			18：1w7t	0.720 *		
11：0	0.689 *			17：0	−0.980 **		
cy19	0.606 *			20：0	−0.948 **		
17：0	−0.759 **			16：1w7c	−0.941 **		
10 月 8 日表层土				10 月 25 日根际土			
主成分 1	*r*	主成分 2	*r*	主成分 1	*r*	主成分 2	*r*
11：0	0.964 **	cy17	0.901 **	15：0	0.954 **	16：0	0.920 **
20：0	0.964 **	15：0	0.887 **	i17：1w5t	0.924 **	i14：0	0.741 *
i14：0	0.922 **	a17：0	0.897 **	a17：0	0.929 **	18：1w7t	0.916 **
14：0	0.828 *	19：0(10Me)	0.786 *	a15：0	0.897 **	i16：0	−0.922 **
16：1w7c	−0.970 **	a15：0	0.741 *	19：0(10Me)	0.872 **	18：0(10Me)	−0.852 **
i14：0	−0.761 *	18：0	0.741 *	18：1w9c	0.744 *	16：00	−0.816 *
		17：0	−0.860 **	18：0	0.734 *		
		16：0	−0.797 *	cy17	−0.949 **		
				18：1w12t	−0.797 *		
				20：0	0.739 *		
				17：0	0.710 *		

注：**，*分别在 0.01 和 0.05 水平显著。

表16-18 不同臭氧处理下小麦土壤微生物 PLFA 组成

脂肪酸	表层土								根际土							
	8月5日				9月10日				10月8日				10月25日			
	CF	NF	O_3-1	O_3-2	CF	NF	O_3-1	O_3-2	CF	NF	O_3-1	O_3-2	CF	NF	O_3-1	O_3-2
11:0	0.0b	0.0b	2.7a	0.0b	0.0b	6.0a	0.0b	0.0b	0.0b	2.0a	0.0b	0.0b	2.3b	0.0c	2.8a	2.7a
14:0	3.6b	0.0c	3.8b	6.6a	3.0b	2.8b	2.6b	3.9a	2.4	4.4	3.0	3.7	3.3a	2.5b	2.4b	2.4b
15:0	14.5	14.6	14.1	14.2	15.1a	13.9b	15.1a	15.2a	14.0b	14.4ab	15.2a	13.8b	13.6b	15.5a	15.2a	14.2b
16:0	2.5a	2.0b	0.0c	2.1b	1.9b	0.6c	2.1a	0.0c	7.2a	0.0b	0.0b	8.0a	16.4b	19.4a	0.0c	0.0c
17:0	0.0c	4.6b	4.4b	12.5a	4.8a	4.1a	4.0a	0.0b	3.8	4.7	0.0	4.1	5.3a	3.8b	3.8b	3.4b
18:0	2.6ab	2.4bc	2.8a	2.2c	2.8	3.1	3.0	3.2	2.9	2.7	3.1	2.7	2.3	3.0	3.1	2.8
20:0	1.4	5.4	0.0	1.1	0.5a	0.4a	0.4a	0.0b	0.0b	0.4a	0.0b	0.0b	0.8a	0.0c	0.4b	0.4b
i14:0	2.5b	9.1a	2.7b	2.6b	2.4b	2.3b	2.2b	2.8a	1.9c	2.8a	2.3b	2.6b	2.3a	2.1b	2.2ab	1.8b
a15:0	7.8a	6.4b	7.4ab	6.4b	7.4b	7.6b	7.9b	8.4a	7.5ab	7.2b	8.1a	7.4ab	7.0b	8.6a	8.3a	8.1a
i16:0	25.3a	21.8b	24.5b	22.0b	23.9b	23.7b	24.7ab	26.3a	25.6	21.9	27.3	23.1	5.0b	5.1b	23.5a	22.9a
a17:0	16.6	15.7	14.2	10.9	13.6b	12.1b	13.1b	17.1a	12.5b	16.8a	18.5a	14.1b	16.3a	12.1c	13.5b	13.3b
16:1ω7c	1.9ab	1.0b	2.4ab	2.6a	2.1a	2.4a	2.5a	1.3b	2.9	0.0	1.9	1.7	2.4	2.2	2.4	1.5
i17:1ω5t	0.0	0.0	0.0	0.0	0.0	0.0	0.0	0.0	0.0	0.0	0.0	0.0	0.0b	5.2a	5.0a	0.0b
18:1ω7t	1.3a	0.0b	0.0b	0.0b	0.0b	0.0b	0.8a	1.0a	0.0	0.0	0.0	0.0	1.5a	1.1a	0.9a	0.0b
18:1ω9c	1.5	0.0	1.0	0.0	0.0	0.7	0.0	1.0	1.3	0.9	1.2	1.1a	0.0	1.1	1.5	1.2
18:1ω12t	0.0	0.0	0.0	0.0	1.2b	0.4c	1.6a	0.0c	0.0b	0.0b	0.0	0.0	0.9a	0.0b	0.0b	0.0b
cy17:0	4.4	4.8	4.6	4.8	4.3	4.0	4.1	4.2	4.3ab	4.4ab	4.6a	4.1b	5.4	0.0	0.0	4.5
cy19:0	6.7	6.5	7.1	5.9	7.0	6.3	6.4	7.0	6.5	6.7	7.2	6.6	6.2b	7.4a	7.6a	6.5b
18:0(10Me)	4.6ab	3.2bc	5.8a	2.6c	5.1	5.2	5.0	4.5	3.7	5.8	3.8	5.0	5.4a	5.0a	3.9b	3.7b
19:0(10Me)	2.8	2.5	2.6	2.3	4.0a	3.6b	4.2a	4.0a	3.4	3.4	3.9	3.1	2.8	3.7	3.6	3.4

表 16-19　不同时期臭氧对水稻土壤微生物群落组成的影响(占总 PLFA 的百分比)

O₃ 处理	细菌			
	8 月 5 日表层土	9 月 10 日表层土	10 月 8 日表层土	10 月 25 日根际土
CF	92.52±0.18bc	90.97±0.53a	92.81±0.46a	91.75±0.23ab
NF	94.25±0.61a	91.58±0.33a	90.87±0.61b	91.32±0.41b
O₃-1	91.57±0.44c	90.86±0.05a	92.27±0.12a	92.51±0.41ab
O₃-2	93.97±0.59ab	91.50±0.39a	92.98±0.30a	92.85±0.36a

O₃ 处理	放线菌			
	8 月 5 日表层土	9 月 10 日表层土	10 月 8 日表层土	10 月 25 日根际土
CF	7.48±0.18a	9.03±0.53a	7.19±0.46b	8.25±0.23ab
NF	5.75±0.61b	8.42±0.33a	9.13±0.61a	8.68±0.41a
O₃-1	8.43±0.44a	9.14±0.05a	7.73±0.12b	7.49±0.41ab
O₃-2	4.87±0.61b	8.50±0.39a	8.16±0.24ab	7.15±0.36b

O₃ 处理	G^+/G^-			
	8 月 5 日表层土	9 月 10 日表层土	10 月 8 日表层土	10 月 25 日根际土
CF	3.78±0.10b	3.95±0.10b	3.66±0.11b	2.28±0.11c
NF	4.76±0.27a	3.92±0.14b	4.21±0.22a	2.15±0.08c
O₃-1	3.85±0.37b	3.69±0.03b	4.29±0.03a	3.17±0.09b
O₃-2	3.55±0.21b	4.34±0.07a	4.10±0.07a	3.71±0.11a

注：表中数字为平均值±标准差，字母代表在 5% 水平上 LSD 多重比较结果，不同字母表示彼此差异性。

9 月 10 日表层土壤 PLFA 主成分分析表明，主成分 1 和 2 分别解释了变异量的 50% 和 27%，且主成分 1 明显地将 O₃-2 与其他 3 个处理分开($F=74.3$，$P<0.001$)，主成分 2 也明显地将 4 个处理分成 3 组：CF 与 O₃-1，NF，O₃-2($F=199.6$，$P<0.001$)(图 16-18)。与主成分 1 显著正相关的 PLFA 单体主要是支链饱和脂肪酸，包括 i14：0、a17：0、a15：0 以及 i16：0，与其正相关的还有 14：0 和 18：1ω7t，与主成分 1 显著负相关的有 17：0、20：0 和 16：1ω7c。与主成分 2 显著正相关的脂肪酸单体包括两种饱和脂肪酸(15：0 和 16：0)、一种单不饱和脂肪酸(18：1ω12t)以及一种放线菌脂肪酸(19：0(10Me))，而 18：1ω9c 则与主成分 2 显著负相关(表 16-17)。该时期土壤中受到臭氧影响的单体比较多，i14：0、14：0、a17：0 随臭氧浓度升高其含量先降低后显著增加；18：1ω7t 含量则随臭氧浓度升高而增加；高浓度臭氧显著降低了 17：0、20：0 两种脂肪酸的量(表 16-18)。该时期各个处理下的细菌和放线菌相对含量没有差异，

而高浓度臭氧处理下 G^+/G^- 比值是显著高于其他 3 个处理的(表 16-19)。

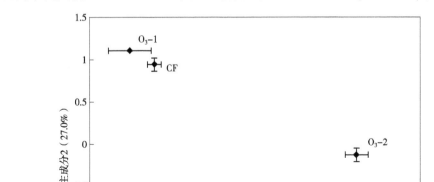

图 16-18 9 月 10 日水稻表层土壤微生物 PLFA 主成分分析图

10 月 8 日表层土壤 PLFA 的两个主成分分别解释了变异量的 42.9% 和 32.2%,且均明显地将四个处理各自分开了(主成分 1:$F=504$,$P<0.001$;主成分 2:$F=112$,$P<0.001$),两个主成分得分系数方差分析是一致的,各个处理之间均差异显著(图 16-19)。与主成分 1 显著正相关的 PLFA 单体主要是 3 种支链饱和脂肪酸(C11、C14、C20)和一种支链饱和脂肪酸 i14:0,有两种脂肪酸与主成分 1 显著负相关即 i16:0 和 16:1ω7c;与主成分 2 显著正相关的 PLFA 单体有 15:0、18:0、a15:0、a17:0、cy17 以及 19:0(10Me),有两种饱和脂肪酸与主成分 2 显著负相关即 16:0 和 17:0(表 16-17)。该时期水稻表层土壤中受到臭氧显著影响的 PLFA 单体不多,且没有很强的规律性,有两种直链饱和脂肪酸只出现在了 NF 处理中即 11:0 和 20:0,18:1ω12t 只出现在高浓度臭氧处理中,15:0、a17:0 以及 cy17 这 3 种脂肪酸都是随臭氧浓度升高其含量先增加后降低,最高值出现在 O₃-1 处理中,相对于 O₃-1 而言 O₃-2 处理又显著降低了这几种脂肪酸的含量(表 16-18)。该时期 NF 处理下细菌占总 PLFA 的量是 4 个处理中最低的,相应的该处理下放线菌的相对量是最高的,且 G^+/G^- 的比值 CF 处理中显著低于其他 3 个处理(表 16-19)。

10 月 25 日根际土壤 PLFA 的主成分分析表明,主成分 1 和 2 分别解释了变异量的 45.8% 和 32.1%,且均明显地将四个处理区分开来(主成分 1,$F=264$,$P<0.001$;主成分 2,$F=106$,$P<0.001$),两个主成分得分系数方差分析结果是

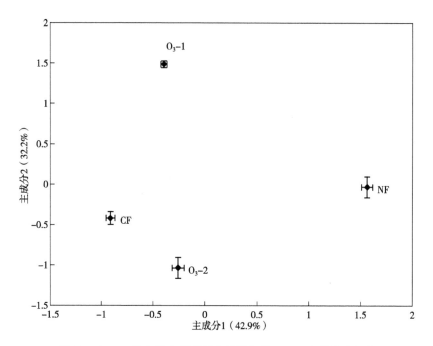

图16-19　10月8日水稻表层土壤微生物 PLFA 主成分分析图

表明各个处理之间在主成分 1 上相互差异是显著的，而在主成分 2 上 CF 和 NF 处理分别与两个臭氧处理差异显著，这说明该时期 4 个处理下水稻根际土壤微生物的组成差异明显(图 16-20)。该样品中与主成分 1 显著正相关的脂肪酸有 15：0、18：0、a15：0、a17：0、i17：1ω5t、18：1ω9c 以及一种放线菌脂肪酸 19：0(10Me)，另有 4 种脂肪酸与主成分 1 显著负相关：17：0、20：0、cy17 和 18：1ω12t；与主成分 2 显著正相关的 PLFA 单体有 i14：0、16：0 以及 i16：0，显著负相关的有两种饱和脂肪酸 16：0、i16：0 以及一种放线菌脂肪酸 18：0(10Me)(表 16-17)。该根际土壤样品中臭氧显著影响到的 PLFA 单体比较多，臭氧浓度升高的两个处理下 i14：0、14：0、a17：0、17：0、18：1ω7t、18：1ω12t 以及 18：0(10Me)这些脂肪酸的含量显著降低；11：0、16：0、i16：0、18：1ω9c 这 4 种脂肪酸的含量则在臭氧浓度升高的两个处理下显著增加；另有几种脂肪酸则随臭氧浓度升高其含量先增加后降低，CF 和 O₃-2 处理下含量显著低于 NF 和 O₃-1 处理的，如 15：0、a15：0 以及 cy16(表 16-18)。NF 处理下的根际土壤中细菌相对含量最低，而放线菌相对量最高，之后随臭氧浓度升高细菌增加放线菌减少，相对于 NF 处理而言高浓度臭氧显著提高了细菌的含量，并显著降低了放线菌的含量，而 G⁺/G⁻ 的变化与细菌一致，NF 处理中最低，高浓度臭氧下比其他 3 个处理都显著提高(表 16-19)。

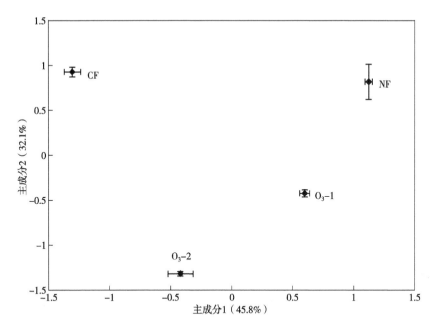

图16-20 10月25日水稻根际土壤微生物 PLFA 主成分分析图

3.2 臭氧对 2007 年水稻土壤微生物结构的影响

在水稻土壤中共检测出 18 种 11～20 个 C 的磷脂脂肪酸，包括直链饱和脂肪酸、支链饱和脂肪酸、环丙基脂肪酸、单不饱和脂肪酸以及多不饱和脂肪酸。土壤脂肪酸中主要以细菌的脂肪酸为主，其中 15∶0、16∶0、a17∶0、16∶1ω7c、18∶1ω9c 五种脂肪酸单体都占总脂肪酸含量的 10% 以上，是主要的脂肪酸(表 16-20)。

9 月 1 日表层土壤 PLFA 主成分分析表明，主成分 1 和 2 分别解释了变异量的 32.2% 和 29%，主成分 1 明显地将 4 个处理区分开来($F=53.7$，$P<0.001$)，且主成分 1 方差分析表明 CF 和 NF 分别与两个臭氧处理 O_3-1、O_3-2 差异显著；而主成分 2 没能区分 4 个处理且方差分析表明 4 个处理之间也没有差异(图 16-21)。与主成分 1 显著正相关的脂肪酸单体有 18∶0(10Me) 和 17∶0，与其显著负相关的则有 16∶1ω7c、18∶0 以及 20∶0(表 16-20)。该时期表层土壤中臭氧浓度升高的两个处理显著降低了两种细菌脂肪酸(i16∶0 和 20∶0)、一种放线菌脂肪酸(18∶0(10Me))以及真菌脂肪酸(18∶2ω6, 9)的含量；而 16∶1ω7c 的含量则受到臭氧的刺激作用，在臭氧浓度升高的处理中其含量也显著增加；17∶0 以及 cy17 两种脂肪酸含量都是 NF 处理中最高，相对于 NF 处理而言臭氧浓度升高显著降低了这两种脂肪酸的含量(表 16-21)。该时期 CF 处理下表层土壤中细菌的相对含量显著地低于两个臭氧处理，且低臭氧浓度处理 O_3-1 中细菌最多，

而 CF 中处理 G^+/G^- 比值是 4 个处理中最高的，臭氧浓度升高显著降低了 G^+/G^- 比值，最低值出现在 O_3-1 中；真菌则在 CF 处理中最高，且臭氧升高显著降低了真菌的量；臭氧浓度升高也降低了放线菌的量，但只有 O_3-1 处理中的放线菌含量显著低于对照处理(表 16-22)。

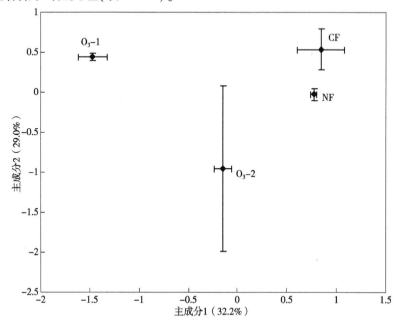

图 16-21 9 月 1 日水稻表层土壤微生物 PLFA 主成分分析图

表 16-20 不同时期水稻土壤微生物中与主成分显著相关的 PLFA 单体

9 月 1 日表层土				9 月 21 日表层土			
主成分 1	R	主成分 2	R	主成分 1	R	主成分 2	R
18：0(10Me)	0.949 **	19：0(10Me)	0.944 **	a15：0	0.986 **	18：1w9c	0.945 **
17：00	0.772 **	a15：0	0.885 **	i16：0	0.956 **	a17：0	0.879 **
16：1w7c	-0.974 **	16：00	0.816 **	19：0(10Me)	0.933 **	16：00	-0.869 **
20：00	-0.843 **	15：00	0.806 **	15：00	0.926 **		
18：00	-0.835 **	i17：1w5t	0.613 *	18：00	0.736 **		
		14：00	-0.996 **	14：00	-0.917 **		
		a17：0	-0.867 **	16：1w7c	-0.917 **		
				18：0(10Me)	-0.915 **		
				cy19	-0.860 **		

（续）

		17：00	-0.747**				
		cy17	-0.736**				
10月12日表层土				10月12日根际土			
主成分1	R	主成分2	R	主成分1	R	主成分2	R
19：0(10Me)	0.939**	14：00	0.848**	a15：0	0.954**	18：00	0.903**
10月12日表层土				10月12日根际土			
主成分1	R	主成分2	R	主成分1	R	主成分2	R
15：00	0.937**	16：1w7c	0.816**	19：0(10Me)	0.928**	17：00	0.811**
a15：0	0.925**	18：0(10Me)	0.579*	cy19	0.792**	i17：1w5t	-0.896**
cy19	0.864**	18：2w6，9	-0.964**	a17：0	0.765**	cy17	-0.825**
i17：1w5t	0.828**	17：00	-0.831**	a18：0	0.719**	18：1w9c	-0.817**
18：00	0.803**	i16：0	-0.738**	16：1w7c	0.673*	18：0(10Me)	-0.742**
18：0(10Me)	0.793**	a17：0	-0.701*	18：2w6，9	-0.850**	14：00	-0.612*
cy17	0.625*			14：00	-0.746**		
16：00	-0.831**						
a17：0	-0.670*						
18：1w9c	-0.662*						

注：**，*分别在0.01和0.05水平显著。

9月21日水稻表层土壤PLFA中，主成分1和2分别解释了变异量的59.4%和22.0%，但主成分1由于标准误差较大导致各处理间没有差异，而主成分2则区分了4个处理（$F=62$，$P<0.001$）（图16-22）。与主成分1显著相关的脂肪酸单体比较多，显著正相关的有15：0、18：0、a15：0、i16：0以及放线菌脂肪酸19：0(10Me)，与其显著负相关的脂肪酸有14：0、17：0、16：1ω7c、环丙基脂肪酸(cy17和cy19)以及另一种放线菌脂肪酸18：0(10Me)；与主成分2显著正相关的只有两种脂肪酸单体a17：0、18：1ω9c，只有16：0与其显著负相关（表16-21）。该时期受到臭氧显著影响的PLFA单体只有5种，臭氧升高显著降低了a17：0和18：1ω9c两种脂肪酸的含量，而16：0和18：0两种脂肪酸则在臭氧升高后含量提高（表16-20）。该时期细菌相对含量在臭氧提高后虽有所增加但没有达到显著水平，而其中G^+/G^-比值则CF处理中最高，其他3个处理显著降低该比值；CF处理中真菌和放线菌相对量都是最高的，其他3个处理都显著降低了真菌的量，而两个臭氧浓度升高的处理相对于CF和NF处理而言也显著降低了放线菌的量（表16-22）。

表16-21 不同臭氧处理下水稻土壤微生物 PLFA 组成

PLFA	9月1日表层土				9月21日表层土				10月12日表层土				10月12日根际土			
	CF	NF	O_3-1	O_3-2	CF	NF	O_3-1	O_3-2	CF	NF	O_3-1	O_3-2	CF	NF	O_3-1	O_3-2
11: 0	0.00	1.24	0.94	0.00	0.00	0.00	0.00	0.00	0.00	0.00	0.00	0.00	0.00	0.00	0.00	0.00
14: 0	3.26	3.55	3.33	4.03	3.52	3.72	3.14	4.26	2.31b	2.48b	2.40b	2.78a	2.22b	2.53b	2.30b	4.35a
15: 0	12.38	12.35	12.17	11.87	13.41	13.39	12.89	12.65	12.6a	12.5a	11.7c	12.0b	12.0	12.0	12.2	11.2
16: 0	15.20	15.18	16.64	14.47	15.3b	15.6ab	16.0a	14.9c	16.3	16.4	19.1	16.5	15.4b	17.4a	16.3b	17.6a
17: 0	3.66ab	4.04a	3.19c	3.43bc	4.15	4.12	4.30	4.22	3.26	3.16	3.47	3.12	2.99a	3.25a	3.09a	2.68b
18: 0	2.49	2.45	3.43	2.40	1.99c	1.95c	4.37a	3.28b	1.74	1.72	1.55	1.63	3.20a	3.23a	3.24a	1.49b
20: 0	0.39a	0.36b	0.00c	0.00c	0.00	0.00	0.00	0.00	0.00	0.00	0.00	0.00	0.00	0.00	0.00	0.00
a15: 0	6.87	6.86	6.93	6.36	7.50	7.18	7.24	7.02	7.00a	6.90a	6.12c	6.65b	6.71a	6.20b	6.88a	5.86b
i16: 0	5.61a	4.42a	4.34c	4.64b	5.39a	5.08b	4.83b	4.84b	8.33	8.12	8.80	7.98	8.12a	8.06a	8.18a	7.07b
a17: 0	11.6	11.8	10.9	14.5	16.1	15.1	15.5	16.8	11.6	11.5	15.4	11.4	10.7a	10.1b	10.7a	9.0c
cy17	3.66b	5.57a	3.33b	3.13b	3.20	3.10	2.97	3.06	2.47	2.48	2.21	2.56	3.86ab	2.65b	4.05ab	5.20a
cy19	2.92	3.07	2.80	3.19	3.58	2.97	3.30	3.32	2.61a	2.59a	2.28b	2.41b	2.29	1.95	2.33	1.97
16: 1w7c	10.1c	9.69c	13.0a	11.3b	9.38	10.33	9.58	10.03	12.02	12.56	9.55	13.10	13.46	13.15	13.55	12.16
18: 1w9c	6.75	11.13	10.97	10.88	8.53	9.47	9.75	8.90	9.54	9.82	9.96	9.74	10.12	10.37	10.98	11.76
i17: 1w5t	2.49	0.00	2.02	1.19	0.00	0.00	0.00	0.00	3.00	2.62	0.00	2.73	2.53	3.42	0.00	0.00
18: 0(10Me)	3.12a	3.29a	1.17c	2.69b	3.81a	3.20b	1.42d	2.07c	3.31	3.20	1.66	3.37	2.10	1.26	1.71	1.97
19: 0(10Me)	2.61	2.49	2.45	2.22	2.54	2.24	2.33	2.12	2.23a	2.17b	1.69d	2.00c	2.30	1.92	2.33	1.72
18: 2w6, 9	6.87a	2.56b	2.41b	2.73b	1.58	2.56	2.37	2.58	1.63b	1.77b	1.59b	2.01a	1.97c	2.46b	2.10b	3.23a

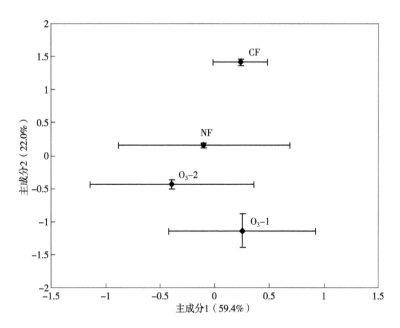

图16-22　9月21日水稻表层土壤微生物 PLFA 主成分分析图

表 16-22　不同时期臭氧对水稻土壤微生物群落组成的影响(占总 PLFA 的百分比)

O_3 处理	细菌			
	9 月 1 日表层土	9 月 21 日表层土	10 月 12 日表层土	10 月 12 日根际土
CF	87.39±0.31c	92.07±0.19a	83.29±0.17a	93.63±0.11a
NF	91.66±0.38ab	92.00±1.31a	83.05±0.11a	94.36±0.23a
O_3-1	93.97±0.43a	93.88±0.44a	82.60±1.22a	93.85±0.29a
O_3-2	91.36±1.30b	93.22±0.41a	82.89±0.06a	90.29±1.34b
O_3 处理	真菌			
	9 月 1 日表层土	9 月 21 日表层土	10 月 12 日表层土	10 月 12 日根际土
CF	6.87±0.36a	1.58±0.13b	1.63±0.03b	1.97±0.02c
NF	2.56±0.32b	2.56±0.33a	1.77±0.06b	2.46±0.21b
O_3-1	2.41±0.34b	2.37±0.15a	1.59±0.02b	2.10±0.04c
O_3-2	2.73±0.09b	2.58±0.06a	2.01±0.10a	3.23±0.05a
O_3 处理	放线菌			
	9 月 1 日表层土	9 月 21 日表层土	10 月 12 日表层土	10 月 12 日根际土
CF	5.74±0.05a	6.35±0.32a	5.54±0.01a	4.41±0.09a

（续）

NF	5.78±0.06a	5.43±0.17b	5.37±0.03a	3.17±0.02b
O_3 处理	放线菌			
	9月1日表层土	9月21日表层土	10月12日表层土	10月12日根际土
O_3-1	3.62±0.09b	3.75±0.01c	3.35±0.05b	4.05±0.33a
O_3-2	4.91±0.53a	4.19±0.34c	5.36±0.20a	3.98±0.06a
O_3 处理	G^+/G^-			
	9月1日表层土	9月21日表层土	10月12日表层土	10月12日根际土
CF	1.15±0.00a	1.44±0.06a	1.22±0.03b	1.01±0.06a
NF	0.98±0.04b	1.27±0.05b	1.16±0.03bc	0.98±0.03a
O_3-1	0.80±0.05c	1.22±0.01b	1.40±0.00a	0.96±0.01a
O_3-2	1.02±0.01b	1.30±0.02b	1.13±0.01c	0.83±0.00b

注：表中数字为平均值±标准差，字母代表在5%水平上LSD多重比较结果，不同字母表示彼此差异性。

　　10月12日表层土PLFA组成主成分分析表明，主成分1和2分别解释了变异量的65.6%和18.8%，且两个主成分都明显地将4个处理区分开来（主成分1，$F=28.4$，$P<0.001$；主成分2，$F=21.0$，$P<0.001$）。两个主成分得分系数方差分析表明CF和NF处理与两个臭氧处理O_3-1和O_3-2差异显著，说明臭氧浓度升高后土壤微生物PLFA组成发生了明显的变化（图16-23）。与主成分1显著正相关的脂肪酸单体有3种饱和脂肪酸15：0、a15：0和18：0，一种单不饱和脂肪酸i17：1ω5t，两种环丙基脂肪酸cy17和cy19，以及两种放线菌脂肪酸18：0(10Me)和19：0(10Me)，与主成分1显著负相关的主要是16：0、a17：0以及18：1ω9c；与主成分2显著正相关的脂肪酸单体有14：0、16：1ω7c和18：1(10Me)，与其负相关的有i16：0、17：0、a17：0以及多不饱和脂肪酸18：2ω6，9（表16-21）。该时期表层土壤中有两种单体PLFA的含量在臭氧浓度升高的情况下是增加的，即14：0和18：2ω6；而臭氧显著降低了15：0，a15：0，cy19 3种细菌脂肪酸以及一种放线菌脂肪酸19：0(10Me)的含量。而该时期臭氧对水稻表层土壤微生物结构的影响表现在真菌增加，细菌和放线菌没有变化，低浓度臭氧处理后G^+/G^-是显著提高的，但高浓度处理下该比值又是显著降低的。

　　10月12日根际土PLFA组成主成分分析表明，主成分1和2分别解释了变异量的51.6%和21.0%，且两个主成分都明显地将4个处理区分开来（主成分1，$F=45.5$，$P<0.001$；主成分2，$F=50$，$P<0.001$）。两个主成分得分系数方差分析表明高浓度臭氧处理O_3-2与CF处理差异显著，说明臭氧浓度升高后土壤微

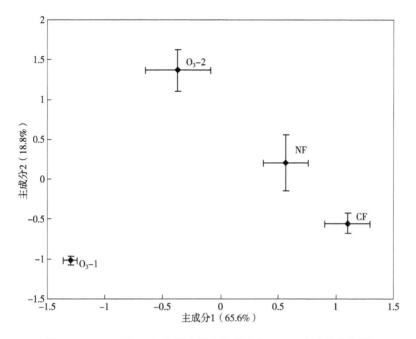

图16-23　10月12日水稻表层土壤微生物 PLFA 主成分分析图

生物 PLFA 组成发生了明显的变化(图16-24)。与主成分 1 显著正相关的脂肪酸单体有 3 种饱和脂肪酸 a15：0、a17：0 和 a18：0、一种单不饱和脂肪酸 16：1 ω7c、一种环丙基脂肪酸 cy19，以及一种放线菌脂肪酸 19：0(10Me)，与主成分 1 显著负相关的主要是真菌脂肪酸 18：2ω6；与主成分 2 显著正相关的脂肪酸单体有 17：0 和 18：0，与其负相关的有 i17：1ω5t，18：1ω9c，cy17 以及 18：0 (10Me)(表16-21)。高浓度臭氧显著降低了根际土壤中 a15：0，i16：0，17：0，18：0 以及 a17：0 的含量，但显著提高了 14：0，16：0，cy17 和 18：2ω6 的含量。臭氧对总的根际土壤微生物结构的影响表现在，高浓度臭氧提高了真菌的量，降低了细菌的量，对放线菌的量没有显著影响，G^+/G^- 也随臭氧浓度升高而降低。

4　小结和讨论

　　通过两年的实验可以看出，臭氧对水稻土壤微生物生物量碳的影响是存在的，但 2007 年的实验结果更明显；2006 年臭氧对水稻表层土壤微生物量碳的影响一直到收获前期才出现，但 2007 年在熏气前期、中期臭氧都已经对表层土壤有显著地影响了。这可能与两年采样时水稻所处的生育期不一样有关，另外可能由于臭氧长期作用于地表的植物对地下有一个累积的效应，所以 2007 年的影响

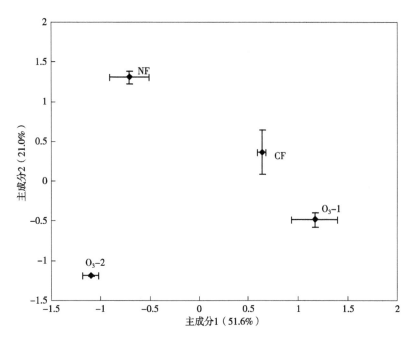

图 16-24 10 月 12 日水稻根际土壤微生物 PLFA 主成分分析图

要大于 2006 年，但这还只是一个推测。而两年在收获前期的表层土壤中 NF 处理下的微生物碳都显著的低，这个很难找到合适的理由，如果是因为取样原因的话应该不会两年每次到了这个时候都出现同样的取样原因导致 NF 处理偏低。同时结果也表明，成熟期臭氧对水稻根际土壤的影响是要大于非根际土壤的。

关于臭氧对碳源利用方式的影响，2006 年和 2007 年表现出了同样的趋势，除成熟期的表层土壤微生物的碳源利用方式没有受到臭氧的影响外，前两次取样表层土壤以及成熟期的根际土壤在臭氧处理后都显著改变了碳源的利用方式。对于多样性指数、丰富度指数以及代谢活性而言，2006 年臭氧暴露初期和水稻成熟期的表层土壤都没有受到臭氧的影响，且成熟期中 NF 处理下这几个指标也是异常的低。而 2007 年臭氧的影响则从第一次取样就出现了，但同样当水稻处于成熟期时表层土壤没有受到影响。两年的结果表明，臭氧对水稻表层土壤影响最强烈时是出现在臭氧暴露一定时间以及水稻生长旺盛的时期，到成熟期虽然表层土壤没有受到臭氧影响但该时期臭氧对根际土壤仍表现出强烈的抑制作用，这也说明了臭氧对水稻根际土壤微生物功能的影响要大于非根际土壤的。

无论是 2006 年还是 2007 年，各个采样时期包括表层土壤和根际土壤，臭氧处理后都明显地改变了土壤微生物磷脂脂肪酸的组成，说明水稻土壤微生物结构在臭氧处理后发生的改变，但不同时期表现不一样。2006 年水稻土壤中没有检测到真菌的脂肪酸，这可能与初次进行 PLFA 实验，对实验条件、操作等把握不好造成信息缺失有关；相对于 NF 而言臭氧处理后提高了细菌的含量，放线菌含量降低，而 G^+/G^- 在第一采样时是降低的，但其余样品中则臭氧浓度升高增加了 G^+/G^-。同样，2007 年各个时期土壤微生物 PLFA 结构组成对臭氧的响应也不一致，暴露初期 CF 处理中的真菌量明显高于其他 3 个处理，但随着暴露时间延长后其余几次样品中臭氧浓度升高显著降低了真菌的量；放线菌的量在臭氧处理后也是降低的；而细菌的量在暴露初期臭氧处理后是增加的，但成熟期根际土壤中又表现出臭氧降低细菌量的趋势，臭氧浓度升高后 G^+/G^- 总体来说也是降低的。从这两年的结果可以看出，臭氧对水稻土壤微生物结构的影响是绝对的，臭氧改变了土壤微生物 PLFA 的组成，但随着臭氧暴露时间和水稻生育期的不同，臭氧对微生物三大类群真菌、细菌、放线菌的影响没有明显和统一的变化趋势，这可能与水稻的生长环境有关，有时淹水有时不淹水，土壤处于厌氧和好氧的交替过程中，这对其中的土壤微生物的影响是很大的，这也就造成了臭氧对水稻土壤微生物结构影响的复杂变化。

臭氧对水稻土壤的影响是复杂的，对微生物结构的影响是明显而绝对的，但结构的变化不一定带来功能的变化，且臭氧对水稻土壤微生物的影响与臭氧暴露时间和水稻所处生育期有很大的关系，因此我们不能单纯从臭氧剂量方面来考察它对土壤微生物的影响，还应该考虑不同生育期微生物本身的差异，以及根际效应的存在。

| 第 17 章 |

结论和讨论

本研究通过采用田间原位开顶式气室(OTC)和室内熏气室，运用氯仿熏蒸提取法、磷脂脂肪酸分析法以及 Biolog 方法探讨了近地层 O_3 浓度升高对小麦和水稻土壤微生物的影响。

1　主要结论

(1)臭氧对作物根际土壤的影响要大于非根际土壤。无论是田间原位试验还是室内模拟试验，无论是小麦和水稻，在同一取样时期臭氧浓度升高对根际土壤微生物生物量碳、微生物的碳源利用方式、多样性和丰富度指数以及主要碳源糖类、羧酸和氨基酸的利用率都存在显著的降低作用，而非根际土壤中这些指标并没有受到臭氧的强烈影响。但根际土壤和非根际土壤的微生物结构即磷脂脂肪酸的组成都受到了臭氧的明显影响。

(2)土壤微生物结构比生物量和微生物功能对臭氧胁迫的响应更敏感。在臭氧暴露早期，当土壤微生物量和功能还没有表现出变化时，臭氧处理下微生物磷脂脂肪酸的组成就已经明显地表现出了差异。这个反应也表现在非根际土壤中，非根际土壤微生物结构在臭氧胁迫下明显发生变化，而非根际土壤微生物生物量和功能并没有受到臭氧的影响。

(3)臭氧降低了小麦和水稻土壤微生物生物量碳和微生物的代谢活性及多样性。虽然不同时期臭氧对土壤微生物的影响不同，但总体来说臭氧还是明显地降低了土壤微生物生物量碳，并改变了土壤微生物对碳源的利用方式，显著降低微生物的多样性指数，并抑制了微生物对糖类、羧酸和氨基酸这三类碳源的利用。

(4)臭氧对小麦和水稻土壤微生物结构影响不同。臭氧胁迫下小麦土壤微生物群落中真菌、放线菌减少，细菌增加，G^+/G^- 比例降低；而水稻土壤微生物群落不同时期变化不一致且没有表现出明显的规律性。总体来说，真菌增加，放线菌和细菌变化不大。

(5)同位素标记实验表明，臭氧胁迫后提高了叶片中碳的分配，而降低了茎和根的碳分配,从而降低土壤微生物量中的^{13}C 含量;臭氧胁迫前期,只有细菌脂肪酸的^{13}C 分配受到臭氧的明显影响,而胁迫后期则臭氧明显提高了^{13}C 对放线菌和真菌的分配。

(6)臭氧对作物土壤微生物的影响与所处生育期有关,当作物处于开花后期时臭氧对土壤微生物的影响最强烈。不同的生育期作物根系生长情况不一样,土壤微生物的结构和活性等也会有一个随生育期而发生的变化,因此这就不可避免造成了不同生育期臭氧对土壤微生物的不同影响。无论是小麦还是水稻,我们的结果表明臭氧对土壤微生物影响最强烈的时期出现在开花后期。

(7)室内模拟与田间原位试验结果一致。小麦的实验表明,同一取样时期臭氧浓度升高后根际土壤微生物量降低,微生物代谢活性降低,磷脂脂肪酸结构发生变化,而非根际土壤没有变化。室内非根际土壤中没有检测到真菌,除此之外,室内和田间的根际土壤和非根际土壤都表现出臭氧浓度升高真菌和防线菌脂肪酸减少,细菌脂肪酸增加,G$^+$/G$^-$比值降低。

水稻实验则表明,臭氧胁迫后增加了光合产物对叶的分配,而减少了碳对茎和根分配;降低土壤微生物量碳,同时改变了 C 对土壤微生物 PLFA 的分配,主要表现为后期生长缓慢的放线菌和真菌脂肪酸的相对含量增加。

2 讨论

臭氧对生态系统地下部分影响的研究是非常重要的,有研究表明臭氧对地下部分的影响出现得比较早,且对地下过程的影响有一个积累效应(Kasurinen et al. , 2004),更重要的是生态系统地下部分直接关系着植物的水分利用和养分吸收及生态系统的物质循环。而土壤微生物在土壤系统中具有重要的地位,它不仅是土壤碳库的重要组成部分,也是土壤肥力的重要指标,而且土壤微生物中有许多固氮微生物能够帮助植物进行固氮,还能释放溶解矿质中的营养元素供植物利用,提高植物的抗逆性,产生植物激素,保护植物免受病原菌侵害等,促进植物的生长。由此可见,如果臭氧胁迫后土壤微生物发生变化,则有可能导致土壤肥力降低,影响植物生长,这样一来就会加剧臭氧对植物的影响。

2.1 微生物生物量

一些研究表明,臭氧胁迫后微生物和真菌生物量有一些变化,但这种反应并不稳定(Andersen,2003)。本研究结果表明,臭氧对小麦和水稻土壤微生物生物量都有明显的负作用,尤其是根际土壤微生物。在小麦和大豆轮作系统中,小麦经过一个生长季的臭氧暴露后土壤微生物生物量显著降低(Islam et al. , 2000)。

该研究的方法和本研究很相似，本研究采用的是稻麦轮作系统，结果也表明经过一个生长季的臭氧暴露后小麦和水稻土壤微生物生物量显著降低。而美国黄松经臭氧暴露后，低浓度臭氧下总的土壤微生物生物量是增加的，但高浓度臭氧处理下则总的微生物生物量是降低的（Scagel，1997）。而臭氧暴露 3 年后对白桦树的土壤微生物生物量的影响也是很小的（Kasurinen，2005）。从这些研究结果可以看出，臭氧对土壤微生物生物量的影响是复杂的，不同的物种、不同的臭氧暴露时间以及不同的熏蒸方式和不同生育期都可能导致研究结果的差异。

2.2　微生物功能和结构

Biolog 利用微孔板中单一碳源的利用率来反映微生物群落水平的生理特性，是一种很好的评价微生物群落代谢多样性的方法（Garland，1997）。本研究利用 Biolog GN 板和 Biolog ECO 板测定了小麦和水稻土壤微生物群落代谢活性对臭氧浓度升高的反应，结果表明臭氧浓度升高对小麦和水稻土壤微生物群落代谢多样性有明显的抑制作用，改变了土壤微生物对碳源的利用方式，降低了微生物的碳源利用率，且根际土壤的响应比非根际土壤要明显。这种明显的根际效应有可能是因为臭氧胁迫下作物减少了根系分泌物导致的。根系分泌物可为土壤微生物提供碳源和能源。对于根际土壤的大多数微生物活动而言，水溶性分泌物的扩散是主要的碳源。因此根系分泌物的改变可能会影响根际微生物的活性从而潜在地改变根际的营养动态。臭氧暴露下的植物由于光合产物对根系的分配减少导致根系分泌的有机化合物减少，从而降低给土壤微生物的营养供应，最终导致微生物代谢降低。事实上，臭氧胁迫后植物根系分泌物中的糖类和氨基酸的量是减少的（Gorissen et al.，1991）。本研究结果也表明臭氧浓度升高降低了小麦和水稻土壤微生物对糖类、羧酸和氨基酸类物质的利用率，这可能是由于小麦和水稻暴露于高浓度臭氧中后根系分泌的糖类、氨基酸和羧酸类物质减少所引起的。

Biolog 是一种方便而快速的研究微生物功能的方法，但它也存在着选择性培养以及没有考虑到真菌和生长迅速的细菌等问题（Smalla，1998），同时它不能反映微生物结构方面的信息，而 PLFA 则能很好地弥补 Biolog 的不足（Bååth，1998）。因此本研究采用 PLFA 方法来考察臭氧对土壤微生物结构方面的影响，结合 Biolog 方法反映的土壤微生物功能方面的信息，全面地从微生物结构和功能两方面揭示臭氧对土壤微生物群落的影响。

臭氧暴露后，小麦和水稻土壤微生物 PLFA 组成结构发生了明显的改变。臭氧胁迫后，小麦土壤微生物组成中真菌、放线菌明显减少，而细菌增加，且 G^+/G^- 比例降低；臭氧改变了水稻土壤微生物 PLFA 的组成，但随着臭氧暴露时间和水稻生育期的不同，臭氧对微生物三大类群真菌、细菌、放线菌的影响没有明显和统一的变化趋势，这可能与水稻的生长环境有关，有时淹水有时不淹水，土壤处于厌氧和好氧的交替过程中，这对其中的土壤微生物的影响是很大的，这也就造成了臭氧对水稻土壤微生物结构影响的复杂化。

有关土壤微生物结构对臭氧响应的研究很少，且不同研究结果也是不同的。美国黄松随着臭氧暴露时间的延长，其土壤微生物中真菌的量以及活真菌/细菌比值是提高的（Scagel 和 Andersen，1997）。而白桦树经过 3 个生长季的臭氧暴露后，土壤微生物的真菌 PLFA 变化很小（Kasurinen 等，2005）。另一个研究则表明，臭氧暴露 3 年后，白杨、白杨-白桦树的真菌 PLFA 减少，而白杨-枫树下的土壤微生物中真菌脂肪酸丰度没有受到影响，且树林土壤微生物中 PLFA 组成中 G^+/G^- 的比值没有受到影响（Phillips，2002）。臭氧对细菌的这种轻微影响也出现在草本植物中，臭氧暴露后对草本植物细菌群落结构多样性的影响惊人的小（Dohrmann 和 Tebbe，2005）。他们利用基于单链构象多态性的基因方法，表明臭氧胁迫与对照处理中植物的根际细菌群落的不同 SSCP 组成非常相似，且统计方法没能将它们区分开来，这说明臭氧浓度升高没有改变细菌的群落结构。而多年生的黑麦草经臭氧暴露后则表现出土壤真菌显著增加，活细菌则显著减少的趋势（Yoshida，2001）。这些研究结果都存在差异，主要是因为研究的物种、臭氧浓度及作用时间等不同造成的，不同的植物对臭氧存在不同的敏感性，而不同的臭氧浓度和暴露时间以及臭氧暴露时植物所处的生育期都会导致不同的研究结果。

本研究结果也表明，臭氧对小麦和水稻土壤微生物最强烈的影响是出现在作物开花抽穗前期，当作物处于开花期时根系生长达到一个顶峰，且这个时期是作物引起土壤微生物群落变化的关键时期（Reichardt et al.，1997），因此在这个时期臭氧对小麦土壤微生物的影响也是最明显的。因此，我们研究臭氧对土壤微生物的影响不仅要考虑作物的品种、臭氧的浓度和作用时间，很关键的是还要考虑作物所处的生育期，没有选择关键生育期就有可能观察不到臭氧对土壤微生物的影响。

2.3 微生物群落结构变化的生态学意义

土壤微生物在土壤生态系统中具有很重要的地位，在土壤的物质转化和能量流动中起着重要作用。土壤微生物作物食物链中的分解者参与土壤中有机质的分解和土壤腐殖质的形成和分解过程，以及土壤养分的转化和循环与各种生化过程。土壤中分布最广、数量最多的微生物是细菌，细菌主要分解一些简单的碳水化合物，如蛋白质、糖类、羧酸类等；土壤中除细菌外放线菌是第二大微生物类群，放线菌常在有机质分解的后期出现，具有分解纤维素、木质素几丁质等有机质的能力；真菌在土壤中的量是最小的，但真菌群落由于菌丝的存在其生物量相对比较多，真菌都是有机营养型的，大部分营腐生生活，能够累积大量菌丝体，使土壤的物理结构得到改善，主要是参与纤维素和木质素的分解。

本研究结果表明，臭氧胁迫下小麦土壤微生物中细菌脂肪酸增加，G^+/G^- 降低，放线菌和真菌减少。大量研究表明，真菌丰度是 N 矿化的重要指示器，真菌丰度降低导致 N 的矿化降低（Fraterrigo et al.，2006），且真菌脂肪酸与纤维二糖水解酶和苯酚氧化酶活性正相关，放线菌脂肪酸与过氧化酶、苯酚氧化酶和磷酸酶活性正相关（Waldrop et al.，2000）。臭氧胁迫后小麦土壤中真菌丰度降低则会导致 N 的矿化降低，影响 N 元素的循环，降低 N 的植物有效性，影响到植物对 N 的吸收和利用；同时真菌减少则使得纤维二糖水解酶和苯酚氧化酶活性降低，从而导致真菌纤维素和木质素的降解能力降低；臭氧胁迫后小麦土壤中放线菌丰度降低则导致了放线菌对纤维素、木质素几丁质等物质的降解能力降低。因此，臭氧胁迫后小麦土壤中由于细菌增加简单化合物会很快得到分解，但较复杂的大分子化合物如纤维素、木质素等则分解速率降低，同时由于真菌的减少导致 N 的矿化速率降低，从而导致可供植物利用的 C、N 减少，进一步影响到植物的生长。

由于臭氧不能穿透土壤几厘米，因此臭氧对土壤的影响应该是间接的，臭氧减少光合产物对根系的分配，减少根系分泌物的量以及改变根系分泌物的种类；分泌物量的减少导致土壤微生物可利用的碳源减少从而使微生物的代谢活性降低，种类的改变则有可能引起微生物群落组成的变化。因此，对臭氧对植物根系分泌物影响的深入研究是解释臭氧对植物土壤微生物群落功能和结构影响的必须环节，是需要学者关注的研究领域。

参考文献

陈展，王效科，谢居清，等，2007. 水稻灌浆期臭氧暴露对产量形成的影响. 生态毒理学报，2(2)：208-213.

王春乙，关福来，1995. O_3 浓度变化对我国主要作物产量的可能影响. 应用气象学报，6（增刊）：69~74.

姚芳芳，2007. 臭氧浓度升高对农作物的影响研究——田间原位开顶式气室、抗氧化剂及机理模型. 北京：中国科学院.

ANDERSEN C P, 2003. Source-sink balance and carbon allocation below ground in plants exposed to ozone. New Phytologist, 157：213-228.

BÅÅTH E, DIAZ-RAVINA M, FROSTEGÅRD A, et al., 1998. Effect of metal-rich sludge amendments on the soil microbial community. Applied and Environmental Microbiology, 64：238-245.

CHEN Z, WANG X K, FENG Z Z, et al., 2008. Effects of elevated ozone on growth and yield of field-grown rice in Yangtze River Delta, China. Journal of Environmental Sciences, 20：320-325.

DOHRMANN A B, TEBBE C C, 2005. Effects of elevated tropospheric ozone on the structure of bacterial communities inhabiting the rhizosphere of herbaceous plants native to Germany. Applied and Environmental Microbiology, 71(12)：7750-7758.

ERICKSON I C, WEDDING R T, 1956. Effects of ozonated hexane on Photosynthesis and respiration of *Lemna minor*. American Journal of Botany, 43：32-36.

FRATERRIGO J M, BALSER T C, TURNER M G, 2006. Microbial community variation and its relationship with nitrogen mineralization in historically altered forests. Ecology, 87(3)：570-579.

FUHRER J, SKARBY L, ASHMORE M R, 1997. Critical levels for ozone effects on vegetation in Europe. Environmental Pollution, 97：91-106.

GARLAND J L, 1997. Analysis and interpretation of community-level physiological profiles in microbial ecology. FEMS Microbiological Ecology, 24：289-300.

GORISSEN A, JOOSTEN N N, JANSEN A E, 1991. Effects of ozone and ammonium sulphate on carbon partitioning to mycorrhizal roots of juvenile Douglas fir. New Phytologist, 119：243-250.

ISLAM K R, MULCHI C L, ALI A A, 2000. Interactions of tropospheric CO_2 and O_3 enrichments and moisture variations on microbial biomass and respiration in soil. Global Change Biology, 6：255-265.

KASURINEN A, GONZALES P K, RIIKONEN J, et al., 2004. Soil CO_2 efflux of two silver birch clones exposed to elevated CO_2 and O_3 levels during three growing seasons. Global Change Biology, 10：1654-1665.

KASURINEN A, KEINANEN M M, KAIPAINEN S, et al., 2005. Belowground responses of silver birch trees exposed to elevated CO_2 and O_3 levels during three growing seasons. Global Change Biology, 11：1167-1179.

LU Y H, WATANABE A, KIMURA M, 2002. Contribution of plant-derived carbon to soil microbial biomass dynamics in a paddy rice microcosm. Biology and Fertility of Soils, 36: 136-142.

PHILLIPS R L, ZZK D R, HOLMES W E, et al., 2002. Microbial community composition and function beneath temperate trees exposed to elevated atmospheric carbon oxide and ozone. Oecologia, 131: 236-244.

REICHARDT W, MASCARINA G, PADRE B, et al., 1997. Microbial communities of continuously cropped irrigated rice fields. Applied and Environmental Microbiology, 63(1): 233-238.

SCAGEL C F, ANDERSEN C P, 1997. Seasonal changes in root and soil respiration of ozone-exposed ponderosa pine (*Pinus ponderosa*) grown in different substrates. New Phytologist, 136, 627-643.

SMALLA K, WACHTENDORF U, HEUER H, et al., 1998. Analysis of Biolog GN substrate utilization patterns by microbial communities. Applied Environmental Microbiology, 54: 1220-1225.

WALDROP M P, BALSER T C, FIRESTONE M K, 2000. Linking microbial community composition to function in a tropical soil. Soil Biology & Biochemistry, 32: 1837-1846.

WANG X K, ZHENG Q W, YAO F F, et al., 2007. Assessing the impact of ambient ozone on growth and yield of a rice (*Oryza sativa* L.) and a wheat (*Triticum aestivum* L.) cultivar grown in the Yangtze Delta, China, using three rates of application of ethylenediurea (EDU). Environmental Pollution, 148 (2): 390-395.

WANG X P, MAUZERALL D L, 2004. Characterizing distributions of surface ozone and its impact on grain production in China, Japan and South Korea: 1990 and 2020. Atmospheric Environment, 38(26): 4383-4402.

YOSHIDA L C, GSLLLON J A, ANDERSEN C P, 2001. Differences in above-and below-ground responses to ozone between two populations of a perennial grass. Plant and Soil, 233: 203-211.